任意形态颗粒离散元方法

Discrete Element Methods for Arbitrarily Shaped Granular Materials

季顺迎　王嗣强　著

科学出版社

北　京

内 容 简 介

非规则几何形态的颗粒材料在加载速率、约束条件等因素的影响下会呈现出非连续性、非均质性的复杂力学特性。为此，本书首先阐述离散元方法在几何形态构造、单元接触算法、高性能并行计算的研究进展，还介绍了任意形态颗粒间的粘结-破碎模型、高性能 GPU 并行算法以及软件研发；最后对离散元方法在颗粒材料流动特性分析、着陆器和返回舱着陆过程、有砟铁路道床沉降行为、极地海洋工程结构冰载荷数值计算等方面的应用展开了系统研究。

本书可作为从事颗粒材料动力分析、装备结构优化设计的科研人员，以及高等院校相关专业的研究生或高年级本科生的参考用书。

图书在版编目(CIP)数据

任意形态颗粒离散元方法/季顺迎，王嗣强著. —北京：科学出版社，2024.3

ISBN 978-7-03-077061-5

Ⅰ. ①任…　Ⅱ. ①季…　②王…　Ⅲ. ①颗粒-材料-离散模拟-模拟方法-研究　Ⅳ. ①O242.1

中国国家版本馆 CIP 数据核字(2023)第 225339 号

责任编辑：刘信力　孔晓慧 / 责任校对：杨聪敏

责任印制：赵　博 / 封面设计：无极书装

科学出版社 出版

北京东黄城根北街 16 号

邮政编码：100717

http://www.sciencep.com

北京中科印刷有限公司印刷

科学出版社发行　各地新华书店经销

*

2024 年 3 月第　一　版　开本：720×1000　1/16

2025 年 1 月第二次印刷　印张：19 1/4

字数：382 000

定价：198.00 元

(如有印装质量问题，我社负责调换)

前　言

颗粒材料是由大量不同形状、尺寸的离散颗粒及其孔隙介质组成，具体表现为自然界中的滑坡、沙尘和海冰，工程结构中的土体和混凝土，工业生产中的矿石，以及农业中的谷物等，是自然环境、工程应用和日常生活中出现最广泛的材料之一。由于颗粒材料在微尺度下的形态复杂性、非均质性和随机性，其在宏观尺度上也呈现出复杂的力学行为。为有效解决不同工程领域中的颗粒材料问题，Cundall 和 Strack 于 20 世纪 70 年代建立离散单元法。然而，该方法在真实颗粒形态构造、高效邻居搜索算法、多接触力计算模型、任意形态单元间粘结–破碎准则、高性能 GPU 并行计算等方面仍面临着诸多挑战。

离散单元法最初采用二维圆盘或三维球形单元表示固体颗粒，并具有计算简单、运行高效等特点。然而，球形与非规则颗粒在宏–细观力学特性方面具有较大差异，同时非规则颗粒的多碰撞、低流动性和互锁效应显著影响颗粒材料的力学行为。近年来，针对任意形态颗粒的离散元方法得到迅速发展，其不仅可构造球体、椭球体、圆柱体等简单的凸形颗粒形状，也可构造碎石、细砂、圆环等具有凹凸表面特性或内部空腔的任意形态颗粒。然而，超二次曲面方程、多面体、扩展多面体等离散元方法受接触算法的限制仅适用于模拟凸形颗粒材料，单元间的接触判断很大程度为单点接触，进而难以反映凹形颗粒材料的运动规律。为合理地描述任意形态颗粒的几何特性，组合单元方法不断发展和完善。这种方法将不同数目的球体、椭球体、圆柱体、超二次曲面、多面体等基本单元进行任意组合，从而构造任意的颗粒形状。尽管组合单元方法比传统凸形颗粒模型在描述复杂颗粒形态方面已经具有显著的进步，但这种方法是一种近似方法并且在单颗粒层面会引入新的误差。另一类描述任意形态颗粒材料的离散元方法包括傅里叶级数形式、非均匀有理样条、球谐函数、能量守恒理论、水平集算法、有向距离场方法等。这类方法显著提高任意形态离散元模拟的计算精度，并且能够用于构造凸形和凹形颗粒。值得注意的是，任意形态颗粒间的接触判断相比球形颗粒更加复杂，其搜索时间占整个计算时间的比率会显著增加，这也限制了离散元模拟中的颗粒数量和计算速度。因此，快速且准确的任意形态颗粒接触算法是目前离散元方法研究的难点问题。尽管如此，我国对任意形态颗粒材料离散元方法的研究，无论是在接触算法还是软件研发方面，仍取得了很大进展。

对于任意形态颗粒材料的离散元方法研究，我国学者基于颗粒形态数学表征、物理模型试验和力学数值分析，先后出版了《颗粒物质力学导论》(孙其诚和王光谦，2009)、《颗粒物质物理与力学》(孙其诚等，2011)、《岩石和混凝土离散–接触–断裂分析》(张楚汉和金峰，2008)、《块体离散元数值模拟技术及工程应用》(石崇等，2016)、《计算颗粒力学及工程应用》(季顺迎，2018)、《地质与岩土工程矩阵离散元分析》(刘春，2019)、《复杂颗粒流力学特征仿真模拟》(郭鸿，2019)、《岩土颗粒材料的连续离散耦合数值模拟》(马刚等，2021)、《连续体结构强非线性仿真——离散实体单元法》(冯若强等，2021)、《非规则颗粒形态表征与离散元模拟方法》(苏栋和王翔，2022)、《岩土力学与工程离散单元法》(井兰如等, 2022) 等。在国外著作方面，Saxena 等 (1998) 的 *Distinct Element Modelling in Geomechanics* 介绍了离散单元法在岩土工程中的应用；Antony 等 (2004) 的 *Granular Materials: Fundamentals and Applications*、Kolymbas (2012) 的 *Constitutive Modelling of Granular Materials*、Sadovskaya 和 Sadovskii (2012) 的 *Mathematical Modeling in Mechanics of Granular Materials* 介绍了离散单元法中的多种力学模型；Zhao (2015) 的 *High Performance Computing and the Discrete Element Model: Opportunity and Challenge* 介绍了离散单元法在 CPU/GPU 并行和超级计算机集群中的计算优势。鉴于以上学术论著，本书将针对任意形态颗粒离散元方法进行更加详细的论述，在重点介绍作者研究团队工作的同时，也试图包含国内外相关学者的研究成果，为颗粒材料计算力学及工程应用研究提供全面的参考依据。本书部分图片、资料和素材来源于网络等，在此也表达谢意！

对于任意形态颗粒材料离散元方法的软件研发，中国科学院力学研究所李世海和冯春团队 GDEM 软件、中国科学院过程工程研究所葛蔚和王利民团队 DEMms 软件、浙江大学赵永志团队 DEMSLab 软件、清华大学徐文杰团队 CoSim 软件、香港科技大学赵吉东团队 SudoSim 软件、南京大学刘春团队 MatDEM 软件、吉林大学于建群团队 AgriDEM 软件、大连理工大学季顺迎团队 SDEM 软件等不断发展并实现商业化。在国外软件研发方面，EDEM、PFC3D、3DEC、Rocky 等商用离散元分析软件，以及 Yade、ESyS-Particle、LAMMPS、LIGGGHTS 等开源离散元计算程序均成功商业化并指导工业化生产。鉴于以上离散元计算分析软件，本书将针对作者团队研发的 SDEM 软件中任意形态颗粒离散元计算分析模块进行系统的介绍，同时将该软件在工业螺旋输送机中物料输送、着陆器及返回舱着陆过程、有砟铁路道床动力特性、极地船舶与装备结构冰载荷分析等方面的研究成果进行归纳整理和深入分析，为任意形态颗粒离散元方法的实际工程应用提供重要参考。

本书研究得到国家重点研发计划重点专项 (2018YFA0605902、2017YFE0111400、2016YCF1401505、2016YFC1402705)、工信部高技术船舶科研项目 (2017-614)、国家自然科学基金项目 (41576179、51639004、U20A20327、42176241、52101300、

12102083、12202095) 等多个项目的支持，也得到大连理工大学工业装备结构分析国家重点实验室的资助。

本书围绕任意形态颗粒离散元方法分为 9 章：第 1 章为绪论，主要介绍任意形态颗粒的理论构造及高性能离散元方法，对国内外的最新研究进展进行简要阐述；第 2~5 章分别介绍多面体离散元方法、扩展多面体离散元方法、超二次曲面离散元方法和球谐函数离散元方法，以及不同离散元方法的独特优势；第 6 章主要介绍基于球体、扩展多面体和超二次曲面的三种组合颗粒模型；第 7 章主要介绍任意形态单元间的粘结–破碎模型；第 8 章主要介绍任意形态颗粒的高性能 GPU 并行算法及离散元计算分析软件研发；第 9 章主要介绍任意形态颗粒材料的离散元数值模拟，并侧重于航空航天着陆器、有砟铁路道床、极地海洋工程等典型工程应用。季顺迎撰写了第 1 章和第 9 章；乔婷撰写了第 2 章；刘璐撰写了第 3 章和第 7 章；王嗣强撰写了第 4~6 章和第 8 章。

作者非常感谢美国 Clarkson 大学 Hayley Shen 教授和 Hung Tao Shen 教授的指导。在两位教授的指引下，作者于 2002 年开始从事离散元方法的研究，并在国内外取得了广泛的工程应用。大连理工大学李锡夔教授和英国 Swansea 大学冯云田教授对作者颗粒材料计算力学的工作进行了悉心指导；作者特别感谢大连理工大学计算颗粒力学团队毕业的博士生王安良、孙珊珊、狄少丞、邵帅、陈晓东、刘璐、龙雪、李勇俊、王帅霖、孔帅、翟必垚、梁绍敏的研究工作，以及在读研究生黎旭、乔婷、王祥、杨冬宝、李典哲、徐庆巍对本书编写工作的大力协助；缔造科技 (大连) 有限公司对任意形态颗粒材料的离散元计算分析软件 SDEM 提供了大力支持，在此深表感谢。

由于作者水平有限，书中不足之处在所难免，敬请各位专家学者批评指正。

季顺迎

2022 年 11 月 10 日于大连

目　　录

前言
第 1 章　绪论 …… 1
1.1　任意形态颗粒的离散元方法 …… 2
1.1.1　基于函数表征的任意形态颗粒离散元方法 …… 2
1.1.2　基于几何拓扑的非规则颗粒离散元方法 …… 5
1.1.3　组合颗粒模型的非规则颗粒离散元方法 …… 6
1.1.4　新颖的任意形态颗粒离散元方法 …… 7
1.2　任意形态颗粒离散元方法的高性能计算 …… 11
1.2.1　球形颗粒的 GPU 并行算法 …… 11
1.2.2　非规则颗粒的 GPU 并行算法 …… 14
1.3　任意形态颗粒材料的工程应用 …… 16
1.3.1　有砟铁路道床的动力特性分析 …… 16
1.3.2　离散元方法在海冰工程中的应用 …… 18
参考文献 …… 20
第 2 章　多面体离散元方法 …… 26
2.1　多边形表面模型的几何构造 …… 26
2.1.1　几何建模方法 …… 27
2.1.2　数据结构 …… 29
2.1.3　质量和转动惯量 …… 31
2.2　基于能量守恒理论的接触力模型 …… 34
2.2.1　能量守恒接触理论 …… 35
2.2.2　接触能函数的选取 …… 36
2.2.3　接触力的求解 …… 38
2.3　多面体离散元方法的算法验证 …… 39
2.3.1　接触模型的参数敏感性分析 …… 39
2.3.2　复杂颗粒的弹性及非弹性碰撞验证 …… 41
2.3.3　颗粒在复杂结构中的动力学行为分析 …… 43
2.4　小结 …… 45
参考文献 …… 45

第 3 章 扩展多面体离散元方法 …… 48
3.1 扩展多面体的单元构造 …… 48
3.1.1 基于闵可夫斯基和方法的扩展多面体单元 …… 48
3.1.2 质量及转动惯量计算 …… 49
3.2 扩展多面体单元间的搜索判断及接触力模型 …… 51
3.2.1 几何接触算法 …… 52
3.2.2 近似包络函数算法 …… 58
3.3 扩展多面体离散元方法的算例验证 …… 63
3.3.1 单颗粒重力下落的离散元分析 …… 63
3.3.2 料斗卸料过程的成拱效应 …… 66
3.4 小结 …… 70
参考文献 …… 70
第 4 章 超二次曲面离散元方法 …… 73
4.1 超二次曲面单元的构造 …… 73
4.1.1 基于连续函数包络的超二次曲面单元 …… 74
4.1.2 质量及转动惯量计算 …… 74
4.2 超二次曲面单元的搜索判断及接触力模型 …… 75
4.2.1 基于优化算法的颗粒间重叠量计算 …… 75
4.2.2 颗粒与结构间的重叠量计算 …… 77
4.2.3 考虑等效曲率的非线性接触力模型 …… 82
4.3 超二次曲面离散元方法的算例验证 …… 83
4.3.1 椭球体碰撞的离散元模拟 …… 83
4.3.2 圆柱体堆积的试验验证 …… 85
4.3.3 颗粒材料的流动过程模拟 …… 86
4.4 小结 …… 90
参考文献 …… 91
第 5 章 球谐函数离散元方法 …… 93
5.1 球谐函数单元的构造 …… 93
5.1.1 球谐函数的方程表示 …… 94
5.1.2 A_{nm} 系数的求解方式 …… 95
5.2 非规则颗粒的水平集函数重构 …… 96
5.2.1 零水平集函数的构造方法 …… 96
5.2.2 空间水平集函数的构造方法 …… 97
5.3 基于水平集方法的搜索判断及接触力模型 …… 98
5.3.1 基于三线性插值方法的接触点搜索 …… 98

5.3.2 多个接触力的有效计算 …… 100
5.4 球谐函数离散元方法的算例验证 …… 101
5.4.1 单个颗粒的弹性及非弹性碰撞验证 …… 101
5.4.2 多个颗粒堆积的离散元模拟 …… 103
5.5 小结 …… 106
参考文献 …… 107
第 6 章 任意形态组合单元的离散元方法 …… 108
6.1 组合球体单元的离散元方法 …… 108
6.1.1 组合球体模型的几何构造 …… 109
6.1.2 组合球体模型的运动求解 …… 110
6.1.3 组合球体单元间的接触力计算 …… 112
6.2 组合扩展多面体单元的离散元方法 …… 117
6.2.1 组合扩展多面体模型的几何构造 …… 118
6.2.2 组合扩展多面体模型的运动求解 …… 118
6.2.3 组合扩展多面体模型的接触力计算 …… 120
6.3 组合超二次曲面单元的离散元方法 …… 121
6.3.1 组合超二次曲面单元的几何构造 …… 122
6.3.2 组合超二次曲面单元的运动求解 …… 124
6.3.3 组合超二次曲面单元的接触力计算 …… 125
6.4 任意形态组合单元离散元方法的算例验证 …… 126
6.4.1 单个颗粒冲击平面的解析解对比 …… 126
6.4.2 多个颗粒卸料过程的对比分析 …… 127
6.4.3 多个颗粒堆积过程的离散元模拟 …… 130
6.4.4 多个颗粒流动特性的对比分析 …… 132
6.5 小结 …… 134
参考文献 …… 134
第 7 章 任意形态单元间的粘结–破碎模型 …… 137
7.1 平行粘结–破碎模型 …… 138
7.1.1 球体颗粒的平行粘结模型 …… 138
7.1.2 扩展多面体的平行粘结模型 …… 139
7.1.3 粘结力和力矩的有效计算 …… 143
7.2 单元接触的粘结–破碎模型 …… 145
7.2.1 刚体有限元方法 …… 145
7.2.2 考虑损伤和断裂能的混合断裂准则 …… 150
7.2.3 粘结节点的选取及粘结力的计算 …… 153

7.3 平行粘结–破碎模型的验证 ······ 156
7.3.1 单轴压缩试验的离散元分析 ······ 157
7.3.2 三点弯曲试验的离散元分析 ······ 159
7.3.3 冻结道砟破碎特性的离散元模拟 ······ 162
7.4 单元接触的粘结–破碎模型的验证 ······ 165
7.4.1 颗粒运动稳定性 ······ 165
7.4.2 粘结单元的破碎行为 ······ 167
7.4.3 巴西盘劈裂试验的离散元模拟 ······ 169
7.5 小结 ······ 172
参考文献 ······ 172
第 8 章 基于 GPU 并行的高性能离散元计算及软件研发 ······ 175
8.1 任意形态颗粒间的邻居搜索和接触算法 ······ 176
8.1.1 空间网格划分和重新排序 ······ 176
8.1.2 接触对列表及参考列表的创建方法 ······ 177
8.2 基于 GPU 并行的 CUDA 算法 ······ 178
8.2.1 GPU 架构及 CUDA 编程方案 ······ 179
8.2.2 CUDA Thrust 库中核函数的调用及离散元计算 ······ 185
8.3 国内外离散元计算分析软件发展现状 ······ 189
8.3.1 国外离散元软件的发展现状 ······ 189
8.3.2 国内离散元软件的发展现状 ······ 193
8.4 基于 GPU 并行的任意形态颗粒材料离散元计算分析软件 SDEM ······ 197
8.4.1 SDEM 软件的开发现状 ······ 197
8.4.2 SDEM 软件模拟百万量级的大规模颗粒材料 ······ 200
8.4.3 SDEM 软件模拟颗粒材料的流动过程 ······ 201
8.4.4 SDEM 软件的 GPU 并行效率对比 ······ 202
8.4.5 SDEM 软件模拟旋转圆筒内颗粒的混合过程 ······ 204
8.5 小结 ······ 206
参考文献 ······ 206
第 9 章 任意形态颗粒离散元方法的应用 ······ 208
9.1 任意形态颗粒运动特性的离散元模拟 ······ 209
9.1.1 筒仓内颗粒材料的流动状态 ······ 209
9.1.2 水平转筒内颗粒材料的混合特性分析 ······ 217
9.1.3 螺旋输送机内颗粒材料的输运过程 ······ 225
9.2 着陆器和返回舱着陆中颗粒缓冲性能的离散元模拟 ······ 230
9.2.1 冲击载荷下颗粒材料的缓冲特性 ······ 230

9.2.2 着陆器与返回舱着陆过程的离散元分析 ······ 236
9.3 有砟铁路道床动力特性的离散元模拟 ······ 247
9.3.1 道砟材料的休止角试验及离散元验证 ······ 247
9.3.2 道砟材料的直剪试验及离散元验证 ······ 253
9.3.3 寒区有砟道床离散元分析 ······ 259
9.3.4 往复载荷下有砟道床动力特性的离散元分析 ······ 263
9.4 极地船舶及海洋工程的离散元模拟 ······ 267
9.4.1 复杂海冰类型的离散元构造 ······ 268
9.4.2 极地船舶航行冰载荷的离散元分析 ······ 273
9.4.3 水下航行体冰区航行冰载荷的离散元分析 ······ 280
9.4.4 极地海洋工程结构冰载荷的离散元分析 ······ 283
9.5 小结 ······ 290
参考文献 ······ 290

第 1 章 绪　　论

颗粒材料广泛地存在于自然界和工业生产中，其是由大量离散固体颗粒组成的复杂体系。颗粒材料具有固体或流体的特殊力学特性，在一定条件下发生类固–液转化现象 (孙其诚和王光谦, 2008)。颗粒间的摩擦和粘滞作用可使能量迅速耗散，颗粒间重新排列并调整接触力的传输方向和接触时间，将局部载荷在空间扩展和时间延长，进而形成稳定的颗粒体系 (季顺迎等, 2016)。离散单元法 (discrete element method, DEM) 由 Cundall 和 Strack 提出后，经四十多年的发展已成为一种模拟颗粒材料力学特性并解决相关工程问题的重要工具 (Cundall and Strack, 1979)。该方法最早采用二维圆盘或三维球体的规则单元，其具有计算简单和运行高效等特点。然而，自然界或工业中普遍是以非规则颗粒组成的复杂体系。球形与非规则颗粒在宏–细观力学特性方面有很大差异，同时非规则颗粒间的多碰撞、低流动性和咬合互锁效应显著影响颗粒材料的力学响应。尽管考虑滚动摩擦模型的球形颗粒能较好地反映非规则颗粒的动态行为，但是这种模型难以有效捕捉颗粒材料的孔隙率和配位数等特性。更重要的是，从球形颗粒材料得到的颗粒宏–细观力学性质不能简单地推广到非规则颗粒材料 (Lu et al., 2015)。因此，发展任意形态的理论构造及接触模型仍然是当前离散元方法的关键问题。

近年来，针对非规则颗粒的离散元方法得到迅速发展，包括基于二次曲面方程的椭球体模型、基于二次函数扩展的超二次曲面模型、基于几何拓扑的多面体模型 (Govender et al., 2014) 和基于闵可夫斯基和 (Minkowski sum) 算法的扩展多面体模型等。这些几何模型通常适用于构造凸形颗粒，单元间的接触判断很大程度为单点接触，进而难以准确反映凹形颗粒材料的运动规律。为了合理地描述凹形颗粒的几何特性，组合单元方法不断发展和完善。这种方法将不同数目的球体、椭球体、超二次曲面、圆柱体和多面体等基本单元进行任意组合，从而构造任意的颗粒形状 (Liu and Zhao, 2020)。考虑组合单元间接触判断的复杂性，其接触理论通常转化为若干个基本单元间的接触问题。组合单元方法的不足是其计算效率随着基本单元数目的增加而显著降低，且计算精度依赖于颗粒间的接触模式。另一类描述凹形颗粒材料的离散元方法包括基于函数包络的傅里叶级数形式、球谐函数等，以及基于离散化表面的能量守恒理论 (Feng, 2021a)、水平集算法等。这类方法显著提高了非规则离散元模拟的计算精度，并且能用于构造任意的颗粒形状。值得注意的是，非规则单元间的接触搜索相比球形颗粒更加复杂，其搜索时间占整个计算时间的比率会显著增加，而这限制了非规则颗粒的数量和运行时间，进而难以准确反映大规模非规则颗粒材料的运动规律。

为了满足离散元方法在实际工程问题中的大规模计算需求，并行计算方法通常采用中央处理器 (central processing unit, CPU) 并行或图像处理器 (graphics processing unit, GPU) 并行。其中，CPU 并行方法包含基于共享内存方式的多线程并行 (open multi-processing, OpenMP) 方法、基于分布式内存模式的消息传递接口 (message passing interface, MPI) 方法和上述两种算法混合使用的 MPI-OpenMP 方法等。上述方法以 CPU 为计算核心，各个处理器间相互协同，进而达到加快求解速度或扩大求解规模的目的。CPU 并行的不足在于其计算效率通常依赖于计算节点的数量，导致计算机硬件成本增加且易出现负载不均衡等限制。另一种离散元并行方法为 GPU 并行，其具有由数以千计更小且更高效的核心组成的并行架构。与 CPU 并行相比，GPU 价格低廉且适用于具有较高算术密度且逻辑分支简单的运算，这为非规则颗粒材料的大规模数值计算提供了可靠的硬件基础 (Chen and Matuttis, 2013)。

颗粒材料广泛地存在于粮食输运、矿物工程、药品加工、地质灾害预测等多个领域 (葛蔚和李静海, 2001)，其流动状态受边界条件、材料属性、颗粒形状等因素影响而产生不同的流动模式。在重力驱动的颗粒流动过程中，颗粒间重新排列形成拱形结构和强度迥异的力链网络，进而使得颗粒流动状态从连续流动转变为间歇性流动。另外，颗粒形状显著影响颗粒材料的流动状态。与球形颗粒相比，非规则颗粒表面的尖锐度和长宽比降低了颗粒材料的流动速率，并且非规则颗粒间相互接触形成互锁结构，限制了颗粒间的相对运动并增强了颗粒材料的剪切强度，颗粒的流动状态从连续流动转变为阻塞状态。因此，非规则颗粒的动力特性研究对颗粒材料在工业生产和设计中的应用具有重要的参考价值。

1.1　任意形态颗粒的离散元方法

近年来，离散单元法已成为分析颗粒材料宏–细观流动特性的重要手段。随着模拟精度的逐步提高，更多的研究关注于颗粒的真实形态，这使得非规则颗粒的构造及接触理论得到发展和完善。

1.1.1　基于函数表征的任意形态颗粒离散元方法

椭球体模型是构造非规则颗粒的一种普遍方法，可用于构造不同长宽比的扁圆形或伸长形椭球体颗粒，并且具有数值稳定、计算效率高等优势，如图 1.1 所示。Lin 和 Ng 于 1995 年发展了椭球体颗粒材料的数值计算程序 “ELLIPSE3D” (Lin and Ng, 1995)。该程序采用两种接触检测方法，即几何势能算法 (geometric potential algorithm) 和公共法线方法 (common normal method)。其中，几何势能算法旨在寻找每个颗粒表面上具有最小几何势能的点作为接触点，而公共法线方法旨在寻找每个颗粒表面上的两个点，且两个点间的连线分别与两个颗粒的表面法向平行。对于二维椭圆或三维椭球体，不同接触检测方法出于数学考虑而对接触点具有不同的定义，并导致颗粒间不同的重叠量。然而，离散元模拟中颗粒间的重叠量通常小于颗粒粒径的千分之一。因此，这两种方法所产生的差异是可以忽略的。Hopkins (2004) 基于数学理论提出扩展椭球体模型，该模型将两个椭球体间的接触等效为每个椭球体在扩展半径内若干个球体间的接触。这种方法简化了凸形颗粒间的接触判断，可在扩展距离内寻找单元间的最短距离，并通过计算一个约束表面相对另一个约束表面的梯度得到不同的接触模式。

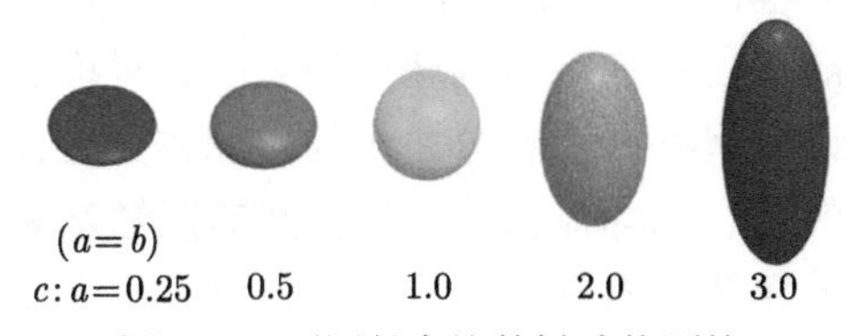

图 1.1 不同长宽比的椭球体颗粒

超二次曲面模型是二次曲面方程的一种扩展函数，通过改变函数中五个参数进而得到不同长宽比和表面尖锐度的椭球体、圆柱体和立方体颗粒 (Zhao et al., 2019)。Barr 于 1981 年首次采用超二次曲面方程描述非规则颗粒形状 (Barr, 1981)。该方程随后应用于计算机图形学并且可表示复杂几何体。Lu 等 (2012) 采用连续函数表示 (continuous function representation, CFR) 和离散函数表示 (discrete function representation, DFR) 两种方法进行超二次曲面单元的离散元模拟。对于离散函数表示的超二次曲面单元，采用自适应离散化方法在颗粒表面分布离散点，并建立接触参考列表以加快接触检测的速度。对于连续函数表示的超二次曲面单元，采用牛顿迭代方法数值计算两个颗粒间的接触点。此外，离散函数表示的超二次曲面单元的计算效率随着表面点数目的增加而降低，当颗粒具有足够数目的表面点时，离散函数表示的超二次曲面单元与连续函数表示的超二次曲面单元具有一致的数值结果。Podlozhnyuk 等 (2017) 采用开源 DEM 代码 LIGGGHTS 可生成不同形态的超二次曲面单元，如图 1.2 所示。在计算单元间作用力之前，通过包围球和包围盒方法减少潜在接触对的数目进而提高离散元模拟的计算效率。对于颗粒间的接触检测，采用中间点方法 (midway point method) 计算单元间的接触点和方向，并通过与理论结果、试验结果和有限元数值结果的对比，进一步验证了当前超二次曲面模型的有效性和鲁棒性。

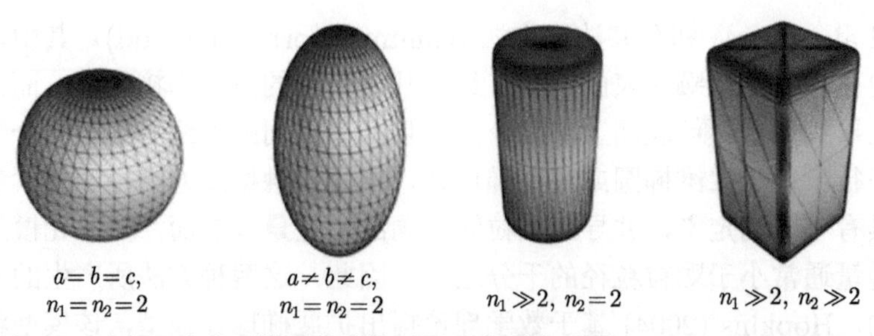

图 1.2　由超二次曲面模型构造的不同形态颗粒 (Podlozhnyuk et al., 2017)

尽管椭球体和超二次曲面方程可构造不同的颗粒形状，但是这些形状都具有中心对称特性且限制了两种模型的进一步工程应用。针对这种限制，聚合椭球体模型 (poly-ellipsoid model) 和聚合超二次曲面模型 (poly-superquadric model) 得到进一步发展。Peters 等 (2009) 针对椭球体颗粒中心对称的几何特性进一步发展了聚合椭球体模型。该模型将 8 个八分之一的椭球体拼接在一起，形成一个几何非对称且不同长宽比的聚合椭球体颗粒。颗粒间的接触判断简化为椭球体间的接触判断，采用几何势能算法并考虑接触点的象限位置，进而确定颗粒是否发生接触。Zhang 等 (2018) 优化了聚合椭球体颗粒间的接触判断，采用同步微型计算机断层扫描 (synchrotron microcomputed tomography) 图像构建光滑的颗粒形状，同时基于几何势能算法计算椭球体间的重叠量。Zhao 和 Zhao (2019) 针对超二次曲面单元中心对称的几何特性发展了聚合超二次曲面模型，如图 1.3 所示。这种

图 1.3　由聚合超二次曲面模型构造的不同形态颗粒 (Zhao and Zhao，2019)

模型是将 8 个超二次曲面单元的八分之一拼接在一起，形成一个可描述不同伸长率、尖锐度和几何非对称的凸形颗粒形状。将 8 个超二次曲面方程及 8 个控制方程联立形成以表面法向为自变量和以笛卡儿坐标为因变量的新函数方程，并采用一种基于混合 LM (Levenberg-Marquardt) 和 GJK(Gilbert-Johnson-Keerthi) 方法的新型优化方法计算单元间的重叠量和表面法向。

1.1.2 基于几何拓扑的非规则颗粒离散元方法

多面体单元和扩展多面体单元是基于几何拓扑描述非规则颗粒的普遍方法 (马刚等, 2011)。Feng 和 Owen (2004) 针对二维多边形间的接触检测提出了基于能量的通用接触模型，在该模型中接触力大小、方向和接触位置都是唯一确定的 (Feng and Owen, 2004)。该模型可作为统一接触理论适用于任意凸多边形单元，并且该方法具有较快的计算效率和数值稳定性。Nezami 等 (2006) 采用公共平面方法 (common plane method) 计算三维多面体单元间的重叠量，将两个单元间最短距离的垂直平面定义为公共平面，如图 1.4 所示。Gui 等 (2016) 针对多面体单元发展了新的软球嵌入虚拟硬颗粒模型 (soft-sphere-imbedded pseudo-hard-particle model) 。该模型将硬颗粒组成的边界用一系列软球体进行包络，而这些软球体会根据主颗粒的位置、方向和形状围绕平衡位置进行调整。这种方法的优势在于不需要处理软球体间的作用力，同时还可以采用球体间简单的接触判断进而简化多面体间的接触计算。Feng 和 Tan (2019) 将扩展多面体算法 (expanding polytope algorithm, EPA) 引入多面体单元间作用力的计算中 (Feng and Tan, 2019)。该算法与 GJK 算法相结合，在闵可夫斯基差运算的基础上判断点在闵可夫斯基差区域内的位置以及与边界的最小距离。其中，边界到原点的最短距离和方向即为两个单元间的重叠量和接触法向。

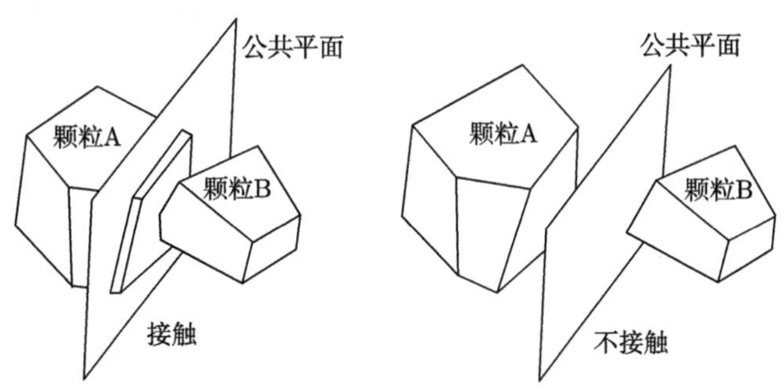

图 1.4 基于公共平面方法的多面体模型 (Nezami et al., 2006)

Liu 和 Ji (2018) 发展了基于闵可夫斯基和算法的扩展多面体模型，如图 1.5 所示。该模型是在多面体基础上向外扩展一个球体半径而形成，并将多面体单元间的接触问题转化为平面、柱面和球面间的接触检测，从而避免角点及棱边接触时的奇异结果，这提高了模拟的计算效率。Liu 和 Ji (2020) 针对扩展多面体单元间复杂的接触判断问题，建立了基于二阶扩展函数的数值迭代求解算法。该方法用二阶扩展函数的加权求和方程近似表示扩展多面体的外轮廓，并将扩展多面体单元间的接触检测转化为寻找单元间最短距离的优化问题，同时采用牛顿迭代算法计算近似接触点。根据近似接触点的位置进行迭代计算并判断可能发生的接触模式，在模拟道砟直剪时得到的剪切应力结果与试验结果基本吻合。

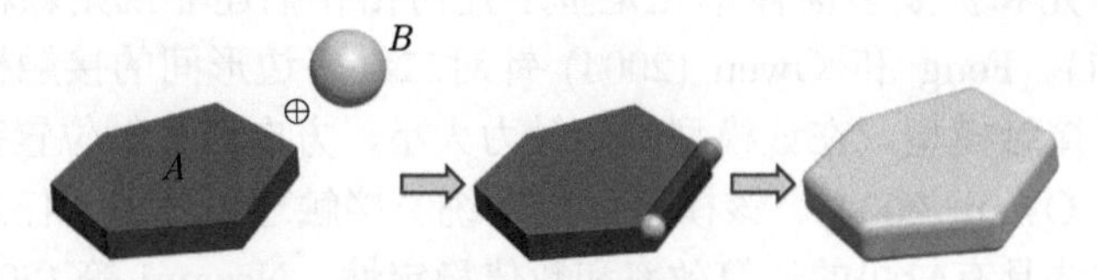

图 1.5　由扩展多面体模型构造的颗粒 (Liu and Ji, 2018)

1.1.3　组合颗粒模型的非规则颗粒离散元方法

尽管椭球体、超二次曲面、聚合椭球体、聚合超二次曲面、多面体和扩展多面体单元可描述不同的颗粒形状，但是这些形状受到接触理论的限制，仅能计算凸形颗粒材料，这与自然界中存在的具有凹凸表面特性的颗粒形状仍有一定的差异。为了克服这种限制，组合颗粒模型得到广泛的关注。这种组合模型将不同数目的球体、椭球体、超二次曲面、圆柱体和多面体等凸形单元进行任意组合，从而构造真实的颗粒形状。考虑组合单元间接触判断的复杂性，其接触理论通常转化为若干个基本单元间的接触问题。Vu-Quoc 等 (2000) 采用组合球方法构造类似大豆的椭球体颗粒，在传统 Mindlin 和 Deresiewicz 接触力学的基础上，提出了弹–塑性摩擦接触的新接触模型以计算颗粒间的法向和切向力，并对斜槽中颗粒流动过程进行模拟，数值结果较好地吻合于试验结果。Kruggel-Emden 等 (2008) 采用组合球方法构造一个球体并分析球体冲击平面的回弹特性。研究发现：组合球方法的数值结果依赖于颗粒的排列，同时组合球方法在用于近似球体时具有一定的局限性，其推广至其他任意形状时也将面临困难，至少在单颗粒水平上可能会引入新的误差。Li 等 (2015) 采用组合球方法逼近真实颗粒形状，如图 1.6 所示。同时，对于组合球方法提出基于修正启发式算法的三种解决方案，即实体填充方案、表面覆盖方案和三角形表面覆盖方案。

除了以球体为基本单元的组合模型外，其他形状颗粒的组合模型也得到发展，如图 1.7 所示。Liu 和 Zhao (2020) 提出了类似组合球体方法的组合超二次曲面模型，该方法用一定数目的超二次曲面单元来描述一种任意形状颗粒，同时超二次曲面单元间相互重叠且不计算接触力；采用组合超二次曲面方法构造三种药片形状和一种胶囊形状，并且数值模拟中颗粒堆积高度和旋转圆筒内颗粒动态休止角均较好地吻合于试验结果；同时，与传统球体模型相比，组合超二次曲面模型的计算效率较低，并且其计算效率取决于基本超二次曲面单元的长宽比、尖锐度参数和基本颗粒数目。Rakotonirina 等 (2019) 将若干个凸多面体以一定的重叠量进行组成，从而形成组合多面体单元；组合多面体单元间的接触检测简化为多面体间的接触判断，并采用 GJK 算法计算凸多面体单元间的重叠量和接触法向；与组合球体相比，这种模型避免了近似颗粒形状时形成的人为粗糙度，并保留了面、边和点的几何特征。Kidokoro 等 (2015) 将两个半球和一个圆柱体颗粒进行组合进而形成球柱体颗粒，球柱体单元间的接触判断分为四种接触模式：① 两个圆柱体相互平行的接触；② 两个圆柱体的交叉接触；③ 两个半球体间的接触；④ 半球体和圆柱体间的接触。Meng 等 (2018) 进一步将若干个球柱体颗粒以一定重叠量进行组合进而形成组合球柱体颗粒；通过解析模型和松弛算法对组合球柱体颗粒的堆积特性进行分析，使用蒙特卡罗方法优化堆积结构并消除局部有序结构；与凸形颗粒相比，凹形颗粒间具有更高的配位数，并且凹形颗粒存在更多的互锁和纠缠效应，进而形成稳定的堆积结构。

图 1.6　由组合球体模型构造的不同形态颗粒 (Li et al., 2015)

图 1.7　由组合扩展多面体单元构造的凹形颗粒

1.1.4　新颖的任意形态颗粒离散元方法

值得注意的是，组合单元方法虽然在一定程度上克服了基本颗粒的几何对称、严格凸形等形状限制，并且该方法可将接触检测简化为基本单元间的接触判断。这在很大程度上降低了数值计算的复杂性，并提高了离散元模拟的稳定性。然而，该方法的计算效率随着基本单元数目的增加而显著降低，且其计算精度依赖于颗粒间的接触模式。为真实反映任意形态颗粒的运动特性，新颖的非规则构造理论引起广泛关注。Li 等 (2019) 提出了具有凹形表面的心形颗粒模型。心形颗粒采用网格法计算接触点，并且不需要调用牛顿迭代算法及相应的初始预测点和雅可比 (Jacobi) 逆矩阵。这保证该接触算法在求解过程中不存在发散情况，从而确保离散元模拟的数值稳定性和通用性。此外，通过网格法计算超二次曲面单元间接触点所耗费时间小于传统的牛顿迭代算法，从而说明该方法具有较高的计算效率。Mollon 和 Zhao (2014) 将随机场理论和基于傅里叶函数描述的颗粒生成算法相结合，从而生成具有复杂形状且精度可控的真实颗粒模型。该算法的具体步骤包含：① 在给定体积分数和颗粒数目的多面体单元内进行带约束的沃罗努瓦 (Voronoi) 细分；② 根据每个傅里叶级数的相关矩阵和傅里叶频谱，计算校正后的协方差矩阵、特征向量和特征值；③ 采用归一化半径表示每个 Voronoi 单元，用关联系数投影至协方差矩阵的特征空间中，并将这些系数归一化以获得单位方差的拟合系数；④ 计算每个样本中的颗粒半径，同时计算所需的拟合和随机本征参数；⑤ 将生成的颗粒存放在各自的单元内，并根据体积分数或约束条件对这些颗粒进行缩放。采用以上步骤，可获得具有不同长宽比、表面尖锐度、球面度、尺寸分布、体积分数等关键特征的颗粒堆积结构，如图 1.8 所示。

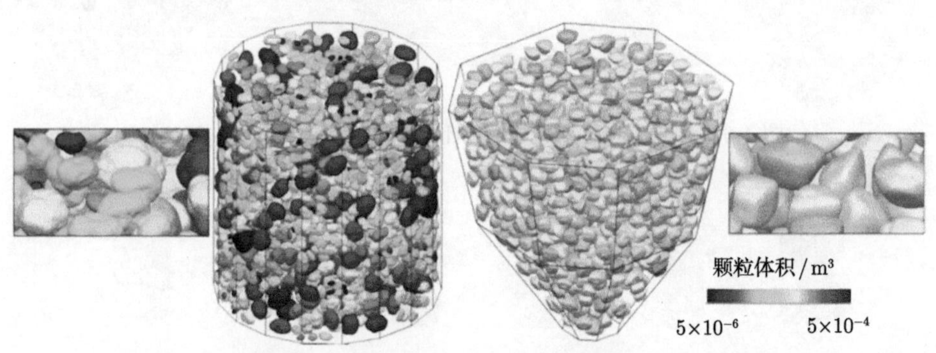

图 1.8　基于随机场理论和基于傅里叶函数描述生成的颗粒样本 (Mollon and Zhao, 2014)

Kawamoto 等 (2016) 提出了基于水平集函数的任意形态离散元方法。这种方法结合 X 射线计算机断层扫描 (X-ray computed tomographic, XRCT) 以像素形式表示真实的颗粒形状，并采用离散化的水平集函数对图像进行重构，其可完全捕捉真实颗粒的复杂形态。水平集函数是一种标量的隐式函数，函数值表示空间点至颗粒表面的距离。以二维颗粒为例，颗粒的外表面表示为轮廓线，如图 1.9(a) 所示。同时，在颗粒轮廓内或外添加更多的轮廓线。这些等高线表示与颗粒表面的距离或高度，在颗粒外为正值，而在颗粒内为负值。然后，在包含颗粒轮廓的空间内叠加网格。图 1.9(b) 显示了每个网格节点的高度值，这便是离散化的水平集函数值。通过对周围网格节点进行插值，可以计算每个网格节点的水平集函数值。如果一个节点的水平集函数值小于零，则该点位于颗粒内部，否则该点位于颗粒外部。通过插值点对原始颗粒表面进行重构，如图 1.9(c) 所示。在此基础之上，采用基于水平集理论的离散元方法模拟真实颗粒材料的三轴压缩过程，并通过 XRCT 图像获得真实颗粒形态，其计算得到的应力–应变和体积–应变的数值结果较好地吻合于试验结果，这证实了水平集算法的有效性。

(a) 颗粒表面　(b) 离散化的水平集函数　(c) 颗粒重构

图 1.9　基于水平集函数的任意形态单元 (Kawamoto et al., 2016)

Su 和 Yan (2018) 采用微型 X 射线计算机断层扫描 (μXCT) 技术以高分辨率对真实颗粒进行三维可视化显示，并采用球谐函数对 μXCT 图像进行颗粒重构和建模。一个球谐函数包含实数和虚数部分，并且包含若干项 N 阶导数和 M 的阶乘 (Su and Yan, 2018)。通过该方法研究了最大球谐函数系数和网格划分度对确定颗粒粒径和形状的影响，并建立了不同形状与描述参数间的对应关系。同时，基于主成分分析 (principal component analysis, PCA) 和经验累积分布函数 (empirical cumulative distribution function, ECDF) 提出了一种考虑球谐函数系数的概率方法，进而对真实颗粒进行三维重构。另外，当球谐函数的最大幂次为 10 时，即可对真实颗粒形状进行准确描述，如图 1.10 所示。

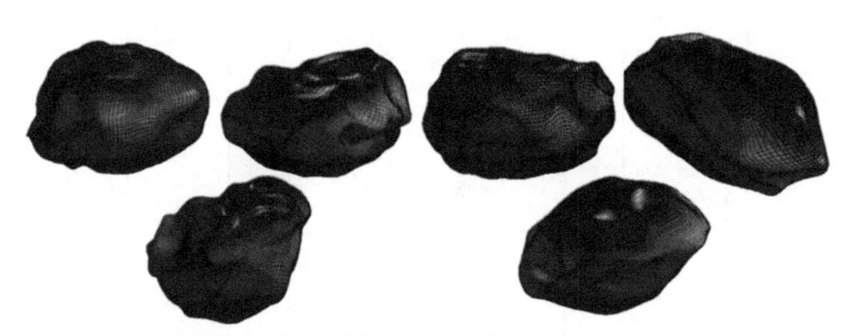

图 1.10　基于球谐函数生成的颗粒样本 (Su and Yan, 2018)

Liu 等 (2020) 基于非均匀有理样条 (non-uniform rational basis-splines,

NURBS) 描述任意的颗粒形态。NURBS 通过控制点、节点向量、权重、函数阶数等参数确定任意的颗粒形状。将任意的颗粒形状转化为 NURBS 描述的颗粒形状，如图 1.11 所示。由于在 NURBS 中样条是连续且高阶可导的，因此这种模型更适用于构造表面光滑的颗粒形状。在相同数目的采样点下，NURBS 描述的颗粒形状具有更高的数值精度，其通过 20 个控制点描述的球形颗粒与传统的球形颗粒基本相同。此外，与基于面描述的离散元方法相比，该模型使用 500 个采样点时的计算时间节省 80%，这表明该模型适用于非规则颗粒的大规模数值模拟。

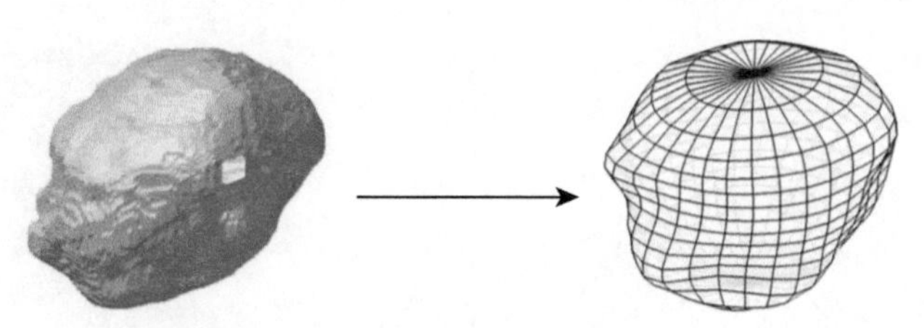

图 1.11　采用非均匀有理样条描述的颗粒 (Liu et al., 2020)

Feng (2021b, c) 针对自然界或工业应用中的任意形态颗粒，发展了基于能量守恒原理的多面体检测算法。该方法用若干个三角形单元包络任意形态颗粒的表面，进而形成多面体模型。在传统离散元模拟中，如果忽略系统的阻尼、塑性形变以及热传导方式，那么颗粒材料的总能量总是守恒的。此外，单元的接触法向定义为能量函数的梯度。当给定一对颗粒的能量函数时，将自动遵循法向接触模型，包括接触法向方向、接触点和作用力大小。当采用接触体积的线性接触能量函数时，两个接触颗粒间的角点即可确定并用于计算接触力，这显著提高了能量守恒接触模型的计算效率和适用性。图 1.12 显示采用能量守恒接触理论模拟香蕉形颗粒与

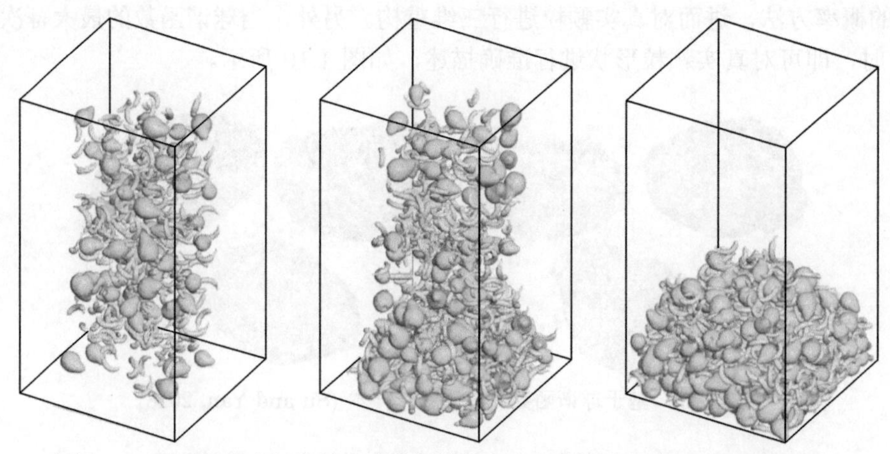

图 1.12　采用能量守恒接触理论模拟的任意形态颗粒堆积过程 (Feng, 2021c)

梨形颗粒的混合堆积过程。可以发现，该方法在离散元模拟中具有较好的数值稳定性且适用于任意形态的颗粒材料。

目前，离散元数值模拟中单元形态已从最初的球体发展为椭球体、超二次曲面、多面体、扩展多面体、组合单元模型、心形颗粒、球谐函数模型、随机场理论、傅里叶级数形式、水平集方法、非均匀有理样条、能量守恒理论等多种非规则颗粒模型，不同的构造方法及接触理论在算法灵活性、数值稳定性、计算效率等方面具有独特的优势，同时也有一定的不足。因此，发展更加稳定和高效的非规则颗粒构造理论仍然是当前离散元数值模拟的重要挑战。

1.2 任意形态颗粒离散元方法的高性能计算

1.2.1 球形颗粒的 GPU 并行算法

考虑实际工程应用及自然环境中颗粒材料的数目较为巨大，这显著降低了离散元模拟的计算效率并限制了该方法的进一步工程应用。英伟达 (NVIDIA) 公司于 2007 年提出统一计算设备架构 (compute unified device architecture, CUDA)，旨在发挥 GPU 的通用计算能力。编程语言为一种类 C 的 CUDA C 语言，通过调用数以千计更小且更高效的核心以实现强大的并行计算能力。由于 GPU 并行适用于具有较高算术密度且逻辑分支简单的运算，因此 GPU 并行方法首先用于离散元模拟中的球形颗粒。

Nishiura 和 Sakaguchi (2011) 提出了一种在共享内存系统中的并行矢量算法，该方法克服了在分布式内存系统中负载不均衡的现象，进而保证每个处理器分配相同数目的颗粒。为了避免建立邻居接触对列表时出现内存同时访问的缺陷，通过对颗粒编号进行重新排序，并对重排序后的颗粒编号构建邻居列表。通过建立包含接触对索引的参考列表，根据牛顿第三定律，对所有接触的颗粒直接在 GPU 端进行接触力叠加求和，这避免了每个颗粒在接触力求和期间出现冗余的内存竞争。Xu 等 (2011) 为了提高 GPU 并行的计算效率，忽略了球形颗粒间切向作用力的叠加作用，在区域分解下采用 200 多个 GPU，进而将模拟工况扩展至真实的工业尺度，其加速比达到 11 倍。Zheng 等 (2012) 发展了基于均一网格算法的 GPU 并行框架，将球形颗粒间的接触判断划分为宽阶段和窄阶段，并分别进行单元并行，这种方式显著提高了离散元方法模拟密实混凝土流动的计算效率；该 GPU 并行方法与 CPU 计算相比，其加速比约为 73 倍。Yue 等 (2015) 建立了 CPU-GPU 异构架构，该并行架构对存储结构进行优化，同时采用共享内存进而避免访问冲突，最大化 CPU-GPU 异构架构中 GPU 内存带宽频率；当球形颗粒的数目为 2 万个时，该并行方法的加速比为 19.6 倍。Govender 等 (2015) 发展了基于球面接触的 GPU 并行算法 “BLAZE-DEM”，这种方法可将凸几何边界转变为凹几何边界，并在工业球磨机中模拟 1 秒钟 400 万颗粒的运动过程；该过程实际消耗仅 1 小时，显著提高了离散元模拟的计算效率，同时在 NVIDIA K40 的 GPU 端可处理 10 亿量级的颗粒材料，满足了工业级别的大规模计算需求。Steuben 等 (2016) 在 GPU 并行计算中引入改进的滑动摩擦模型和热传导模型，进而形成了以 “GPGPU” 为基础的通用软件架构；采用该方法与传统滑动摩擦模型进行定性比较以证明当前滑动模型的可靠性，同时对风力涡轮机叶片的结冰过程进行测试以说明该热传导模型的有效性。Tian 等 (2017) 采用多 GPU 并行算法提高离散单元法的计算效率，使用一维区域分解方法实现分布式计算，同时应用动态负载均衡策略进而保证每个 GPU 上的工作负载均衡，如图 1.13 所示；该方法采用元胞列表法加速单元间接触力的叠加求和，使用异步通信降低通信的时间成本，并可模拟 1 亿量级的大规模颗粒材料且具有良好的并行效率。He 等 (2018) 针对大尺寸分布的颗粒材料发展了多网格搜索的 GPU 并行技术，实现了单个 GPU 的并行、单个计算节点内的 GPU 对等内存拷贝和基于 MPI 的跨 GPU 计算节点运行；这种三级并行的高效计算方法优化了相关的内存布局，同时还可模拟颗粒尺度上的复杂接触行为，包括弹塑性接触及变形、流体–固体耦合等，在模拟粉体压实过程中计算效率和压实行为的可靠性预测均显著提高。

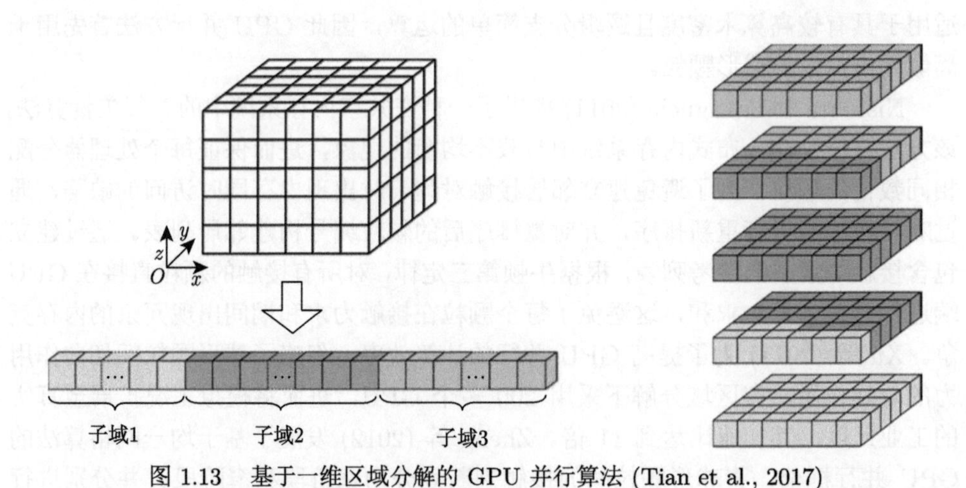

图 1.13　基于一维区域分解的 GPU 并行算法 (Tian et al., 2017)

此外，基于 GPU 并行的球形离散元方法广泛地应用于化学工程、寒区工程、岩土工程、食品工程等多个领域中。Ren 等 (2013) 采用 GPU 并行算法模拟球形颗粒在 7.5 L 搅拌机中的混合和流动过程，研究发现：填充率为 50%～60%时搅拌机具有最高的运行效率和生产力，并且旋转速度为 30 r/min 时颗粒材料具有最佳的混合速率和最低的能源消耗。Seo 等 (2014) 将 GPU 并行算法应用于包含双组分颗粒的打印系统中并模拟球形颗粒在搅拌过程中的混合行为，其数值结果与试验结果间的误差小于 15‰。Hazeghian 和 Soroush (2015) 采用 GPU 并行算法模拟砂土颗粒的断层破坏过程，结果表明：最大主应变方向与断层间的夹角沿着断层破裂而变化，同时夹角随着土壤流动性的增加而增加。与松散的砂层相比，密集砂层的断层会产生更高的梯度，这将对相邻结构产生更严重的破坏。Yu 等 (2015) 采用 GPU 并行算法模拟球形颗粒材料在轴向转筒内的混合行为，采用交替排列的挡板对颗粒进行轴向运动的引导，形成对颗粒分散和对流的叠加作用，进而提高颗粒材料在轴向方向的混合效率。Hazeghian 和 Soroush (2016) 采用 GPU 并行算法研究了致密砂岩在断裂层中剪切带的形成过程及细观机理，结果表明：宏观尺度上剪切带在破坏时发生局部扭转或屈曲，这与颗粒材料的软化行为、更多空隙的产生、颗粒高速旋转、颗粒床内部能量迅速降低和耗散能量的快速增加均有关系；此外，颗粒间的滑动主导剪切带的变化，而滚动机制同样在剪切带的能量耗散中起着至关重要的作用。Peng 等 (2016) 采用球形颗粒的 GPU 并行算法模拟重力驱动下筒仓内颗粒材料的流动过程，研究发现，筒仓可分为九个区域，分别为：松散堆积区、流动区、剪切层、过渡段流动区、收缩流动区、滞流区、垂直流动区、向心流区和自由落体区，同时在不同流动区域内颗粒具有不同的流速和加速度。在此基础之上，Peng 等 (2018) 进一步分析了稳定流动区域和不稳定流动区域间存在的临界转化区域，而该区域内颗粒材料孔隙率的急剧增加可能导致筒仓内颗粒的不稳定流动。Zheng 等 (2018) 将球形颗粒的 GPU 并行算法扩展至离散元–有限元耦合计算中，如图 1.14 所示；在充气轮胎与沙子颗粒相互作用的数值计算中实现超过 15 倍的加速比，并且在总牵引力、牵引杆拉力和行驶阻力方面的数值结果较好地与试验结果相吻合，也证实了当前基于 GPU 并行的离散元–有限元耦合算法有效性。Long 等 (2019) 采用 GPU 并行算法模拟海冰在单轴压缩和三点弯曲下的力学特性，其中球形单元考虑粘结–破碎特性，分

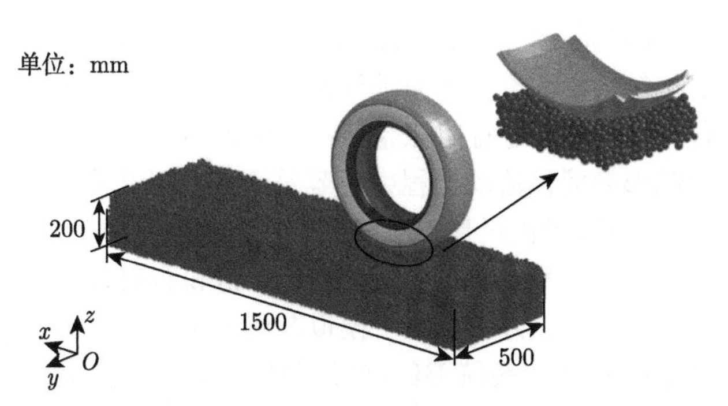

图 1.14 基于 GPU 并行算法的轮胎和沙子相互作用 (Zheng et al., 2018)

析颗粒粒径、样本大小、粘结强度、颗粒间摩擦系数等细观参数对宏观尺度上海冰的单轴抗压强度和弯曲强度的影响，进而建立了海冰微观参数与宏观力学强度间的对应关系。

1.2.2　非规则颗粒的 GPU 并行算法

由于非规则颗粒间的接触判断比球形颗粒更加复杂，在相同颗粒数目的条件下，非规则颗粒的计算时间通常是球形颗粒的几倍或几十倍，这限制了非规则离散元方法在工业生产中的进一步应用。为此，GPU 并行算法为非规则颗粒的大规模数值模拟提供了重要的手段。Gan 等 (2016) 在椭球体离散元方法中引入 GPU 并行算法，模拟非规则颗粒材料在高炉顶部装料系统、螺旋输送机和水平转筒内的流动特性，研究发现，随着颗粒长宽比偏离 1，单个 GPU 与单个 CPU 的加速度显著增加，这也说明 GPU 并行算法更适用于非规则颗粒材料；同时，采用基于 MPI 算法的多 GPU 并行比单个 GPU 并行具有更快的运行速度，即 32 个 GPU 并行比单个 GPU 并行快 18 倍，同时该方法可用于模拟千万量级的非规则颗粒材料。此外，Gan 等 (2019) 进一步采用基于 MPI 的多 GPU 方法分析了颗粒粒径分布、颗粒形状、传送带速度和高度等参数对非规则颗粒材料能量耗散的影响规律，结果表明：表面粗糙的颗粒比光滑颗粒具有更大的能量耗散，并且在冲击作用下具有一定粒径分布的颗粒材料具有更显著的缓冲性能。

此外，多面体和扩展多面体单元的 GPU 并行方法得到广泛的发展。Zhang 等 (2013) 发展了二维三角形颗粒的 GPU 并行算法，该方法基于 Antonio Munjiza 提出的有限元–离散元组合方法，并引入了动态域的分解技术，其计算速度提高了 80 倍。Govender 等 (2014) 针对凸多面体单元发展了基于 GPU 并行的 BLAZEDEM-GPU 离散元代码，充分利用了 GPU 端任务级的并行性，并通过交互功能实时查看多面体单元的运动情况；同时，该代码基于分离平面方法对凸多面体单元的接触检测进行优化，显著降低了 GPU 端的显存消耗，实现了在单个 NVIDIA K6000 GPU 上模拟 3400 万个多面体的大规模数值计算 (Govender et al., 2015)。在此基础之上，Govender 等 (2018) 发展了凹多面体的 GPU 并行算法，该方法基于凸多面体间的接触检测并将接触力进行叠加，同时对凸多面体和凹多面体在料斗中的流动过程与试验结果进行对比验证；结果表明，凸形多面体的流动过程为间歇性流动，而凹形多面体流动过程中更容易形成拱形结构。Liu 等 (2020a) 在 BLAZEDEM-GPU 离散元代码基础上增加了多面体单元的粘结–断裂模型，可模拟细观裂纹衍生、扩展及断裂的过程，并且巴西盘和石灰石的单轴压缩结果较好地吻合于试验结果，表明该方法可用于模拟细观和宏观尺度上颗粒材料的力学特性。Lubbe 等 (2020) 改进了传统 BLAZEDEM-GPU 离散元代码，在计算中考虑计算域大小、颗粒数目、颗粒密度、粒径的多分散性、颗粒形状等因素，并引入包围球和包围盒方法将计算时间降低了 20%。刘璐等 (2021) 通过闵可夫斯基方法构造扩展多面体，采用 GPU 并行算法模拟船体在冰区航行中平整冰的破碎过程，将船体结构与浮冰碰撞中的冰压力与国际船级社协会 (IACS) 规范进行对比，且具有较小的误差。

GPU 并行算法也广泛地应用于组合球颗粒和药品形状颗粒的离散元模拟中。Longmore 等 (2013) 通过组合球方法构造沙子颗粒，在 GPU 并行架构中减小纹理内存的消耗，同时增加用于存储颗粒的内存空间，进而形成了对颗粒材料的快速可视化及精确数值计算，该方法成功地模拟沙子颗粒在压缩和卸载阶段中弹性滞后和应变损失、料斗中颗粒的流动行为，以及动态休止角的形成过程。Liu 等 (2020) 采用粘结球体的方法并考虑颗粒间的破碎准则，采用 GPU 并行算法模拟在外部载荷下大规模铁路道砟的破碎过程和内在机理，计算结果表明，基于 GPU 并行的球形粘结–破碎模型能更好地模拟岩石破坏过程的演化，尤其是裂缝的萌生和扩展，其数值结果较好地吻合于试验结果。Boehling 等 (2016) 采用 GPU 并行算法模拟 100 万个药片颗粒在旋转圆筒内的喷雾和包衣过程，每个药片颗粒由 8 个球体组合而成，在离散元模拟中真实球体的数目已达 800 万个；数值结果表明，喷嘴数量和喷雾速率对药片颗粒的包衣系数具有较大影响，而转筒载荷和转速对包衣系数具有较小的影响；另外，降低转筒载荷和喷雾速度，并增加旋转速度和喷嘴数量可获得最佳的工业参数。Kureck 等 (2019) 发展了双凸平面建模的药片模型，采用 GPU 并行算法模拟旋转圆筒中 200 万个药片颗粒的包衣和涂层过程，如图 1.15 所示。该方法与组合球构造的药片颗粒相比，具有更准确的数值结果和更快的计算效率，并且相关的数值结果与试验结果较好地吻合。

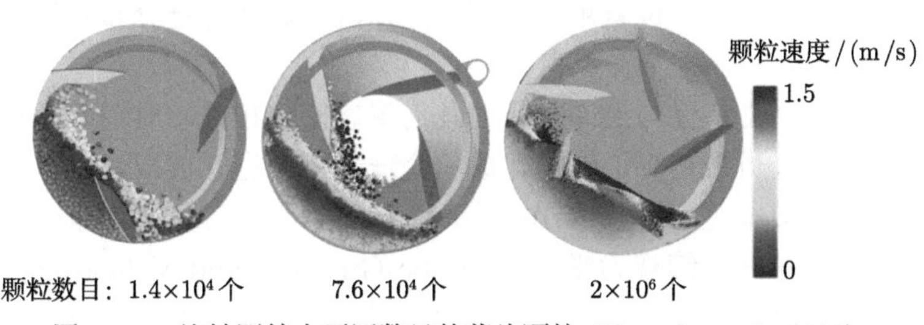

图 1.15 旋转圆筒内不同数目的药片颗粒 (Kureck et al., 2019)

以上研究表明，不同的 GPU 并行算法适用于不同的非规则离散元方法，并且复杂的非规则颗粒接触理论显著影响 GPU 并行的计算规模和运行效率。为此，面向实际工程领域中大规模非规则颗粒材料的计算需求，GPU 并行算法仍需进一步完善。

1.3　任意形态颗粒材料的工程应用

颗粒物质广泛存在于生产和生活中，常作为建筑材料的石块、河沙、泥土等，工业生产中的矿石、铁路道砟等，以及高纬度寒区冻土、海冰等，这些都是典型的颗粒物质，它们往往具有十分复杂的几何形状。对于这些具有不规则形态的颗粒物质，其动力学行为较为复杂，以往的研究大多采用规则单元及其组合单元(如球形单元和组合球单元) 进行数值模拟。然而，这些颗粒表面十分平滑，无法表征真实颗粒的尖锐性和互锁性，其计算结果往往具有很大的局限性，难以对工程问题提供指导。因此，本节采用任意形态颗粒离散元方法构造道砟和海冰单元，重点分析有砟铁路道床的动力特性和极地海洋工程中海冰与装备结构的相互作用。

1.3.1　有砟铁路道床的动力特性分析

目前，国内外对有砟道床动力特性的数值分析手段主要有两种：基于离散介质的离散元方法 (DEM) 和基于连续介质的有限元方法 (FEM)。在宏观尺度上可以将有砟轨道结构视为连续体，并赋予道砟层、轨枕、路基等不同的材料属性，进而采用有限元法进行数值模拟，相继开展了许多有益的研究工作。但是，采用有限元方法不能引入道砟颗粒尺度下的细观特征，而这些特征又是反映道床宏观动力特性的重要因素，因此基于有限元法在模拟分析有砟道床动力特性时存在一定的局限性。考虑到道砟的非连续分布特征及其对整体轨道结构动力特性的影响，目前多采用离散单元法对其进行数值模拟。离散单元法可以对道砟颗粒的粒径、形态以及道床的级配、孔隙率等细观特征进行精确的模拟，并可对道砟受列车载荷作用下的破碎粉化过程、位置重排、道床整体沉降量和力链分布等细观特征进行系统全面的分析。

有砟道床的动力特性与道砟颗粒的几何形态密切相关。对道砟非规则形态进行构造时，研究人员最初将道砟简化成单个球形颗粒进行模拟，并以此建立了道床枕木离散元计算模型，如图 1.16 所示，分析了不同工况下有砟道床结构的动力响应和道砟颗粒间的细观力学信息 (Lobo-Guerrero and Vallejo, 2006)。但是，球形颗粒表面光滑，在模拟道砟颗粒间的自锁效应和啮合作用时存在明显的局限性，得到的道床计算结果对于工程问题的参考价值有限。为此，国内外研究人员相继发展了多种非规则形态颗粒，如基于球体单元的粘结或镶嵌模型、多面体模型、基于连续函数包络的超二次曲面模型，以及基于勒让德函数拟合的三维随机真实颗粒模型。对于该图中的非规则颗粒构造模型，目前多采用球形颗粒镶嵌模型和多面体模型对道砟颗粒进行离散元数值建模。

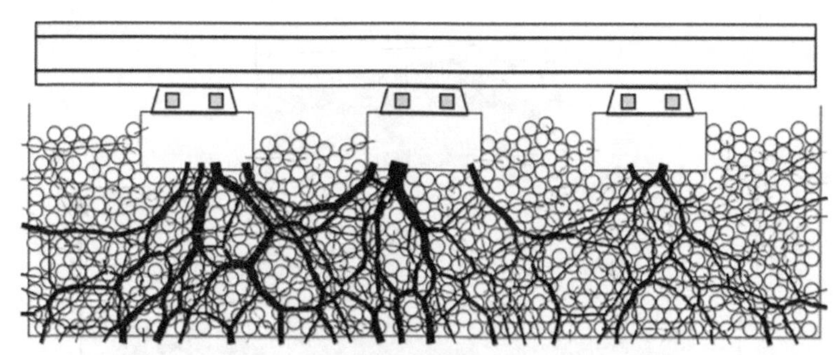

图 1.16　基于球形颗粒单元的有砟铁路离散元数值分析 (Lobo-Guerrero and Vallejo, 2006)

英国诺丁汉大学的 McDowell 团队利用三维立体摄影技术获得真实道砟颗粒的表面点云数据，并获得道砟的边界信息，由相互重叠的内切球对道砟进行重构 (Lu and McDowell, 2007)。澳大利亚伍伦贡大学 Indraratna 团队通过 MATLAB 编写了自动生成道砟三维镶嵌颗粒模型的程序代码，并在此基础上利用商业软件 PFC3D 进行了大量的道床沉降及剪切特性的离散元数值模拟研究 (Indraratna et al., 2014)。Bubblepack 算法可以通过细化颗粒表面三角网格和内部四面体剖分的精度来逼近真实道砟的不规则几何形态。对于多面体模型，通常采用数字图像设备获得真实道砟样本三个正交方向的投影图像，并将三个投影图像沿垂直于投影方向拉伸为柱体，以三个柱体相交形成的多面体作为道砟模型，但是由该方法所得到的道砟模型会受到初始道砟颗粒摆放角度的影响，不能对道砟底部的形态信息进行还原，且该方法会弱化道砟颗粒的尖锐程度，因此对于尖锐度较高的道砟颗粒，进行三维重建时会产生较大的误差。Anochie-Boateng 等 (2013) 利用三维激光扫描仪精确获取了不规则岩石颗粒的形态，基于这些扫描点云数据，提出了一种包含颗粒表面纹理、圆度、平整度、棱度四项外形参数的颗粒形态构造算法。

有砟道床在列车循环载荷作用下，受到载荷循环幅值和次数、道床密集度、围压、道砟棱角尖锐度等因素的影响逐渐产生变形和退化，其中道砟颗粒的破碎、磨耗产生的影响最为显著。国内外研究人员采用不可破碎的颗粒模型对道床的动力特性进行了大量的离散元数值模拟研究。Zhang 等 (2019) 采用商业软件 PFC3D 建立了小尺寸的三维有砟道床模型，其中道砟颗粒和枕木均采用球形镶嵌模型进行构造，分析了载荷反复作用下有砟道床的宏细观力学行为，并探究了道床不同位置处道砟颗粒的振动响应。Ji 等 (2017) 利用扩展多面体单元对道砟颗粒进行了重构，并将其应用于具有周期边界的道砟箱试验数值模拟研究中，如图 1.17 所示，探究了五种不同频率循环载荷作用下有砟道床的累积沉降和有效刚度。

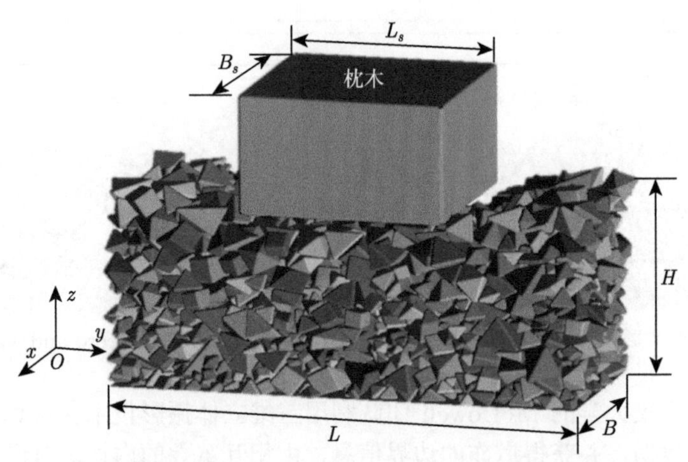

图 1.17　基于扩展多面体的道砟箱离散元模型 (Ji et al., 2017)

1.3.2　离散元方法在海冰工程中的应用

近几十年来，全球气候持续变暖，造成北极海冰覆盖面积减少、南极冰川融化加剧。北极航道的夏季通航也开始了可行性论证和探索性运行，我国于 2012 年开始在北冰洋考察中针对北极航道的可行性运行进行系统的专题调查。在冰载荷的相关研究中，由于海冰在自然界中的离散分布特性以及其破碎后呈现离散体性质，采用离散元方法模拟结构与海冰的作用过程可有效利用该方法的优势和特点 (Dempsey, 2000)。自 20 世纪 80 年代开始，离散元方法就已初步应用于碎冰碰撞过程及海冰流变学的相关研究中。离散元方法可模拟小尺度下冰块之间的碰撞和摩擦作用，还可对中尺度下冰脊的形成、冰隙的产生以及极地大尺度海冰的演化过程进行数值模拟。离散元方法不仅能够合理地模拟海冰与结构作用的破坏过程，而且在船体冰阻力计算方面具有一定的优势。但是，在采用离散元方法分析船体冰载荷时，尚需进一步针对海冰的力学性质发展单元间的粘结–破碎模型，并通过模型试验对计算模型进行检验并合理确定模型的计算参数。

针对大中尺度下海冰的离散特性，可采用二维块体离散元模型对其动力演化过程进行数值分析 (Hopkins, 1996)。在计算冰块间的相互作用时，采用粘弹性和塑性模型描述单元间的挤压破坏、摩擦、弯曲和屈曲破坏等力学过程，并忽略拉伸强度的作用。该作用力模型主要包括两个部分：一是模拟粘结海冰单元之间的破碎过程，二是模拟非冻结海冰单元间的摩擦碰撞作用。在冻结单元之间的弹性变形模型中，两个互相冻结的相邻海冰单元被视为通过粘弹性模型粘结在一起，其可承受一定的拉力和压力。同时，海冰单元被视为刚性体，海冰的弹性变形以单元之间粘结位置的相对运动体现。如图 1.18 所示，采用二维块体离散元可模拟北极地区海冰在风场和流场作用下的断裂过程，并分析海冰在地球物理尺度上的离

散分布特性 (Hopkins, 2004)。

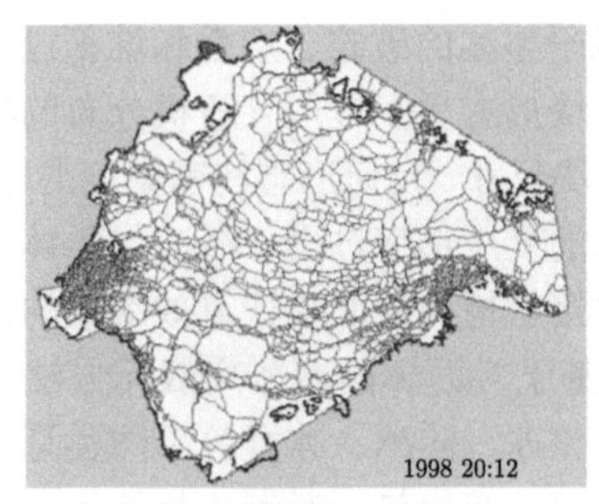

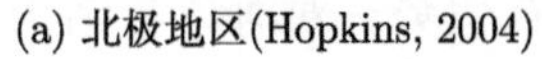
(a) 北极地区(Hopkins, 2004)

(b) 巴罗(Barrow)角局部地区

图 1.18 二维块体离散元模拟大尺度海冰在风场和流场作用下的裂纹

海冰在自然环境条件下呈现出很强的离散分布特性。在与海洋结构的相互作用中，海冰破碎为形态各异的离散冰块，并导致海洋结构的整体或局部振动现象 (Xu et al., 2015)。因此，海冰与海洋结构的相互作用是一个伴随海冰破碎、冰激结构振动、海冰与海水耦合的复杂过程。目前，人们采用离散元方法进行了海冰与海洋结构相互作用的数值分析，但大多关注于海冰的离散分布规律和破碎特性，而对海冰破碎时海冰与海洋结构、海水间的耦合作用进行了简化或忽略。这给结构冰载荷的精确计算带来了较大误差，且难以处理直立式海洋平台结构在海冰作用下的持续稳态振动、海冰在多桩腿结构间的堆积和堵塞、螺旋桨与海冰作用引起船体局部振动等问题。为精确分析结构冰载荷，还需要同时考虑海冰与海洋结构、海水间的耦合作用并合理分析冰激海洋平台结构振动问题。在海冰与平台结构的相互作用过程中，受到海水在立管和立柱结构之间的复杂流场作用，海冰在海洋平台的立管结构中会发生阻塞，影响平台作业安全，如图 1.19(a) 所示。为精确分析海冰阻塞过程，需要考虑海水、海冰、结构之间的流–固耦合作用。在海冰与船体结构的相互作用过程中，海冰表现出环形破坏等多种破坏模式，如图 1.19(b) 所示。针对海冰的多种破坏模式，将海冰的本构模型引入离散元方法中，探究不同模型参数对船体结构及海洋平台与海冰作用过程的影响规律，从而揭示海冰的破坏机理并为海洋工程结构及船体安全评估提供理论依据。

目前，在海冰与海洋结构相互作用的离散元分析中，通常假设海洋结构为无形变的刚体，设定流体速度为定常速并简化计算海冰单元受到海流的拖曳力，还需要考虑海冰单元受到的浮力和重力作用。海冰离散元方法的计算单元可采用球体 (龙雪等, 2018)、圆盘等不同形态，如图 1.20 所示。通过平行粘结模型将球体单元进行粘结并考虑单元之间的粘结失效，使离散的球体单元粘结为平整冰排，在海流的作用下与海洋平台发生碰撞进而破碎，具有模型简单和计算效率高的特点。

将平面圆盘与球体进行闵可夫斯基和运算生成外形光滑的三维圆盘单元，可用于模拟碎冰在波浪作用下的动力学过程，以及碎冰与海洋结构的相互作用 (Sun and Shen, 2012)。多面体离散元模型主要模拟平整冰的破碎、重叠和堆积过程，可合理地描述冰块的几何形态。针对碎冰区冰块形态呈多边形且随机分布的特点，还可采用 Voronoi 切割算法生成具有不同冰块尺寸、几何形态和密集度的冰块分布。目前，人们采用块体离散元方法对堆积冰的受压形变过程、海冰与船体结构的相互作用过程进行了数值模拟。但多面体的接触检测等面临计算效率低的问题，利用多面体合理构建其粘结–破碎模型也是基于多面体的海冰离散元方法中的关键问题。因此，针对船舶、平台等结构与平整冰、碎冰、冰脊等不同类型海冰的动力作用特性，还需发挥不同形态海冰单元的计算优势，对海冰与结构的动力作用过程进行数值分析。

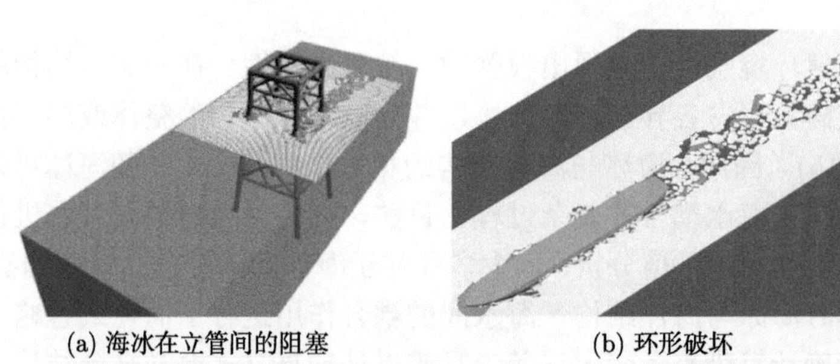

(a) 海冰在立管间的阻塞　　　(b) 环形破坏

图 1.19　海冰与平台、船体结构相互作用中的阻塞和破坏现象

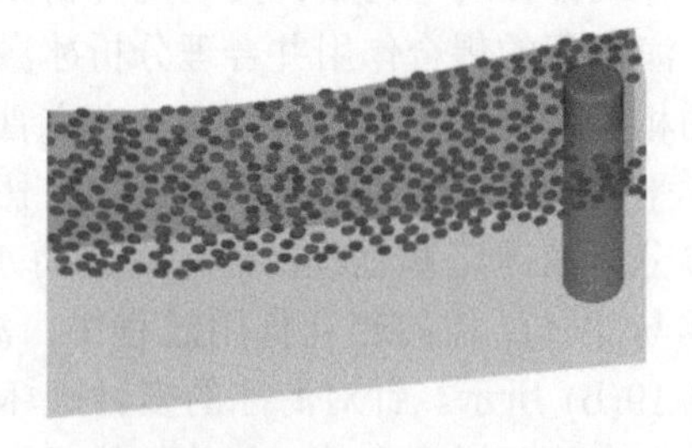

(a) 球体单元(龙雪等，2018)　　　(b) 圆盘单元(Sun and Shen, 2012)

图 1.20　在离散元中采用不同单元类型模拟结构与海冰的相互作用

参 考 文 献

付茹, 胡新丽, 周博, 等. 2018. 砂土颗粒三维形态的定量表征方法 [J]. 岩土力学, 39(2): 483-490.

葛蔚, 李静海. 2001. 颗粒流体系统的宏观拟颗粒模拟 [J]. 科学通报, 46(10): 802-805.

季顺迎, 樊利芳, 梁绍敏. 2016. 基于离散元方法的颗粒材料缓冲性能及影响因素分析 [J]. 物理学报, 65(10): 164-176.

刘璐, 曹晶, 张志刚, 等. 2021. 冰区航行中船体结构冰压力分布特性的离散元分析 [J]. 船舶力学, 25(4): 453-461.

龙雪, 宋础, 季顺迎, 等. 2018. 锥角对锥体结构抗冰性能影响的离散元分析 [J]. 海洋工程, 36(6): 92-100.

马刚, 周伟, 常晓林, 等. 2011. 堆石体三轴剪切试验的三维细观数值模拟 [J]. 岩土工程学报, 33(5): 746-753.

孙其诚, 王光谦. 2008. 颗粒流动力学及其离散模型评述 [J]. 力学进展, 38(1): 87-100.

Anochie-Boateng J K, Komba J J, Mvelase G M. 2013. Three-dimensional laser scanning technique to quantify aggregate and ballast shape properties[J]. Construction and Building Materials, 43: 389-398.

Barr A H. 1981. Superquadrics and angle-preserving transformations [J]. IEEE Computer Graphics and Applications, 1(1): 11-23.

Boehling P, Toschkoff G, Knop K, et al. 2016. Analysis of large-scale tablet coating: modeling, simulation and experiments [J]. Eur J Pharm Sci, 90: 14-24.

Chen J, Matuttis H G. 2013. Optimization and openmp parallelization of a discrete element code for convex polyhedra on multi-core machines [J]. International Journal of Modern Physics C, 24(2): 1350001.

Cundall P A, Strack O D L. 1979. A discrete numerical model for granular assemblies [J]. Géotechnique, 29(1): 47-65.

Dempsey J P. 2000. Research trends in ice mechanics [J]. International Journal of Solids and Structures, 37: 131-153.

Feng Y T. 2021a. A generic energy-conserving discrete element modeling strategy for concave particles represented by surface triangular meshes [J]. International Journal for Numerical Methods in Engineering, 122(10): 2581-2597.

Feng Y T. 2021b. An energy-conserving contact theory for discrete element modelling of arbitrarily shaped particles: basic framework and general contact model [J]. Computer Methods in Applied Mechanics and Engineering, 373: 113454.

Feng Y T. 2021c. An energy-conserving contact theory for discrete element modelling of arbitrarily shaped particles: contact volume based model and computational issues[J]. Computer Methods in Applied Mechanics and Engineering, 373: 113493.

Feng Y T, Owen D R J. 2004. A 2D polygon/polygon contact model: algorithmic aspects[J]. Engineering Computations, 21(2/3/4): 265-277.

Feng Y T, Tan Y. 2019. On Minkowski difference-based contact detection in discrete/discontinuous modelling of convex polygons/polyhedra [J]. Engineering Computations, 37(1): 54-72.

Gan J Q, Evans T, Yu A B. 2019. Impact energy dissipation study in a simulated ship loading process [J]. Powder Technology, 354: 476-484.

Gan J Q, Zhou Z Y, Yu A B. 2016. A GPU-based DEM approach for modelling of particulate systems [J]. Powder Technology, 301: 1172-1182.

Govender N, Rajamani R K, Kok S, et al. 2015. Discrete element simulation of mill charge in 3D using the BLAZE-DEM GPU framework [J]. Minerals Engineering, 79: 152-168.

Govender N, Wilke D N, Kok S, et al. 2014. Development of a convex polyhedral discrete element simulation framework for NVIDIA kepler based GPUs [J]. Journal of Computational and Applied Mathematics, 270: 386-400.

Govender N, Wilke D N, Kok S. 2015. Collision detection of convex polyhedra on the NVIDIA GPU architecture for the discrete element method [J]. Applied Mathematics and Computation, 267: 810-829.

Govender N, Wilke D N, Pizette P, et al. 2018. A study of shape non-uniformity and poly-dispersity in hopper discharge of spherical and polyhedral particle systems using the Blaze-DEM GPU code [J]. Applied Mathematics and Computation, 319: 318-336.

Gui N, Yang X, Jiang S, et al. 2016. A soft-sphere-imbedded pseudo-hard-particle model for simulation of discharge flow of brick particles [J]. AIChE Journal, 62(10): 3562-3574.

Hazeghian M, Soroush A. 2015. DEM simulation of reverse faulting through sands with the aid of GPU computing [J]. Computers and Geotechnics, 66: 253-263.

Hazeghian M, Soroush A. 2016. DEM-aided study of shear band formation in dip-slip faulting through granular soils [J]. Computers and Geotechnics, 71: 221-236.

He Y, Evans T J, Yu A B, et al. 2018. A GPU-based DEM for modelling large scale powder compaction with wide size distributions [J]. Powder Technology, 333: 219-228.

Hopkins M A. 1996. On the mesoscale interaction of lead ice and floes [J]. Journal of Geophysical Research Oceans, 101(C8): 18315-18326.

Hopkins M A. 2004. Discrete element modeling with dilated particles [J]. Engineering Computations, 21(2/3/4): 422-430.

Indraratna B, Nimbalkar S, Coop M, et al. 2014. A constitutive model for coal-fouled ballast capturing the effects of particle degradation[J]. Computers and Geotechnics, 61(3): 96-107.

Ji S Y, Sun S S, Yan Y. 2017. Discrete element modeling of dynamic behaviors of railway ballast under cyclic loading with dilated polyhedra[J]. International Journal for Numerical and Analytical Methods in Geomechanics, 41(2): 180-197.

Kawamoto R, Andò E, Viggiani G, et al. 2016. Level set discrete element method for three-dimensional computations with triaxial case study [J]. Journal of the Mechanics and Physics of Solids, 91: 1-13.

Kidokoro T, Arai R, Saeki M. 2015. Investigation of dynamics simulation of granular particles using spherocylinder model [J]. Granular Matter, 17(6): 743-751.

Kruggel-Emden H, Rickelt S, Wirtz S, et al. 2008. A study on the validity of the multi-sphere discrete element method [J]. Powder Technology, 188(2): 153-165.

Kureck H, Govender N, Siegmann E, et al. 2019. Industrial scale simulations of tablet coating using GPU based DEM: a validation study [J]. Chemical Engineering Science, 202: 462-480.

Li C B, Peng Y X, Zhang P, et al. 2019. The contact detection for heart-shaped particles [J]. Powder Technology, 346: 85-96.

Li C Q, Xu W J, Meng Q S. 2015. Multi-sphere approximation of real particles for DEM simulation based on a modified greedy heuristic algorithm [J]. Powder Technology, 286: 478-487.

Lin X, Ng T T. 1995. Contact detection algorithms for three-dimensional ellipsoids in discrete element modelling [J]. International Journal for Numerical and Analytical Methods in Geomechanics, 19(9): 653-659.

Liu G Y, Xu W J, Govender N, et al. 2020a. A cohesive fracture model for discrete element method based on polyhedral blocks [J]. Powder Technology, 359: 190-204.

Liu G Y, Xu W J, Sun Q C, et al. 2020b. Study on the particle breakage of ballast based on a GPU accelerated discrete element method [J]. Geoscience Frontiers, 11(2): 461-471.

Liu L, Ji S. 2018. Ice load on floating structure simulated with dilated polyhedral discrete element method in broken ice field [J]. Applied Ocean Research, 75: 53-65.

Liu L, Ji S. 2020. A new contact detection method for arbitrary dilated polyhedra with potential function in discrete element method [J]. International Journal for Numerical Methods in Engineering, 121: 5742-5765.

Liu S, Chen F, Ge W, et al. 2020. NURBS-based DEM for non-spherical particles [J]. Particuology, 49: 65-76.

Liu Z, Zhao Y. 2020. Multi-super-ellipsoid model for non-spherical particles in DEM simulation [J]. Powder Technology, 361: 190-202.

Lobo-Guerrero S, Vallejo L E. 2006. Discrete element method analysis of railtrack ballast degradation during cyclic loading[J]. Granular Matter, 8(3-4): 195-204.

Long X, Ji S, Wang Y. 2019. Validation of microparameters in discrete element modeling of sea ice failure process [J]. Particulate Science and Technology, 37(5): 550-559.

Longmore J P, Marais P, Kuttel M M. 2013. Towards realistic and interactive sand simulation: a GPU-based framework [J]. Powder Technology, 235: 983-1000.

Lu G, Third J R, Müller C R. 2012. Critical assessment of two approaches for evaluating contacts between super-quadric shaped particles in DEM simulations [J]. Chemical Engineering Science, 78(34): 226-235.

Lu G, Third J R, Müller C R. 2015. Discrete element models for non-spherical particle systems: from theoretical developments to applications [J]. Chemical Engineering Science, 127: 425-465.

Lu M F, McDowell G R. 2007. The importance of modelling ballast particle shape in the discrete element method[J]. Granular Matter, 9(1-2): 71-82.

Lubbe R, Xu W J, Wilke D N, et al. 2020. Analysis of parallel spatial partitioning algorithms for GPU based DEM [J]. Computers and Geotechnics, 125: 103708.

Meng L, Wang C, Yao X. 2018. Non-convex shape effects on the dense random packing properties of assembled rods [J]. Physica A: Statistical Mechanics and its Applications, 490: 212-221.

Mollon G, Zhao J. 2014. 3D generation of realistic granular samples based on random fields theory and Fourier shape descriptors [J]. Computer Methods in Applied Mechanics and Engineering, 279: 46-65.

Nezami E G, Hashash Y M A, Zhao D, et al. 2006. Shortest link method for contact detection in discrete element method [J]. International Journal for Numerical and Analytical Methods in Geomechanics, 30(8): 783-801.

Nishiura D, Sakaguchi H. 2011. Parallel-vector algorithms for particle simulations on shared-memory multiprocessors [J]. Journal of Computational Physics, 230: 1923-1938.

Peng L, Xu J, Zhu Q, et al. 2016. GPU-based discrete element simulation on flow regions of flat bottomed cylindrical hopper [J]. Powder Technology, 304: 218-228.

Peng L, Zou Z, Zhang L, et al. 2018. GPU-based discrete element simulation on flow stability of flat-bottomed hopper [J]. Chinese Journal of Chemical Engineering, 26(1): 43-52.

Peters J F, Hopkins M A, Kala R, et al. 2009. A poly-ellipsoid particle for non-spherical discrete element method [J]. Engineering Computations, 26(6): 645-657.

Podlozhnyuk A, Pirker S, Kloss C. 2017. Efficient implementation of superquadric particles in discrete element method within an open-source framework [J]. Computational Particle Mechanics, 4(1): 101-118.

Rakotonirina A D, Delenne J Y, Radjai F, et al. 2019. Grains3D, a flexible DEM approach for particles of arbitrary convex shape—part Ⅲ: extension to non-convex particles modelled as glued convex particles [J]. Computational Particle Mechanics, 6(1): 55-84.

Ren X, Xu J, Qi H, et al. 2013. GPU-based discrete element simulation on a tote blender for performance improvement [J]. Powder Technology, 239: 348-357.

Seo I S, Kim J H, Shin J H, et al. 2014. Particle behaviors of printing system using GPU-based discrete element method [J]. Journal of Mechanical Science and Technology, 28(12): 5083-5087.

Steuben J, Mustoe G, Turner C. 2016. Massively parallel discrete element method simulations on graphics processing units [J]. Journal of Computing and Information Science in Engineering, 16: 031001.

Su D, Yan W M. 2018. 3D characterization of general-shape sand particles using microfocus X-ray computed tomography and spherical harmonic functions, and particle regeneration using multivariate random vector [J]. Powder Technology, 323: 8-23.

Sun S, Shen H H. 2012. Simulation of pancake ice load on a circular cylinder in a wave and current field [J]. Cold Regions Science and Technology, 78: 31-39.

Tian Y, Zhang S, Lin P, et al. 2017. Implementing discrete element method for large-scale simulation of particles on multiple GPUs [J]. Computers & Chemical Engineering, 104: 231-240.

Vu-Quoc L, Zhang X, Walton O R. 2000. A 3-D discrete-element method for dry granular flows of ellipsoidal particles [J]. Computer Methods in Applied Mechanics and Engineering, 187: 483-528.

Xu J, Qi H, Fang X, et al. 2011. Quasi-real-time simulation of rotating drum using discrete element method with parallel GPU computing [J]. Particuology, 9(4): 446-450.

Xu N, Yue Q, Bi X, et al. 2015. Experimental study of dynamic conical ice force [J]. Cold Regions Science and Technology, 120: 21-29.

Yu F, Zhou G, Xu J, et al. 2015. Enhanced axial mixing of rotating drums with alternately arranged baffles [J]. Powder Technology, 286: 276-287.

Yue X, Zhang H, Ke C, et al. 2015. A GPU-based discrete element modeling code and its application in die filling [J]. Computers & Fluids, 110: 235-244.

Zhang B, Regueiro R, Druckrey A, et al. 2018. Construction of poly-ellipsoidal grain shapes from SMT imaging on sand, and the development of a new DEM contact detection algorithm [J]. Engineering Computations, 35(2): 733-771.

Zhang L, Quigley S F, Chan A H C. 2013. A fast scalable implementation of the two-dimensional triangular discrete element method on a GPU platform [J]. Advances in Engineering Software, 60-61: 70-80.

Zhang X, Zhao C F, Zhai W M. 2019. Importance of load frequency in applying cyclic loads to investigate ballast deformation under high-speed train loads[J]. Soil Dynamics and Earthquake Engineering, 120: 28-38.

Zhang Y, Jia F, Zeng Y, et al. 2018. DEM study in the critical height of flow mechanism transition in a conical silo [J]. Powder Technology, 331: 98-106.

Zhao S, Zhao J. 2019. A poly-superellipsoid-based approach on particle morphology for DEM modeling of granular media [J]. International Journal for Numerical and Analytical Methods in Geomechanics, 43(13): 2147-2169.

Zhao Y, Xu L, Umbanhowar P B, et al. 2019. Discrete element simulation of cylindrical particles using super-ellipsoids [J]. Particuology, 46: 55-66.

Zheng J, An X, Huang M. 2012. GPU-based parallel algorithm for particle contact detection and its application in self-compacting concrete flow simulations [J]. Computers & Structures, 112-113: 193-204.

Zheng Z, Zang M, Chen S, et al. 2018. A GPU-based DEM-FEM computational framework for tire-sand interaction simulations [J]. Computers & Structures, 209: 74-92.

第 2 章　多面体离散元方法

多面体单元离散元方法是基于几何拓扑结构描述任意形态颗粒的一种有效方法，在离散元方法中被广泛采用 (Nassauer et al., 2013; Ma et al., 2016)。其中基于多面体单元的非连续变形分析 (discontinuous deformation analysis, DDA) 广泛应用于岩土工程中，其对岩石堆积及脆性材料的断裂等力学过程的数值模拟具有良好的效果 (Shi, 1988; Maclaughlin and Doolin, 2006; 石根华, 2016; Zhang et al., 2015)。多面体离散元方法所面临的主要问题是尖锐棱角产生的奇异性和不连续性会导致多面体单元间多种接触模式的存在，如面–面接触、边–边接触、点–点接触、边–点接触等，从而接触检测过程较为复杂且难以建立适合于不同几何接触模式的接触力模型 (Nezami et al., 2004, 2006; Boon et al., 2012; Wang et al., 2015)。受接触理论和搜索算法限制，传统的多面体离散元方法仅适用于凸多面体单元的数值模拟，以及简单圆柱多面体颗粒的数值模拟 (Feng et al., 2017)。随着离散元方法的不断发展，Feng 在 2004 年首先提出了二维凸多边形颗粒的接触理论 (Feng and Owen, 2004)，并在而后的十几年中发展了适用于任意形态三维颗粒的能量守恒接触理论 (Feng, 2021a)，为多面体单元在不同模式下的接触力计算提供了统一的接触理论。该理论适用于任意形态的凸形 (Feng and Tan, 2020, 2021) 或凹形 (Feng, 2021d) 多面体，并且能够保证系统的能量守恒 (Feng et al., 2012)。因此，本章将从多边形模型的几何构造和基于能量守恒的接触力模型两部分来介绍多面体离散元方法。最后，采用该方法对不同形态颗粒的弹性和非弹性碰撞过程、静态和动态结构中颗粒材料的动力学行为进行数值模拟，分析颗粒材料的动能、势能和总能量随时间的变化关系，进而验证多面体离散元方法的可靠性。

2.1　多边形表面模型的几何构造

多边形表面模型作为多面体颗粒建模的重要基础，是对任意形态颗粒建模的重要手段，同时也是任意形态颗粒离散元方法中的重点和难点问题。因此对于多边形模型的几何构造的研究就显得尤为重要。本节将从多边形表面模型的几何建模方法、数据结构、质量和转动惯量的计算三方面详细介绍多边形模型的几何构造方法。

2.1.1 几何建模方法

在离散元模拟中，一个完整的几何模型包括几何信息、拓扑信息和属性信息等。本小节将从几何建模方法、数据结构和单元属性三部分进行介绍。

常见的获得多面体表面模型的方式包括计算机辅助设计 (CAD)、离散或连续函数重构以及 CT 扫描点云的三维网格重建。CAD 广泛应用于建筑设计、科学研究、机械设计、软件开发、机器人、工厂自动化、地质工程等领域。CAD 通过两种途径实现对目标物体图纸的绘制，一种是以 AUTOCAD、浩辰 CAD 和中望 CAD 为代表的二维制图；另外一种是以 SolidWorks、CATIA、Pro/E、UG/NX 等软件为代表的三维构型建模。这些软件均具备良好的人机交互性，可实现复杂模型的构建，但其图形存储格式往往并不局限于多边形网格。当涉及曲线或曲面建模时，这些软件所建立的模型目前并不能直接用于后续的离散元计算，还需要通过 Gridgen、Gambit、Hypermesh 和 ICEM CFD 等网格剖分软件对所建立的几何实体模型进行表面网格剖分。另外，力学分析中常用到的 ANSYS、ABAQUS 等有限元软件中也有相应的 CAD 前处理模块，并支持表面或实体网格剖分等操作，因此借助于这些软件的前处理模块也可以获得颗粒实体结构的表面网格信息。

连续函数重构是用多边形表面网格表示光滑连续曲面的一种近似方法。一般情况下，多边形网格的数量和密度直接决定连续函数重构的精度。连续函数重构主要包括三个步骤：表面点采样、网格重构和映射取点。首先，表面点采样是通过在参考球面上采用某种取点方式生成它们的球面或参数坐标 (θ_i, φ_i)，要注意的是选取的取点方式要能够获得足够的表面点。其次，根据表面点的空间位置进行网格重构，形成三角形或多边形表面网格。最后，将参考球面上已经建立了表面网格关系的取样点投影在原始颗粒表面上，从而得到颗粒的表面点及网格信息。图 2.1 显示了等角网格剖分、二十面体网格剖分、斐波那契 (Fibonacci) 网格剖分得到的球体表面点和网格信息 (Feng, 2021c)。尽管等角网格剖分方法易于实现，但网格尺寸和网格密度分布不均匀，特别是在颗粒两端出现密集且冗余的网格信息。后两种方式在网格分布上具有随机性，因此可以在参考球面上获得尺寸和分布相对均匀的网格。

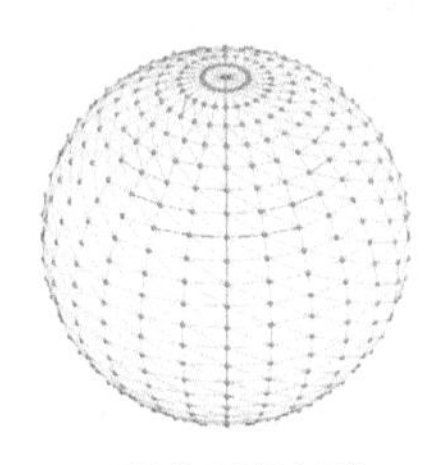
(a) 等角网格剖分

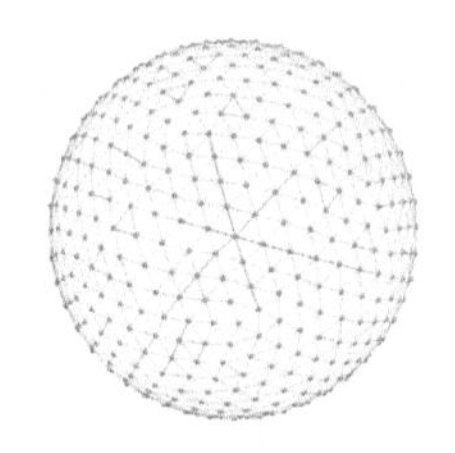
(b) 二十面体网格剖分

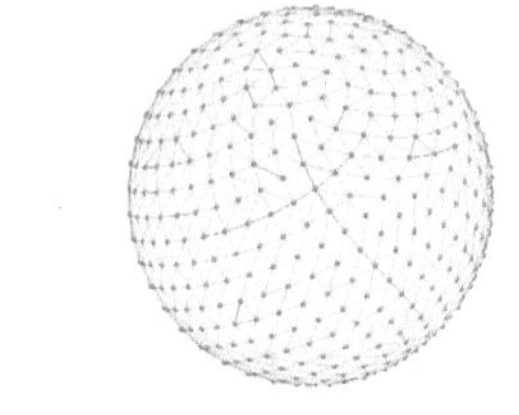
(c) 斐波那契网格剖分

图 2.1 表面点采样方法

经过表面点采样和网格重构，可由式 (2.1) 将采样点映射到所需重构的函数表面上。其中，$f(\theta_i, \varphi_i)$ 表示网格重构的函数。在进行映射取点时，函数表面点径向距离的差异程度将会影响到颗粒表面映射点的密度。一般来讲，径向距离小的区域点云分布较密，径向距离大的区域点云较稀疏。

$$\begin{cases} p_{ix} = f(\theta_i, \varphi_i) \sin\theta_i \cos\varphi_i \\ p_{iy} = f(\theta_i, \varphi_i) \sin\theta_i \sin\varphi_i \\ p_{iz} = f(\theta_i, \varphi_i) \cos\theta_i \end{cases} \tag{2.1}$$

CT 扫描点云的三维网格重建一般是通过三维激光扫描仪获取真实颗粒的三维表面几何形态，如图 2.2 所示。对物体的扫描点云数据进行点云平滑、空穴填补等处理，创建高精度的三角网格化曲面。一个真实道砟颗粒在不同精度下的三角面模型如图 2.3 所示。

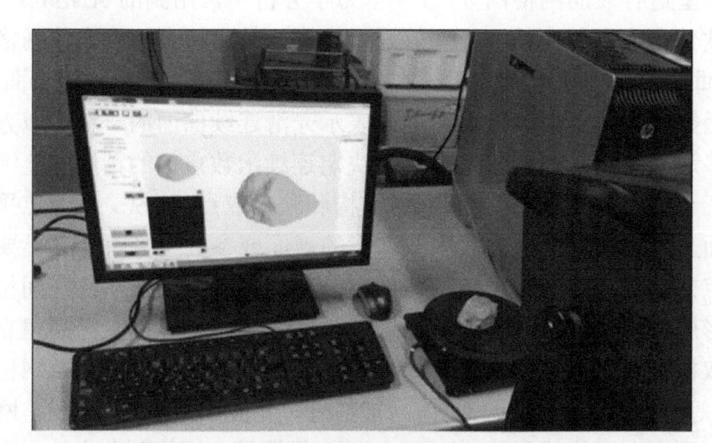

图 2.2 三维激光扫描系统和道砟颗粒构造

图 2.3 不同构造精度的道砟三角面模型

上述三种方式基本覆盖了非规则颗粒的多面体模型构建过程。这些多面体构建方法的日益完善，也使得构建多面体模型成为颗粒模型表示中最普遍的方式之一，并被广泛应用于各个领域。图 2.4 显示了上述三种方式所建立的多面体模型。

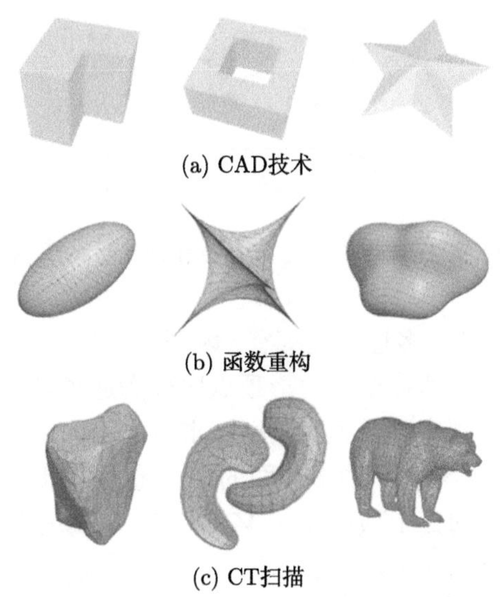

(a) CAD技术

(b) 函数重构

(c) CT扫描

图 2.4 任意形态颗粒的多面体模型

2.1.2 数据结构

多边形表面模型的几何信息主要包括：顶点坐标、棱边和多边形面。存储这些几何信息的有效方法是分别建立顶点列表、边列表和多边形面列表。其中，顶点列表中存储了多边形模型中每个顶点的坐标值，边列表中存储指向顶点列表的指针。多边形面列表通常有两种存储方式，一种是按一定顺序直接存储指向多边形顶点的列表指针，另一种是存储指向多边形边的列表指针。前者可通过面列表中存储的顶点列表指针直接读取顶点信息，而后者需要先从边列表中提取顶点列表指针，进而读取顶点信息。顶点列表指针适用于对边信息需求较少的情况，由面列表可以直接提取顶点信息，并且边列表可以不被组建。边列表指针适用于对边需求较频繁或需要获得共享边信息的情况，但由面列表提取顶点信息时需要先提取边列表信息。两种方式在不同的情况下各具优势，但都可以存储完整的多边形几何信息。

在多边形模型中，各个多边形面的方向向量对于坐标变换、内外面识别等过程有重要意义，而这一信息可通过多边形顶点的坐标值和多边形所在平面方程得到。平面方程可表示为

$$Ax + By + Cz + D = 0 \tag{2.2}$$

式中，(x, y, z) 是平面中任一点；系数 A、B、C 和 D 是描述平面空间特征的常数。从平面上三个不共线点的空间坐标可以解出系数 A、B、C 和 D，如图 2.5 所示。因此，选择多边形的三个顶点可以解得平面方程的系数。这一系数可以同其他多边形数据一起存储下来，也可根据需要在使用时单独求解。

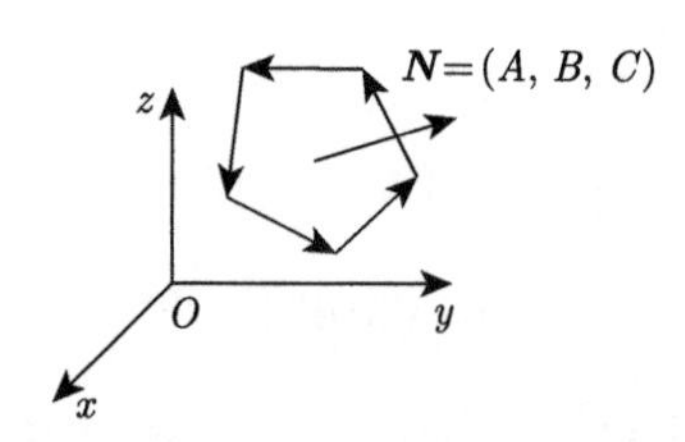

图 2.5　平面 $Ax + By + Cz + D = 0$ 及其法向量 $\boldsymbol{N}(A, B, C)$

在多边形模型中，任一多边形面都有“内侧面”和“外侧面”。通常约定，平面的法向量指向平面外部，即指定多边形顶点序列为逆时针方向时，满足右手定则的平面法向量。逆时针顺序读取顶点坐标，求得的平面方程系数即为多边形平面的“外侧面”法向量。另外，多边形平面的法向量也可以通过向量积得到。同样，逆时针顺序选择多边形的三个顶点 $\boldsymbol{V}_1$，$\boldsymbol{V}_2$ 和 $\boldsymbol{V}_3$，按顺序以右手系逆时针形成两个向量，以向量积计算法向量，可表示为

$$\boldsymbol{N} = (\boldsymbol{V}_2 - \boldsymbol{V}_1) \times (\boldsymbol{V}_3 - \boldsymbol{V}_1) \tag{2.3}$$

由此可得到平面方程的系数 A、B 和 C，然后只需要将多边形的一个顶点代入式 (2.3)，即可解出参数 D 的值。平面方程还可用来鉴别空间上点、线段与平面间的位置关系，这在多面体离散元的接触检测中十分重要，而这些均可由上述基础的顶点列表、边列表和面列表信息进一步计算得到。

此外，除了多边形的几何信息，还需要增加额外的信息来表述几何模型的拓扑关系。将边列表扩充成包括指向面列表和顶点列表的指针。由此可构造翼边结构 (winged edges structure)，如图 2.6 所示。通过此结构可以指出一个多面体的每一条边的两个相邻面、两个端点和四条邻边。每个顶点都有一个指针指向以该顶点为端点的某一条边，每一个面也有指针指向它的每条边。虽然这种方式增加了内存消耗，但可以快速提取到全部的几何拓扑信息，在部分接触计算中能够一定程度上提升计算效率。

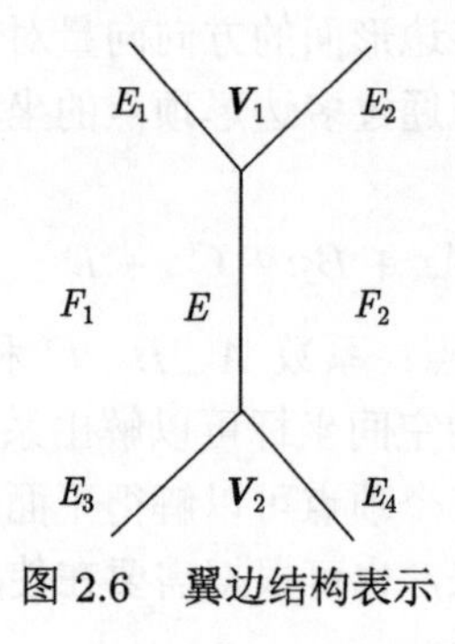

图 2.6　翼边结构表示

2.1.3 质量和转动惯量

除了多边形表面的几何信息和拓扑信息之外，在离散元计算中还需要几何模型的质心位置、质量、转动惯量等信息。一个任意多面体可以被划分为若干个四面体，因此可先行求出各四面体的质量、质心和转动惯量，最后将其叠加而得到任意多面体的质量、质心和转动惯量。

在多面体的四面体划分中，首先确定中心点 P_c。该中心点 P_c 可表示为

$$P_\mathrm{c}=\sum_{i=1}^{N_V}\frac{\boldsymbol{V}_i}{N_V} \tag{2.4}$$

式中，$\boldsymbol{V}_i$ 为各顶点坐标；N_V 为多面体顶点的个数。将每个多边形面划分为若干个三角形，则三角形与中心点 P_c 可构成四面体，如图 2.7 所示。将所划分的每个三角形分别同中心点组合即可将多面体划分为若干四面体。

连接任意顶点 A 和 G，确定 x 轴的方向。通过面上任意两角点获得面内的向量，如向量 $\overrightarrow{AB}$。通过向量积确定 z 轴方向向量 $\boldsymbol{k}$，即 $\boldsymbol{k}=\mathrm{norm}\left(\boldsymbol{i}\times\overrightarrow{AB}\right)$。式中，$\boldsymbol{i}$ 为 x 轴的单位向量，然后可计算得到 y 轴的方向向量 $\boldsymbol{j}=\mathrm{norm}\,(\boldsymbol{k}\times\boldsymbol{i})$。以 $\boldsymbol{i}$ 和 $\boldsymbol{j}$ 作为两个参考向量，确定该平面内的直角坐标系。根据由点 G 出发至任意顶点的向量，计算每个向量在 x 轴和 y 轴上的投影。以顶点 A 为例，其在 x 轴和 y 轴上的投影 $\mathrm{d}x$ 和 $\mathrm{d}y$ 可表示为

$$\begin{cases}\mathrm{d}x=\boldsymbol{i}\cdot\overrightarrow{GA}\\ \mathrm{d}y=\boldsymbol{j}\cdot\overrightarrow{GA}\end{cases} \tag{2.5}$$

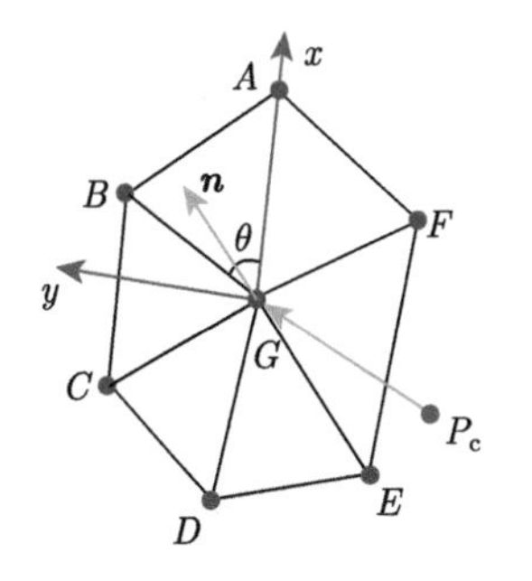

(a) 顶点的逆时针排序

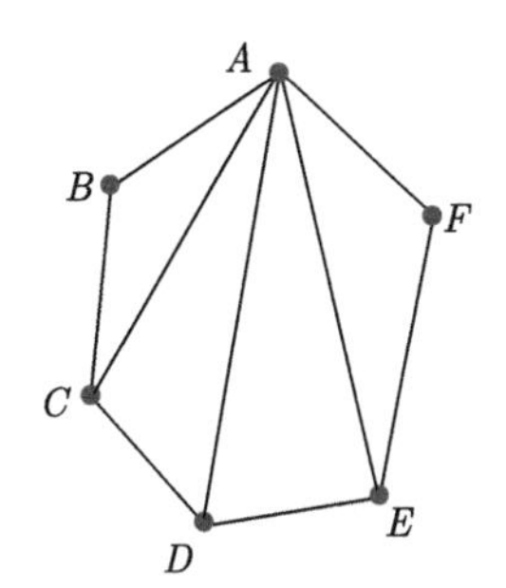

(b) 三角形划分

图 2.7 面的三角形划分过程

根据 $\mathrm{d}x$ 和 $\mathrm{d}y$ 可确定顶点 A 在直角坐标系的象限位置，再根据反正切函数

可计算得到向量 $\overrightarrow{GA}$ 与 x 轴的夹角 θ_A：

$$\theta_A=\begin{cases}\arctan\left(\dfrac{\mathrm{d}y}{\mathrm{d}x}\right), & \mathrm{d}x>0,\mathrm{d}y>0\\ \pi+\arctan\left(\dfrac{\mathrm{d}y}{\mathrm{d}x}\right), & \mathrm{d}x<0,\mathrm{d}y>0\\ \arctan\left(\dfrac{\mathrm{d}y}{\mathrm{d}x}\right)-\pi, & \mathrm{d}x<0,\mathrm{d}y<0\\ \arctan\left(\dfrac{\mathrm{d}y}{\mathrm{d}x}\right), & \mathrm{d}x>0,\mathrm{d}y<0\end{cases} \tag{2.6}$$

计算得到每个顶点对应的夹角后，对其进行排序可得到面上角点的逆时针或顺时针顺序。然后根据右手螺旋定则，可确定面的法向 $\boldsymbol{n}$：

$$\boldsymbol{n}=\overrightarrow{AB}\times\overrightarrow{BC} \tag{2.7}$$

为确保该法向为面的外法向，需要结合中心点 P_c 进行判断。连接 P_c 与面上任意一点 G 形成向量 $\overrightarrow{P_\mathrm{c}G}$，如果 $\boldsymbol{n}$ 与 $\overrightarrow{P_\mathrm{c}G}$ 同向则表明为外法向，可表示为

$$\boldsymbol{n}\cdot\overrightarrow{P_\mathrm{c}G}>0 \tag{2.8}$$

完成顶点的逆时针排序之后，只需遍历每一个顶点，即可得到各个三角形，即 $\triangle ABC$、$\triangle ACD$、$\triangle ADE$ 和 $\triangle AEF$。对多面体的每个面进行三角形划分，并将每个三角形与多面体中心点构成四面体，即完成了对任意多面体的四面体划分。

对于四面体，可通过计算其体积求得质量，其质量 m_i 可表示为

$$m_i=\rho\cdot\frac{1}{3}S_\triangle h \tag{2.9}$$

式中，ρ 为多面体的材料密度；$S_\triangle$ 为底面三角形的面积；h 为底面的高度。对每个四面体的质量进行求和即可得多面体的质量 m_c：

$$m_\mathrm{c}=\sum_{i=1}^{N_\mathrm{T}}m_i \tag{2.10}$$

式中，N_T 为四面体个数。四面体的质心 O_i 为四个顶点的平均值，可表示为

$$O_i=\frac{1}{4}\sum_{i=1}^{4}T_i \tag{2.11}$$

式中，T_i 表示四面体的顶点。

多面体的质心 O_c 可根据每个四面体的质心及质量计算得到，可表示为

$$O_\mathrm{c}=\sum_{i=1}^{N_\mathrm{T}}\frac{m_iO_i}{m_\mathrm{c}} \tag{2.12}$$

对于密度均匀的四面体，其惯性张量的各个分量可分别表示为

$$I_{xx}^i=\rho\iiint\left(y^2+z^2\right)\mathrm{d}V \tag{2.13}$$

$$I_{yy}^i=\rho\iiint\left(x^2+z^2\right)\mathrm{d}V \tag{2.14}$$

$$I_{zz}^i=\rho\iiint\left(x^2+y^2\right)\mathrm{d}V \tag{2.15}$$

$$I_{xy}^i=I_{yx}^i=\rho\iiint xy\mathrm{d}V \tag{2.16}$$

$$I_{xz}^i=I_{zx}^i=\rho\iiint xz\mathrm{d}V \tag{2.17}$$

$$I_{yz}^i=I_{zy}^i=\rho\iiint yz\mathrm{d}V \tag{2.18}$$

假设四面体四个顶点的坐标分别为 (x_i,y_i,z_i)，(x_j,y_j,z_j)，(x_k,y_k,z_k) 和 (x_m, y_m, z_m)，可定义四面体内任意一点 (x,y,z) 与四个顶点之间的插值关系为

$$x=L_ix_i+L_jx_j+L_kx_k+L_mx_m \tag{2.19}$$

$$y=L_iy_i+L_jy_j+L_ky_k+L_my_m \tag{2.20}$$

$$z=L_iz_i+L_jz_j+L_kz_k+L_mz_m \tag{2.21}$$

式中，L_i、L_j、L_k 和 L_m 为插值系数。四面体的插值系数存在如下积分关系：

$$\iiint L_i^aL_j^bL_k^cL_m^d\mathrm{d}V=6V_i\frac{a!b!c!d!}{(a+b+c+d+3)!} \tag{2.22}$$

式中，V_i 表示四面体的体积。将式 (2.19)～ 式 (2.22) 代入式 (2.13)～ 式 (2.18)，整理可得惯性张量各分量的表达式：

$$I_x=\frac{\rho V_i}{10}\left(x_i^2+x_j^2+x_k^2+x_m^2+x_ix_j+x_ix_k+x_ix_m+x_jx_k+x_jx_m+x_kx_m\right) \tag{2.23}$$

$$I_y = \frac{\rho V_i}{10}\left(y_i^2 + y_j^2 + y_k^2 + y_m^2 + y_i y_j + y_i y_k + y_i y_m + y_j y_k + y_j y_m + y_k y_m\right) \tag{2.24}$$

$$I_z = \frac{\rho V_i}{10}\left(z_i^2 + z_j^2 + z_k^2 + z_m^2 + z_i z_j + z_i z_k + z_i z_m + z_j z_k + z_j z_m + z_k z_m\right) \tag{2.25}$$

$$\begin{aligned} I_{xy} = \frac{\rho V_i}{20} & (2x_i y_i + 2x_j y_j + 2x_k y_k + 2x_m y_m + x_i y_j + x_j y_i + x_i y_k + x_k y_i \\ & + x_i y_m + x_m y_i + x_j y_k + x_k y_j + x_j y_m + x_m y_j + x_k y_m + x_m y_k) \end{aligned} \tag{2.26}$$

$$\begin{aligned} I_{xz} = \frac{\rho V_i}{20} & (2x_i z_i + 2x_j z_j + 2x_k z_k + 2x_m z_m + x_i z_j + x_j z_i + x_i z_k + x_k z_i \\ & + x_i z_m + x_m z_i + x_j z_k + x_k z_j + x_j z_m + x_m z_j + x_k z_m + x_m z_k) \end{aligned} \tag{2.27}$$

$$\begin{aligned} I_{yz} = \frac{\rho V_i}{20} & (2y_i z_i + 2y_j z_j + 2y_k z_k + 2y_m z_m + y_i z_j + y_j z_i + y_i z_k + y_k z_i \\ & + y_i z_m + y_m z_i + y_j z_k + y_k z_j + y_j z_m + y_m z_j + y_k z_m + y_m z_k) \end{aligned} \tag{2.28}$$

通过公式 (2.23)~(2.28) 可进一步求得四面体的惯性张量。求解惯性张量的坐标系可以是任意的，但对各个四面体的惯性矩进行累加时，需转换到统一的坐标系下，并采用平行移轴公式计算每个四面体到多面体质心的惯性张量；如果所有顶点的坐标都位于以多面体质心为坐标原点的坐标系中，则可直接通过求和得到多面体的惯性张量。

$$I_{xx} = \sum_{i=1}^{N_\mathrm{T}} I_{xx}^i, \quad I_{yy} = \sum_{i=1}^{N_\mathrm{T}} I_{yy}^i, \quad I_{zz} = \sum_{i=1}^{N_\mathrm{T}} I_{zz}^i \tag{2.29}$$

$$I_{xy} = \sum_{i=1}^{N_\mathrm{T}} I_{xy}^i, \quad I_{xz} = \sum_{i=1}^{N_\mathrm{T}} I_{xz}^i, \quad I_{yz} = \sum_{i=1}^{N_\mathrm{T}} I_{yz}^i \tag{2.30}$$

2.2 基于能量守恒理论的接触力模型

在许多工程应用中，使用针对球体或组合球体等规则颗粒建立的基于重叠量的接触力模型很难满足实际工况需求。因此，发展非规则颗粒的接触力模型具有重要的现实意义。然而，无论是通过实验还是理论分析，非规则颗粒接触力模型的建立都具有相当的难度。基于能量守恒原理，本节将介绍一种可通过颗粒重叠体积量化的非规则颗粒接触力模型 (Feng, 2021a, b, c)，为非规则颗粒的离散元方法提供统一的理论框架。

2.2.1 能量守恒接触理论

能量守恒接触理论是一种有别于经典接触理论体系的高效接触理论体系，旨在实现任意形状颗粒间的统一接触。在普遍的能量守恒接触理论中，颗粒间接触的法向接触力和接触力矩 $(\boldsymbol{F}_n, \boldsymbol{M}_n)$ 被认为由一个关于接触区域 Ω_A (图 2.8) 的标量势函数 $\omega(\boldsymbol{x}, \boldsymbol{\theta}, \boldsymbol{x}', \boldsymbol{\theta}')$ 确定，且其关系可表示为

$$\boldsymbol{F}_n = -\nabla_{\boldsymbol{x}}\omega\left(\boldsymbol{x}, \boldsymbol{\theta}, \boldsymbol{x}', \boldsymbol{\theta}'\right) = -\frac{\partial\omega\left(\boldsymbol{x}, \boldsymbol{\theta}, \boldsymbol{x}', \boldsymbol{\theta}'\right)}{\partial\boldsymbol{x}} \tag{2.31}$$

$$\boldsymbol{M}_n = -\nabla_{\boldsymbol{\theta}}\omega\left(\boldsymbol{x}, \boldsymbol{\theta}, \boldsymbol{x}', \boldsymbol{\theta}'\right) = -\frac{\partial\omega\left(\boldsymbol{x}, \boldsymbol{\theta}, \boldsymbol{x}', \boldsymbol{\theta}'\right)}{\partial\boldsymbol{\theta}} \tag{2.32}$$

式中，该标量势函数 $\omega(\boldsymbol{x}, \boldsymbol{\theta}, \boldsymbol{x}', \boldsymbol{\theta}')$ 也被称为接触能函数。其中 $(\boldsymbol{x}, \boldsymbol{\theta})$ 和 $(\boldsymbol{x}', \boldsymbol{\theta}')$ 分别表示处于接触中的颗粒 A 和颗粒 B 在参考坐标系下的位置和方向。此时，接触法向可确定为

$$\boldsymbol{n} = \boldsymbol{F}_n / \|\boldsymbol{F}_n\| \tag{2.33}$$

由于接触点处的接触力矩应当为零,所以,根据这一条件,接触点 $\boldsymbol{x}_{\mathrm{c}}$ 可确定为

$$\boldsymbol{x}_{\mathrm{c}} = \boldsymbol{x} + \frac{\boldsymbol{n} \times \boldsymbol{M}_n}{\boldsymbol{F}_n} + \lambda\boldsymbol{n} \tag{2.34}$$

式中，λ 是一个自由参数。

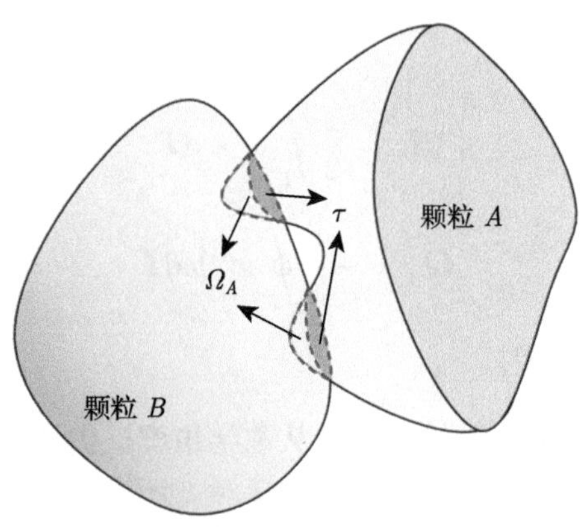

图 2.8 两接触颗粒间的接触几何 (Li et al., 2023)

接触能函数 $\omega(\boldsymbol{x}, \boldsymbol{\theta}, \boldsymbol{x}', \boldsymbol{\theta}')$ 的形式将决定由此得到的接触力模型的合理性和准确性。用于非规则颗粒间接触的适当接触能函数应考虑到接触区域的接触几何

特征。Feng 提出了一种基于接触体积的能量守恒接触模型 (Feng, 2021b)，其接触能函数的基本形式为

$$\omega=\omega\left(V_{\mathrm{c}}\right) \tag{2.35}$$

其中，V_{c} 是接触区域 Ω_A 的体积。如图 2.8 所示，法向接触力由接触表面 $\boldsymbol{S}_1$ 的矢量面积 $\boldsymbol{S}_n=\int_{\boldsymbol{S}_1}\mathrm{d}\boldsymbol{S}$ 可确定为

$$\boldsymbol{F}_n=-\nabla_x\omega\left(V_{\mathrm{c}}\right)=-\omega'(V_{\mathrm{c}})\boldsymbol{S}_n \tag{2.36}$$

因此，接触法向 $\boldsymbol{n}$ 和接触点 x_{c} 可推导为

$$\boldsymbol{n}=\boldsymbol{S}_n/\left\|\boldsymbol{S}_n\right\| \tag{2.37}$$

$$\boldsymbol{x}_{\mathrm{c}}=\boldsymbol{x}+\frac{\boldsymbol{n}\times\boldsymbol{G}_n}{\left\|\boldsymbol{S}_n\right\|}+\lambda\boldsymbol{n},\quad \boldsymbol{G}_n=\int_{\boldsymbol{S}_1}\boldsymbol{r}\times\mathrm{d}\boldsymbol{S} \tag{2.38}$$

这里，$\boldsymbol{G}_n$ 被认为是关于接触区域表面的矢量化的“静矩”。若采用如式 (2.39) 所示的关于接触体积是线性的接触能函数，接触能函数的导数 $\omega'(V_{\mathrm{c}})$ 将独立于接触体积 V_{c}，仅依赖于一个影响法向接触刚度大小的常量罚系数 k_n，如式 (2.40) 所示。

$$\omega(V_{\mathrm{c}})=k_nV_{\mathrm{c}} \tag{2.39}$$

$$\omega'(V_{\mathrm{c}})=k_n \tag{2.40}$$

其余用于求解法向接触力的两个几何特征量 $\boldsymbol{S}_n$ 和 $\boldsymbol{G}_n$ 即可采用下述简便的求解方案计算得到：

$$\boldsymbol{S}_n=\frac{1}{2}\oint_{\boldsymbol{\Gamma}}\boldsymbol{x}\times\mathrm{d}\boldsymbol{\Gamma} \tag{2.41}$$

$$\boldsymbol{G}_n=-\frac{1}{3}\oint_{\boldsymbol{\Gamma}}\boldsymbol{x}\cdot\boldsymbol{x}\mathrm{d}\boldsymbol{\Gamma} \tag{2.42}$$

2.2.2 接触能函数的选取

尽管基于体积的能量守恒接触理论从数学角度提供了一种经过充分验证的完整接触计算方案，但对于非规则颗粒间的接触，还需要从力学角度给出特定的接触能函数。基于颗粒接触前后能量守恒的假设，接触颗粒间的法向弹性接触力可由能量守恒接触理论求解。因此，在基于应变能密度的能量守恒接触模型 (Qiao et al., 2022) 中，接触能被认为是由颗粒变形产生的弹性应变能，而在软球离散元模型中，颗粒的变形由接触区域 (即重叠区域) 刻画。

首先将接触能视为接触区域的弹性应变能，并引入小变形假设。认为接触区域内各点的应力状态大致相同，则各点的应变能密度相同。因此接触区域的接触能可表示为

$$\omega(V_{\mathrm{c}}) = v_{\varepsilon} V_{\mathrm{c}} \tag{2.43}$$

其中应变能密度 $v_{\varepsilon} = \int_0^{\boldsymbol{\varepsilon}_{ij}} \boldsymbol{\sigma}_{ij} \mathrm{d}\boldsymbol{\varepsilon}_{ij}$，并且对于线弹性体，应变能密度可表示为

$$v_{\varepsilon} = \frac{1}{2}\left(\boldsymbol{\sigma}_1\boldsymbol{\varepsilon}_1 + \boldsymbol{\sigma}_2\boldsymbol{\varepsilon}_2 + \boldsymbol{\sigma}_3\boldsymbol{\varepsilon}_3\right) \tag{2.44}$$

式中，应力和应变的下标 1、2、3 表示主应力的次序。由于应变能密度是由实际应力状态决定的，因此为了简化相应的计算过程，可用平均应力代替三个主应力。故而这里只考虑了体积应变影响的应变能密度。将本构方程代入公式 (2.44)，则

$$v_{\varepsilon} = \frac{3}{2}\frac{E}{1-2\nu}\varepsilon_{\mathrm{m}}^2 \tag{2.45}$$

$$\omega\left(V_{\mathrm{c}}\right) = \frac{3}{2}\frac{E}{1-2\nu}\varepsilon_{\mathrm{m}}^2 V_{\mathrm{c}} \tag{2.46}$$

其中，E，ν 和 ε_{m} 分别表示杨氏模量、泊松比和平均应变。由于平均应变 ε_{m} 还无法明确给出，因此比较可靠的方法是通过实验对其进行校准，故而平均应变 ε_{m} 是基于应变能密度的能量守恒接触模型中唯一需要标定的接触参量。在不经过试验的情况下，通过与经典赫兹 (Hertz) 接触模型进行比较，可以凭借经验得出平均应变 ε_{m} 的可执行范围 (Qiao et al., 2022)。如图 2.9 所示，可选取半径为 R 的球体与刚性平面接触的情形作为平均应变的标定案例。并且，刚性平面的杨氏模量和曲率半径都被认为是无限大的，接触方向沿平面法线方向。

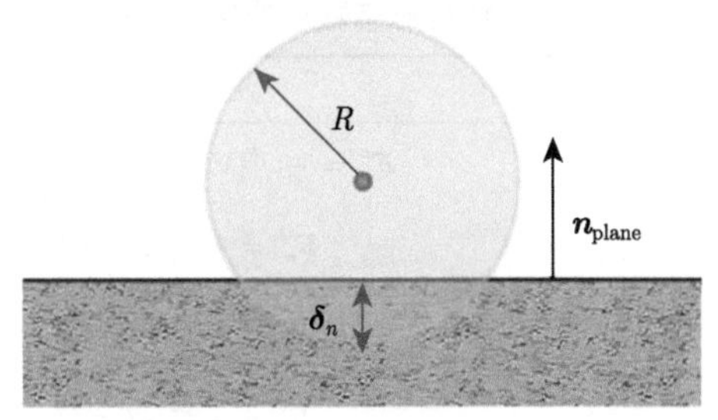

图 2.9 用于与经典 Hertz 接触模型进行比较的接触案例

因此，Hertz 接触模型中的法向弹性接触力为

$$\boldsymbol{F}_{\mathrm{H}} = \frac{4}{3}\cdot\frac{E}{1-\nu^2}R^{1/2}\frac{\boldsymbol{\delta}_n}{\left\|\boldsymbol{\delta}_n\right\|^{1/2}} \tag{2.47}$$

而采用基于应变能密度的能量守恒接触模型，法向弹性接触力可表示为

$$\boldsymbol{F}_{\mathrm{E}}=\frac{3}{2}\frac{E}{1-2\nu}\varepsilon_{\mathrm{m}}^{2}\left\|\boldsymbol{S}_{n}\right\|=\frac{3}{2}\frac{E}{1-2\nu}\varepsilon_{\mathrm{m}}^{2}\pi\boldsymbol{\delta}_{n}\left(2R-\left\|\boldsymbol{\delta}_{n}\right\|\right) \tag{2.48}$$

对比式 (2.47) 和式 (2.48) 可得到

$$\varepsilon_{\mathrm{m}}^{2}=\frac{8}{9}\cdot\frac{1-2\nu}{1-\nu^{2}}\cdot\frac{R^{1/2}\left\|\boldsymbol{\delta}_{n}\right\|^{3/2}}{\pi\left\|\boldsymbol{\delta}_{n}\right\|\left(2R-\left\|\boldsymbol{\delta}_{n}\right\|\right)} \tag{2.49}$$

将相对变形量记作 $\boldsymbol{\alpha}=\boldsymbol{\delta}_n/R$，则应变能密度系数 $\beta=\dfrac{R^{1/2}\left\|\boldsymbol{\delta}_{n}\right\|^{3/2}}{\pi\left\|\boldsymbol{\delta}_{n}\right\|\left(2R-\left\|\boldsymbol{\delta}_{n}\right\|\right)}=\dfrac{\alpha^{3/2}}{\pi\alpha\left(2-\alpha\right)}$。$\beta$ 表明平均应变 ε_{m} 与相对变形量相关。这是因为在实际的弹性体接触时，接触变形越严重，接触面的压力越大，因此接触产生的弹性应变能也越大。在小变形假设的前提下，接触区域的平均应变 ε_{m} 也被认为是接触过程中的平均应变。换句话说，接触过程中接触区域的平均应变 ε_{m} 被认为是不变的，β 被认为独立于 $\boldsymbol{\alpha}$。因此，在合理范围内适当地对 β 取值是有必要的。β 取值的选择不应使所得到的接触力超过 Hertz 模型中可能出现的最大接触力。

此外，除了上述的法向弹性接触力外，其他的非弹性接触力的一种可行方案也列于表 2.1 中。$\boldsymbol{v}_{n,ij}$，$\boldsymbol{v}_{s,ij}$ 和 m_{ij} 分别表示两个接触物体之间的法向相对速度、切向相对速度和接触对象的等效质量。法向阻尼系数 $C_n=\dfrac{-\ln e}{\sqrt{\pi^2+e^2}}$，其中 e 是恢复系数。切向阻尼系数 $C_s=\gamma_c C_n$，其中 γ_c 是 C_s 和 C_n 的比值。切向刚度 $k_s=\gamma_k k_n$，其中 γ_k 是 k_s 和 k_n 的比值。μ_{s} 和 $\boldsymbol{\delta}_{\mathrm{s}}$ 分别表示考虑库仑摩擦定律的滑动摩擦系数和切向重叠量矢量。

表 2.1 任意形态颗粒的接触力模型

接触力名称	接触力模型
法向弹性力 $\boldsymbol{F}_n^{\mathrm{e}}$	$\boldsymbol{F}_n^{\mathrm{e}}=-\omega'(V_{\mathrm{c}})\,\boldsymbol{S}_n=-\dfrac{3}{2}\dfrac{E}{1-2\nu}\varepsilon_{\mathrm{m}}^{2}\boldsymbol{S}_n$
法向阻尼力 $\boldsymbol{F}_n^{\mathrm{d}}$	$\boldsymbol{F}_n^{\mathrm{d}}=-C_n\sqrt{m_{ij}k_n}\cdot\boldsymbol{v}_{n,ij}$
切向摩擦力 $\boldsymbol{F}_s^{\mathrm{e}}$	$\boldsymbol{F}_s^{\mathrm{e}}=\mu_{\mathrm{s}}\left\|\boldsymbol{F}_n^{\mathrm{e}}\right\|\cdot\boldsymbol{\delta}_s/\left\|\boldsymbol{\delta}_s\right\|$
切向阻尼力 $\boldsymbol{F}_s^{\mathrm{d}}$	$\boldsymbol{F}_s^{\mathrm{d}}=-C_s\sqrt{m_{ij}k_s}\cdot\boldsymbol{v}_{s,ij}$

2.2.3 接触力的求解

在上述非规则颗粒的接触模型中，需要根据接触区域形貌求解的几何特征量包括 $\boldsymbol{S}_n$ 和 $\boldsymbol{G}_n$。对于采用多边形模型进行几何建模的颗粒，求解几何特征量 $\boldsymbol{S}_n$

和 $\boldsymbol{G}_n$ 的一个简化思路是使用求和形式近似替代积分形式。如图 2.10 所示，两接触颗粒的表面交线 (积分域) 由闭合曲线形式被简化为首尾相接的闭合线段集。闭合线段集可以通过求解多边形网格间的交线段得到。闭合线段集可由组成它的顶点 $\boldsymbol{x}_i(i=1,2,\cdots,m)$ 表示。因此两个几何特征量 $\boldsymbol{S}_n$ 和 $\boldsymbol{G}_n$ 的求解公式可进一步表示为

$$\boldsymbol{S}_n=\frac{1}{2}\sum_{i=1}^{m}\boldsymbol{x}_i\times\boldsymbol{x}_{i+1} \tag{2.50}$$

$$\boldsymbol{G}_n=-\frac{1}{3}\sum_{i=1}^{m}\left(\boldsymbol{x}_i\cdot\boldsymbol{x}_{i+1}+\frac{1}{3}\Delta\boldsymbol{x}_i\cdot\Delta\boldsymbol{x}_i\right)\cdot\Delta\boldsymbol{x}_i \tag{2.51}$$

其中，$\Delta\boldsymbol{x}_i=\boldsymbol{x}_{i+1}-\boldsymbol{x}_i$。此时，需要求解的几何特征量转变为接触颗粒表面交集的顶点 $\boldsymbol{x}_i$ 及其次序。

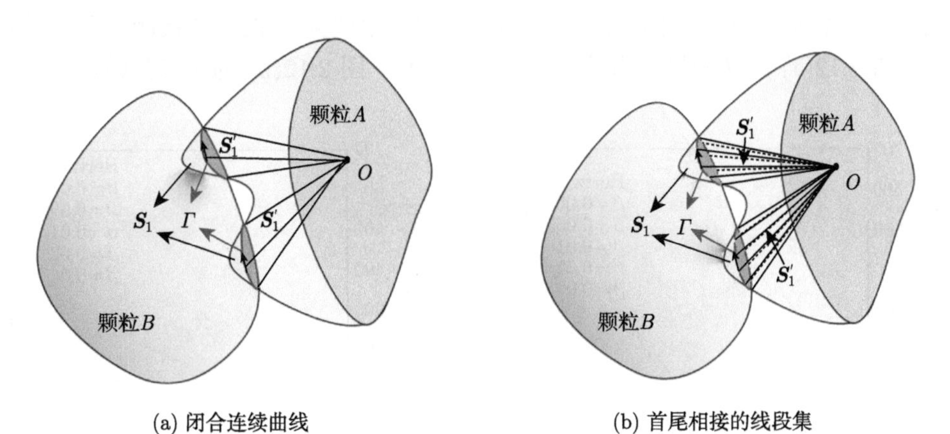

(a) 闭合连续曲线　　(b) 首尾相接的线段集

图 2.10　接触颗粒表面交集的简化

2.3　多面体离散元方法的算法验证

多面体离散元方法克服了以往离散元方法中由颗粒形状过度简化而造成的物理性质失真的问题，有着光明的应用前景和巨大的发展潜力。针对多面体颗粒的离散元方法的通用框架已初步建立，本节将对本章中阐述的多面体离散元方法进行验证，以测试该方法的准确性和稳定性。

2.3.1　接触模型的参数敏感性分析

首先通过两个颗粒之间的弹性碰撞过程，如图 2.11 所示，验证 2.2 节中接触模型的准确性和合理性。在这一过程中，为先行验证法向弹性接触力模型的有效性，接触模型中的阻尼力和切向力均被忽略不计。弹性模量、泊松比和颗粒密度

分别选取为 100 MPa、0.3 和 2500 kg/m^3。两个不计重力的颗粒以随机方向放置在如图 2.12(d) 所示的相应位置，并指定了相向方向的速度，大小为 0.1 m/s。

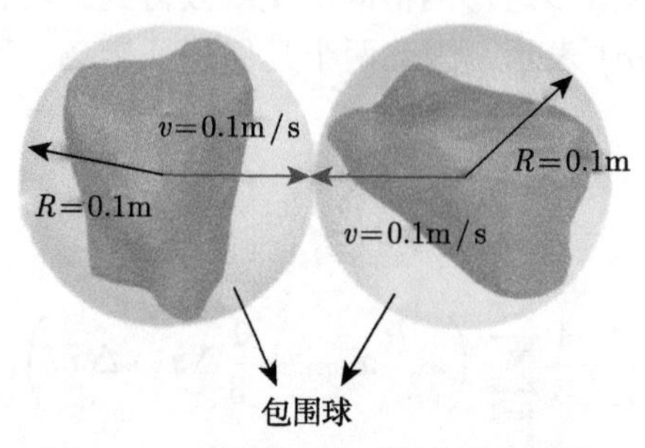

图 2.11　两颗粒弹性碰撞的初始状态

由于在 2.2 节中对弹性应变能密度进行了简单的标定，因此在合理范围内比较了两个理想球体在不同平均应变能密度下的弹性碰撞的法向接触力和能量演化。图 2.12(a) 为法向接触力随接触时间的变化，图 2.12(b) 为法向接触力随着相

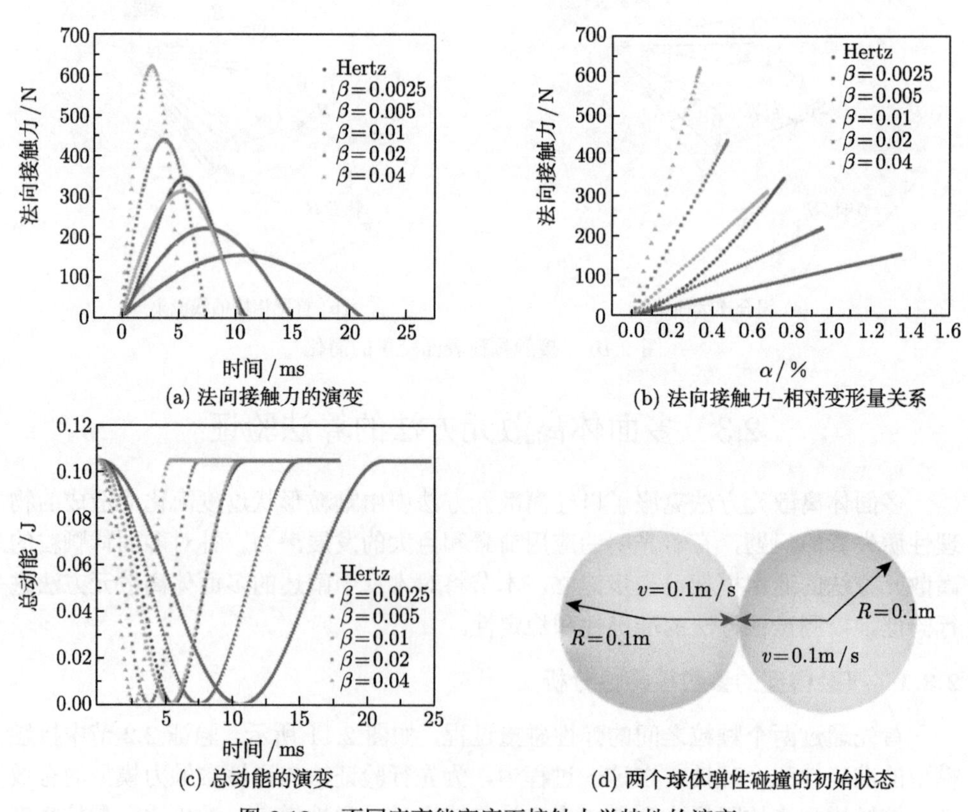

(a) 法向接触力的演变　(b) 法向接触力-相对变形量关系

(c) 总动能的演变　(d) 两个球体弹性碰撞的初始状态

图 2.12　不同应变能密度下接触力学特性的演变

对变形量 α 的变化，图 2.12(c) 为总接触力的演变接触过程中的动能。如图 2.12 所示，β 值越大，平均应变能密度越大，说明在相同的相对变形量 α 中所包含的变形能越大，从而导致相同变形程度下的弹性接触力越大。同时，β 值越大，总动能转化为应变能的速度越快，表现为接触时间越短。可以发现，在适当的范围内，不同的平均应变能密度会导致不同的接触时间、接触力幅值和最大相对变形量。但是碰撞前后的总动能是守恒的，说明该方法没有引入额外的非物理能量，但平均应变能密度的选择会影响接触过程的特性。如果需要尽可能接近真实的物理场景，则应详细校准平均应变能密度。

2.3.2 复杂颗粒的弹性及非弹性碰撞验证

此外，通过几个典型的非规则颗粒的完全弹性碰撞过程 (图 2.13) 验证该方法对不同形状类型颗粒的适应性，验证中取 $\beta = 0.01$。如图 2.14 所示，碰撞过程的能量演化表明，各类形状的颗粒碰撞前后的能量均是守恒的。即使是多点接触模式也不会引入额外的非物理的能量。

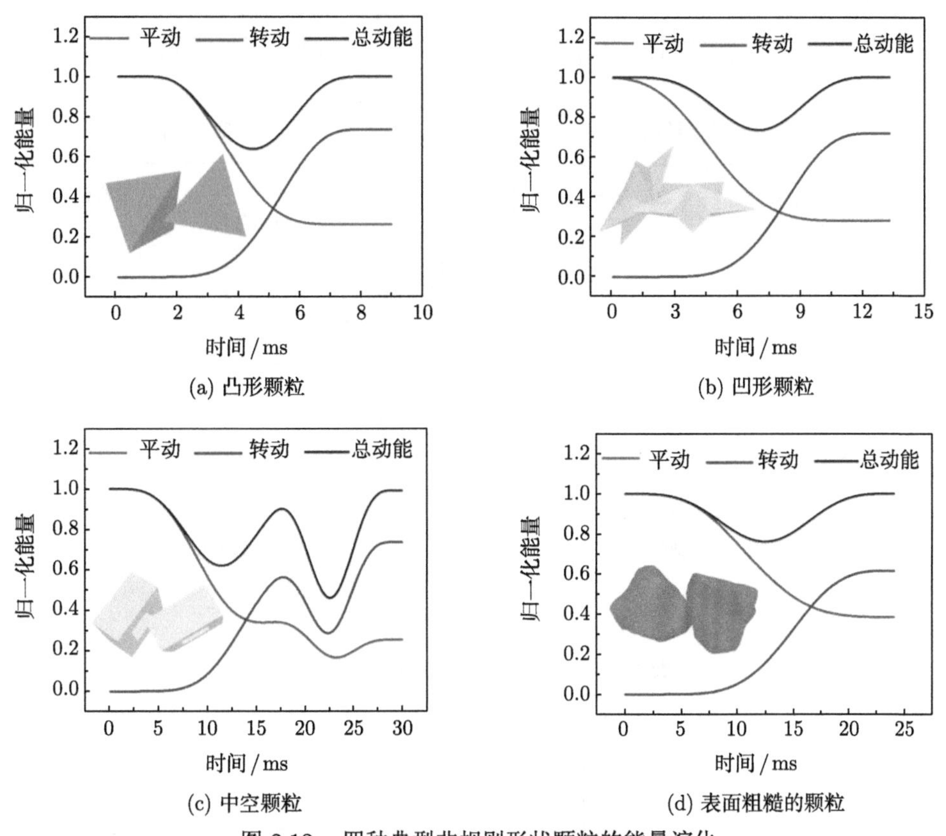

(a) 凸形颗粒 (b) 凹形颗粒

(c) 中空颗粒 (d) 表面粗糙的颗粒

图 2.13 四种典型非规则形状颗粒的能量演化

采用不同形状颗粒在平面边界上的自由下落过程，进一步检验了 2.3 节提出的接触模型的合理性和多边形离散元法模拟凹形颗粒多点接触的能力。DEM 模拟的所有输入参数如表 2.2 所示。图 2.14(a) 表明，第一次非弹性碰撞前后球形颗粒总能量的衰减率与所取的恢复系数 e 一致。然而，图 2.14(b)~(d) 中的非球形颗粒在多个接触点受到多个接触的影响，其总能量的衰减过程相对复杂。但最终，不同形状颗粒的动能都衰减为零，总能量衰减到恒定值，颗粒稳定地停留在平面边界上。

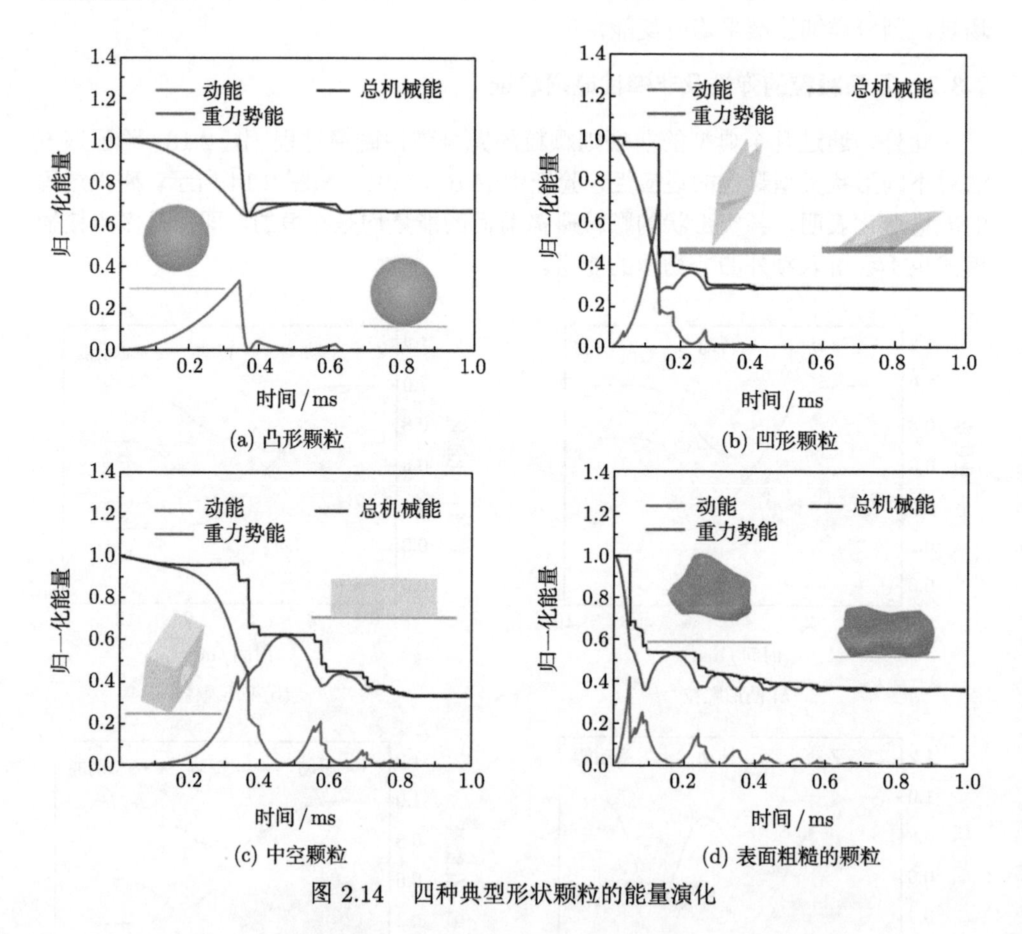

(a) 凸形颗粒　(b) 凹形颗粒　(c) 中空颗粒　(d) 表面粗糙的颗粒

图 2.14　四种典型形状颗粒的能量演化

表 2.2　离散元模拟中的主要计算参数

参数	取值	参数	取值
密度/(kg/m^3)	2500.0	杨氏模量 E/Pa	10^8
泊松比 ν	0.3	回弹系数 e	0.1
阻尼比 γ_c	0.5	刚度比 γ_k	0.5
滑动摩擦系数 μ_s	0.3	应变能密度系数 β	0.01

2.3.3 颗粒在复杂结构中的动力学行为分析

为了展示所介绍的多面体离散元方法模拟复杂颗粒在复杂结构中流动过程的能力，这里模拟了混合颗粒被倾覆在地表坑洼的斜坡上时所产生的堆积和流动行为。在这种情形下，为了说明该方法统一处理任意形状颗粒之间接触的能力，在凸形、凹形和表面粗糙三类形状中分别选取了三个样本，如图 2.15 所示。DEM 模拟的所有模拟参数与表 2.2 中的相同。

混合颗粒的倾覆过程以颗粒在随机方向上的自由落体过程作为简化替代。地表坑洼的斜坡由具有 300 个顶点和 600 个三角形或多边形的网格组成。地表坑洼的斜坡是平面网格的顶点沿坡面法线方向随机拉伸而产生的，因此坡面具有严重凹凸不平的性质，并且有许多尖锐的顶点、边缘和拐点，容易出现各种奇异性。然而，混合颗粒系统仍然在不可移动的复杂结构中完成了数值稳定的堆积。最后，如图 2.16 所示，包含各种颗粒形状的颗粒体系在重力作用下实现了稳定堆积。该颗粒系统的能量演化过程如图 2.17 所示，系统的动能最终趋近于零，也进一步说明了该方法的鲁棒性。

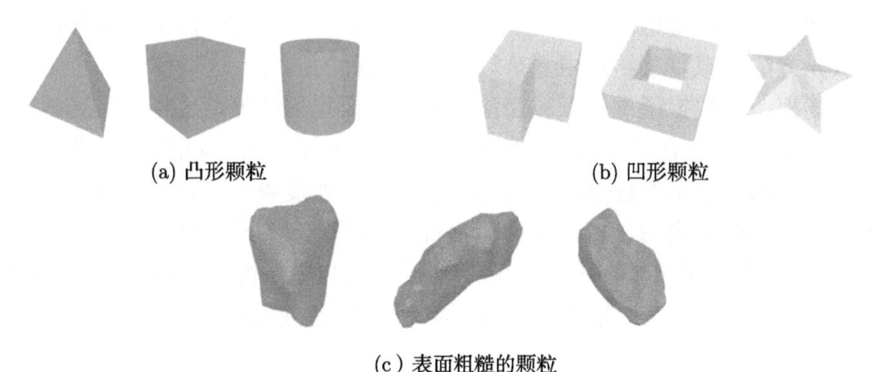

(a) 凸形颗粒　　(b) 凹形颗粒

(c) 表面粗糙的颗粒

图 2.15　混合颗粒中包含的颗粒样品

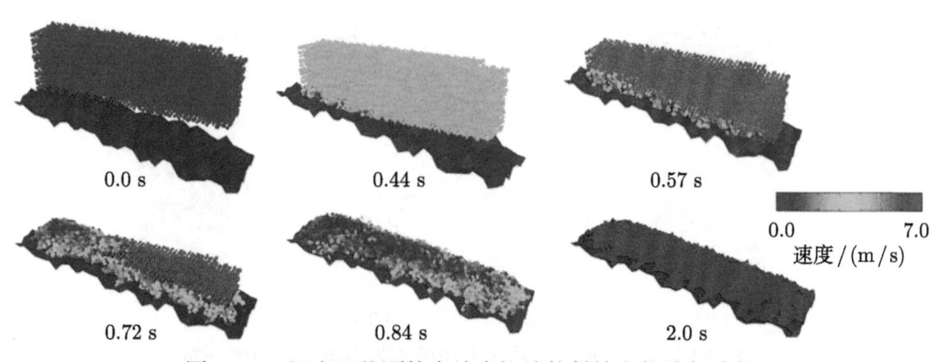

图 2.16　混合形状颗粒在地表坑洼的斜坡上的堆积过程

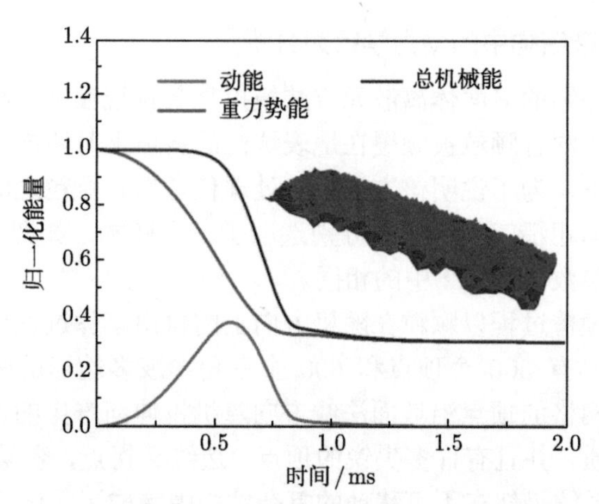

图 2.17　混合形状颗粒系统堆积过程的能量演化

转鼓是一种可移动的复杂结构，常用于工程生产中的混合、分离、干燥等过程。滚筒干燥机内壁装有叶片 (或类似装置)，用以不断地抬取和撒播颗粒状物料，使颗粒状物料的热接触面增大，从而提高干燥速率。为进一步展示所介绍的多面体离散元方法模拟复杂结构中复杂颗粒流动过程的能力，这里使用 8 个矩形块作为直立扬板，并模拟了混合颗粒在滚筒中与扬板作用的流动过程。带扬板的滚筒由 222 个顶点和 200 个多边形面组成，转速为 20 r/min。如图 2.18 所示，颗粒的颜色表示颗粒运动的速度，颜色越接近红色，速度越大；越接近蓝色，速度越接近零。仿真结果表明，转鼓内颗粒物料的速度分布为三部分，即转鼓壁附近的流动区、颗粒床中心的静止区和转鼓中心附近的自由表面塌陷区。并且在塌陷区，颗粒状材料被扬板扬起。如图 2.19 所示，将颗粒物料每时刻的能量用初始状态的

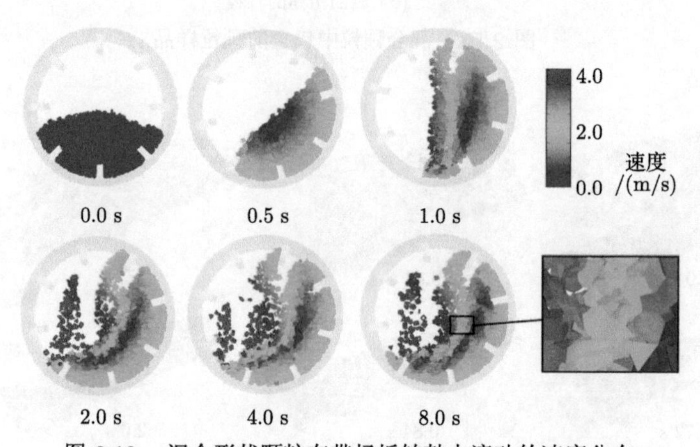

图 2.18　混合形状颗粒在带扬板转鼓中流动的速度分布

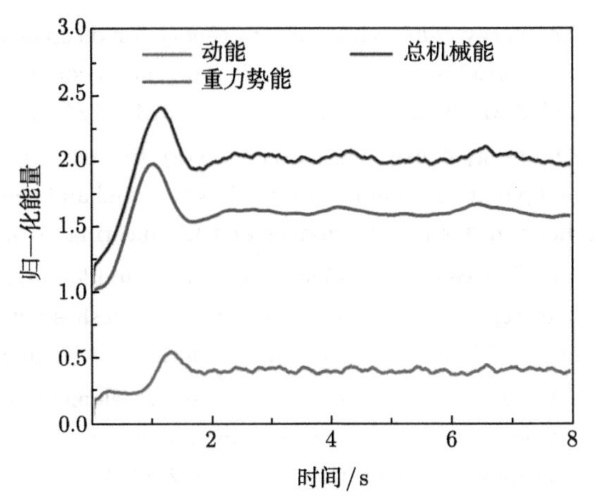

图 2.19　混合颗粒在带扬板转鼓中流动过程的能量演化

能量归一化表示，在转鼓启动阶段颗粒总动能逐渐增加，之后在 2.3 s 进入稳定工作阶段。此时，由于转鼓的能量持续稳定地输入，颗粒的总动能仅在一个定值附近轻微波动。这些结果和特征与滚筒烘干机的设计特征和实验结果相一致，说明所介绍的多面体离散元方法能够很好地仿真复杂结构中复杂颗粒的流动过程。

2.4　小　　结

模拟任意形状颗粒在复杂结构中的流动过程被认为是计算颗粒力学中的一个关键问题。本章主要介绍了一种通用的多边形网格离散元法，其采用统一的形状构造方法、接触模型、接触检测实现了针对任意复杂颗粒和复杂结构的接触计算。该方法基于弹性应变能密度合理简化了接触区域的力学性能，建立了基于弹性应变能密度的能量守恒接触模型。该方法的准确性、守恒性、普适性和鲁棒性通过两个颗粒之间的弹性碰撞、颗粒与平面边界之间的非弹性接触等过程得到了验证。通过模拟混合颗粒在复杂斜坡上的覆盖过程以及混合颗粒在带有扬板的转鼓中的流动过程，展现了该多面体离散元方法模拟复杂颗粒与复杂结构接触碰撞过程的鲁棒性。

参 考 文 献

石根华. 2016. 接触理论及非连续形体的形成约束和积分 [M]. 北京：科学出版社.

Boon C W, Houlsby G T, Utili S. 2012. A new algorithm for contact detection between convex polygonal and polyhedral particles in the discrete element method [J]. Computers & Geotechnics, 44(1): 73-82.

Feng Y T. 2021a. An energy-conserving contact theory for discrete element modelling of arbitrarily shaped particles: basic framework and general contact model [J]. Computer Methods in Applied Mechanics and Engineering, 373: 113454.

Feng Y T. 2021b. An energy-conserving contact theory for discrete element modelling of arbitrarily shaped particles: contact volume based model and computational issues[J]. Computer Methods in Applied Mechanics and Engineering, 373: 113493.

Feng Y T. 2021c. An effective energy-conserving contact modelling strategy for spherical harmonic particles represented by surface triangular meshes with automatic simplification [J]. Computer Methods in Applied Mechanics and Engineering, 379: 113750.

Feng Y T. 2021d. A generic energy-conserving discrete element modeling strategy for concave particles represented by surface triangular meshes [J]. International Journal for Numerical Methods in Engineering, 122(10): 2581-2597.

Feng Y T, Han K, Owen D R J. 2012. Energy-conserving contact interaction models for arbitrarily shaped discrete elements [J]. Computer Methods in Applied Mechanics and Engineering, 205: 169-177.

Feng Y T, Han K, Owen D R J. 2017. A generic contact detection framework for cylindrical particles in discrete element modelling [J]. Computer Methods in Applied Mechanics and Engineering, 315: 632-651.

Feng Y T, Owen D R J. 2004. A 2D polygon/polygon contact model: algorithmic aspects[J]. Engineering Computations, 21(2-4): 265-277.

Feng Y T, Tan Y. 2019. On Minkowski difference-based contact detection in discrete/ discontinuous modelling of convex polygons/polyhedral: algorithms and implementation [J]. Engineering Computations, 37(1): 54-72.

Feng Y T, Tan Y. 2021. The Minkowski overlap and the energy-conserving contact model for discrete element modeling of convex nonspherical particles[J]. International Journal for Numerical Methods in Engineering, 122(22): 6476-6496.

Li J, Qiao T, Ji S. 2023. General polygon mesh discrete element method for arbitrarily shaped particles and complex structures based on an energy-conserving contact model[J]. Acta Mechanica Sinica, 39(1): 722245.

Ma G, Zhou W, Chang X L, et al. 2016. A hybrid approach for modeling of breakable granular materials using combined finite-discrete element method [J]. Granular Matter, 18(1): 1-17.

Maclaughlin M M, Doolin D M. 2006. Review of validation of the discontinuous deformation analysis (DDA) method [J]. International Journal for Numerical & Analytical Methods in Geomechanics, 30(4): 271-305.

Nassauer B, Liedke T, Kuna M. 2013. Polyhedral particles for the discrete element method[J]. Granular Matter, 15: 85-93.

Nezami E G, Hashash Y M A, Zhao D, et al. 2004. A fast contact detection algorithm for 3-D discrete element method [J]. Computers & Geotechnics, 31(7): 575-587.

Nezami E G, Hashash Y M A, Zhao D, et al. 2006. Shortest link method for contact detection in discrete element method [J]. International Journal for Numerical & Analytical Methods in Geomechanics, 30(8): 783-801.

Qiao T, Li J, Ji S. 2022. A modified discrete element method for concave granular materials based on energy-conserving contact model [J]. Theoretical and Applied Mechanics Letters, 12: 100325.

Shi G H. 1988. Discontinuous deformation analysis—a new model for the statics and dynamics of block systems [D]. Berkeley: University of California, Berkeley.

Wang J, Li S, Feng C. 2015. A shrunken edge algorithm for contact detection between convex polyhedral blocks [J]. Computers & Geotechnics, 63: 315-330.

Zhang Y, Wang J, Xu Q, et al. 2015. DDA validation of the mobility of earthquake-induced landslides [J]. Engineering Geology, 194: 38-51.

第 3 章 扩展多面体离散元方法

离散元方法最早采用圆盘或球体的规则单元形式，其具有计算简单、易于大规模并行的优点，也可反映颗粒材料的基本力学行为 (Cundall and Strack, 1979)。然而，随着对离散元方法计算精度要求越来越高，粘接颗粒单元、超二次曲面、多面体单元等不同的非球形单元构造的方法逐渐发展和完善起来 (Boon et al., 2012; Cleary, 2009; 金峰等, 2011)。其中，多面体单元能更加真实地反映岩石、碎冰等颗粒材料的几何形态，在一定程度上避免细观计算参数选择的经验性。采用多面体和球体的闵可夫斯基和构成扩展多面体单元 (Galindo-Torres et al., 2010; Galindo-Torres, 2013; Gerolymatou et al., 2015)，其将尖锐的角点和棱边转化为光滑的球面和圆柱面。在接触搜索中避免了纯多面体难以直接通过几何元素判断接触的缺点，提高了接触搜索效率和稳定性；还可采用精确化的 Hertz 接触模型计算接触力，提高计算的准确性 (Liu and Ji, 2018; 刘璐等, 2015)。

本章基于闵可夫斯基和方法将球体单元与多面体单元相叠加构造光滑的扩展多面体单元，并根据扩展多面体的表面几何特点，对扩展多面体单元之间的接触模式进行分类，引入 Hertz 模型建立不同接触模式下的接触力模型。采用 Verlet 积分格式对单元的平动进行积分，同时采用四元数方法对单元的转动进行求解。通过与单颗粒的支点自由旋转理论模型进行对比，验证该接触力模型的可靠性。

3.1 扩展多面体的单元构造

近年来，基于闵可夫斯基和理论的扩展多面体单元在描述颗粒形态、发展接触搜索算法、计算接触力等方面显示出了显著的优势，在离散元方法的工程应用方面得到了迅速的发展。

3.1.1 基于闵可夫斯基和方法的扩展多面体单元

闵可夫斯基和是由德国数学家赫曼 · 闵可夫斯基 (Herman Minkowski, 1864 ~1909) 最早定义的 (Varadhan and Manocha, 2006)。假设空间中两个几何体代表的点集 $\boldsymbol{A}$ 和 $\boldsymbol{B}$，且集合 $\boldsymbol{A}$ 和 $\boldsymbol{B}$ 为几何封闭形态，那么集合 $\boldsymbol{A}$ 和 $\boldsymbol{B}$ 的闵可夫斯基和可定义为

$$\boldsymbol{A} \oplus \boldsymbol{B} = \{\boldsymbol{x} + \boldsymbol{y} | \boldsymbol{y} \in \boldsymbol{A}, \boldsymbol{y} \in \boldsymbol{B}\} \tag{3.1}$$

式中，$\boldsymbol{x}$ 和 $\boldsymbol{y}$ 分别是 $\boldsymbol{A}$ 和 $\boldsymbol{B}$ 中的几何点。可知 $\boldsymbol{A}\oplus\boldsymbol{B}$ 是 $\boldsymbol{A}$ 和 $\boldsymbol{B}$ 中所有点的空间矢量和。闵可夫斯基和的几何求取过程可以概述为点集 $\boldsymbol{B}$ 扫略在点集 $\boldsymbol{A}$ 的外表面上，形成的新几何形状即为 $\boldsymbol{A}$ 和 $\boldsymbol{B}$ 的闵可夫斯基和。如图 3.1 所示，采用复杂几何形状与简单几何形状在二维和三维空间中进行闵可夫斯基和运算，可获得一些有趣的形状。显然，尖锐几何形状与球体进行闵可夫斯基和后会使该形状表面变为光滑表面。

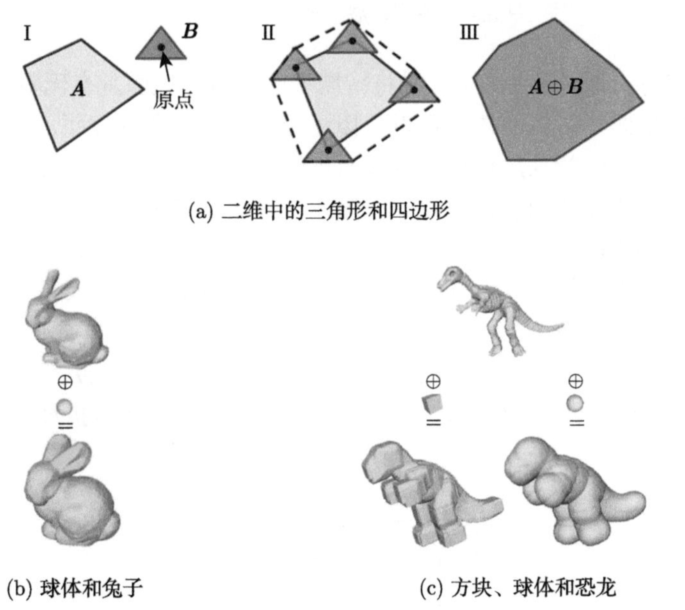

(a) 二维中的三角形和四边形

(b) 球体和兔子

(c) 方块、球体和恐龙

图 3.1 根据闵可夫斯基和原理构造的新几何形状 (Barki et al., 2009)

闵可夫斯基和具有以下主要性质：① 若 $\boldsymbol{A}$ 和 $\boldsymbol{B}$ 是凸的，那么 $\boldsymbol{A}\oplus\boldsymbol{B}$ 也是凸的；② $\boldsymbol{A}\oplus\boldsymbol{B}=\boldsymbol{B}\oplus\boldsymbol{A}$；③ $\mu(\boldsymbol{A}\oplus\boldsymbol{B})=\mu\boldsymbol{A}\oplus\mu\boldsymbol{B}$；④ $n\boldsymbol{A}=\boldsymbol{A}\oplus\boldsymbol{A}\cdots\oplus\boldsymbol{A}$；⑤ $\boldsymbol{A}\oplus(\boldsymbol{B}\cup\boldsymbol{C})=(\boldsymbol{A}\oplus\boldsymbol{B})\cup(\boldsymbol{A}\oplus\boldsymbol{C})$。闵可夫斯基和广泛应用于复杂图形构建、复杂形体碰撞检测和机器人规避空间障碍的运动规划等方面，在计算机图形学和计算机辅助设计中有重要的应用前景。在离散元中，采用圆盘和球、多面体和球的闵可夫斯基和构建的扩展单元能够较好地解决复杂形态颗粒之间的接触问题，提高搜索效率和精度 (Galindo-Torres et al., 2010)。

3.1.2 质量及转动惯量计算

根据闵可夫斯基和的定义，采用球体和任意多面体可构建扩展多面体。如图 3.2 所示，扩展多面体的多样性可通过不同的多面体几何形态和球体大小来调整。这里将扩展多面体构造过程中的球体称为扩展球体，而纯多面体称为基本多面体。需要注意的是，这里只考虑凸多面体，不考虑凹多面体的情况。

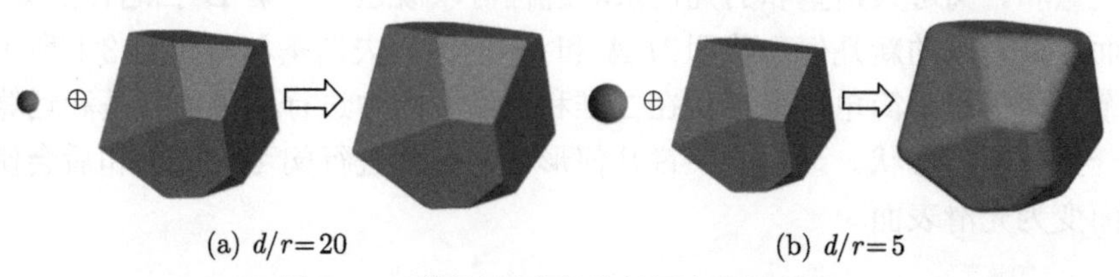

图 3.2　不同扩展半径的扩展多面体单元

根据闵可夫斯基和原理，可以将扩展多面体看作表面具有无数球体的几何体。因此，扩展多面体将多面体的角点和棱边转化为球面和圆柱面，使其同时具有多面体和球体的部分特征。根据扩展多面体的几何特征，可将角点和棱边的接触搜索转化为相应的球面和圆柱面搜索。该方法显然比纯多面体的几何接触搜索效率高 (刘璐等, 2015)。

由于扩展多面体的几何复杂性，精确计算扩展多面体的质量、质心和转动惯量等较为困难。注意这里只考虑密度均匀的材料，即形心与质心重合。如图 3.3 所示，二维情况下扩展多面体的构造过程中会产生三种不同几何形态，即 A、B 和 C。其中 A 为基本多面体，B 为扩展多面体，C 为包裹扩展多面体的最小纯多面体。

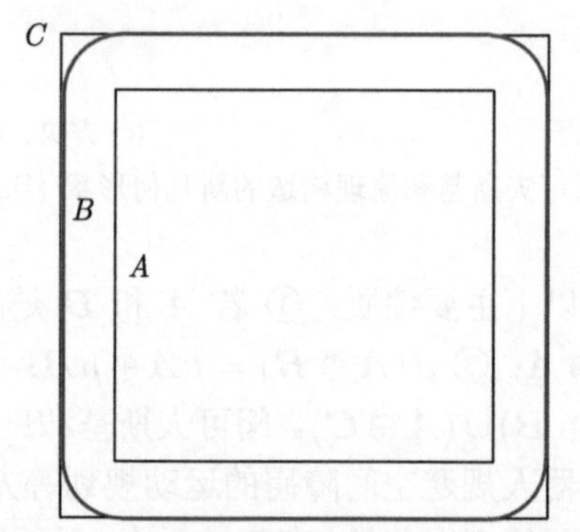

图 3.3　扩展多面体构造过程中的三种形状

扩展多面体 B 的质量、质心和转动惯量时需要将其按照几何元素划分为若干部位，即部分球体、部分圆柱体和若干多面体，然后按照几何叠加原理进行计算。显然，该方法较为烦琐耗时。这里可直接采用最小包络多面体 C 代替扩展多面体 B 进行相关计算，简化计算过程。具体的计算中，将多面体 C 划分为若干四面体，各四面体的质量、质心和转动惯量均可直接根据公式进行计算，最后通过叠加即可算得多面体的质量、质心和转动惯量。

在对多面体的四面体划分中，首先通过各角点的平均求得一个中心点 P_c，对于凸多面体该点一定位于该多面体的内部，且注意该中心点只在多面体为四面体时与质心重合。该中心点 P_c 可写作

$$P_{\rm c} = \sum_{i=1}^{N_V} \frac{\boldsymbol{V}_i}{N_V} \tag{3.2}$$

式中，$\boldsymbol{V}_i$ 为各角点坐标；N_V 为多面体角点的个数。对每个面划分三角形，该三角形与中心点可构成四面体。通过这种方式可将多面体划分为若干四面体。在划分三角形的过程中，需保证每个面上的角点顺时针或逆时针排列。另外，根据右手螺旋定则确定面的外法向原则，应当使角点的排列顺序为逆时针。

由于对多面体的四面体划分并不参与数值计算，因此对划分四面体的形状并无要求。对多面体的每个面进行三角形划分，并将每个与中心点构成四面体，即完成了对多面体的四面体划分。对于四面体，可通过计算其体积求得质量 m_i。对每个四面体的质量进行求和即可得多面体的质量 $m_{\rm c}$：

$$m_{\rm c} = \sum_{i=1}^{N_{\rm T}} m_i \tag{3.3}$$

式中，$N_{\rm T}$ 为四面体个数。四面体的质心 O_i 为四个角点的平均，而多面体的质心可根据每个四面体的质心及其质量给出：

$$O_{\rm c} = \sum_{i=1}^{N_{\rm T}} \frac{m_i O_i}{m_{\rm c}} \tag{3.4}$$

此外，通过对四面体的转动惯量 I_{xx}^i、I_{yy}^i 和 I_{zz}^i 求和，可得到多面体的转动惯量 I_{xx}、I_{yy} 和 I_{zz}：

$$I_{xx} = \sum_{i=1}^{N_{\rm T}} I_{xx}^i, \quad I_{yy} = \sum_{i=1}^{N_{\rm T}} I_{yy}^i, \quad I_{zz} = \sum_{i=1}^{N_{\rm T}} I_{zz}^i \tag{3.5}$$

3.2 扩展多面体单元间的搜索判断及接触力模型

扩展多面体单元可以极大地简化多面体的接触判断过程，在满足计算精度的条件下有效地提高离散元计算效率。此外，多面体单元之间尖锐的棱角接触可转化为光滑的球面或圆柱面接触，其接触方向和接触重叠量都可以有效地求解，从而解决了接触的奇异性。因此，作为非规则颗粒的重要离散元方法之一，扩展多面体单元有着广泛的工程应用。

3.2.1 几何接触算法

根据扩展多面体的几何特征，可类似于多面体的几何接触，将扩展多面体的接触类型进行分类，包括球体–球体、球体–圆柱体、球体–平面、圆柱体–圆柱体、圆柱体–平面和平面–平面一共 6 类接触。因此，若扩展多面体几何元素的集合为 $\{E_k\}\,(k=1,2,\cdots,n)$，这里 n 为所有几何元素的总数，则扩展多面体单元 i 和 j 的几何元素集合为 $\left\{E_k^i\right\}$ 和 $\left\{E_k^j\right\}$。由此，两个多面体的接触判断准则的数学表达式可写作

$$\delta_{ij}=\min\left(\text{distance}\left(E_k^i,E_k^j\right)\right)-r_i-r_j\begin{cases}<0, & \text{接触}\\ \geqslant 0, & \text{分离}\end{cases}\tag{3.6}$$

式中，r_i 和 r_j 为两个扩展多面体单元的扩展半径。

在扩展多面体单元间的相互作用力模型中，除了由弹性变形引起的弹性接触力，还要考虑到单元间碰撞过程中的能量损耗。因此，接触力应同时考虑弹性接触力和粘滞力 (Shen and Sankaran, 2004)。其中，法向作用力可写作

$$\boldsymbol{F}_n=k_n\boldsymbol{\delta}_n^{\kappa}+C_n\left\|\boldsymbol{\delta}_n\right\|^{\kappa-1}\boldsymbol{v}_n\tag{3.7}$$

式中，k_n 为两个互相接触单元的法向接触刚度，其取决于扩展多面体单元的接触模式；C_n 为法向阻尼系数；$\boldsymbol{\delta}_n$ 和 $\boldsymbol{v}_n$ 分别为法向重叠量和法向相对速度矢量。在线性接触模型中，取 $\kappa=1$；若为非线性接触模型，取 $\kappa=3/2$。

借鉴球体单元的法向粘滞力确定方法 (Ji and Shen, 2006)，对扩展多面体单元间的法向阻尼系数做相应简化，可得到近似的阻尼系数计算公式：

$$C_n=\zeta_n\sqrt{(m_1+m_2)\cdot k_n}\tag{3.8}$$

式中，m_1 和 m_2 为两个接触单元的有效质量；ζ_n 为无量纲法向阻尼系数，其与材料的粘滞性质密切相关：在线性接触模型中，其为回弹系数的函数；而在非线性接触模型中则由材料的粘滞性质确定 (Shen and Sankaran, 2004)。这里可简作

$$\zeta_n=\frac{-\ln e}{\sqrt{\pi^2+\ln^2 e}}\tag{3.9}$$

式中，e 为回弹系数，可参考不同碰撞速度下颗粒回弹系数的计算 (Ramírez et al., 1999)。

在单元的切向接触力计算中，一般可忽略颗粒间的粘滞作用 (Shen and Sankaran, 2004)，那么基于 Mindlin 切向接触模型和莫尔–库仑 (Mohr-Coulomb) 摩擦定律，切向接触力可写作

$$\boldsymbol{F}_s^*=k_s\left\|\boldsymbol{\delta}_n\right\|^{\kappa-1}\boldsymbol{\delta}_s\tag{3.10}$$

$$\boldsymbol{F}_s = \min\left(\boldsymbol{F}_s^*, \mu \boldsymbol{F}_n\right) \boldsymbol{\delta}_s / \left\|\boldsymbol{\delta}_s\right\| \tag{3.11}$$

式中，$\boldsymbol{\delta}_s$ 是单元间的切向重叠量对应的矢量；μ 为单元间的摩擦系数；k_s 为切向刚度，一般简作 $k_s = r_{sn}k_n$，其中 $r_{sn} = 0.5, 0.8$ 或 1.0 (Cundall and Strack, 1979; Ji and Shen, 2006)。这里根据弹性模量和切变模量之间的关系，取 $r_{sn} = 1/2(1+\nu)$，其中 ν 是材料的泊松比。

根据球体离散元中的相关原理，在扩展多面体离散元的模拟中时间步长取为 (Shen and Sankaran, 2004)

$$\Delta t = \frac{1}{\lambda}\sqrt{\frac{m^*}{2k^*\left(1-\zeta_n^2\right)}} \tag{3.12}$$

式中，λ 是整数，一般 $\lambda \geqslant 10$；m^* 是扩展球体的质量；k^* 是两个单元之间的刚度。

在扩展多面体单元的非线性接触力计算中，两接触单元的有效弹性模量 E^* 和接触点处的有效曲率半径 R^* 可分别写作

$$\frac{1}{E^*} = \frac{1-\nu_1^2}{E_1} + \frac{1-\nu_2^2}{E_2} \tag{3.13}$$

$$\frac{1}{R^*} = \frac{1}{R_1} + \frac{1}{R_2} \tag{3.14}$$

式中，E_1 和 E_2 为两个接触单元体的弹性模量；ν_1 和 ν_2 为相应泊松比；R_1 和 R_2 为两个多面体在接触点的曲率半径。

根据不同的接触类型可采用 Hertz 模型对接触力进行计算，首先需进行如下假设。

(1) 球体的两个主曲率半径 R_1 和 R_2 满足条件：$R_1 = R_2 = R_{\text{sphere}}$。

(2) 圆柱体的主曲率半径 R_1 满足条件：$R_1 \to \infty$；另一个主曲率半径则满足条件：$R_2 = R_{\text{cylinder}}$。

(3) 平面的两个主曲率半径 R_1 和 R_2 可视为满足条件：$R_1 \to \infty$ 且 $R_2 \to \infty$。

(4) 两个扩展多面体单元的接触重叠量 δ 很小，满足二阶小量条件，即 $\delta^2 \to 0$。

(5) 圆柱体–平面和两圆柱体平行接触模式中，接触区域视为矩形平面。而对于其他接触模式，接触区域视为椭圆 (包括圆面)。

(6) 平面–平面接触模式简化为刚性圆柱压头与半平面的接触模型。

针对球体–球体、球体–圆柱体、球体–平面、圆柱体–柱体、圆柱体–平面和平面–平面共 6 类不同几何表面的接触，可进一步将其分为三类接触：球体与球体、平面、圆柱体的接触；圆柱体与圆柱体、平面的接触；平面与平面的接触。下面分别对三类接触进行详细说明。

1. 球体与球体、平面、圆柱体的接触计算

在扩展多面体单元接触模式中，可根据 Hertz 接触模型确定球体与球体、平面的接触力。如图 3.4(a) 所示，球体与球体接触中，O_1 与 O_2 是两个球的球心，$\boldsymbol{O}_{12}$ 是球心之间的距离矢量，$\boldsymbol{n}$ 是 $\boldsymbol{O}_{12}$ 的单位向量。计算两个球心距离 $\varDelta = \|\boldsymbol{O}_{12}\|$，从而计算两个球体的接触重叠量矢量为

$$\boldsymbol{\delta}_n = (\varDelta - R_1 - R_2) \cdot \boldsymbol{n} \tag{3.15}$$

由此，基于 Hertz 接触理论，根据单元的弹性模量和表面曲率半径可计算单元间的法向弹性接触力，写作

$$\boldsymbol{F}_n^{\mathrm{e}} = \frac{4}{3} E^* \sqrt{R^*} \frac{\boldsymbol{\delta}_n}{\|\boldsymbol{\delta}_n\|^{1/2}} \tag{3.16}$$

球体与平面的接触判断及计算也具有成熟的计算方法 (Kremmer and Favier, 2001)，如图 3.4(b) 所示。三角形质心为 O_2，P 为球心 O_1 在三角形所在平面的投影。球心与平面的距离为 $\varDelta = |\boldsymbol{O}_{12} \cdot \boldsymbol{n}|$，$\boldsymbol{n}$ 是平面的单位外法向。如果同时满足 $\delta_n < 0$ 且 P 点在三角形内，则球体与平面发生接触。根据假设 (3)，平面的曲率半径 $R_2 \to \infty$，则有 $R^* = R_1$。因此，球体与平面的法向弹性力可写作

$$\boldsymbol{F}_n^{\mathrm{e}} = \frac{4}{3} E^* \sqrt{R_1} \frac{\boldsymbol{\delta}_n}{\|\boldsymbol{\delta}_n\|^{1/2}} \tag{3.17}$$

图 3.4(c) 是球体与圆柱体的接触模式，其中 A 和 B 是柱体轴线的两个端点，P 是球心 O 到轴线 AB 上的投影。这里 $\varDelta = \left|\overrightarrow{OP}\right| = \left|\overrightarrow{AO} \cdot \boldsymbol{n}\right|$，$\boldsymbol{n}$ 是球体与柱面的单位接触法向，即向量 $\overrightarrow{OP}$ 的单位向量。如果同时满足 $\varDelta < R_1 + R_2$ 且 $\overrightarrow{AO} \cdot \overrightarrow{BO} < 0$，那么球体与柱面发生接触。Hertz 接触假设下球体与柱体接触可通过椭圆积分表进行计算 (Puttock and Thwaite, 1969)。

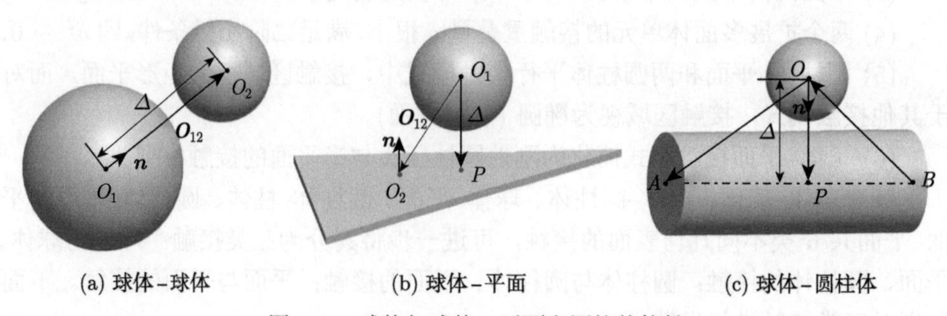

(a) 球体–球体　　(b) 球体–平面　　(c) 球体–圆柱体

图 3.4　球体与球体、平面和圆柱体接触

如图 3.5 所示，球体与圆柱体也可根据椭圆的 Hertz 接触模型进行简化计算，这里可简作

$$\boldsymbol{F}_n^{\mathrm{e}} = \frac{4}{3}E^*\sqrt{\widetilde{R}}\frac{\boldsymbol{\delta}_n}{\|\boldsymbol{\delta}_n\|^{1/2}} \tag{3.18}$$

式中，$\tilde{R}$ 为等效半径。

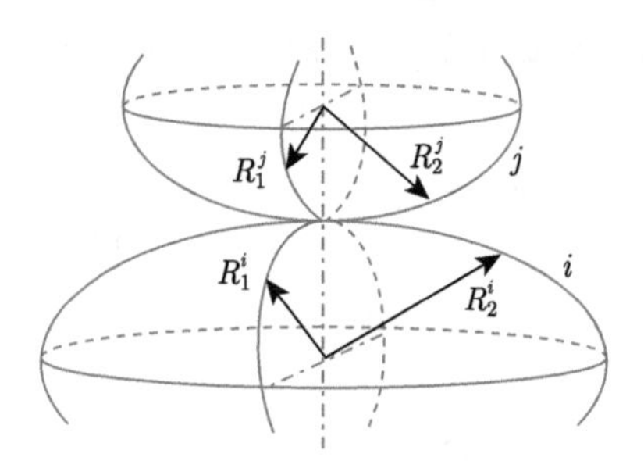

图 3.5 沿主轴方向发生接触的椭圆体

等效半径 $\tilde{R}$ 可通过曲率半径表示，写作

$$\frac{1}{\tilde{R}} = \frac{\left(R_1^i + R_1^j\right)\left(R_2^i + R_2^j\right)}{R_1^i R_2^i R_1^j R_2^j} \tag{3.19}$$

式中，R_1^i、R_2^i、R_1^j 和 R_2^j 分别是椭圆 i 和 j 在接触点处的曲率半径。根据假设 (1) 和 (2)，可对式 (3.19) 进行简化，简化后的球体与圆柱体的接触力可表示为

$$\boldsymbol{F}_n^{\mathrm{e}} = \frac{4}{3}E^*\left(R_{\mathrm{sphere}}R^*\right)^{\frac{1}{4}}\frac{\boldsymbol{\delta}_n}{\|\boldsymbol{\delta}_n\|^{1/2}} \tag{3.20}$$

2. 圆柱体与圆柱体、平面的接触计算

圆柱体与圆柱体的接触可以分为两种情况：平行接触和交叉接触。图 3.6(a) 所示为两圆柱体交叉接触模型，假设 xOy 平面为两个圆柱面接触时与接触法向垂直的平面，O 点为接触点，θ 为两个圆柱面轴线的夹角，且 $0° < \theta \leqslant 90°$。两个圆柱面之间的垂直距离为

$$d = \frac{x^2}{2R_1} + \frac{\left(x\cos\theta - y\sin\theta\right)^2}{2R_2} = ax^2 + 2bxy + cy^2 \tag{3.21}$$

式中，各参数可表示为 $a = 1/(2R_1) + \cos^2\theta/(2R_2)$，$b = -\sin\theta\cos\theta/(2R_2)$，$c = \sin^2\theta/(2R_2)$。该多项式可表示为二次型矩阵 $\boldsymbol{M}$：

$$\boldsymbol{M} = \begin{bmatrix} a & b \\ b & c \end{bmatrix} \tag{3.22}$$

由线性代数知识，矩阵 $\boldsymbol{M}$ 的迹 $T = \mathrm{tr}(\boldsymbol{M}) = a+c$ 和行列式 $D = \det(\boldsymbol{M}) = ac - b^2$。定义 R_1' 和 R_2' 为接触点处的高斯主曲率半径，其为矩阵 $\boldsymbol{M}$ 本征值的倒数：

$$R_1', R_2' = \frac{2}{T \pm \sqrt{T^2 - 4D}} \tag{3.23}$$

那么两交叉接触圆柱体之间的接触力可表示为

$$F_n^{\mathrm{e}} = \frac{4}{3} E^* \sqrt{\tilde{R}} \delta_n^{\frac{3}{2}} \tag{3.24}$$

式中，$\tilde{R}$ 为等效半径，且有 $\tilde{R} = \sqrt{R_1' R_2'}$。

对于两个圆柱的平行接触方式，如图 3.6(b) 所示，A_1B_1 和 A_2B_2 是两圆柱的中轴线，θ 是 A_1A_2 与 A_1B_1 的夹角，CD 是 A_2B_2 在 A_1B_1 上的投影。若两个圆柱平行，即 $\cos\left\langle \overrightarrow{A_1B_1}, \overrightarrow{A_2B_2} \right\rangle = 1$，则柱面与柱面的距离 $\Delta = |CA_2| = |A_1A_2|\sin\theta$。若 $\Delta < R_1 + R_2$，则判断 A_2B_2 在 A_1B_1 所在直线上的投影 CD 是否与 A_1B_1 重叠，并在有重叠条件下计算接触长度 L。

平行接触的圆柱接触力模型在滚珠轴承的相关研究中应用广泛 (Pereira et al., 2011)，其中大量模型需要隐式计算，求解较为烦琐，不利于离散元的快速计算。为此，这里采用简化模型：

$$\boldsymbol{F}_n^{\mathrm{e}} = \frac{\pi}{4} L E^* \boldsymbol{\delta}_n \tag{3.25}$$

对于圆柱面和平面的接触方式，如图 3.6(c) 所示，O 是三角面的质心，A 和 B 是圆柱轴线的两个端点，P_A 和 P_B 是 A 和 B 在平面上的投影，CD 是 P_AP_B 与三角面的重合部分，即接触长度。若柱面与平面平行，即 $\cos\left\langle \boldsymbol{n}, \overrightarrow{AB} \right\rangle \geqslant 0$，则计算柱面与平面的距离 $\Delta = \left|\overrightarrow{AP_A}\right| = \left|\overrightarrow{OA} \cdot \boldsymbol{n}\right|$。如果 $\Delta < R$，则再判断 AB 在三角面所在平面的投影 P_AP_B 是否与三角面重叠，有重叠则计算接触长度 $L = |CD|$。根据假设 (4)，圆柱和平面的法向弹性力可采用与平行接触圆柱体接触力相同的模型进行计算，即式 (3.25)。

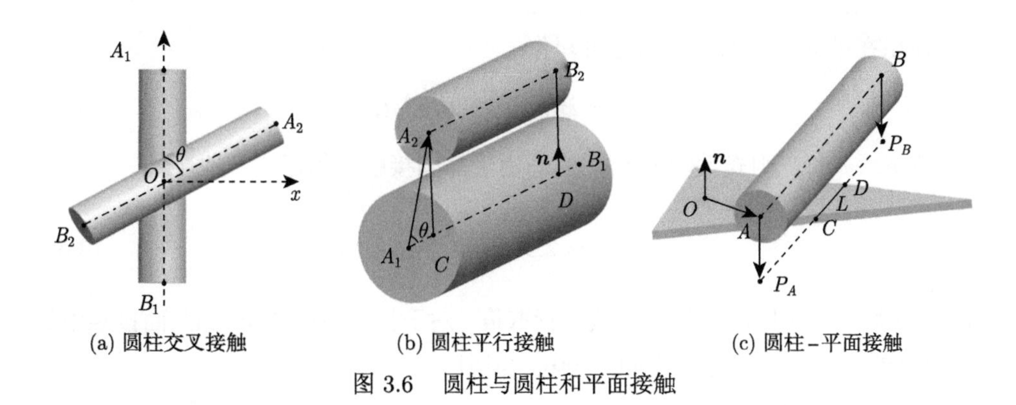

(a) 圆柱交叉接触 (b) 圆柱平行接触 (c) 圆柱 – 平面接触

图 3.6 圆柱与圆柱和平面接触

3. 平面与平面的接触计算

如图 3.7(a) 所示，对于扩展多面体单元接触中的平面–平面接触模型，可考虑表面力作用下弹性半空间体发生变形，如图 3.7(b) 所示。假设刚性圆柱一端作用在弹性半空间体上并产生分布压力 $\boldsymbol{p}(r)$，则接触力为

$$\boldsymbol{F}_n^{\mathrm{e}} = \int_0^a \boldsymbol{p}\,(r) \cdot 2\pi r \mathrm{d}r \tag{3.26}$$

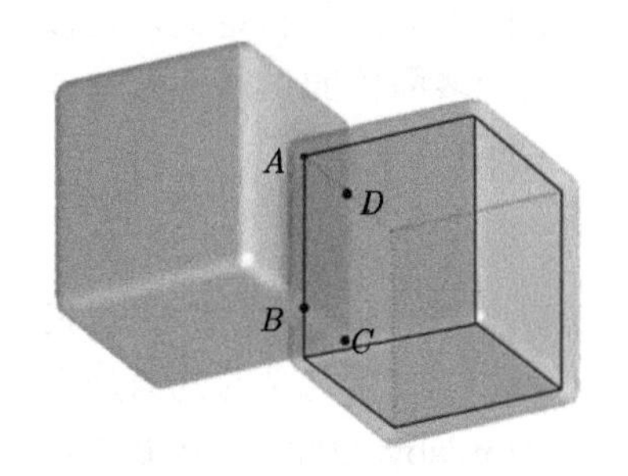

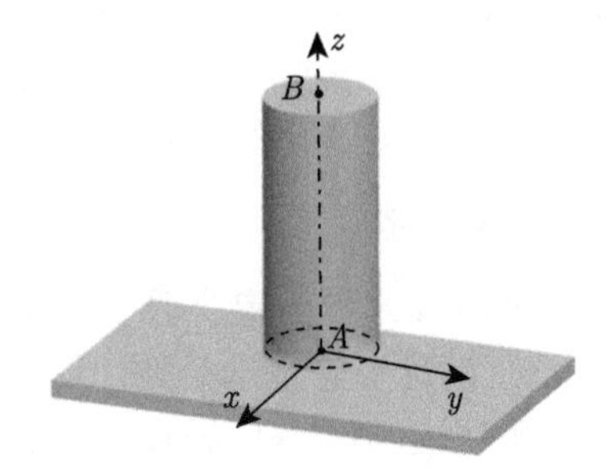

(a) 平面 – 平面接触 (b) 刚性圆柱施压在弹性半空间体上

图 3.7 平面–平面接触

由 Hertz 接触模型得到的接触面内的垂直变形是非均匀分布的，很难确定接触力与垂直变形之间的对应关系，且块体在接触时一般考虑接触区域为非圆形。因此，这里采用均匀垂直变形的解，即假设接触区域内所有点的垂直变形都相等，则有

$$\boldsymbol{u}_z = \frac{\pi \boldsymbol{p}_0 a}{E^*} \tag{3.27}$$

式中，a 为接触区域的半径。由此接触面上的法向应力为

$$\boldsymbol{p} = \boldsymbol{p}_0 \left(1 - \frac{r^2}{a^2}\right)^{-\frac{1}{2}} \tag{3.28}$$

作用在该区域上的接触力则可写作

$$\boldsymbol{F}_n^{\mathrm{e}} = 2\pi \boldsymbol{p}_0 a^2 = 2aE^* \boldsymbol{u}_z \tag{3.29}$$

令 $\boldsymbol{\delta}_n = \boldsymbol{u}_z$，则式 (3.29) 可写为适用于非圆接触面的形式，即

$$\boldsymbol{F}_n^{\mathrm{e}} = 2E^* \beta \sqrt{\frac{A}{\pi}} \cdot \boldsymbol{\delta}_n \tag{3.30}$$

式中，β 可根据不同的接触面形状进行取值。对于扩展多面体单元面–面接触中的多边形接触面，可取 $\beta = 1.02$ (Popov, 2010)。

3.2.2 近似包络函数算法

几何接触算法中，多接触点在一定程度上会引起物理上的失真。人们通过数学几何方程构造扩展多面体的近似包络函数，并通过函数表达式之间的优化模型求解接触搜索问题。通过优化模型求解接触可有效避免复杂的几何运算，也可避免多个接触点导致的物理失真，在实际计算中具有较高的执行效率。因此，本节详细介绍基于多面体扩展函数的扩展多面体包络函数构造。

为采用优化模型求解单元之间的接触搜索问题，需要构建可描述单元表面并具有特定性质的数学函数。根据扩展多面体单元的闵可夫斯基和定义，直接描述扩展多面体表面形态的函数难以确定，这里采用二阶多面体的扩展函数与球面函数构造扩展多面体近似的包络函数。

1. 势能颗粒

通过函数方程可定义几何体表面形态，即满足 $f(x,y,z) = 0$ 的点集。若 $f(x,y,z)$ 满足一定基本条件，这里称由方程 $f(x,y,z) = 0$ 定义的几何形态颗粒为势能颗粒 (potential particle) (Harkness, 2009; Houlsby, 2009)。势能颗粒的函数基本条件如下：

(1) 满足 $f(x,y,z) = 0$ 的点 (x,y,z) 为颗粒表面的点；

(2) 满足 $f(x,y,z) < 0$ 的点 (x,y,z) 为颗粒内部的点；

(3) 满足 $f(x,y,z) > 0$ 的点 (x,y,z) 为颗粒外部的点；

(4) 颗粒表面满足严格凸条件，即不存在平面，且由 $f(x,y,z) = \mathrm{const}$ 定义的颗粒均满足该严格凸条件。

需要注意的是，在方程 $f(x,y,z) = 0$ 中 (x,y,z) 是局部坐标系下的坐标。由条件 (4) 可知，势能颗粒的定义函数 $f(x,y,z)$ 存在一阶和二阶导数。实际上，势能颗粒并不是“一种”颗粒，而是满足一定条件的“一类”颗粒。球体单元、椭球单元以及超二次曲面单元均属于势能颗粒，其方程可依次写作

$$f(x,y,z) = x^2 + y^2 - R^2 \tag{3.31}$$

$$f(x,y,z)=\frac{x^2}{a^2}+\frac{y^2}{b^2}+\frac{z^2}{c^2}-1 \tag{3.32}$$

$$f(x,y,z)=\frac{|x|^2}{a^2}+\frac{|y|^2}{b^2}+\frac{|z|^2}{c^2}-1 \tag{3.33}$$

式中，a、b、c 和 R 为方程的相关参数。以上方程均满足势能颗粒的四个基本条件。

对于势能颗粒的接触搜索，可转化为优化模型进行求解。对于两个待求的颗粒 A 和 B，其方程分别为 $f_A(x,y,z)=0$ 和 $f_B(x,y,z)=0$，将二者的接触问题转化为优化模型包含两种形式，分别写作 (Boon et al., 2012)

$$\min f_A(x,y,z) \quad \text{s.t. } f_B(x,y,z)=0 \tag{3.34}$$

$$\min f_A(x,y,z)+f_B(x,y,z) \quad \text{s.t. } f_A(x,y,z)-f_B(x,y,z)=0 \tag{3.35}$$

在以上两种形式的优化模型中，第一种形式本质上是在颗粒 B 的表面上寻找 $f_A(x,y,z)$ 的函数值最小的点，该点即为颗粒 B 上的接触点，可通过该点进一步搜索颗粒 A 上的接触点。第二种形式本质上是在颗粒 A 和 B 中间寻找一个中间点满足 $f_A(x,y,z)+f_B(x,y,z)$ 最小，从该点出发可分别搜索颗粒 A 和 B 上的对应接触点。两种形式均可获得相应的接触点或接触中心点，进而求得接触重叠量和接触法向。

2. 二阶多面体扩展函数

多面体可以看作由 N 个平面围成的几何体，该几何体可以由 N 个不等式表示，写作

$$a_ix+b_iy+c_iz\leqslant d_i, \quad i=1,2,3,\cdots,N \tag{3.36}$$

式中，(a_i,b_i,c_i) 是每个平面的单位外法向；d_i 是坐标原点到平面的距离。这里采用 Macaulay 括号可将多个不等式集合到一个统一的方程中，该方程可写作

$$f(x,y,z)=\sum_{i=1}^{N}\langle a_ix+b_iy+c_iz-d_i\rangle \tag{3.37}$$

式中，$\langle\cdot\rangle$ 即为 Macaulay 括号，且有 $\langle x\rangle=x,\ x>0$; $\langle x\rangle=0,\ x\leqslant 0$。满足 $f(x,y,z)=0$ 的坐标即为多面体表面上的点。可以看出，多面体方程在空间中连续但不光滑，在多面体内部函数值都为 0。同样，多面体函数的梯度在空间中不光滑，除在多面体内部还体现在两个面/边的过渡处，如图 3.8(a) 所示。采用高阶形式可构造两个面过渡处梯度光滑的多面体函数，即

$$f(x,y,z)=\sum_{i=1}^{N}\langle a_ix+b_iy+c_iz-d_i\rangle^n \tag{3.38}$$

式中，n 为正整数。可以看出，$f(x,y,z)=0$ 依然表示多面体的表面点集。该函数梯度为

$$\begin{cases}\dfrac{\partial f}{\partial x}=\displaystyle\sum_{i=1}^{N}a_i\left\langle a_ix+b_iy+c_iz-d_i\right\rangle^{n-1}\\ \dfrac{\partial f}{\partial y}=\displaystyle\sum_{i=1}^{N}b_i\left\langle a_ix+b_iy+c_iz-d_i\right\rangle^{n-1}\\ \dfrac{\partial f}{\partial z}=\displaystyle\sum_{i=1}^{N}c_i\left\langle a_ix+b_iy+c_iz-d_i\right\rangle^{n-1}\end{cases}\tag{3.39}$$

如图 3.8(b) 所示，在二维条件下以二阶的多面体函数为例，梯度在两个面的过渡处光滑。对高阶的多面体函数进行修正，可构成高阶多面体扩展函数，写作

$$f(x,y,z)=\sum_{i=1}^{N}\left\langle a_ix+b_iy+c_iz-d_i\right\rangle^{n}-r^{n}\tag{3.40}$$

式中，r 是扩展系数。满足 $f(x,y,z)=0$ 的点构成了高阶多面体扩展函数在空间中的点集，其实际上是多面体向外扩展了一定的距离。以二阶的多面体扩展函数为例，在二维和三维空间中构成的几何形状如图 3.9 所示，其函数写作

$$f(x,y,z)=\sum_{i=1}^{N}\left\langle a_ix+b_iy+c_iz-d_i\right\rangle^{2}-r^{2}\tag{3.41}$$

可以看出，二阶多面体扩展函数的几何形态表面较为光滑，其梯度函数也具有类似的光滑特性。实际上，多面体扩展函数中 Macaulay 括号项即表示点 (x,y,z) 到某个面的距离。

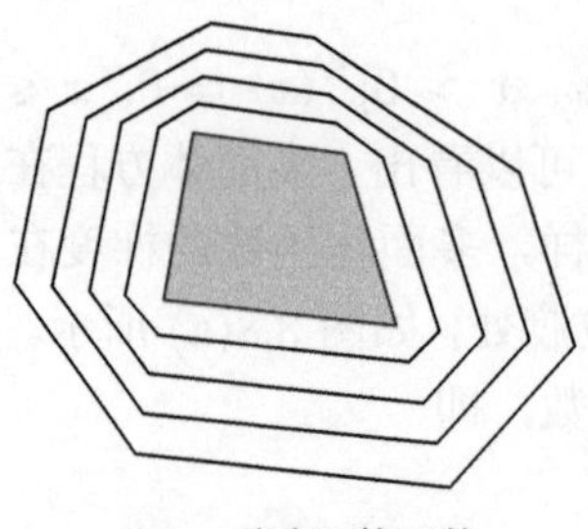

(a) 一阶多面体函数

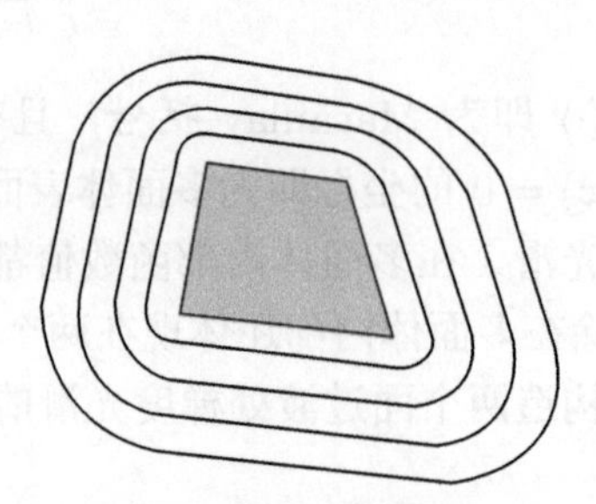

(b) 二阶多面体函数

图 3.8　多面体函数的梯度

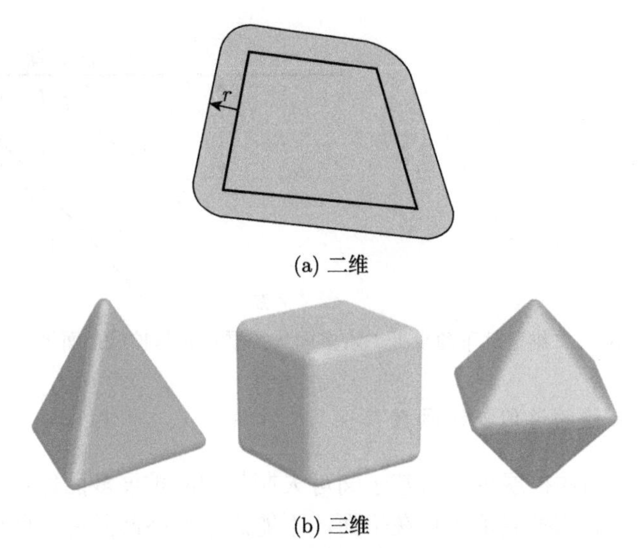

(a) 二维

(b) 三维

图 3.9 二阶多面体扩展函数的几何形状

将二阶多面体扩展函数定义的几何形态称为二阶多面体扩展单元。该单元与扩展多面体在几何形态上具有较高的相似度，二者都具有平面元素，在角点和棱边处的表面均光滑，可在一定程度上作为扩展多面体的替代形式。但二者均不满足势能颗粒的条件，且在角点和棱边处的光滑表面存在一定差异。扩展多面体在角点和棱边处分别为球面和圆柱面，而二阶多面体扩展单元对应为椭圆面和椭圆柱面。

为更清晰地描述该颗粒形态，这里采用二维单元进行说明。二维条件下两种颗粒在角点处的形态差异如图 3.10 所示。弧 AB 和弧 CD 分别为扩展多面体和二阶多面体扩展单元在角点 $O(x_0, y_0)$ 处的表面，显然弧 AB 为圆弧；OE 和 OF 是角点处的两条相邻边，其对应的外法向分别为 $\boldsymbol{n}_1\,(n_1^x, n_1^y)$ 和 $\boldsymbol{n}_2\,(n_2^x, n_2^y)$。若 $P(x, y)$ 为弧 CD 上的任意一点，则根据式 (3.41) 可得

$$
\begin{aligned}
f\,(P) &= D_1^2 + D_2^2 - r^2 \\
&= \left(\overrightarrow{OP}\cdot\boldsymbol{n}_1\right)^2 + \left(\overrightarrow{OP}\cdot\boldsymbol{n}_2\right)^2 - r^2 \\
&= \left[(x-x_0)\,n_1^x + (y-y_0)\,n_1^y\right]^2 + \left[(x-x_0)\,n_2^x + (y-y_0)\,n_2^y\right]^2 - r^2
\end{aligned}
\tag{3.42}
$$

式中，D_1 和 D_2 分别为点 P 到两条边的距离。式 (3.42) 可整理为椭圆的一般方程，类似可进一步证明，三维条件下通过式 (3.41) 定义的二阶多面体扩展单元在角点和棱边处分别为椭球面和椭圆柱面。立方体或长方体是该单元的特殊形态，其与基于闵可夫斯基和的扩展多面体完全一致。

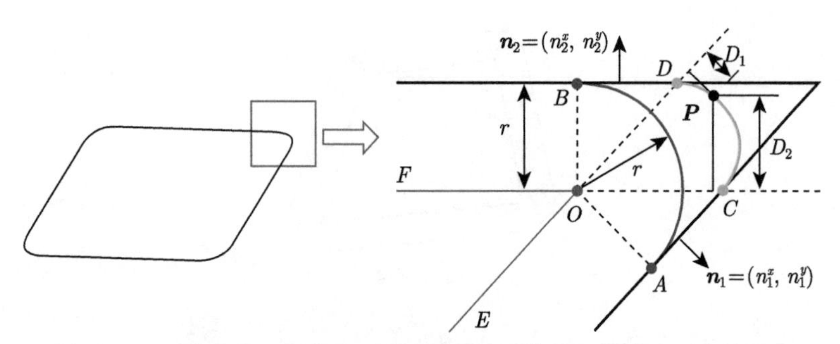

图 3.10 二维条件下角点处二阶多面体扩展单元与扩展多面体的差异

3. 扩展多面体的近似包络函数

尽管二阶多面体扩展单元与基于闵可夫斯基和的扩展多面体在形态上高度相似，但是二阶多面体扩展单元存在平面，不能满足严格凸条件，所以二阶多面体扩展单元不属于势能颗粒。因此，二阶多面体扩展单元不可采用优化模型对其接触搜索进行求解。通过二阶多面体扩展函数与球面函数的加权求和形式可构造具有多面体特征的光滑颗粒 (Houlsby, 2009)，即其表面为光滑曲面且无尖锐棱角的几何形态，其可写作

$$
\begin{aligned}
f(x,y,z) = {} & (1-k)\left(\sum_{i=1}^{N}\langle a_i x + b_i y + c_i z - d_i\rangle^2 - r^2\right) \\
& + k\left(x^2+y^2+z^2-R^2\right)
\end{aligned}
\tag{3.43}
$$

式中，k 为颗粒光滑度系数；R 为球面函数的半径。式 (3.43) 也可写为归一化形式，即

$$
\begin{aligned}
f(x,y,z) = {} & (1-k)\left(\sum_{i=1}^{N}\frac{\langle a_i x + b_i y + c_i z - d_i\rangle^2}{r^2} - 1\right) \\
& + k\left(\frac{x^2+y^2+z^2}{R^2} - 1\right)
\end{aligned}
\tag{3.44}
$$

显然，该颗粒的定义函数满足势能颗粒的基本条件，可采用优化模型对该颗粒的接触搜索进行求解。图 3.11 为边长为 a 的正四面体和球体组合构成的颗粒在不同加权系数下的几何形态，其中扩展半径 $r = 0.1a$，球体半径 $R = 1.5a$。可以看出，k 越小其形态越接近于二阶多面体扩展颗粒，当 $k = 0.001$ 时已基本同二阶多面体扩展形态相同。因此，考虑采用式 (3.44) 定义的颗粒形态作为基于闵可夫斯基和的扩展多面体的“包络”函数，从而对接触搜索问题进行求解。

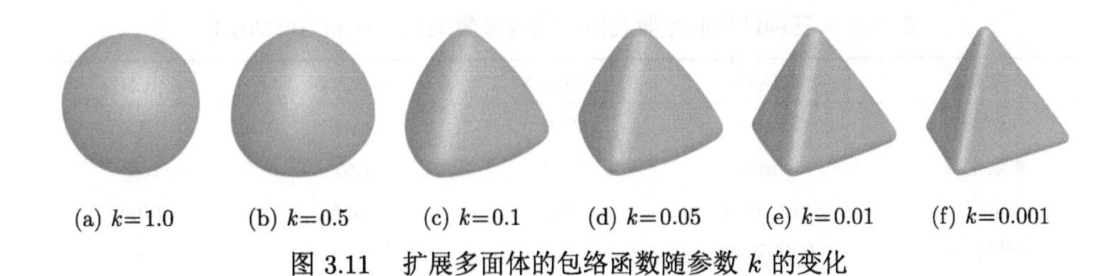

图 3.11 扩展多面体的包络函数随参数 k 的变化

3.3 扩展多面体离散元方法的算例验证

这里采用基于包络函数的接触搜索方法求解扩展多面体的接触搜索问题，首先通过单颗粒的重力下落直至稳定过程分析参数的敏感性以及方法的稳定性。为进一步验证方法的合理性，采用该方法模拟不同形状颗粒在方形平底料斗中的卸料过程，并与相关试验和其他离散元方法的结果进行对比验证。

3.3.1 单颗粒重力下落的离散元分析

为验证前文扩展多面体接触搜索计算的稳定性，这里采用三种不同形状的扩展多面体颗粒模拟其自由下落过程。同时，当光滑度系数 k 不同时分别计算三种形状颗粒的自由下落过程，验证该方法对参数 k 的敏感性。图 3.12 为模拟中三种不同形状的颗粒：正四面体、正六面体和正八面体，其中 $k = 0.1$、0.01、0.001 和 0.0001。表 3.1 中列出了三种形状颗粒的几何和物理参数，参数的选取主要参考了 Höhner 等 (2013) 的相关工作。

在水平面处放置较大长方体作为边界，初始时颗粒与水平面距离为 0.05 m，初始平动速度为 0 并施加随机角速度。由于边界单元一般较大，如果采用颗粒与边界的包络球接触点作为初始点会导致迭代收敛较慢。因此，可采用边界单元与颗粒接触的平面与颗粒包络球之间的接触点作为初始点进行计算。

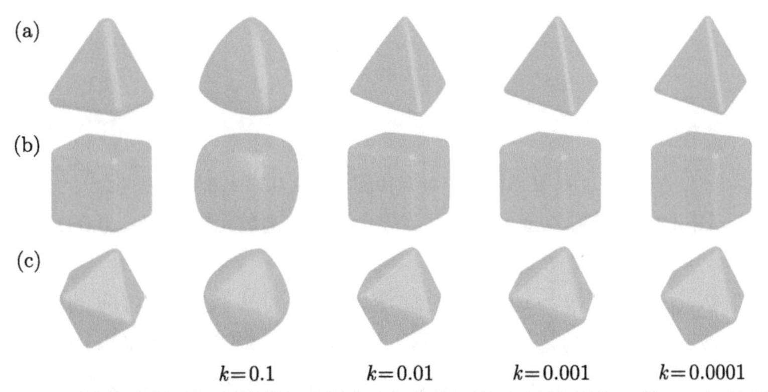

图 3.12 三种不同形状的扩展多面体颗粒及不同参数 k 时的包络函数：(a) 正四面体；(b) 正六面体；(c) 正八面体

表 3.1 三种颗粒的主要几何和物理参数 (Höhner et al., 2013)

参数	符号 (单位)	正四面体	正六面体	正八面体
边长	a (mm)	21.2	16.1	17.8
扩展半径	r (mm)	2.12	1.61	1.78
密度	ρ (kg/m^3)	1522	1455	1469
弹性模量	E (GPa)	—	4.76	—
泊松比	ν	—	0.4	—
回弹系数	e	—	0.55	—
滑动摩擦系数	μ	—	0.39	—
滚动摩擦系数	μ_r	—	0.01	—

图 3.13 为当光滑度系数 $k = 0.001$ 时三种颗粒在重力作用下自由下落的过程。可以看出，颗粒在重力作用下与水平边界发生碰撞作用，经过若干次反复的碰撞并翻滚一定距离后颗粒静止在平面上。当 k 分别为 0.1、0.01、0.001 和 0.0001 时，三种颗粒自由下落直至静止的速度和角速度变化如图 3.14 所示。

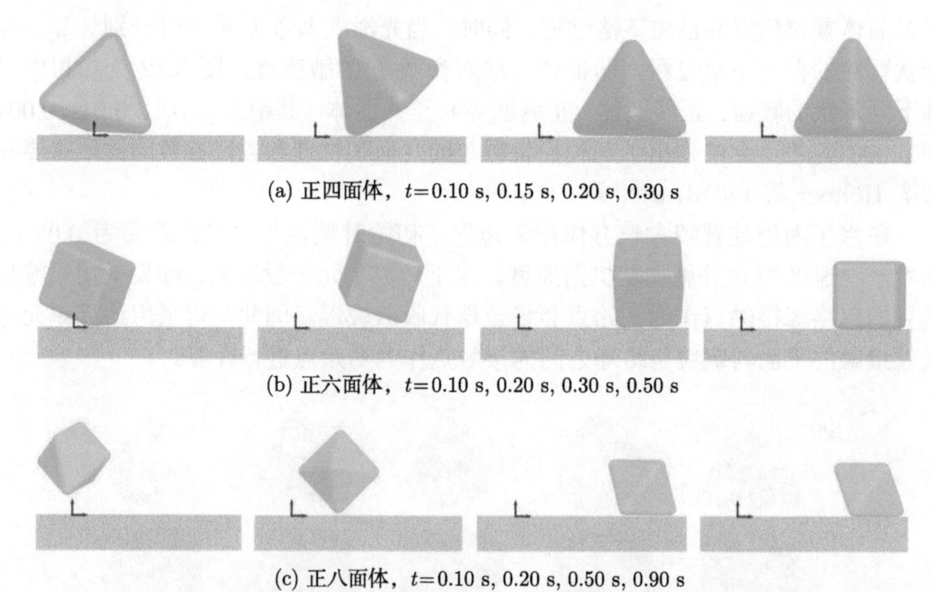

(a) 正四面体，t=0.10 s, 0.15 s, 0.20 s, 0.30 s

(b) 正六面体，t=0.10 s, 0.20 s, 0.30 s, 0.50 s

(c) 正八面体，t=0.10 s, 0.20 s, 0.50 s, 0.90 s

图 3.13 单颗粒重力下落直至静止过程的离散元模拟 (k= 0.001)

在初始状态，即颗粒与边界碰撞翻滚时，不同参数 k 所对应的颗粒速度和角速度完全一致；当颗粒与边界的作用趋于稳定时，颗粒速度和角速度在不同参数 k 时存在差异。这是因为颗粒稳定时，其与边界的接触类型主要为面–面接触，在接触点的几何搜索过程中需较多的迭代步。同时当 k 较大时，包络函数与扩展多面体差异较大，导致计算得到的接触中心点距最终接触点较远，在有限的迭代步内搜索接触点会存在一定差异，且 k 越大差异越大。另外，k 分别为 0.1 和 0.01 时的计算结果与 k 分别为 0.001 和 0.0001 时的结果差别较大，而 k 分别为 0.001 和 0.0001 时的结果较为接近。这说明当 k 取较小值时，颗粒形态已十分接近多面体单元，其计算结果趋于一致。由此可见，基于优化算法的搜索方法对模拟扩展多面体单元的动力和碰撞过程具有很好的稳定性。

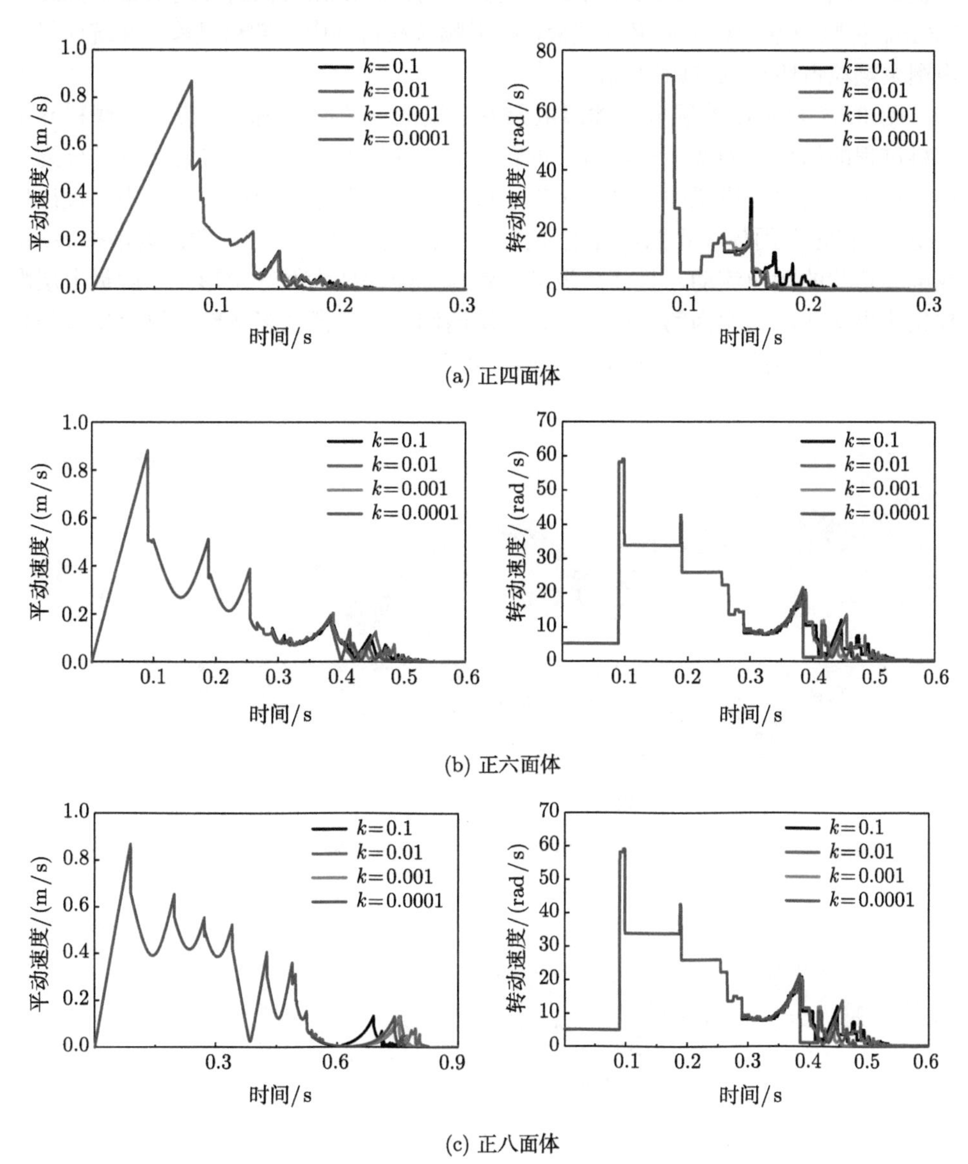

(a) 正四面体

(b) 正六面体

(c) 正八面体

图 3.14 颗粒下落过程中的速度和角速度

3.3.2 料斗卸料过程的成拱效应

为进一步验证本书方法的可靠性，这里采用扩展多面体单元模拟颗粒材料在方形平底料斗中的卸料过程。料斗内部的有效长宽高分别为 0.4 m、0.1 m 和 0.5 m，料斗中方孔尺寸的长和宽均为 0.1 m。该离散元模拟采用与表 3.1 中相同的三种颗粒：正四面体、正六面体和正八面体，取 $k = 0.001$。初始时方孔处放置挡板，三组颗粒以重力下落的方式在料斗内随机排列，且使颗粒在料斗内的堆积高度为 0.3 m。待颗粒堆积稳定后撤除挡板，模拟颗粒在料斗中的卸料过程，并统计料斗内剩余颗粒占所有颗粒的比例。

图 3.15 显示用扩展多面体离散元方法模拟三种形状颗粒在方形平底料斗中卸料过程的结果。为便于观察料斗内颗粒的流动情况，在竖直方向将颗粒分为三层。在正六面体的模拟中，试验出现了成拱现象，但本书和相关模拟中并没出现该现象。在正四面体和正八面体的模拟中，颗粒的流动由中间向两侧逐渐扩展，形成倒三角状的颗粒流动，且停止流动后颗粒空隙保持为倒三角形。一般最上层颗粒先流出料斗，其次为第二层，而最下层两侧则能保留较多颗粒。以上现象与相关试验和模拟中的结果一致 (Höhner et al., 2013)。

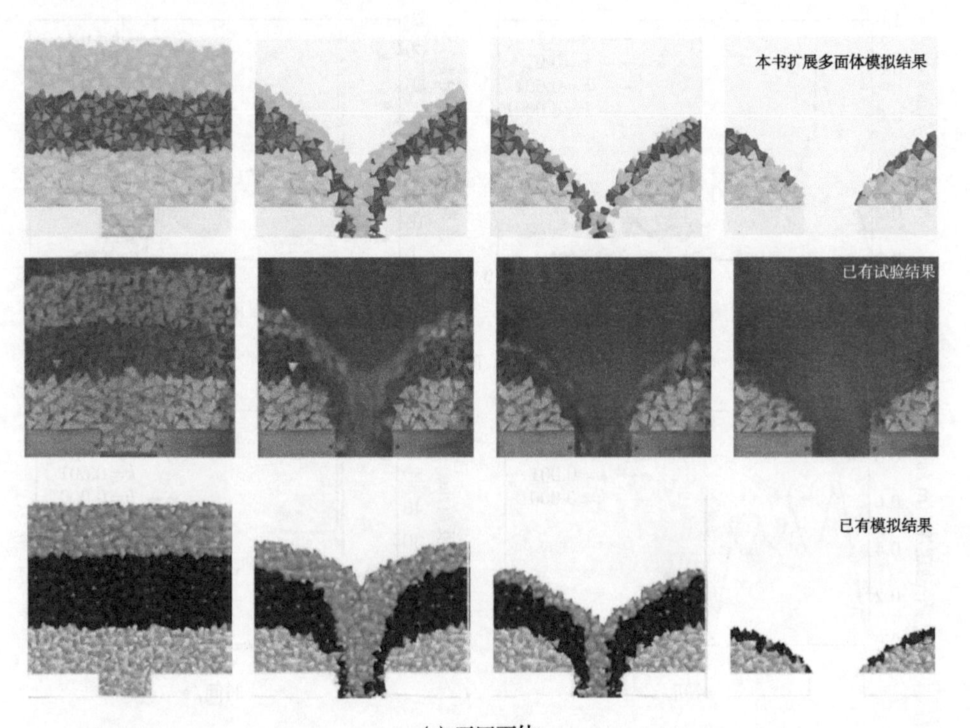

(a) 正四面体

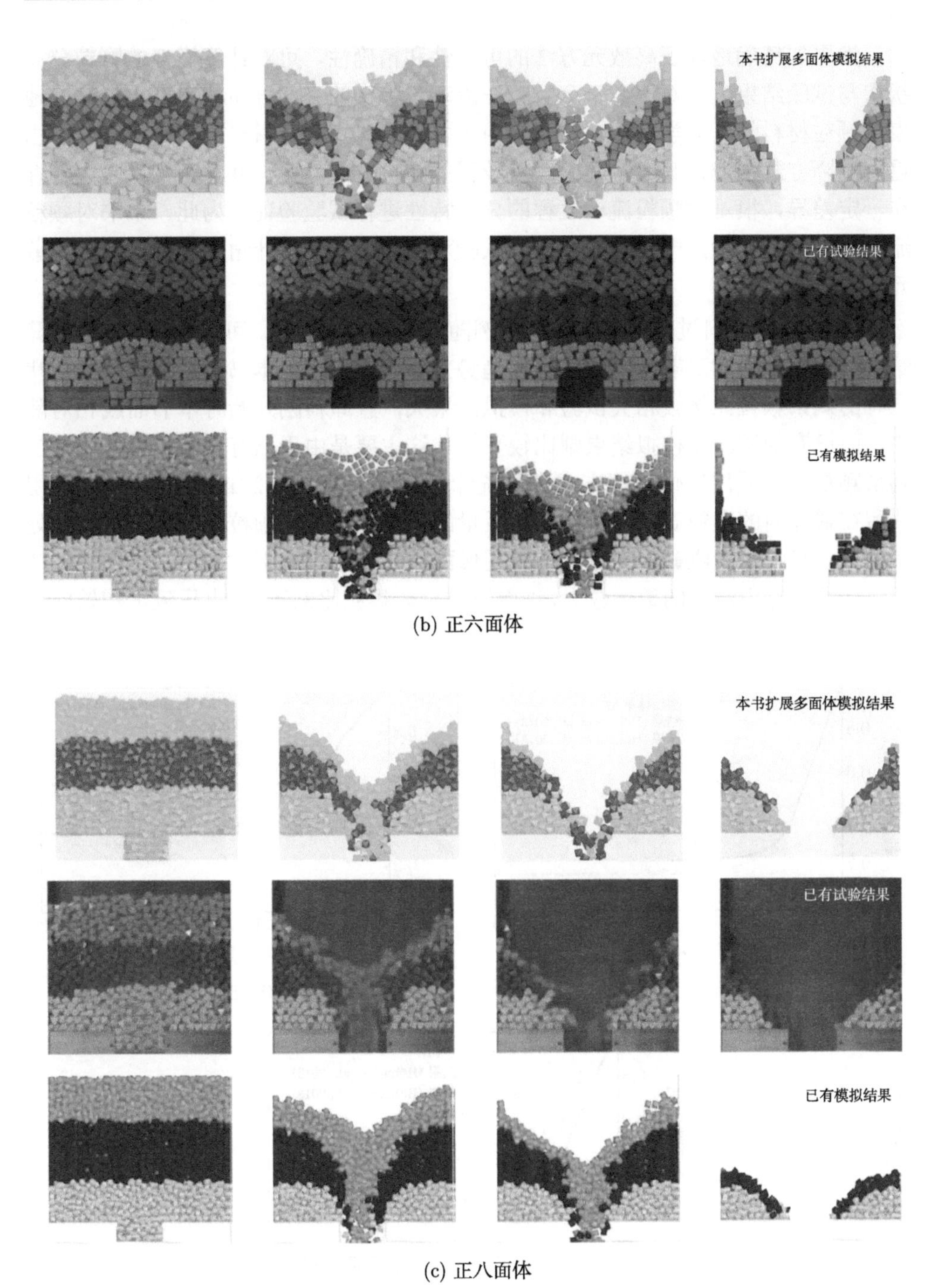

(b) 正六面体

(c) 正八面体

图 3.15 料斗卸料过程的离散元模拟及试验对比，每组四列图对应时刻为 $t = 0$ s, 1.0 s, 1.5 s 和 8.0 s；每组由上至下分别为本书扩展多面体计算结果、已有试验结果和其他离散元方法模拟结果 (Höhner et al., 2013)

为更加精确地验证离散元方法的可靠性和精确性，可对计算模拟的颗粒分布状态与试验结果进行对比。每个颗粒在流动过程中的空间分布状态可更加精确地表征颗粒材料的动力学特性。然而，由于本书计算中颗粒材料的初始排列状态由重力沉降方式生成，其在空间上具有较强的随机分布特性，并与相应试验条件存在一定差异，很难对颗粒流动过程的分布特性进行试验验证。为此，本书对颗粒流动过程中的流量，即颗粒数量进行试验对比，进而从统计角度上分析本书离散元方法的可靠性。

图 3.16 为卸料过程中剩余颗粒比例随时间的变化情况。可以发现，本书计算结果与相关试验和离散元模拟结果在趋势上保持一致。但本书模拟中最终稳定状态时的剩余颗粒比例较相关试验和模拟结果大，且卸料刚开始时本书曲线相对陡峭，而已有的试验和模拟结果则比较平缓。这主要是由于已有试验和模拟统计的剩余颗粒比例采用图像处理方式进行统计 (Höhner et al., 2013)，而本书则采用残留在料斗内的颗粒质量与总体颗粒质量的比例计算剩余颗粒比例。采用图像处理的方式只考虑二维截面上颗粒所占图像面积与初始时刻所占面积的比例，这使得统计的料斗内颗粒的数值较大，进而导致剩余颗粒比例较小，也导致了初始曲线

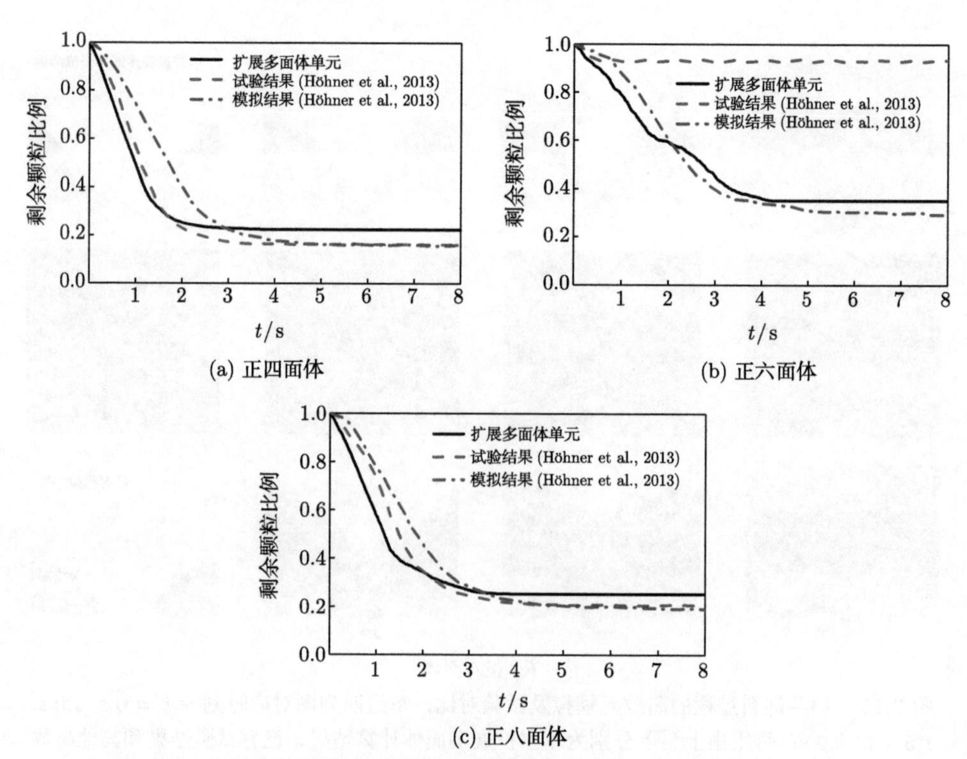

图 3.16　料斗卸料过程中剩余颗粒比例随时间变化 (Höhner et al., 2013)

的平滑度差异。若忽略不同统计方法所引起的以上统计结果差异，则本书模拟结果与相关试验和其他离散元方法模拟结果是一致的，从而验证了本书发展的扩展多面体离散元方法的可靠性。

正六面体颗粒在卸料过程中会在局部形成短暂的阻塞现象，导致颗粒流动速度较慢。与正四面体和正八面体相比，正六面体的最终剩余颗粒比例较大。在图 3.16(b) 中也可看出正六面体的流出速度更慢。在正六面体的试验中发生了稳定的成拱现象，即颗粒形成了永久稳定的拱形结构而阻碍颗粒的流动，因而其最终剩余颗粒比例较本书模拟大得多。料斗内颗粒的成拱现象受诸多因素的影响，其与颗粒材料的摩擦系数等物理力学性质 (Hidalgo et al., 2013)、方孔尺寸 (Fraige et al., 2008) 以及颗粒初始的排列结构密切相关。本书的正六面体模拟和已有的离散元模拟中均无成拱现象出现，而试验中也并非每次都会出现堵塞现象。这在大量的离散元模拟中存在一定的发生概率 (麻礼东等, 2018)。

将方形平底料斗的长和宽分别改为 0.2 m 和 0.03 m。正六面体的边长改为 0.0125 m，料斗方孔长度采用两种尺寸：0.06 m 和 0.08 m，方孔宽度与料斗宽度保持不变。采用扩展多面体离散元模拟以上两种不同方孔尺寸的卸料过程，如图 3.17 所示。同样通过施加随机水平初速度和重力下落的方式生成初始的排列结构，待颗粒稳定后撤除方孔处的挡板。在 0.06 m 长的方孔模拟中发生了短暂的阻塞，因此颗粒流出速度较为缓慢，但颗粒没有形成稳定拱形结构。而在 0.08 m 长的方孔模拟中很快形成了稳定的成拱现象，因此颗粒被阻塞在料斗内。

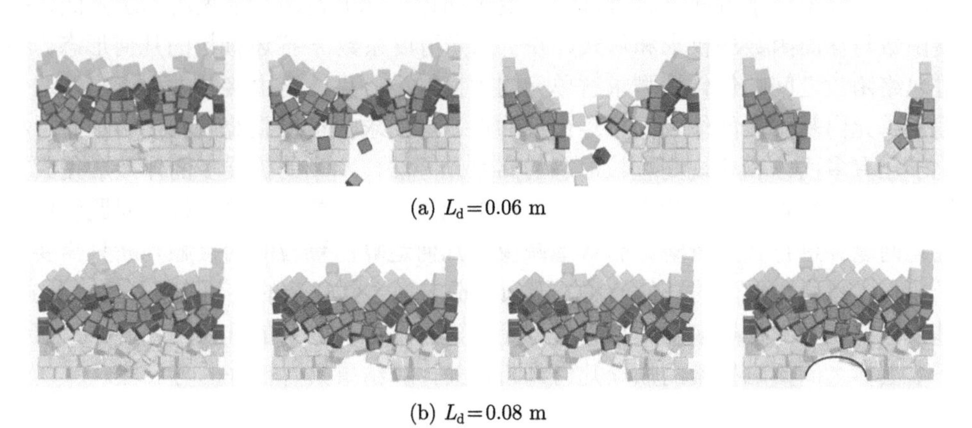

(a) $L_\mathrm{d}=0.06$ m

(b) $L_\mathrm{d}=0.08$ m

图 3.17 两种方孔尺寸的料斗卸料过程离散元模拟，时间 t = 0.0 s、0.3 s、1.0 s 和 2.0 s

为便于与相关试验和其他离散元模拟结果对比，这里统计分析以上两组模拟中流出颗粒比例随时间的变化情况，如图 3.18 所示。显然，剩余颗粒比例与流出颗粒比例之和为 1.0。方孔宽度为 0.06 m 的数据显示，颗粒流出速度较为缓慢，与图 3.17 显示的结果一致。其最终流出颗粒比例与 Fraige 等 (2008) 的模拟结果接近，而与试验结果存在一定差异。在方孔宽度为 0.08 m 的离散元模拟中，颗粒很快出现了成拱现象且流出的颗粒较少，因而流出颗粒比例较低。在相应的试验和其他离散元模拟中，也同样出现了成拱的阻塞现象，导致流出颗粒比例也较低 (Fraige et al., 2008)。

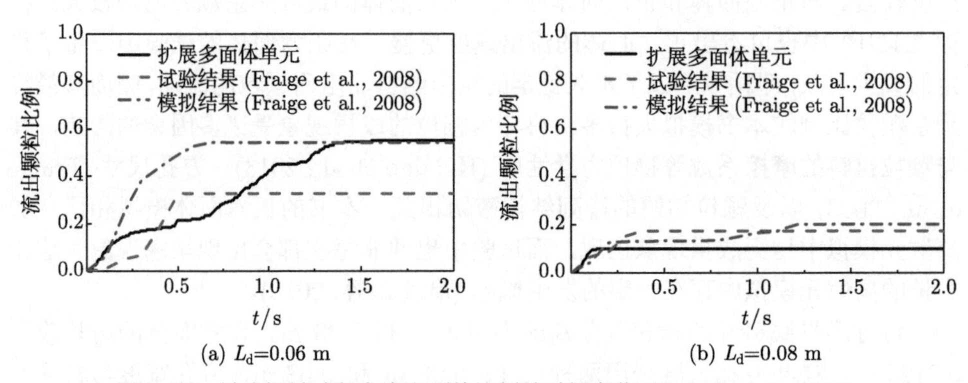

图 3.18 料斗卸料过程中流出颗粒比例随时间变化 (Fraige et al., 2008)

3.4 小 结

本章主要介绍了基于闵可夫斯基和的扩展多面体单元构造、运动求解及其包络函数，并验证了方法的合理性。扩展多面体单元的包络函数采用二阶多面体扩展函数与球面函数加权求和形式，并引入光滑度系数 k 描述颗粒的几何形态。通过包络函数之间的优化模型求解单元间的接触中心点，再由接触中心点出发迭代搜索单元内基本多面体之间相距最近的点，进而求得接触重叠量和接触法向。相比于已有多面体和非规则颗粒形态的离散元方法，本章的扩展多面体接触搜索方法具有以下优点：通过构造扩展多面体单元的包络函数，将接触搜索问题转化为优化问题并进行代数求解，有效地减少了几何运算；颗粒间的接触判断只需要单一角点、棱边和平面的几何信息，无须构造它们之间复杂的几何拓扑关系。因此，基于包络函数的扩展多面体接触模型无须建立多面体复杂的几何拓扑关系，避免了多面体之间接触搜索的烦琐几何判断，其计算结果具有很好的可靠性。

参 考 文 献

金峰, 胡卫, 张冲, 等. 2011. 考虑弹塑性本构的三维模态变形体离散元方法断裂模拟 [J]. 工程力学, 28(5): 1-7.

刘璐, 龙雪, 季顺迎. 2015. 基于扩展多面体的离散单元法及其作用于圆桩的冰载荷计算 [J]. 力学学报, 47(6): 1046-1057.

麻礼东, 杨光辉, 张晟, 等. 2018. 三维漏斗中颗粒物质堵塞问题的数值实验研究 [J]. 物理学报, 67(4): 132-137.

Barki H, Denis F, Dupont F. 2009. Contributing vertices-based Minkowski sum computation of convex polyhedra [J]. Computer-Aided Design, 41(7): 525-538.

Boon C W, Houlsby G T, Utili S. 2012. A new algorithm for contact detection between convex polygonal and polyhedral particles in the discrete element method [J]. Computers & Geotechnics, 44(1): 73-82.

Cleary P W. 2009. Industrial particle flow modelling using discrete element method [J]. Engineering Computations, 26(6): 698-743.

Cundall P A, Strack O D L. 1979. A discrete numerical model for granular assemblies [J]. Géotechnique, 29: 47-65.

Fraige F Y, Langston P A, Chen G Z. 2008. Distinct element modelling of cubic particle packing and flow [J]. Powder Technology, 186(3): 224-240.

Galindo-Torres S A. 2013. A coupled discrete element lattice Boltzmann method for the simulation of fluid-solid interaction with particles of general shapes [J]. Computer Methods in Applied Mechanics & Engineering, 265(2): 107-119.

Galindo-Torres S A, Muñoz J D, Alonso-Marroquín F. 2010. Minkowski-Voronoi diagrams as a method to generate random packings of spheropolygons for the simulation of soils[J]. Physical Review E, 82: 056713.

Gerolymatou E, Galindo-Torres S A, Triantafyllidis T. 2015. Numerical investigation of the effect of preexisting discontinuities on hydraulic stimulation [J]. Computers & Geotechnics, 69: 320-328.

Harkness J. 2009. Potential particles for the modelling of interlocking media in three dimensions [J]. International Journal for Numerical Methods in Engineering, 80(12): 1573-1594.

Hidalgo R C, Lozano C, Zuriguel I, et al. 2013. Force analysis of clogging arches in a silo [J]. Granular Matter, 15(6): 841-848.

Houlsby G T. 2009. Potential particles: a method for modelling non-circular particles in DEM [J]. Computers & Geotechnics, 36(6): 953-959.

Höhner D, Wirtz S, Scherer V. 2013. Experimental and numerical investigation on the influence of particle shape and shape approximation on hopper discharge using the discrete element method [J]. Powder Technology, 235(2): 614-627.

Ji S, Shen H H. 2006. Effect of contact force models on granular flow dynamics [J]. Journal of Engineering Mechanics, 132(11): 1252-1259.

Kremmer M, Favier J F. 2001. A method for representing boundaries in discrete element modelling-Part I: geometry and contact detection [J]. International Journal for Numerical Methods in Engineering, 51(12): 1407-1421.

Liu L, Ji S. 2018. Ice load on floating structure simulated with dilated polyhedral discrete element method in broken ice field [J]. Applied Ocean Research, 75: 53-65.

Pereira C M, Ramalho A L, Ambrósio J A. 2011. A critical overview of internal and external cylinder contact force models [J]. Nonlinear Dynamics, 63: 681-697.

Popov V. 2010. Contact Mechanics and Friction: Physical Principles and Applications[M]. Berlin: Springer-Verlag.

Puttock M J, Thwaite E G. 1969. Elastic Compression of Spheres and Cylinders at Point and Line Contact [M]. Melbourne: Commonwealth Scientific and Industrial Research Organization: 6-44.

Ramírez R, Pöschel T, Brilliantov N V, et al. 1999. Coefficient of restitution of colliding viscoelastic spheres [J]. Physical Review E, 60(4): 4465-4472.

Shen H H, Sankaran B. 2004. Internal length and time scales in a simple shear granular flow [J]. Physical Review E, 70(5): 051308.

Varadhan G, Manocha D. 2006. Accurate Minkowski sum approximation of polyhedral models [J]. Graphical Models, 68(4): 343-355.

第 4 章 超二次曲面离散元方法

自然界和工业生产中普遍存在由非规则颗粒组成的复杂体系。为合理地描述具有非规则形态的颗粒材料，粘结和镶嵌单元、扩展多面体单元、超二次曲面单元等不同的非规则单元构造方法不断发展和完善起来。其中，超二次曲面单元能更加真实地描述自然界中约 80%的颗粒几何形状 (Zhong et al., 2016)，同时改变函数中三个主轴方向的半轴长及两个形状参数，进而控制颗粒的长宽比和表面尖锐度。此外，基于有限元方法的研究思路，复杂结构的表面可离散为一系列的三角形单元 (Kremmer and Favier, 2001)，这使得超二次曲面单元与复杂结构间的接触问题转化为超二次曲面单元与三角形单元间的接触判断。超二次曲面单元的接触力都采用线性近似计算模型，接触刚度也通常采用经验值，在很大程度上影响计算精度。基于球体的 Hertz 接触模型和基于椭球体表面曲率的接触模型，都为超二次曲面单元非线性接触力的计算提供了很好的研究思路。

为此，本章通过二次函数扩展的超二次曲面方程构造非规则单元，采用牛顿迭代算法计算单元间的重叠量；将超二次曲面单元与复杂结构间的接触问题转化为超二次曲面单元与三角形单元间的接触判断，并发展面、边和点三种不同的接触算法；考虑超二次曲面单元相互作用时不同单元形态及表面曲率的影响，提出考虑不同接触模式下基于局部接触点处等效半径函数的非线性粘–弹性接触模型；采用四元数方法描述空间坐标系下非规则颗粒的角度，并对单元信息进行更新；采用超二次曲面单元对球形颗粒间的法向碰撞、椭球体颗粒间的斜冲击过程和圆柱体颗粒的静态堆积进行离散元模拟，并将相应的数值结果与试验结果及有限元数值结果进行对比，进而验证超二次曲面离散元方法的可靠性；在此基础之上，进一步研究颗粒形状及筒仓内孔口直径对颗粒材料流动速率的影响规律。

4.1 超二次曲面单元的构造

超二次曲面方程是二次曲面方程的扩展形式，目前已广泛运用于计算机图形学、仿生机器人、工业加工等多个领域。采用连续函数包络的超二次曲面方程能够精确地描述自然界和工业生产中的非规则颗粒形态，并通过非线性迭代方法有效解决接触判断等问题 (崔泽群等, 2013)。

4.1.1 基于连续函数包络的超二次曲面单元

在数学意义上，描述球形和非规则颗粒的普遍方法是超二次曲面方程。它允许描述凸形和凹形的几何形状，其函数形式可表示为 (Barr, 1981; Cleary and Sawley, 2002)

$$\left(\left|\frac{x}{a}\right|^{n_2}+\left|\frac{y}{b}\right|^{n_2}\right)^{n_1/n_2}+\left|\frac{z}{c}\right|^{n_1}-1=0 \tag{4.1}$$

式中，a、b 和 c 分别表示颗粒沿三个主轴方向的半轴长；形状参数 n_1 控制 x-z 和 y-z 平面的尖锐度；而参数 n_2 则控制 x-y 平面的尖锐度。当 $n_1 = n_2$ 时，可将式 (4.1) 化简得到 (Cleary, 2004)

$$\left|\frac{x}{a}\right|^{n_2}+\left|\frac{y}{b}\right|^{n_2}+\left|\frac{z}{c}\right|^{n_2}-1=0 \tag{4.2}$$

由于式 (4.2) 难以准确地描述类似柱状的颗粒形态，所以本章以式 (4.1) 为超二次曲面标准方程。当 $n_1 = n_2 = 2$ 时，可得到球体或椭球体的颗粒形状；当 $n_1 \gg 2$ 且 $n_2 = 2$ 时，可得到类似柱体的颗粒形状；当 $n_1 = n_2 \gg 2$ 时，可得到类似块体的颗粒形状。图 4.1 显示由超二次曲面方程得到的不同颗粒形状。

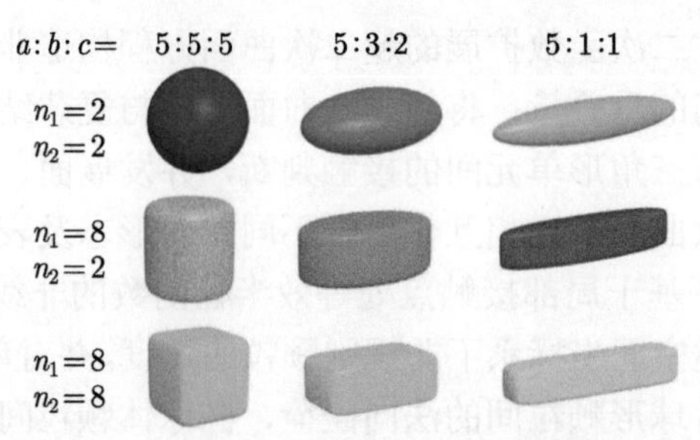

图 4.1　由超二次曲面方程构造的颗粒形状

4.1.2 质量及转动惯量计算

方程 (4.1) 所描述的超二次曲面所包围的封闭空间就可构成非球形颗粒。其颗粒材料密度为 ρ，可通过积分和对称性求得颗粒质量：

$$\begin{aligned} m &= \iiint_V \mathrm{d}m = 8\iiint_{V_1} \rho \mathrm{d}V \\ &= 8\int_0^c\int_0^{a\left[1-\left(-\frac{z}{c}\right)^{n_1}\right]^{\frac{1}{n_1}}}\int_0^{b\left\{\left[1-\left(\frac{z}{c}\right)^{n_1}\right]^{\frac{n_2}{n_1}}-\left(\frac{x}{a}\right)^{n_2}\right\}^{\frac{1}{n_2}}} \rho \mathrm{d}x\mathrm{d}y\mathrm{d}z \end{aligned} \tag{4.3}$$

颗粒对坐标轴的转动惯量为

$$\begin{aligned} I_x &= \iiint\limits_V \left(y^2+z^2\right)\mathrm{d}m \\ &= 8\int_0^c \int_0^{a\left[1-\left(-\frac{z}{c}\right)^{n_1}\right]^{\frac{1}{n_1}}} \int_0^{b\left\{\left[1-\left(\frac{z}{c}\right)^{n_1}\right]^{\frac{n_2}{n_1}}-\left(\frac{x}{a}\right)^{n_2}\right\}^{\frac{1}{n_2}}} \rho\left(y^2+z^2\right)\mathrm{d}x\mathrm{d}y\mathrm{d}z \end{aligned} \tag{4.4}$$

$$\begin{aligned} I_y &= \iiint\limits_V \left(x^2+z^2\right)\mathrm{d}m \\ &= 8\int_0^c \int_0^{a\left[1-\left(-\frac{z}{c}\right)^{n_1}\right]^{\frac{1}{n_1}}} \int_0^{b\left\{\left[1-\left(\frac{z}{c}\right)^{n_1}\right]^{\frac{n_2}{n_1}}-\left(\frac{x}{a}\right)^{n_2}\right\}^{\frac{1}{n_2}}} \rho\left(x^2+z^2\right)\mathrm{d}x\mathrm{d}y\mathrm{d}z \end{aligned} \tag{4.5}$$

$$\begin{aligned} I_z &= \iiint\limits_V \left(x^2+y^2\right)\mathrm{d}m \\ &= 8\int_0^c \int_0^{a\left[1-\left(-\frac{z}{c}\right)^{n_1}\right]^{\frac{1}{n_1}}} \int_0^{b\left\{\left[1-\left(\frac{z}{c}\right)^{n_1}\right]^{\frac{n_2}{n_1}}-\left(\frac{x}{a}\right)^{n_2}\right\}^{\frac{1}{n_2}}} \rho\left(x^2+y^2\right)\mathrm{d}x\mathrm{d}y\mathrm{d}z \end{aligned} \tag{4.6}$$

由于方程 (4.1) 的对称性，超二次曲面颗粒在标准状态下的惯量积为

$$I_{xy}=I_{xz}=I_{yx}=I_{yz}=I_{zx}=I_{zy}=0 \tag{4.7}$$

因此，超二次曲面颗粒的惯性张量矩阵形式可表示为

$$I=\begin{pmatrix} I_x & I_{xy} & I_{xz} \\ I_{yx} & I_y & I_{yz} \\ I_{zx} & I_{zy} & I_z \end{pmatrix}=\begin{pmatrix} I_x & 0 & 0 \\ 0 & I_y & 0 \\ 0 & 0 & I_z \end{pmatrix}=0 \tag{4.8}$$

4.2 超二次曲面单元的搜索判断及接触力模型

在离散元模拟中，非规则颗粒间的接触判断是影响计算效率的关键，同时颗粒间接触力的计算直接影响颗粒的动力学行为。因此颗粒间的接触判断和力的计算是对颗粒进行动力学模拟的重要环节。本节将详细描述超二次曲面颗粒的接触搜索判断方法和接触力模型。

4.2.1 基于优化算法的颗粒间重叠量计算

在传统空间网格的基础上，考虑颗粒长宽比及不同接触模式下的颗粒角度，发展相应的球形包围盒和方向包围盒 (oriented bounding box, OBB)，如图 4.2 所

示。这两种方法可以有效地减少潜在接触对的数量，提高程序的运行效率。球形包围盒作为单元间第一次接触判断，其接触理论基于球体单元接触碰撞的处理方法。如果两个球体间球心的距离小于其半径和，则两个球体接触，否则为不接触，其可表述为

$$\delta_{ij} = \|\boldsymbol{X}_i - \boldsymbol{X}_j\| - r_i - r_j \begin{cases} \leqslant 0, & \text{接触} \\ > 0, & \text{分离} \end{cases} \tag{4.9}$$

式中，$\boldsymbol{X}_i$ 和 $\boldsymbol{X}_j$ 为两个超二次曲面单元的形心坐标；r_i 和 r_j 为两个超二次曲面单元的包围球体半径，可表示为 $r_i = \sqrt{a_i^2 + b_i^2 + c_i^2}$ 和 $r_j = \sqrt{a_j^2 + b_j^2 + c_j^2}$。

图 4.2　球形包围盒和方向包围盒

OBB 作为单元间第二次接触判断，其最大的特点是可以根据非规则颗粒的形状特点及方向选择最小尺寸的六面体 (Portal et al., 2010)。该方法通常基于分离轴定理，并通过寻找潜在的分离轴来判断 OBB 的相交状态，进而快速剔除不可能发生碰撞的潜在接触对。如果两个包围盒在空间向量上的投影相交，则两个六面体接触，否则为不接触。

单元间精确的接触判断是接触力计算的理论基础。这里将求解单元间最短距离的问题转化为四元非线性方程组的求解问题，进而采用牛顿迭代算法计算单元间的重叠量，如图 4.3 所示。考虑超二次曲面单元接触时表面法向平行且反向，同时中间点到两个单元表面的几何势能相等建立四元非线性方程组 (Soltanbeigi et al., 2018)：

$$\begin{cases} \nabla F_i(\boldsymbol{X}) + \lambda^2 \nabla F_j(\boldsymbol{X}) = 0 \\ F_i(\boldsymbol{X}) - F_j(\boldsymbol{X}) = 0 \end{cases} \tag{4.10}$$

式中，$F_i(\boldsymbol{X})$ 和 $F_j(\boldsymbol{X})$ 分别表示单元 i 和 j 的函数方程；$\nabla F_i(\boldsymbol{X})$ 和 $\nabla F_j(\boldsymbol{X})$ 为

两个单元的一阶导函数方程；λ 为运算乘子。因此，相应的牛顿迭代公式可表述为

$$\begin{aligned}&\begin{pmatrix}\nabla^2 F_i(\boldsymbol{X})+\lambda^2\nabla^2 F_j(\boldsymbol{X}) & 2\lambda\nabla F_j(\boldsymbol{X})\\ \nabla F_i(\boldsymbol{X})-\nabla F_j(\boldsymbol{X}) & 0\end{pmatrix}\begin{pmatrix}\delta\boldsymbol{X}\\ \delta\lambda\end{pmatrix}\\ &=-\begin{pmatrix}\nabla F_i(\boldsymbol{X})+\lambda^2\nabla F_j(\boldsymbol{X})\\ F_i(\boldsymbol{X})-F_j(\boldsymbol{X})\end{pmatrix}\end{aligned} \tag{4.11}$$

式中，$\nabla^2 F_i(\boldsymbol{X})$ 和 $\nabla^2 F_j(\boldsymbol{X})$ 分别为单元 i 和 j 的二阶导函数方程。同时，$\boldsymbol{X}^{(k+1)}=\boldsymbol{X}^{(k)}+\delta\boldsymbol{X}$，$\lambda^{(k+1)}=\lambda^{(k)}+\delta\lambda$。如果计算结果 $\boldsymbol{X}_0$ 同时满足 $F_i(\boldsymbol{X}_0)<0$ 和 $F_j(\boldsymbol{X}_0)<0$，则表明两个单元发生接触，接触法向定义为 $\boldsymbol{n}=\nabla F_i(\boldsymbol{X}_0)/\nabla F_i(\boldsymbol{X}_0)$ 或 $\boldsymbol{n}=-\nabla F_j(\boldsymbol{X}_0)/\nabla F_j(\boldsymbol{X}_0)$。在此基础之上，单元表面点 $\boldsymbol{X}_i$ 和 $\boldsymbol{X}_j$ 可表示为未知参数 α 和 β 的函数，即 $\boldsymbol{X}_i=\boldsymbol{X}_0+\alpha\boldsymbol{n}$ 和 $\boldsymbol{X}_j=\boldsymbol{X}_0+\beta\boldsymbol{n}$。采用牛顿迭代算法对参数 α 和 β 进行数值求解 (Podlozhnyuk et al., 2017)，即 $\alpha^{(k+1)}=\alpha^{(k)}-f\left(\boldsymbol{X}_0+\alpha^{(k)}\boldsymbol{n}\right)/\left[\nabla f\left(\boldsymbol{X}_0+\alpha^{(k)}\boldsymbol{n}\right)\cdot\boldsymbol{n}\right]$ 和 $\beta^{(k+1)}=\beta^{(k)}-f\left(\boldsymbol{X}_0+\beta^{(k)}\boldsymbol{n}\right)/\left[\nabla f\left(\boldsymbol{X}_0+\beta^{(k)}\boldsymbol{n}\right)\cdot\boldsymbol{n}\right]$。由此，单元间的法向重叠量可表述为 $\boldsymbol{\delta}_n=\boldsymbol{X}_i-\boldsymbol{X}_j$。

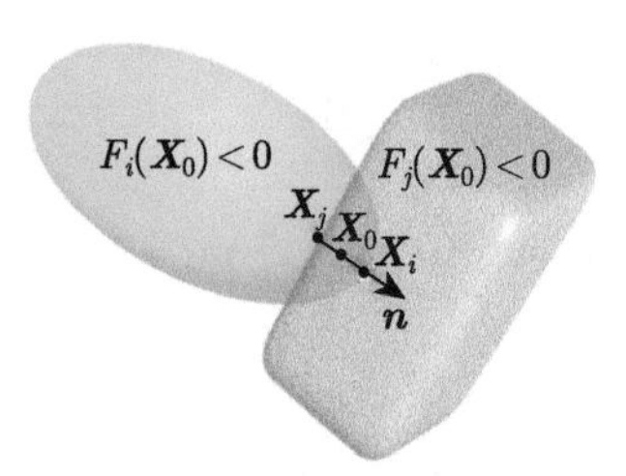

图 4.3 超二次曲面单元间的接触判断

4.2.2 颗粒与结构间的重叠量计算

随着离散单元法广泛地应用于化学工程、矿物工程、药品加工、极地海洋等多个工程领域，非规则颗粒与复杂工程结构的接触判断是离散元模拟的关键问题。通过将复杂结构的表面离散为一系列的三角形单元，使得非规则颗粒与复杂结构间的接触问题简化为颗粒与三角形单元间的接触问题。借鉴于球形颗粒与三角形单元间的接触理论 (Kremmer and Favier, 2001)，超二次曲面单元与三角形单元间的接触可分为颗粒–面、颗粒–边、颗粒–点三种接触模式，如图 4.4 所示。

一个三角形单元的顶点坐标可表示为 $\boldsymbol{x}_A$、$\boldsymbol{x}_B$ 和 $\boldsymbol{x}_C$。通过顶点的位置关系可以得到三条边的向量，分别表示为 $\boldsymbol{a}$、$\boldsymbol{b}$ 和 $\boldsymbol{c}$。同时，三角形单元的法向量 ($\boldsymbol{n}_w$) 可表示为 $\boldsymbol{n}_w=\boldsymbol{a}\times\boldsymbol{b}/\|\boldsymbol{a}\times\boldsymbol{b}\|$。点 P 表示颗粒的质心，点 Q_p 表示颗粒质心在三角形单元所在平面上的投影点，向量 $\boldsymbol{d}$ 表示从顶点 A 指向点 P。判断一个颗粒是否与三角形单元接触，首先需要判断这个颗粒是否与三角形单元所在的平面

发生接触。包围球方法用于颗粒与平面间的粗判断，即如果距离 $|PQ_p|$ 小于或等于包围球半径 R_0，则颗粒与平面可能发生接触。其中，距离 $|PQ_p|$ 可表示为 $|PQ_p| = |\boldsymbol{d} \cdot \boldsymbol{n}_w|$。其次，假定颗粒表面上存在一点 $\boldsymbol{x}$，其满足等式约束的优化方程 (Podlozhnyuk et al., 2017)：

$$\begin{cases} \max & \boldsymbol{n}_w \cdot \boldsymbol{x} \\ \text{s.t.} & F(\boldsymbol{x}) = 0 \end{cases} \tag{4.12}$$

这里，F 为超二次曲面单元的函数方程。假定法向量 $\boldsymbol{n}_w$ 指向颗粒的外侧，其分量 n_x、n_y、n_z 均为正值，如图 4.5 所示。通过施加运算乘子，上述的优化方程可表示为

$$\begin{cases} n_x + \lambda \dfrac{n_1}{a} \left(\dfrac{x}{a}\right)^{n_2-1} \left[\left(\dfrac{x}{a}\right)^{n_2} + \left(\dfrac{y}{b}\right)^{n_2}\right]^{n_1/n_2-1} = 0 \\ n_y + \lambda \dfrac{n_1}{b} \left(\dfrac{y}{b}\right)^{n_2-1} \left[\left(\dfrac{x}{a}\right)^{n_2} + \left(\dfrac{y}{b}\right)^{n_2}\right]^{n_1/n_2-1} = 0 \\ n_z + \lambda \dfrac{n_1}{c} \left(\dfrac{z}{c}\right)^{n_1-1} = 0 \\ \left(\left|\dfrac{x}{a}\right|^{n_2} + \left|\dfrac{y}{b}\right|^{n_2}\right)^{n_1/n_2} + \left|\dfrac{z}{c}\right|^{n_1} - 1 = 0 \end{cases} \tag{4.13}$$

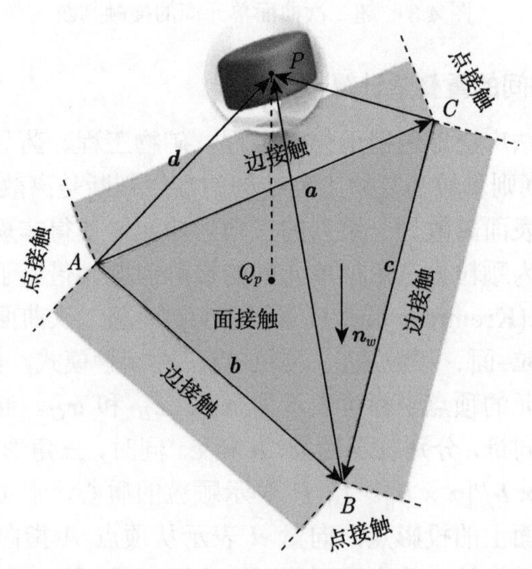

图 4.4　超二次曲面单元与三角形单元间的三种接触模式

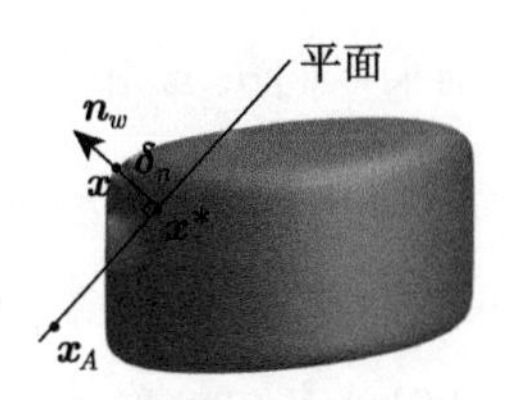

图 4.5 超二次曲面单元与平面的接触判断

通过求解上述方程并考虑平面法向 $\boldsymbol{n}_w\left(n_x,n_y,n_z\right)$ 的分量具有正负符号，可得到一般化的计算结果，即

$$\begin{cases}\alpha_1=\left(\left|bn_y\right|/\left|an_x\right|\right)^{1/(n_2-1)}\\ \gamma_1=\left(1+\alpha_1^{n_2}\right)^{n_1/n_2-1}\\ \beta_1=\left(\gamma_1\left|n_zc\right|/\left|n_xa\right|\right)^{1/(n_1-1)}\\ x=a/\left[\left(1+\alpha_1^{n_2}\right)^{n_1/n_2}+\beta_1^{n_1}\right]^{1/n_1}\cdot\operatorname{sgn}\left(n_x\right)\\ y=\alpha_1 b|x|/a\cdot\operatorname{sgn}\left(n_y\right)\\ z=\beta_1 c|x|/a\cdot\operatorname{sgn}\left(n_z\right)\end{cases}\quad(n_x\neq 0)\tag{4.14}$$

$$\begin{cases}\omega=\left[\left(b\left|n_y\right|/n_1\right)^{n_1/(n_1-1)}+\left(c\left|n_z\right|/n_1\right)^{n_1/(n_1-1)}\right]^{1/n_1-1}\\ x=0\\ y=b\left(b\left|n_y\right|\omega/n_1\right)^{1/(n_1-1)}\cdot\operatorname{sgn}\left(n_y\right)\\ z=c\left(c\left|n_z\right|\omega/n_1\right)^{1/(n_1-1)}\cdot\operatorname{sgn}\left(n_z\right)\end{cases}\quad(n_x\neq 0)\tag{4.15}$$

式中，a、b、c、n_1 和 n_2 为超二次曲面单元的函数参数。因此，如果满足 $[(\boldsymbol{x}_A-\boldsymbol{x})\cdot\boldsymbol{n}_w]\leqslant 0$，则颗粒与平面接触。位于颗粒内部最深位置的点 $\boldsymbol{x}^*$ 可表示为

$$\boldsymbol{x}^*=[(\boldsymbol{x}_A-\boldsymbol{x})\cdot\boldsymbol{n}_w]\cdot\boldsymbol{n}_w+\boldsymbol{x}\tag{4.16}$$

为了进一步确定颗粒与三角形单元的接触模式，需要判断点 $\boldsymbol{x}^*$ 与三角形单元的相对位置关系。如果点 $\boldsymbol{x}^*$ 在三角形单元内，则可表示为关于 α 和 β 的函数，即

$$\boldsymbol{x}^*-\boldsymbol{x}_A=\alpha\boldsymbol{a}+\beta\boldsymbol{b}\tag{4.17}$$

$$\alpha>0\cap\beta>0\cap\alpha+\beta<1\tag{4.18}$$

在式 (4.17) 中等式两端分别乘以向量 $\boldsymbol{a}$ 和 $\boldsymbol{b}$，可表示为

$$(\boldsymbol{x}^* - \boldsymbol{x}_A)\,\boldsymbol{a} = \alpha\boldsymbol{a}\cdot\boldsymbol{a} + \beta\boldsymbol{b}\cdot\boldsymbol{a} \tag{4.19}$$

$$(\boldsymbol{x}^* - \boldsymbol{x}_A)\,\boldsymbol{b} = \alpha\boldsymbol{a}\cdot\boldsymbol{b} + \beta\boldsymbol{b}\cdot\boldsymbol{b} \tag{4.20}$$

通过求解式 (4.19) 和式 (4.20)，未知参数 α 和 β 可分别表示为

$$\alpha = \frac{\boldsymbol{a}\,(\boldsymbol{b}\cdot\boldsymbol{b})\,(\boldsymbol{x}^* - \boldsymbol{x}_A) - \boldsymbol{b}\,(\boldsymbol{b}\cdot\boldsymbol{a})\,(\boldsymbol{x}^* - \boldsymbol{x}_A)}{(\boldsymbol{a}\cdot\boldsymbol{a})\,(\boldsymbol{b}\cdot\boldsymbol{b}) - (\boldsymbol{a}\cdot\boldsymbol{b})\,(\boldsymbol{b}\cdot\boldsymbol{a})} \tag{4.21}$$

$$\beta = \frac{\boldsymbol{b}\,(\boldsymbol{a}\cdot\boldsymbol{a})\,(\boldsymbol{x}^* - \boldsymbol{x}_A) - \boldsymbol{a}\,(\boldsymbol{a}\cdot\boldsymbol{b})\,(\boldsymbol{x}^* - \boldsymbol{x}_A)}{(\boldsymbol{a}\cdot\boldsymbol{a})\,(\boldsymbol{b}\cdot\boldsymbol{b}) - (\boldsymbol{a}\cdot\boldsymbol{b})\,(\boldsymbol{b}\cdot\boldsymbol{a})} \tag{4.22}$$

如果参数 α 和 β 满足式 (4.18) 并且 $F(\boldsymbol{x}^*) \leqslant 0$，则颗粒与三角形单元发生面接触，且重叠量可表示为 $\boldsymbol{\delta}_n = \boldsymbol{x}^* - \boldsymbol{x}$。否则，颗粒与三角形单元可能发生边接触或点接触。

以边 $\boldsymbol{b}\,(b_x, b_y, b_z)$ 为例，点 Q_p 为颗粒质心 P 在该边上的投影点，如图 4.6 所示。通过将点 Q_p 沿向量 $\boldsymbol{b}$ 移动距离为 $\pm R_0$ 可分别得到点 G 和 E，而点 B 和 A 分别沿向量 $\boldsymbol{b}$ 移动距离为 $\pm R_0$ 可得到点 B' 和 A'。这意味着如果投影点 Q_p 位于线段 AA' 或 BB' 内时，颗粒与边 AB 也可能发生接触。距离 $|PQ_p|$ 可表示为

$$|PQ_p| = \left\|\boldsymbol{d} - \frac{\boldsymbol{d}\cdot\boldsymbol{b}}{|\boldsymbol{b}|}\cdot\frac{\boldsymbol{b}}{|\boldsymbol{b}|}\right\| \tag{4.23}$$

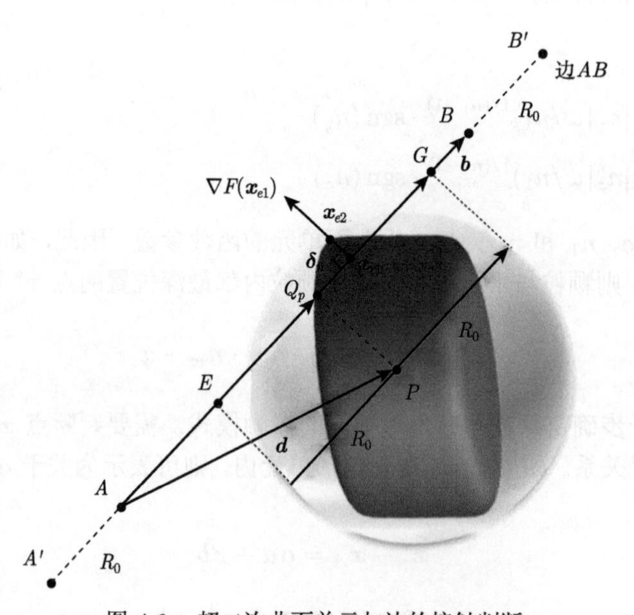

图 4.6　超二次曲面单元与边的接触判断

因此，颗粒与边 AB 发生边接触的必要条件为

$$|PQ_p| < R_0 \quad \cap \quad -R_0 < \frac{\boldsymbol{d}\cdot\boldsymbol{b}}{\|\boldsymbol{b}\|} < R_0 \tag{4.24}$$

为了精确地计算颗粒与边接触时的重叠量，这里假定线段 EG 上存在一个点 $\boldsymbol{x}_e'$，该点可表示为未知参数 t 的函数形式，即

$$\boldsymbol{x}_e'\left(x_{ex}', x_{ey}', x_{ez}'\right) = \boldsymbol{x}_E + t\frac{\boldsymbol{b}}{|\boldsymbol{b}|}, \quad t\in[0, |\boldsymbol{x}_G - \boldsymbol{x}_E|] \tag{4.25}$$

这里，$\boldsymbol{x}_E(x_{Ex}, x_{Ey}, x_{Ez})$ 和 $\boldsymbol{x}_G(x_{Gx}, x_{Gy}, x_{Gz})$ 分别为点 E 和 G 的位置坐标。将点 $\boldsymbol{x}_e'$ 的位置坐标代入超二次曲面方程中，可表示为

$$F(t) = \left(\left|\frac{x_{ex}'}{a}\right|^{n_2} + \left|\frac{x_{ey}'}{b}\right|^{n_2}\right)^{n_1/n_2} + \left|\frac{x_{ez}'}{c}\right|^{n_1} - 1 \tag{4.26}$$

值得注意的是，式 (4.26) 实际为关于参数 t 的函数，其一阶导数可表示为

$$\begin{aligned}\frac{\partial F}{\partial t} = n_1\Bigg\{ &\left(\left|\frac{x_{ex}'}{a}\right|^{n_2} + \left|\frac{x_{ey}'}{b}\right|^{n_2}\right)^{n_1/n_2-1} \cdot \left[\frac{x_{ex}'}{a}\left|\frac{x_{ex}'}{b}\right|^{n_2-1}\right.\\ &\left.\cdot\operatorname{sgn}(x_{ex}') + \frac{x_{ey}}{b}\left|\frac{x_{ex}'}{a}\right|^{n_2-1}\cdot\operatorname{sgn}(x_{ex}')\right] + \frac{x_{ez}}{c}\left|\frac{x_{ez}'}{c}\right|^{n_1-1}\Bigg\}\end{aligned} \tag{4.27}$$

因此,通过数值迭代方法可以容易地得到接触点 $\boldsymbol{x}_{e1}$ 的位置坐标。如果 $F(\boldsymbol{x}_{e1}) < 0$，则颗粒与三角形单元发生边接触。颗粒表面点 $\boldsymbol{x}_{e2}$ 可表示为 $\boldsymbol{x}_{e2} = \boldsymbol{x}_{e1} + \alpha_e\nabla F(\boldsymbol{x}_{e1})$，并且未知参数 α_e 可通过牛顿迭代算法计算得到，表述为 $\alpha_e^{(k+1)} = \alpha_e^{(k)} - F\left(\boldsymbol{x}_{e2}^{(k)}\right)\Big/\left[\nabla F\left(\boldsymbol{x}_{e2}^{(k)}\right)\cdot\nabla F(\boldsymbol{x}_{e1})\right]$。同时，相应的重叠量可表述为 $\boldsymbol{\delta}_n = \boldsymbol{x}_{e2} - \boldsymbol{x}_{e1}$。如果颗粒与三角形单元的三条边都不接触，则需要判断颗粒与三角形单元是否存在点接触。

以顶点 $\boldsymbol{x}_A$ 为例，如果 $F(\boldsymbol{x}_A) < 0$，则颗粒与三角形单元的顶点发生接触。颗粒表面点 $\boldsymbol{x}_{A2}$ 可表述为未知参数 α_v 的函数，即 $\boldsymbol{x}_{A2} = \boldsymbol{x}_A + \alpha_v\nabla F(\boldsymbol{x}_A)$。未知参数 α_v 可通过牛顿迭代计算得到 $\alpha_v^{(k+1)} = \alpha_v^{(k)} - F\left(\boldsymbol{x}_{A2}^{(k)}\right)\Big/\left[\nabla F\left(\boldsymbol{x}_{A2}^{(k)}\right)\cdot\nabla F(\boldsymbol{x}_A)\right]$。同时，颗粒与顶点间的法向重叠量可表示为 $\boldsymbol{\delta}_n = \boldsymbol{x}_{A2} - \boldsymbol{x}_A$。如果颗粒与三角形单元的三个顶点都不接触，则颗粒与三角形单元不发生接触。

值得注意的是，超二次曲面单元与三角形单元间的面接触、边接触和点接触需要进一步判断是否为有效接触。Hu 等 (2013) 研究发现，在同一时刻，一个颗粒

可能与多个三角形单元发生接触，并且存在多种接触模式被错误计算和累加。假定一个颗粒与两个相邻三角形单元的接触模式分别表示为 C_1 和 C_2，并且 C_1 先被记录。根据两个三角形单元间共享边和共享点的类型，判断 C_2 是否为有效接触模式。最终，超二次曲面单元与多个三角形单元间的多个接触力被叠加，进而更新超二次曲面颗粒的位置及速度信息。

4.2.3 考虑等效曲率的非线性接触力模型

考虑超二次曲面单元在不同接触模式下的颗粒形状及表面曲率，可建立合理的非线性接触模型 (Zhou, 2011, 2013; Wojtkowski et al., 2010; Sinnott and Cleary, 2009)。因此，单元 i 和 j 间的接触力 $\boldsymbol{F}_{ij}$ 主要由法向力 $\boldsymbol{F}_{n,ij}$ 和切向力 $\boldsymbol{F}_{t,ij}$ 组成，同时考虑法向力和切向力不通过单元形心所引起的力矩 $\boldsymbol{M}_{n,ij}$ 和 $\boldsymbol{M}_{t,ij}$ 以及单元间发生相对转动时所引起的附加力矩 $\boldsymbol{M}_{r,ij}$。

单元间法向接触力 $\boldsymbol{F}_{n,ij}$ 主要由弹性力 $\boldsymbol{F}_{n,ij}^{\mathrm{e}}$ 和粘滞力 $\boldsymbol{F}_{n,ij}^{\mathrm{d}}$ 组成，可分别表述为

$$\boldsymbol{F}_{n,ij}^{\mathrm{e}} = 4/3E^*\sqrt{R^*}\frac{\boldsymbol{\delta}_n}{\|\boldsymbol{\delta}_n\|^{1/2}} \tag{4.28}$$

$$\boldsymbol{F}_{n,ij}^{\mathrm{d}} = C_n\left(8m^*E^*\sqrt{R^*\|\boldsymbol{\delta}_n\|}\right)^{1/2}\cdot\boldsymbol{v}_n \tag{4.29}$$

式中，$E^* = \dfrac{E}{2(1-\nu^2)}$，$R^* = \dfrac{R_i\cdot R_j}{R_i+R_j}$，$m^* = \dfrac{m_i\cdot m_j}{m_i+m_j}$。这里，$E$，$\nu$ 和 C_n 分别为颗粒材料的弹性模量、泊松比和法向阻尼系数；$\boldsymbol{v}_n$ 为单元间法向相对速度；R_i 和 R_j 分别为单元 i 和 j 在局部接触点处的曲率半径，可表述为 $R_i = 1/K_{\mathrm{mean},i}$ 和 $R_j = 1/K_{\mathrm{mean},j}$，如图 4.7 所示。同时，曲率半径 R 满足 $R\in[0.1R_{\mathrm{s}}, 10R_{\mathrm{s}}]$，这避免了在尖锐顶点和平面处曲率无穷大或无穷小的情况。其中，K_{mean} 为接触点处的平均曲率，可表述为 (Goldman, 2005)

$$K_{\mathrm{mean}} = \left[\nabla F^T\cdot\nabla^2F\cdot\nabla F - |\nabla F|^2\left(\frac{\partial^2F}{\partial x^2}+\frac{\partial^2F}{\partial y^2}+\frac{\partial^2F}{\partial z^2}\right)\right]\bigg/2|\nabla F|^3 \tag{4.30}$$

单元间的切向接触力 $\boldsymbol{F}_{t,ij}$ 借鉴球形切向接触模型的处理方法，主要由弹性力 $\boldsymbol{F}_{t,ij}^{\mathrm{e}}$ 和粘滞力 $\boldsymbol{F}_{t,ij}^{\mathrm{d}}$ 组成，并考虑 Mohr-Coulomb 摩擦定律。切向弹性力 $\boldsymbol{F}_{t,ij}^{\mathrm{e}}$ 可表述为

$$\boldsymbol{F}_{t,ij}^{\mathrm{e}} = \mu_{\mathrm{s}}\left\|\boldsymbol{F}_{n,ij}^{\mathrm{e}}\right\|\left\{1-\left[1-\min\left(\|\boldsymbol{\delta}_t\|,\|\boldsymbol{\delta}_{t,\max}\|\right)/\boldsymbol{\delta}_{t,\max}\right]^{3/2}\right\}\cdot\boldsymbol{\delta}_t/\|\boldsymbol{\delta}_t\| \tag{4.31}$$

式中，μ_{s} 为颗粒间的滑动摩擦系数；$\boldsymbol{\delta}_t$ 为切向重叠量；$\boldsymbol{\delta}_{t,\max}$ 为最大切向位移，可表示为 $\boldsymbol{\delta}_{t,\max} = [\mu_{\mathrm{s}}(2-\nu)/2(1-\nu)]\cdot\boldsymbol{\delta}_n$。

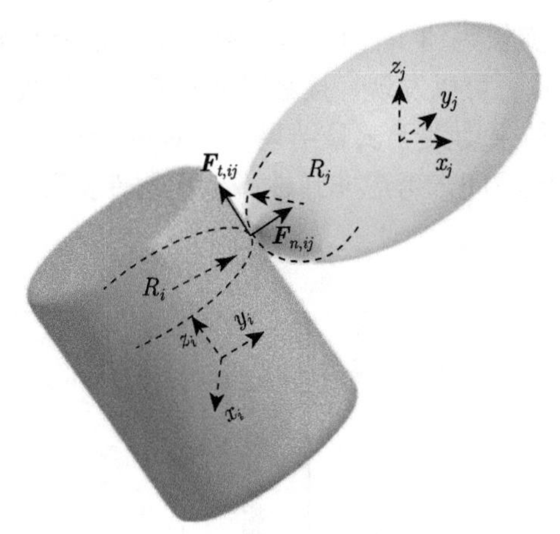

图 4.7 超二次曲面单元间的非线性接触模型

切向粘滞力 $\boldsymbol{F}_{t,ij}^{\mathrm{d}}$ 可表述为

$$\boldsymbol{F}_{t,ij}^{\mathrm{d}} = C_t \left\{ 6\mu_{\mathrm{s}} m^* \left\| \boldsymbol{F}_{n,ij}^{\mathrm{e}} \right\| \left[1 - \min\left(\left\|\boldsymbol{\delta}_t\right\|, \left\|\boldsymbol{\delta}_{t,\max}\right\|\right)\right]^{1/2} / \left\|\boldsymbol{\delta}_{t,\max}\right\| \right\}^{1/2} \cdot \boldsymbol{v}_{t,ij} \quad (4.32)$$

式中，C_t 为切向粘滞系数；$\boldsymbol{v}_{t,ij}$ 为单元间的切向相对速度。

当超二次曲面单元间发生相对转动时，由滚动摩擦引起的力矩可表述为

$$\boldsymbol{M}_{\mathrm{r}} = \mu_{\mathrm{r}} R_i \left\| \boldsymbol{F}_{n,ij} \right\| \hat{\boldsymbol{\omega}}_{ij} \quad (4.33)$$

式中，μ_{r} 为滚动摩擦系数；$\hat{\boldsymbol{\omega}}_{ij}$ 为单位相对转速，可表示为 $\hat{\boldsymbol{\omega}}_{ij} = \boldsymbol{\omega}_{ij} / \left\|\boldsymbol{\omega}_{ij}\right\|$。

4.3 超二次曲面离散元方法的算例验证

超二次曲面颗粒对自然界和工业生产中的真实颗粒具有很好的形状拟合效果。本节采用超二次曲面方程构造非规则颗粒形态，并从椭球体碰撞、圆柱体堆积和非球形颗粒的流动模拟三个方面验证本章中超二次曲面离散元方法的准确性和鲁棒性。

4.3.1 椭球体碰撞的离散元模拟

这里采用超二次曲面方程构造两个球形颗粒，考虑不同冲击速度下颗粒间的法向碰撞，并与试验结果 (Stevens and Hrenya, 2005) 进行对比。超二次曲面方程中函数参数满足 $a = b = c = 0.0127$ m 和 $n_1 = n_2 = 2$。不锈钢球的弹性模量为 1.93×10^{11} Pa，泊松比为 0.35，密度为 8030 kg/m^3；铬钢球的弹性模量为 2.03×10^{11} Pa，泊松比为 0.28，密度为 7830 kg/m^3。离散元模拟中法向

阻尼系数为零，时间步长为 3×10^{-8} s。图 4.8 显示不同颗粒材料的接触时间随冲击速度的变化关系。可以发现，接触时间随着冲击速度的增加而减小。此外，对于两种材料，模拟结果均大于试验结果 (Stevens and Hrenya, 2005)。这主要是由于在碰撞过程中颗粒间未考虑非弹性碰撞和塑性变形，从而导致接触时间的增加。

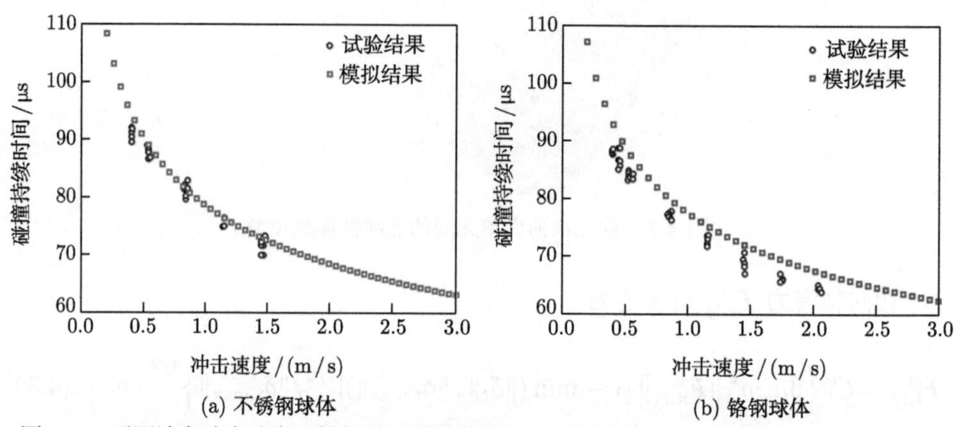

图 4.8 不同法向冲击速度下接触时间的数值结果与试验结果 (Stevens and Hrenya, 2005) 对比

在此基础之上，采用超二次曲面方程构造两个椭球体颗粒，模拟不同冲击角度下法向接触力的变化关系，并与有限元数值结果 (Zheng et al., 2013) 进行对比。超二次曲面方程中函数参数满足 $a = 0.005$ m，$b = c = 0.0025$ m 和 $n_1 = n_2 = 2$，其中，弹性模量为 1×10^{10} Pa，泊松比为 0.3，密度为 2500 kg/m^3。颗粒在三个方向的转角分别为 φ_x，φ_y 和 φ_z。当 $\varphi_x = \varphi_y = \varphi_z = 0°$ 时，颗粒实现法向碰撞，如图 4.9(a) 所示。颗粒间的法向阻尼系数为 0.02，且分别采用等效曲率的非线性模型和等体积球体为等效半径的非线性模型模拟法向接触力随重叠量的变化关系，并与有限元的数值结果 (Zheng et al., 2013) 进行对比，如图 4.9(b) 所示。可以发现，法向接触力随重叠量的增加呈现非线性增加，同时与等体积球体为等效半径的非线性模型相比，考虑等效曲率的接触模型与有限元结果 (Zheng et al., 2013) 更接近。

此外，通过改变 φ_y 进而实现不同冲击角度的碰撞过程，如图 4.10(a) 所示。同时，将不同冲击角度下最大法向接触力进行统计，如图 4.10(b) 所示。可以发现，接触模型中引入等效曲率的计算结果与有限元结果 (Zheng et al., 2013) 更好地吻合。这主要是由冲击角度变化引起接触位置的改变，进而影响颗粒间的法向接触力和回弹过程。然而，传统等体积球体半径为等效半径的非线性模型中未考虑接触点变化所引起的接触刚度的改变。因此，通过引入局部接触点处的等效曲率半径可以更加合理地反映非规则颗粒材料的运动规律。

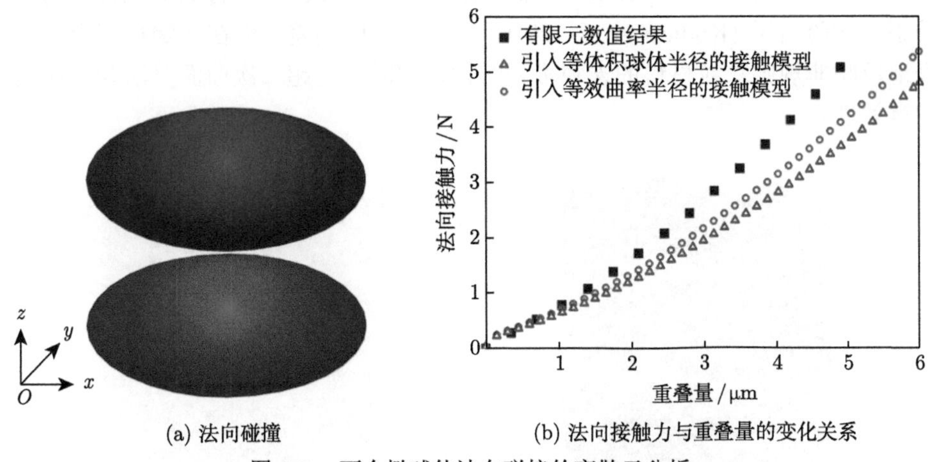

(a) 法向碰撞　　(b) 法向接触力与重叠量的变化关系

图 4.9　两个椭球体法向碰撞的离散元分析

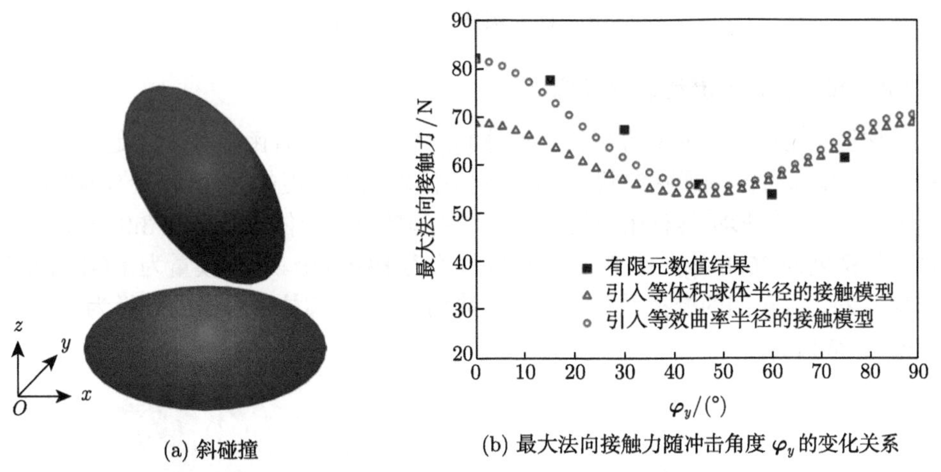

(a) 斜碰撞　　(b) 最大法向接触力随冲击角度 φ_y 的变化关系

图 4.10　不同角度下两个椭球体碰撞的离散元分析

4.3.2 圆柱体堆积的试验验证

这里采用超二次曲面方程构造 250 个圆柱形颗粒，在圆柱体容器中以随机位置和角度生成并在重力作用下实现堆积，同时将离散元模拟的数值结果与试验结果 (Kodam et al., 2010) 进行对比。超二次曲面方程中函数参数满足 $a = b = 4$ mm，$c = 2.65$ mm，$n_1 = 8$ 和 $n_2 = 2$。其中，剪切模量为 1.15 GPa，泊松比为 0.35，密度为 1208 kg/m^3，颗粒间的法向阻尼系数和摩擦系数分别为 0.15 和 0.5。离散元模拟的数值结果与试验结果 (Kodam et al., 2010) 如图 4.11 所示。离散元模拟的堆积高度为 (53.8 ± 2.0) mm，体积分数为 0.59 ± 0.02；而试验结果的堆积高度为 (53.3 ± 2.00) mm，体积分数为 0.61 ± 0.02。尽管离散元计算的数值结果与试验结果 (Kodam et al., 2010) 存在一定的偏差，但在一定程度上可以很好地反映非规则颗粒材料的宏观堆积特性，同时表明超二次曲面算法和接触模型的有效性。

(a) 模拟结果

(b) 试验结果(Kodam et al., 2010)

图 4.11　圆柱体颗粒的堆积

4.3.3　颗粒材料的流动过程模拟

这里采用超二次曲面方程构造球体和圆柱体颗粒，且函数参数满足 $a=b=c$ 和 $n_2=2$。通过改变形状参数 n_1 可得到不同表面尖锐度的圆柱体颗粒，如图 4.12 所示。不同颗粒形状具有相同的体积，并且等效体积球体的直径为 3.0 mm。颗粒材料的密度为 2500 kg/m^3，颗粒的总数目约为 19800 个。弹性模量为 1 GPa，泊松比为 0.25，颗粒间的摩擦系数和阻尼系数均为 0.3。圆柱形容器的直径为 50 mm，高度为 250 mm。

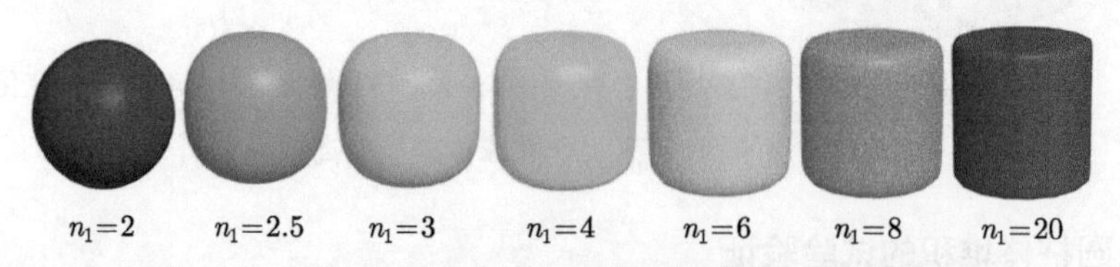

图 4.12　采用超二次曲面方程构造的球体和圆柱体颗粒

在初始时刻，球体和圆柱体颗粒具有随机位置和角度，并在重力作用下落入容器中进而形成稳定的颗粒床。整个颗粒材料按照高度划分为四种颜色用于区分颗粒的流动图案，蓝色表示颗粒距离底面较近，而红色表示颗粒距离底面较远。容器上部放置砝码 (M_w)，外部压力 (P_w) 为砝码重力与底面积的比率，且标准大气压用 P_0 表示。无量纲化的外部压力 (P^*) 可表示为 $P^*=P_w/P_0$，质量流动速率和平均流动速率分别用 Q 和 $\bar{Q}$ 表示。图 4.13 显示外部压力下不同时刻圆柱形颗粒的流动过程。随着颗粒逐渐从容器中流出，砝码和容器向下运动。此外，在颗粒床下部出现 V 形流动图案，并且这种图案随着颗粒逐渐流出而消失。图 4.14 显示圆柱体颗粒流出过程中流动速率随时间的变化关系。可以发现，整个流动过程包含流动速率增加、稳定流动和流动速率降低三个阶段。稳定流动阶段普遍用于量化颗粒材料的流动性能，并且这种性能对于筒仓或料斗的设计及工业应用是至关重要的。因此，本节中稳定流动阶段是研究的重点。

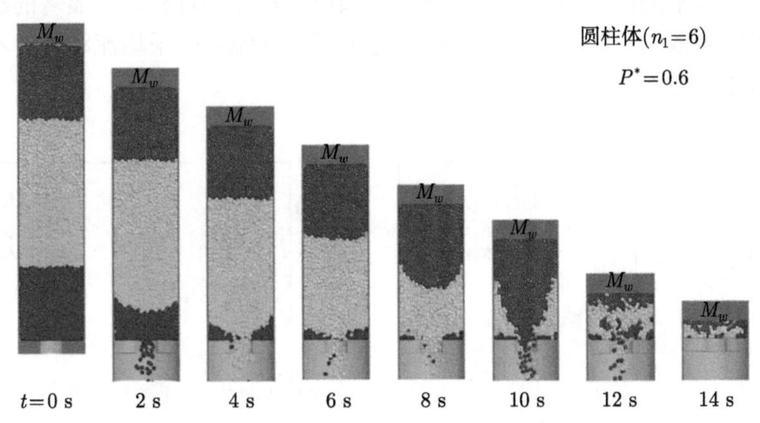

图 4.13　在外部压力下不同时刻圆柱形颗粒的流动过程

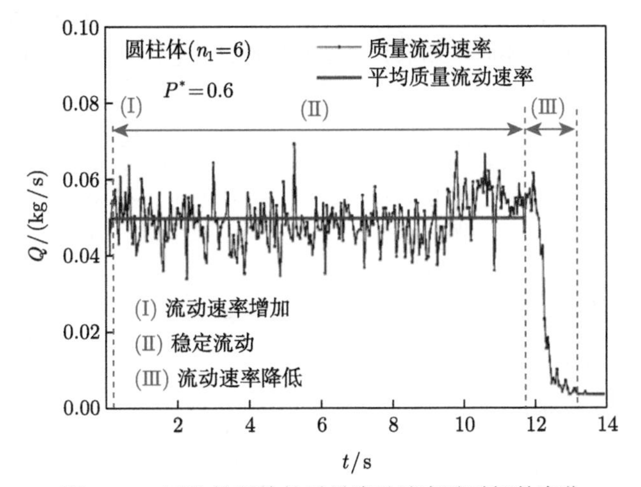

图 4.14　圆柱体颗粒的质量流动速率随时间的变化

图 4.15 为稳定流动阶段中不同形态颗粒的质量流动速率随时间的变化关系。这里，开口直径为 18 mm，无量纲的外部压力分别为 0.2 和 0.8。随着外部压力

的增加，颗粒流动速率和流动波动性都增加，并且颗粒流动速率随着形状参数 n_1 的降低而增加。外部驱动力增强了颗粒间的相对运动，使得非弹性碰撞更加显著，进而造成更大的流动波动。此外，与球形颗粒相比，非规则颗粒间的互锁效应阻碍了颗粒间的相对运动，进而降低了圆柱体颗粒的流动速率。图 4.16 为外部压力对不同形态颗粒的平均质量流动速率的影响规律。当形状参数 n_1 小于 4 时，颗粒的平均流动速率随着外部压力的增加而增加；当形状参数大于 4 时，外部压力对颗粒的平均流动速率基本无影响。这主要是因为在外部压力下颗粒间接触变得更加紧密，而紧密的接触模式和互锁效应对颗粒材料流动过程产生显著的影响。此外，当形状参数 n_1 大于 4 时，外部压力下圆柱体颗粒的平均流动速率不随形状参数的增加而增加。

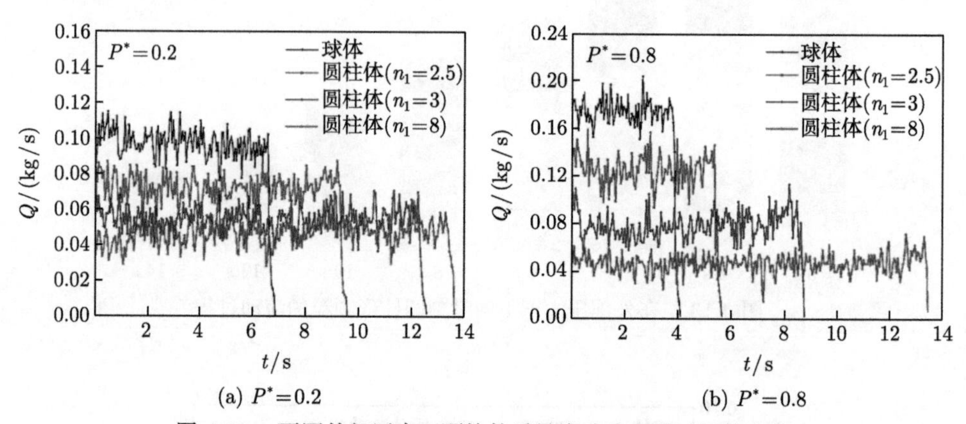

(a) $P^*=0.2$　　　　(b) $P^*=0.8$

图 4.15　不同外部压力下颗粒的质量流动速率随时间的变化

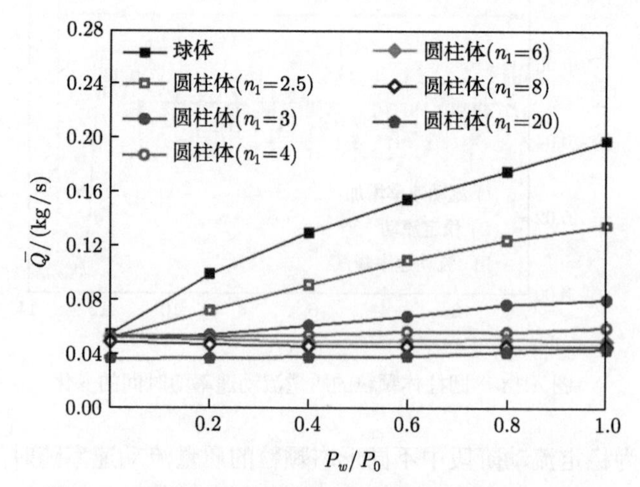

图 4.16　颗粒的平均质量流动速率与外部压力的关系

图 4.17 为外部压力下球体和圆柱体颗粒的流动过程。这里，开口直径为 18 mm、20 mm、22 mm 和 24 mm，无量纲的外部压力为 0.6。在相同开口直径下，球体比圆柱体颗粒具有更快的流动速率。同时，球体的流动速率随着开口直径的增加而增加，而开口直径对圆柱体颗粒流动过程的影响则较小。在不同开口直径下，球体具有统一的垂直速度。然而，圆柱体颗粒在颗粒床上部具有统一的垂直速度，而在颗粒床下部具有明显的 V 形流动图案。这主要是由于圆柱体颗粒在筒仓侧壁附近形成堆积，进而引起颗粒速度的不均匀性。

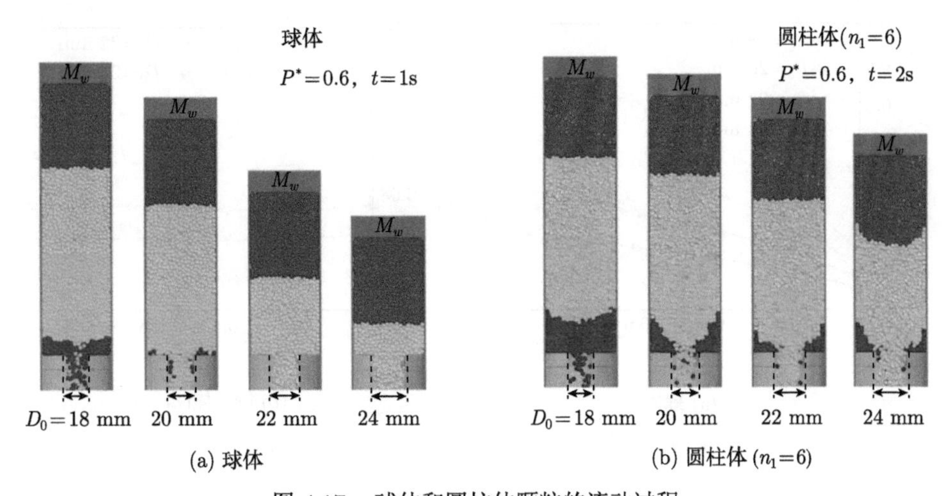

(a) 球体　　　(b) 圆柱体 ($n_1=6$)

图 4.17　球体和圆柱体颗粒的流动过程

图 4.18 显示稳定流动阶段中球体和圆柱体颗粒的质量流动速率随时间的变化。随着开口孔径的增加，球体和圆柱体颗粒的质量流动速率和流动波动性增加。

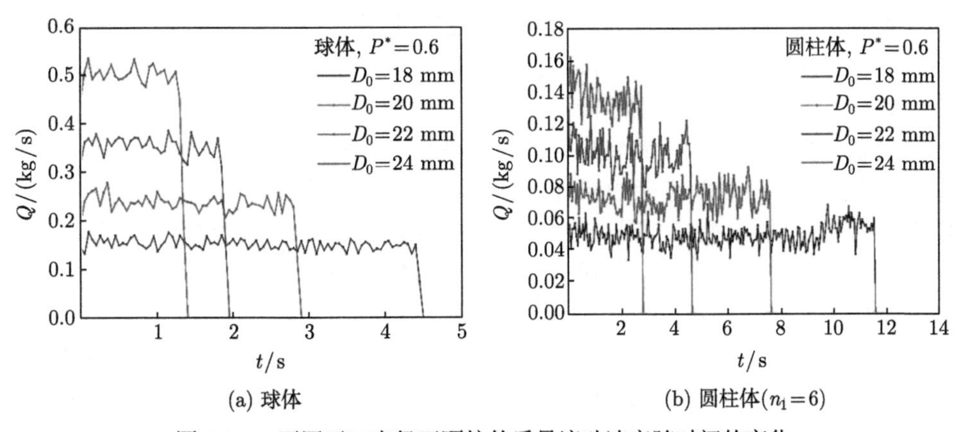

(a) 球体　　　(b) 圆柱体($n_1=6$)

图 4.18　不同开口直径下颗粒的质量流动速率随时间的变化

这主要是由于在较大孔口处聚集了更多数目的颗粒，颗粒间剧烈的碰撞导致更加显著的流动波动。此外，将不同开口孔径下球体和圆柱体颗粒的平均质量流动速率随外部压力的变化进行统计，如图 4.19 所示。可以发现，外部压力和开口直径对球体的平均质量流动速率具有叠加影响，并且随着开口直径的增加，外部压力对球体颗粒流动速率的影响变得更加显著。然而，对于不同的开口直径，外部压力对圆柱体颗粒流动速率的影响则较小，这意味着外部压力下形状参数是影响圆柱体颗粒流动速率的主要因素。

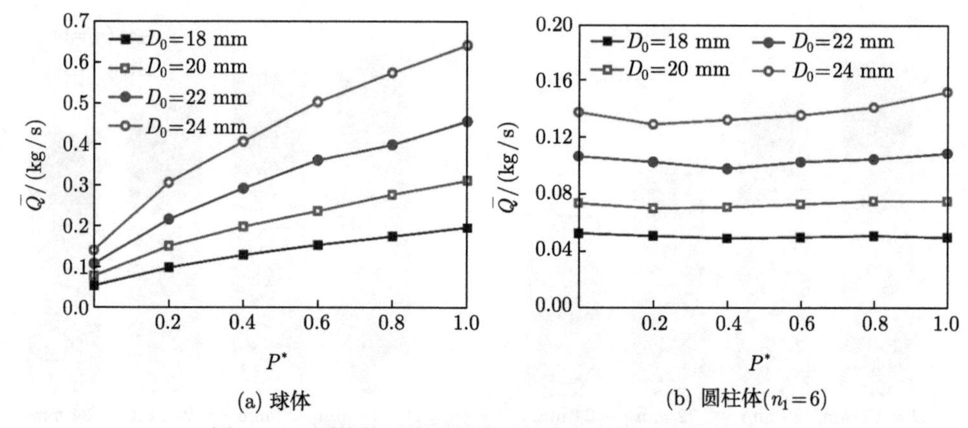

(a) 球体　(b) 圆柱体($n_1=6$)

图 4.19　颗粒的平均质量流动速率与外部压力的关系

4.4　小　　结

本章介绍了基于超二次曲面方程的函数构造、接触检测、接触力模型、四元数及运动更新，并采用离散元方法模拟外部压力驱动下球形和非规则颗粒的流动过程，主要包括：① 介绍了超二次曲面的函数方程，通过改变五个函数参数进而得到不同长宽比和表面尖锐度的非规则颗粒形态。此外，将超二次曲面单元间的接触问题转化为求解单元间最短距离的问题，同时采用牛顿迭代算法对四元非线性方程组进行数值求解，进而得到单元间的重叠量和接触法向。同时，将超二次曲面单元与复杂结构间的接触问题转化为超二次曲面与三角形单元间的接触判断，并发展了面接触、边接触和点接触三种计算方法。② 发展了针对超二次曲面单元的非线性粘–弹性接触模型，将不同接触模式下的法向刚度和粘滞力统一表述为单元间局部接触点处等效曲率半径的函数，而切向接触作用则借鉴基于 Mohr-Coulomb 摩擦定律的非线性接触模型计算方法。同时，采用四元数方法确定单元的角度及全局坐标系和局部坐标系的转换关系，避免欧拉方法的奇异性。③ 对椭球体颗粒间的斜冲击特性和圆柱体颗粒的堆积进行离散元模拟，并与试验结果及有限元的数值结果进行对比验证。对比结果表明，本章的超二次曲面离散元方法能合理地描述非规则颗粒形态及运动规律。此外，进一步分析了颗粒形状和孔口直径对外部压力下颗粒材料流动速率的影响规律。

参考文献

崔泽群, 陈友川, 赵永志, 等. 2013. 基于超二次曲面的非球形离散单元模型研究 [J]. 计算力学学报, 30(6): 854-859.

Barr A H. 1981. Superquadrics and angle-preserving transformations [J]. IEEE Computer Graphics and Applications, 1(1): 11-23.

Cleary P W. 2004. Large scale industrial DEM modelling [J]. Engineering Computations, 21(2-4): 169-204.

Cleary P W, Sawley M L. 2002. DEM modelling of industrial granular flows: 3D case studies and the effect of particle shape on hopper discharge [J]. Applied Mathematical Modelling, 26(2): 89-111.

Goldman R. 2005. Curvature formulas for implicit curves and surfaces [J]. Computer Aided Geometric Design, 22(7): 632-658.

Hu L, Hu G M, Fang Z Q, et al. 2013. A new algorithm for contact detection between spherical particle and triangulated mesh boundary in discrete element method simulations [J]. International Journal for Numerical Methods in Engineering, 94(8): 787-804.

Kodam M, Bharadwaj R, Curtis J, et al. 2010. Cylindrical object contact detection for use in discrete element method simulations, part Ⅱ—experimental validation [J]. Chemical Engineering Science, 65(22): 5863-5871.

Kremmer M, Favier J F. 2001. A method for representing boundaries in discrete element modelling-part I: geometry and contact detection [J]. International Journal for Numerical Methods in Engineering, 51(12): 1407-1421.

Podlozhnyuk A, Pirker S, Kloss C. 2017. Efficient implementation of superquadric particles in discrete element method within an open-source framework [J]. Computational Particle Mechanics, 4(1): 101-118.

Portal R, Dias J, De Sousa L. 2010. Contact detection between convex superquadric surfaces [J]. Archive of Mechanical Engineering, 57(2): 165-186.

Sinnott M D, Cleary P W. 2009. Vibration-induced arching in a deep granular bed [J]. Granular Matter, 11(5): 345-364.

Soltanbeigi B, Podlozhnyuk A, Papanicolopulos S A, et al. 2018. DEM study of mechanical characteristics of multi-spherical and superquadric particles at micro and macro scales[J]. Powder Technology, 329: 288-303.

Stevens A B, Hrenya C M. 2005. Comparison of soft-sphere models to measurements of collision properties during normal impacts [J]. Powder Technology, 154(2-3): 99-109.

Wojtkowski M, Pecen J, Horabik J, et al. 2010. Rapeseed impact against a flat surface: physical testing and DEM simulation with two contact models [J]. Powder Technology, 198(1): 61-68.

Zheng Q J, Zhou Z Y, Yu A B. 2013. Contact forces between viscoelastic ellipsoidal particles [J]. Powder Technology, 248: 25-33.

Zhong W, Yu A, Liu X, et al. 2016. DEM/CFD-DEM modelling of non-spherical particulate systems: theoretical developments and applications [J]. Powder Technology, 302: 108-152.

Zhou Y. 2011. A theoretical model of collision between soft-spheres with hertz elastic loading and nonlinear plastic unloading [J]. Theoretical and Applied Mechanics Letters, 1: 041006.

Zhou Y. 2013. Modeling of softsphere normal collisions with characteristic of coefficient of restitution dependent on impact velocity [J]. Theoretical and Applied Mechanics Letters, 3: 021003.

第 5 章　球谐函数离散元方法

近年来，针对非规则颗粒的离散元方法得到迅速发展。多面体单元是基于拓扑结构的几何模型，包含若干个面、边和角点，并且单元间的接触力可通过公共平面方法、GJK 和 EPA 理论等方法计算得到 (冯春等, 2011)。扩展多面体模型是基于闵可夫斯基和算法得到的一种光滑多面体模型 (刘璐等, 2015)。这种模型将多面体单元的面、边和角点转变为柱面和球面，从而避免角点及棱边接触时的奇异结果。然而，以上离散元方法仅适用于构造凸形颗粒，单元间的接触判断很大程度为单点接触，进而难以准确地反映凹形颗粒材料的运动规律。为合理地描述任意的颗粒形状，新颖的非规则构造理论引起广泛关注。X 射线扫描技术结合水平集算法能有效地描述真实颗粒形状并且计算单元间的接触作用 (Vlahinić et al., 2017)。通过将任意颗粒形状离散为一系列的三角形单元，能量保守接触理论可确定任意形状间的接触法向和作用力，并具有较好的数值稳定性 (Feng, 2021)。球谐函数是数学意义上描述真实颗粒形态的普遍方法，其可将具有凹凸特性的真实几何形状量化为高阶多项式的函数形式 (Zhou and Wang, 2017; Zhou et al., 2018)。然而，目前基于球谐函数的离散元方法仅用于构造单元形状，而对单元间多接触点搜索和接触力的有效计算则相对较少。

为此，本章采用球谐函数描述自然界或工业应用中的真实颗粒形态，采用水平集方法将球谐函数单元离散为由一系列点组成的零水平集函数和空间水平集函数，并将单元间的接触问题转化为两个水平集函数间的求解问题，进而确定两个接触单元间的多接触点及作用力；采用离散元方法对单颗粒与刚性壁面的碰撞过程和多颗粒动态堆积过程进行数值模拟，研究颗粒的平动和转动动能随时间的变化规律，进而验证基于水平集接触算法的球谐函数离散元方法的可靠性；在此基础上，进一步分析颗粒凹凸特性对颗粒材料体积分数和平均配位数的影响规律。

5.1　球谐函数单元的构造

球谐函数单元构造非规则颗粒是近年来发展的一种非规则颗粒构造方法，通过改变球谐函数的 A_{nm} 系数和阶数可得到不同长宽比、表面凹凸程度的非规则颗粒形态。本节将介绍球谐函数方程和 A_{nm} 系数的求解方式。

5.1.1　球谐函数的方程表示

球谐函数是数学意义上构造真实颗粒的普遍方法，通常其定义在球坐标系中。球谐函数可表示为 (Zhou et al., 2018)

$$r(\theta,\varphi)=\sum_{n=0}^{N}\sum_{m=-n}^{n}A_{nm}\mathrm{Y}_{n}^{m}(\theta,\varphi)\tag{5.1}$$

式中，r 表示单元表面至质心的距离；θ 表示 r 与 z 轴的夹角；φ 表示 r 在 x-y 平面上的投影与 x 轴的夹角，如图 5.1 所示；N 为球谐单元的形状参数；A_{nm} 是球谐函数的系数，可表示为 $A_{nm}=R_{nm}+C_{nm}$，其中，R_{nm} 和 C_{nm} 分别为 A_{nm} 系数的实部和虚部；$\mathrm{Y}_{n}^{m}(\theta,\varphi)$ 是球谐函数的级数形式，可表示为 (Nie et al., 2020)

$$\mathrm{Y}_{n}^{m}(\theta,\varphi)=\sqrt{\frac{(2n+1)(n-m)!}{4\pi(n+m)!}}\mathrm{P}_{n}^{m}[\cos\theta]\,\mathrm{e}^{\mathrm{i}m\varphi}\tag{5.2}$$

其中，P_{n}^{m} 为相关联的勒让德多项式，可表示为

$$\mathrm{P}_{n}^{m}(x)=(-1)^{m}\frac{1}{2^{n}n!}\left(1-x^{2}\right)^{\frac{m}{2}}\frac{\mathrm{d}^{m+n}}{\mathrm{d}x^{m+n}}\left(x^{2}-1\right)^{n},\quad m\geqslant 0\tag{5.3}$$

$$\mathrm{P}_{n}^{m}(x)=(-1)^{-m}\frac{(n+m)!}{(n-m)!}\mathrm{P}_{n}^{-m}(x),\quad m<0\tag{5.4}$$

式中，m 和 n 为 P_{n}^{m} 的阶数，n 的取值范围为 $[0,N]$，m 的取值范围为 $[-n,n]$。值得注意的是，随着形状参数 N 的增大，单元形状逐渐从球体变为表面具有凹凸特性的真实单元形状。

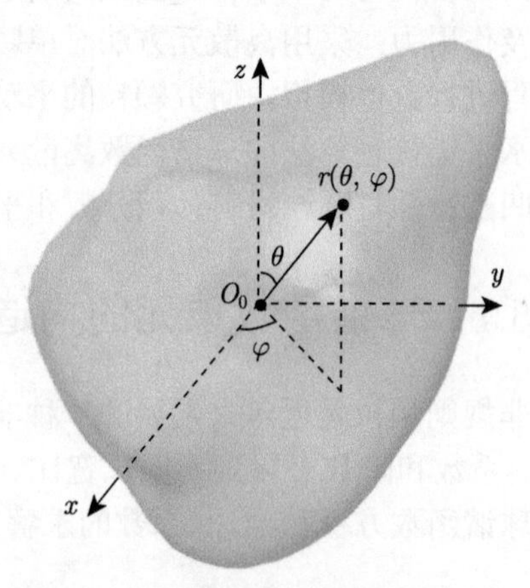

图 5.1　基于球谐函数的离散元方法

5.1.2　A_{nm} 系数的求解方式

球谐函数中 A_{nm} 系数直接决定单元的基本形状。通常，采用 X 射线扫描技术获得真实颗粒的三维几何模型，同时几何模型表面正交化取点。每一个表面点均转化为球坐标系下关于 θ 和 φ 的参数形式，并且至少需要 $(N+1)^2$ 个表面点以获得形状参数为 N 的 A_{nm} 系数，可表示为 (Garboczi and Bullard, 2017)

$$A_{nm}=\int_0^{2\pi}\int_0^{\pi}\sin\theta r\left(\theta,\varphi\right)\hat{\mathrm{Y}}_n^m(\theta,\varphi)\mathrm{d}\varphi\mathrm{d}\theta \tag{5.5}$$

式中，$\hat{\mathrm{Y}}_n^m(\theta,\varphi)$ 是 $\mathrm{Y}_n^m\left(\theta,\varphi\right)$ 的复共轭。值得注意的是，通过求解多元线性方程组也可获得 A_{nm} 系数 (Radvilaitė et al., 2016)。全部的未知系数 $(a_{m,n})$ 可表示为向量 $\boldsymbol{A}=\left(a_{0,0},a_{-1,1},a_{0,1},a_{1,1},\cdots\right)^{\mathrm{T}}$。所有表面点与坐标原点的距离表示为向量 $\boldsymbol{L}=\left(r_1,r_2,r_3,r_4,\cdots\right)^{\mathrm{T}}$，并将这些表面点代入球谐函数的表达式中得到矩阵 $\boldsymbol{B}$，可表示为 $\boldsymbol{B}=\boldsymbol{B}_{i,j(n,m)}=\mathrm{Y}_n^m\left(\theta_i,\varphi_i\right)$。下标 i 表示每个表面点的编号，而 $j\left(n,m\right)$ 表示每组阶数为 n 和 m 得到的一系列函数值。因此，多元线性方程组可表示为 $\boldsymbol{BA}=\boldsymbol{L}$。未知的球谐函数系数可表示为 $\boldsymbol{A}=\left(\boldsymbol{B}^{\mathrm{T}}\boldsymbol{B}\right)^{-1}\boldsymbol{B}^{\mathrm{T}}\boldsymbol{L}$。另外，由不同球谐函数构造的非规则颗粒如图 5.2 所示。可以发现，球谐函数在描述非规则颗粒的几何形态方面具有很强的灵活性，特别是适用于构造非对称、凹形的颗粒形态。

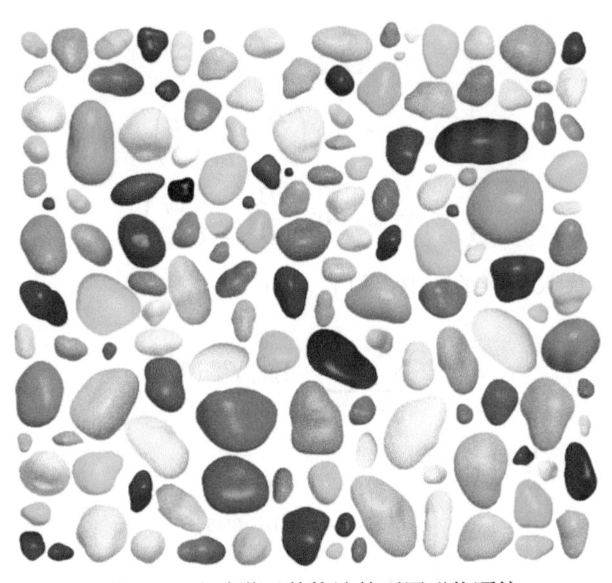

图 5.2　由球谐函数构造的不同形状颗粒

5.2 非规则颗粒的水平集函数重构

水平集方法是一种有效解决图形演化问题的数值方法，并且计算稳定。20 世纪 90 年代以来，许多学者纷纷加入水平集方法的研究队伍，使得水平集方法被广泛应用于计算机图形学、计算物理、图像处理、计算机视觉、化学工程等众多领域。本节将使用水平集方法对非规则颗粒进行重构和表征。

5.2.1 零水平集函数的构造方法

这里通过球谐函数构造真实颗粒形状的凹凸表面特征，并采用水平集函数对单元形状进行重构进而计算单元间的多接触点和作用力 (Kawamoto et al., 2018)。离散水平集函数可表示为 $F_{\mathrm{d}}=\psi(\boldsymbol{P})$。其中，$\boldsymbol{P}$ 为三维空间中的一点，F_{d} 表示该点到单元表面的最短距离。$F_{\mathrm{d}}<0$ 表示该点在单元内部；$F_{\mathrm{d}}=0$ 表示该点在单元表面上；$F_{\mathrm{d}}>0$ 表示该点在单元外部。同时，满足 $F_{\mathrm{d}}=0$ 的一系列空间点组成零水平集函数，而满足 $F_{\mathrm{d}}\neq 0$ 的一系列空间点组成空间水平集函数。

为建立球谐函数单元的零水平集函数，在六面体包围盒表面均匀地分布空间点。空间点与零水平集点具有一一对应的特性，即可通过遍历所有的空间点，从而得到由一系列离散点组成的零水平集函数 (王嗣强等, 2022)。$\boldsymbol{O}_0(O_{0x},O_{0y},O_{0z})$ 表示球谐函数单元的原点坐标，$\boldsymbol{B}_i(B_{ix},B_{iy},B_{iz})$ 表示包围盒上的空间点坐标，$\boldsymbol{P}_i(P_{ix},P_{iy},P_{iz})$ 表示颗粒表面的零水平集点坐标。将向量 $\boldsymbol{O}_0\boldsymbol{B}_i$ 转换为球坐标系下，可表示为

$$\begin{cases} r_{Bi}=|\boldsymbol{O}_0\boldsymbol{B}_i| \\ \theta_i=\arccos\left(\dfrac{B_{iz}-O_{0z}}{r_{Bi}}\right) \\ \varphi_i=\arctan\left(\dfrac{B_{iy}-O_{0y}}{B_{ix}-O_{0x}}\right) \end{cases} \tag{5.6}$$

将以上 θ_i 和 φ_i 代入球谐函数中，可表示为

$$r_{Pi}=\sum_{n=0}^{N}\sum_{m=-n}^{n}A_{nm}\mathrm{Y}_n^m(\theta_i,\varphi_i) \tag{5.7}$$

由此，零水平集点 $\boldsymbol{P}_i$ 可表示为

$$\begin{cases} P_{ix}=r_{Pi}\sin\theta_i\cos\varphi_i \\ P_{iy}=r_{Pi}\sin\theta_i\sin\varphi_i \\ P_{iz}=r_{Pi}\cos\theta_i \end{cases} \tag{5.8}$$

5.2.2 空间水平集函数的构造方法

为建立球谐函数单元的空间水平集函数，在六面体包围盒内部均匀地分布空间点，如图 5.3(a) 所示。每一个空间点具有四个维度，可表示为 $\boldsymbol{L}_i\left(L_{ix}, L_{iy}, L_{iz}\right)$ 和 D_{pi}。其中，L_{ix}，L_{iy} 和 L_{iz} 分别表示该点在 x，y 和 z 方向上的坐标值，D_{pi} 表示该点与颗粒表面的最短距离，即 $D_{pi}=\psi\left(\boldsymbol{L}_i\right)$。$\boldsymbol{O}_0\left(O_{0x}, O_{0y}, O_{0z}\right)$ 表示球谐函数单元的原点坐标，同时将空间点的坐标转换为球坐标，可表示为

$$\begin{cases} r_{Li}=\left|\boldsymbol{O}_0 \boldsymbol{L}_i\right| \\ \theta_i=\arccos\left(\dfrac{L_{iz}-O_{0z}}{r_{Li}}\right) \\ \varphi_i=\arctan\left(\dfrac{B_{iy}-O_{0y}}{B_{ix}-O_{0x}}\right) \end{cases} \tag{5.9}$$

将得到的 θ_i 和 φ_i 代入球谐函数中，可表示为

$$r_{Pi}=\sum_{n=0}^{N} \sum_{m=-n}^{n} A_{nm} \mathrm{Y}_n^m\left(\theta_i, \varphi_i\right) \tag{5.10}$$

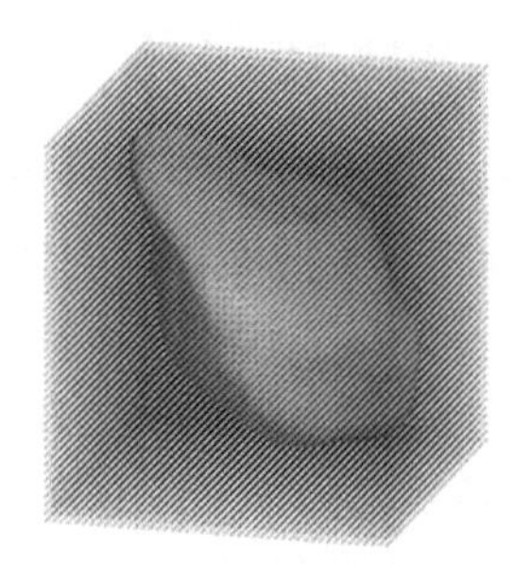

(a) 空间离散点

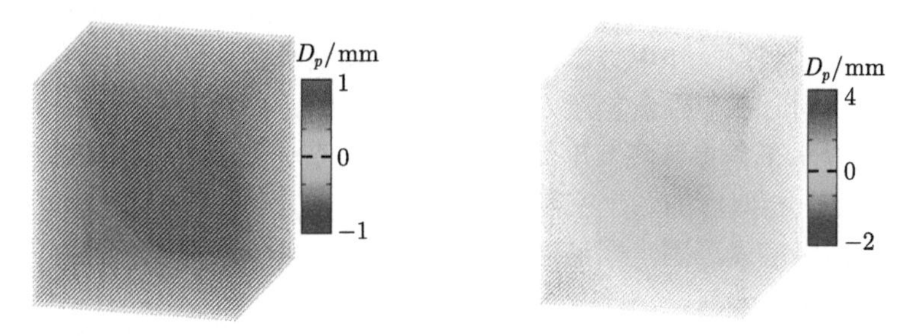

(b) 颜色表示点是否位于单元内部　　(c) 颜色表示点至单元表面的距离

图 5.3　球谐单元的空间水平集函数

如果 $r_{Li} > r_{Pi}$，则该点在颗粒外部并且 D_{pi} 为正值，用红色表示；否则，该点在颗粒内部并且 D_{pi} 为负值，用蓝色表示，如图 5.3(b) 所示。可以看出，蓝色空间点集构成的三维形状基本与球谐单元相同。在此基础之上，将球谐单元离散为相对密集的零水平集点，并采用点–距离公式 (point-distance formula) 计算空间水平集点的最短距离 (Kawamoto et al., 2018)，或将球谐单元离散为一系列的三角形单元，并采用点–三角形单元距离公式 (point-to-triangulation distance function) 计算空间水平集点的距离 (Harmon et al., 2020)，最终生成的空间水平集函数如图 5.3(c) 所示。可以发现，靠近包围盒边缘的空间点颜色接近红色，而靠近球谐函数中心的空间点颜色接近蓝色。蓝色向红色的渐变过程表明，空间离散水平集是一种近似连续函数，并且随着空间点分布更加密集，这种连续变化的现象变得更加显著。

5.3　基于水平集方法的搜索判断及接触力模型

使用水平集方法重构的颗粒，可以通过对两个水平集函数间的求解来计算单元间的接触，进而确定两个单元间的多接触点和作用力。本节将介绍基于三线性插值方法的接触点搜索以及多个接触力的有效计算。

5.3.1　基于三线性插值方法的接触点搜索

考虑球谐单元间接触判断的复杂性，包围球和方向包围盒方法被用于减少单元间潜在接触对的数目，进而提高离散元模拟的计算效率。包围球方法作为单元间的第一次粗判断，其理论基于传统球体的接触判断方法。如果两个包围球的球心间距离小于其包围半径和，则单元间可能发生接触，否则不接触。方向包围盒作为单元间的第二次粗判断，其基于分离轴理论并判断六面体包围盒的接触状态。如果两个包围盒在空间向量上的投影没有相交，则单元间不发生接触，否则为接触。

单元间精确的接触判断是离散元模拟的基础，这里采用水平集算法并考虑凹形单元间的多接触点及作用力。由于离散水平集函数是六面体包围盒内均匀分布的空间点集，同时在包围盒任意方向上点与点间的距离相等，因此，通过遍历单元 j 上所有零水平集点并代入单元 i 的空间离散水平集函数中，能够迅速找到与零水平集点 $\boldsymbol{P}_j$ 相对应的八个空间离散水平集点 $\boldsymbol{P}_i$，如图 5.4 所示。如果点 $\boldsymbol{P}_j$ 超出单元 i 的包围盒范围，即该点不在单元 i 的水平集函数取值范围内，则表明点 $\boldsymbol{P}_j$ 位于单元 i 外部。

离散水平集函数在三个方向上点间距分别表示为 l_x，l_y 和 l_z。这里，$l_x = l_y = l_z = l_0$。零水平集点 $\boldsymbol{P}_j$ 在 8 个水平集点 $\boldsymbol{P}_i$ 所围成的六面体内相对位置可表示为

$$\begin{cases} x = (P_{jx} - P_{ix,000})/l_0 \\ y = (P_{jy} - P_{iy,000})/l_0 \\ z = (P_{jz} - P_{iz,000})/l_0 \end{cases} \tag{5.11}$$

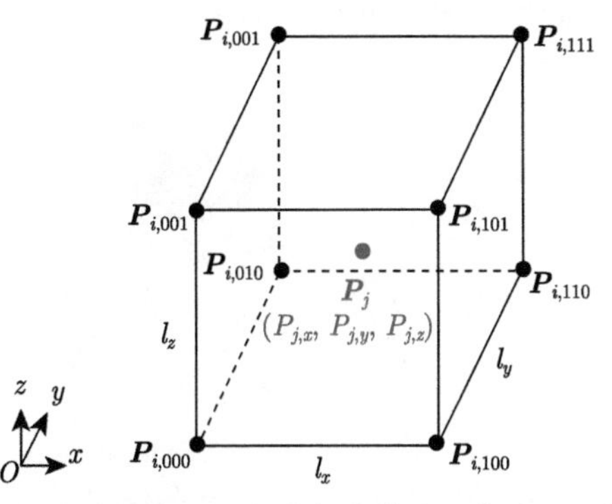

图 5.4 零水平集点 $\boldsymbol{P}_j$ 与周围空间离散水平集点 $\boldsymbol{P}_i$ 的位置关系

同时，采用三线性插值方法计算点 $\boldsymbol{P}_j$ 在单元 i 的水平集函数值 $\psi(\boldsymbol{P}_j)$，表示为 (Kawamoto et al., 2018)

$$\begin{aligned} D_{Pj} &= \psi(\boldsymbol{P}_j) \\ &= \sum_{a=0}^{1}\sum_{b=0}^{1}\sum_{c=0}^{1}\psi_{abc}\left[(1-a)(1-x)+ax\right]\left[(1-b)(1-y)+by\right] \\ &\quad \times \left[(1-c)(1-z)+cz\right] \end{aligned} \tag{5.12}$$

此外，同样采用三线性插值方法计算点 $\boldsymbol{P}_j$ 在单元 i 的水平集函数梯度 $\nabla\psi(\boldsymbol{P}_j)$ (Kawamoto et al., 2018)：

$$\frac{\partial\psi(\boldsymbol{P}_j)}{\partial x} = \sum_{a=0}^{1}\sum_{b=0}^{1}\sum_{c=0}^{1}\psi_{abc}(2a-1)\left[(1-b)(1-y)+by\right]\left[(1-c)(1-z)+cz\right] \tag{5.13}$$

$$\frac{\partial\psi(\boldsymbol{P}_j)}{\partial y} = \sum_{a=0}^{1}\sum_{b=0}^{1}\sum_{c=0}^{1}\psi_{abc}\left[(1-a)(1-x)+ax\right](2b-1)\left[(1-c)(1-z)+cz\right] \tag{5.14}$$

$$\frac{\partial\psi(\boldsymbol{P}_j)}{\partial z} = \sum_{a=0}^{1}\sum_{b=0}^{1}\sum_{c=0}^{1}\psi_{abc}\left[(1-a)(1-x)+ax\right]\left[(1-b)(1-y)+by\right](2c-1) \tag{5.15}$$

如果 $D_{Pj} < 0$，则表明单元 i 和 j 发生接触。因此，单元 i 和 j 在点 $\boldsymbol{P}_j$ 处的接触法向 $\boldsymbol{n}$ 即为水平集函数梯度 $\nabla\psi(\boldsymbol{P}_j)$，法向重叠量 $\boldsymbol{\delta}_n$ 即为水平集函数值 $\psi(\boldsymbol{P}_j)\boldsymbol{n}$。单元 i 表面的接触点 $\boldsymbol{P}_i$ 可表示为 $\boldsymbol{P}_i = \boldsymbol{P}_j + \psi(\boldsymbol{P}_j)\boldsymbol{n}$，如图 5.5 所示。通过遍历单元 j 的所有零水平集点 $\boldsymbol{P}_j$ 并对 $D_{Pj} < 0$ 的一系列接触力进行累加，进而实现凹形单元间多接触点及作用力计算。

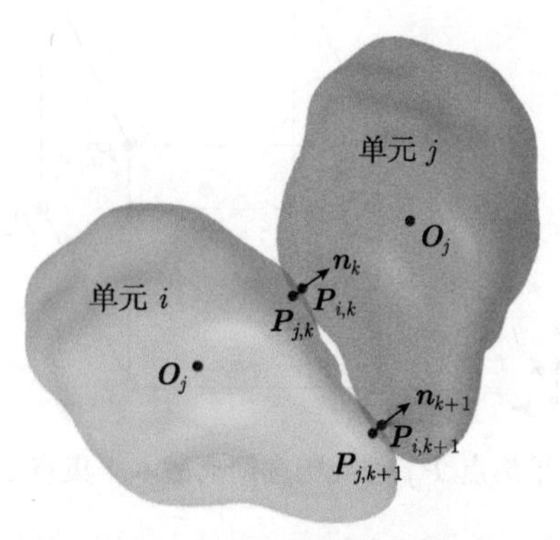

图 5.5　球谐单元间的接触判断

5.3.2　多个接触力的有效计算

在颗粒的相互接触过程中，根据颗粒间的重叠量和接触点处的法线方向计算接触力。当某一颗粒与相邻颗粒的三角形单元的边或顶点发生接触时，计算的接触力需要除以共享边或顶点的数量。这是由于每个边或顶点都同时位于多个三角形单元中，颗粒与其发生接触时，接触必然会被多次搜索，因此计算的接触力应该除以发生接触的边或顶点的共享单元数目，以确保接触力不会被重复累加。此外，两个凹颗粒之间可能存在多个接触点，在接触过程中同样需要对多个接触点计算得到的接触力进行有效累加。因此，颗粒 i 所受的接触力可表示为

$$\boldsymbol{F}_w^i = \sum_{k=1}^{N_w^i}\sum_{j=1}^{N_{p,k}^i}\left(\boldsymbol{F}_{n,jk}^i + \boldsymbol{F}_{t,jk}^i\right) \tag{5.16}$$

$$\boldsymbol{M}_w^i = \sum_{k=1}^{N_w^i}\sum_{j=1}^{N_{p,k}^i}\left(\boldsymbol{M}_{n,jk}^i + \boldsymbol{M}_{t,jk}^i + \boldsymbol{M}_{\mathrm{r},jk}^i\right) \tag{5.17}$$

其中，$\boldsymbol{F}_w^i$ 和 $\boldsymbol{M}_w^i$ 分别是颗粒 i 所受的总接触力和力矩；$\boldsymbol{F}_{n,jk}^i$ 和 $\boldsymbol{F}_{t,jk}^i$ 分别是与颗粒 i 相接触的相邻颗粒 k 的点 j 对颗粒 i 施加的法向力和切向力；$\boldsymbol{M}_{n,jk}^i$ 和 $\boldsymbol{M}_{t,jk}^i$ 分别是当法向力或切向力不通过质点 i 的质心时，由 $\boldsymbol{F}_{n,jk}^i$ 和 $\boldsymbol{F}_{t,jk}^i$ 获得

的力矩；$\boldsymbol{M}_{\mathrm{r},jk}^{i}$ 是由颗粒 k 上的点 j 对颗粒 i 施加的滚动摩擦力矩；$N_{p,k}^{i}$ 是颗粒 k 与颗粒 i 间接触点的总数；N_{w}^{i} 是与颗粒 i 接触的邻居颗粒总数。

5.4 球谐函数离散元方法的算例验证

球谐函数单元作为一种近年来发展的非规则颗粒构造方法，有着广泛的工程应用。本节将介绍单个颗粒的碰撞过程及其能量演化，以及多个颗粒堆积过程的离散元模拟。

5.4.1 单个颗粒的弹性及非弹性碰撞验证

采用球谐函数构造 4 种不同的颗粒形状，并且单元的等体积球体半径为 0.02 m，如图 5.6 所示。其中，球体的形状参数 N 为 0，三种非规则颗粒的形状参数 N 为 10。颗粒密度为 2500 kg/m^3，弹性模量为 1 GPa，泊松比为 0.3。零水平集点的数量为 5×10^3 个，空间离散水平集点的数量为 1×10^5 个。水平集点的颜色表示该点与颗粒表面的距离，蓝色表示该点靠近单元中心，而红色表示该点远离单元表面。颗粒与壁面弹性碰撞中不考虑重力、阻尼和摩擦作用。由于零水平集点的数目显著影响离散元模拟的计算效率，实际消耗时间随着零水平集点数目的增加而增加，因此，在保证离散元模拟的足够精度前提下，选取较少的零水平集点可实现离散元的较高计算效率。

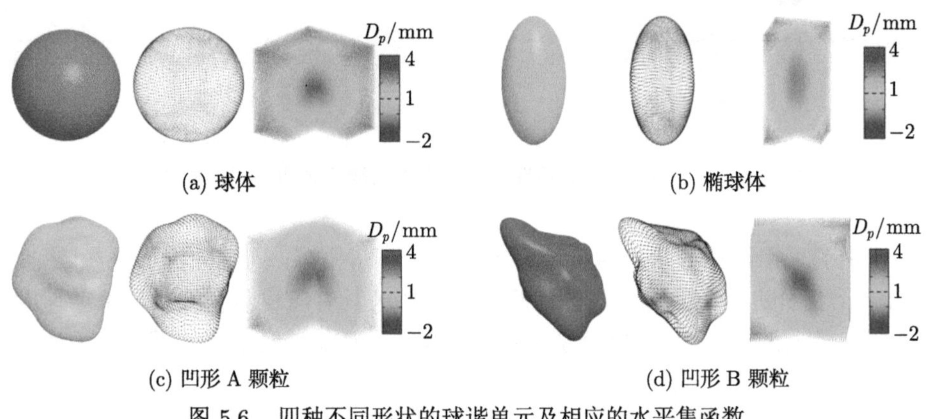

图 5.6 四种不同形状的球谐单元及相应的水平集函数

为检验球谐单元接触算法的稳定性，这里采用两种不同形状的球谐单元在无重力下与刚性壁面进行碰撞模拟。在水平面处放置较大的平面，颗粒初始与水平面的距离为 0.05 m，初始 z 方向的平动速度为 -3 m/s 并且具有随机的初始角度。图 5.7 显示两种颗粒在无重力下与壁面的碰撞过程。可以发现，颗粒形状和初始角度显著影响颗粒的动态回弹过程。当颗粒与壁面碰撞后，颗粒发生转动并且具有不同的平动速度。图 5.8(a) 中球形单元与壁面碰撞过程中转动动能恒为零，而总动能与平动动能随时间的变化保持一致。图 5.8(b) 中非规则颗粒与壁面碰撞后，部分平动动能转变为颗粒的转动动能，但是颗粒的总能量保持不变。因此，球谐单元在碰撞过程中能量守恒，同时也证明该方法具有很好的稳定性。

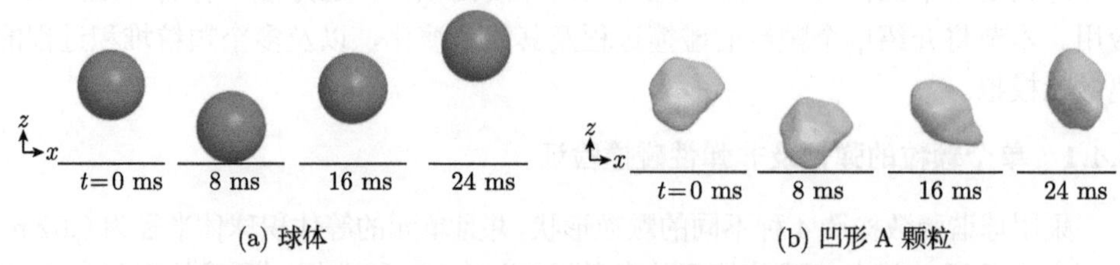

图 5.7　无重力下两种球谐单元与壁面弹性碰撞的离散元模拟

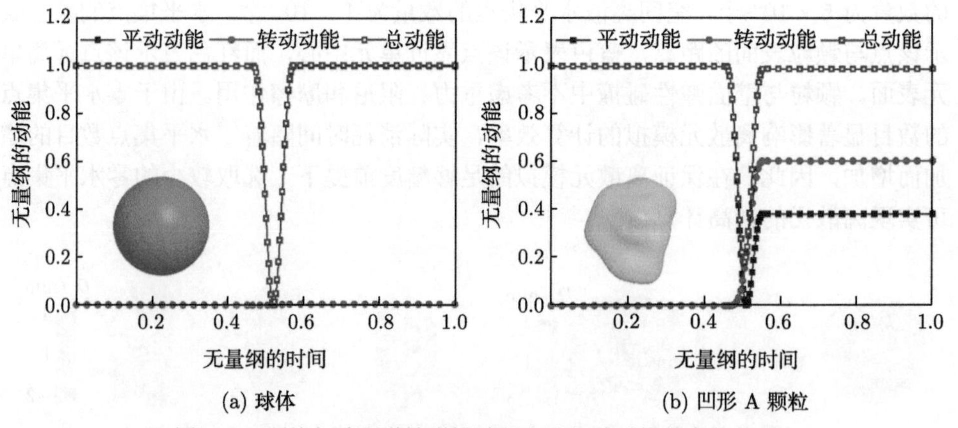

图 5.8　颗粒与壁面弹性碰撞过程中动能随时间的变化关系

此外，采用两种形状的球谐单元进行自由下落模拟，同时分析形状参数 N 引起的单元表面凹凸特性对下落过程的影响。颗粒具有随机角度，初始平动速度为 0 m/s，同时绕 x、y 和 z 轴分别施加 1 rad/s 的初始转动速度。图 5.9 为两种球谐单元在重力作用下自由下落然后静止的过程。可以看出，不同形状颗粒具有不同的动力过程。颗粒与壁面多次相互作用并翻滚，最终颗粒均保持静止。

当形状参数 $N = 5$、10 和 20 时，两种颗粒在下落直至稳定过程中平动动能和转动动能随时间的变化如图 5.10 所示。在初始下落过程中，不同形状参数 N 的球谐单元具有完全一致的平动动能和转动动能。当颗粒与壁面发生碰撞时，不同的形状参数 N 使得颗粒的平动动能和转动动能存在较大差异。这主要是由于形状参数 N 改变了单元表面的凹凸特性，进而改变了接触点的数目及位置。最终，不同颗粒的动能均趋于 0。由此可见，水平集接触理论对模拟球谐单元的动力过程具有较好的稳定性。

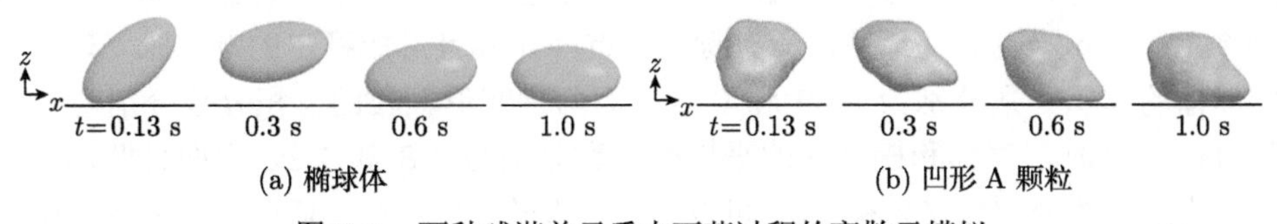

(a) 椭球体 (b) 凹形 A 颗粒

图 5.9 两种球谐单元重力下落过程的离散元模拟

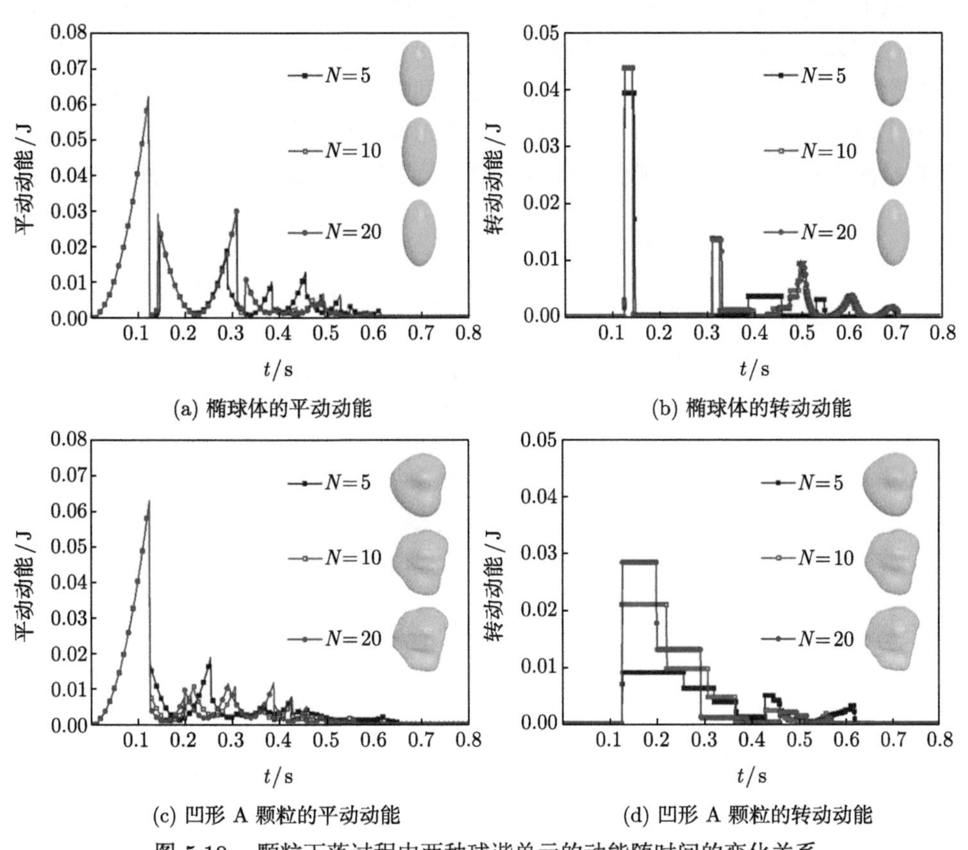

(a) 椭球体的平动动能 (b) 椭球体的转动动能

(c) 凹形 A 颗粒的平动动能 (d) 凹形 A 颗粒的转动动能

图 5.10 颗粒下落过程中两种球谐单元的动能随时间的变化关系

5.4.2 多个颗粒堆积的离散元模拟

这里采用球谐单元构造 2000 个球体和非规则颗粒，在长方体容器中考虑单元的随机位置和角度并在重力作用下实现堆积。长方体容器的长和宽都为 60 mm，高为 600 mm。单元的弹性模量为 1×10^8 Pa，颗粒密度为 2500 kg/m^3，泊松比为 0.3，颗粒间的摩擦系数和阻尼系数均为 0.3。图 5.11 显示 4 种不同形态颗粒材料在不同时刻的下落和堆积过程。在初始时刻，所有单元具有随机位置和角度，并且单元颜色表示单元与容器底面的距离。蓝色表示单元靠近容器底面，红色表示单元远离容器底面。最终，所有颗粒保持静止并且形成稳定的颗粒床。球体和椭球体的体积分数分别为 0.59 和 0.62，而两种凹形颗粒的体积分数分别为 0.63 和 0.61。同时，球体和椭球体的平均配位数分别为 5.8 和 7.2，而两种凹形颗粒的平均配位数分别为 7.2 和 7.3。可以发现，球形颗粒具有最低的体积分数和配位数。对于非规则颗粒，颗粒间具有更紧密的堆积模式和有序的堆积结构，从而产生较低的孔隙率。同时，椭球体的高长宽比和凹形颗粒间的多接触点模式有利于其与周围邻居颗粒相互接触，进而产生较大的平均配位数。此外，下落过程中对非规则颗粒材料的动能、势能和总能量随时间的变化进行统计，如图 5.12 所示。随着下落时间的增加，颗粒材料的动能呈现先增加后减小的趋势，而势能和总能量均呈减小趋势。最终，颗粒材料的总动能趋于 0，而总能量与总势能保持一致。

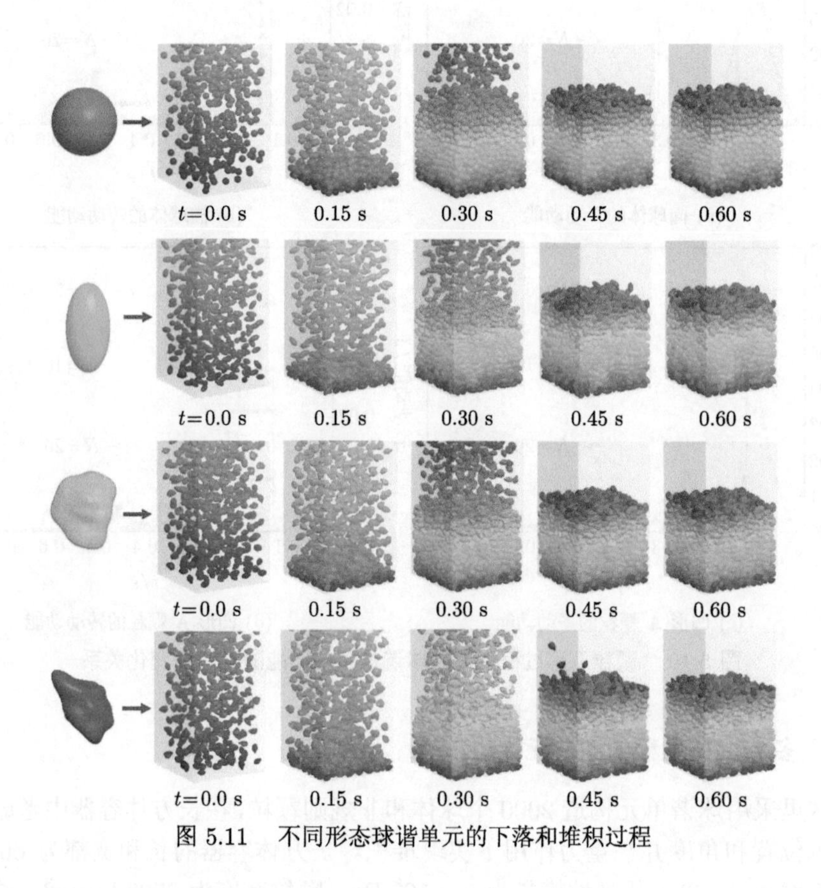

图 5.11 不同形态球谐单元的下落和堆积过程

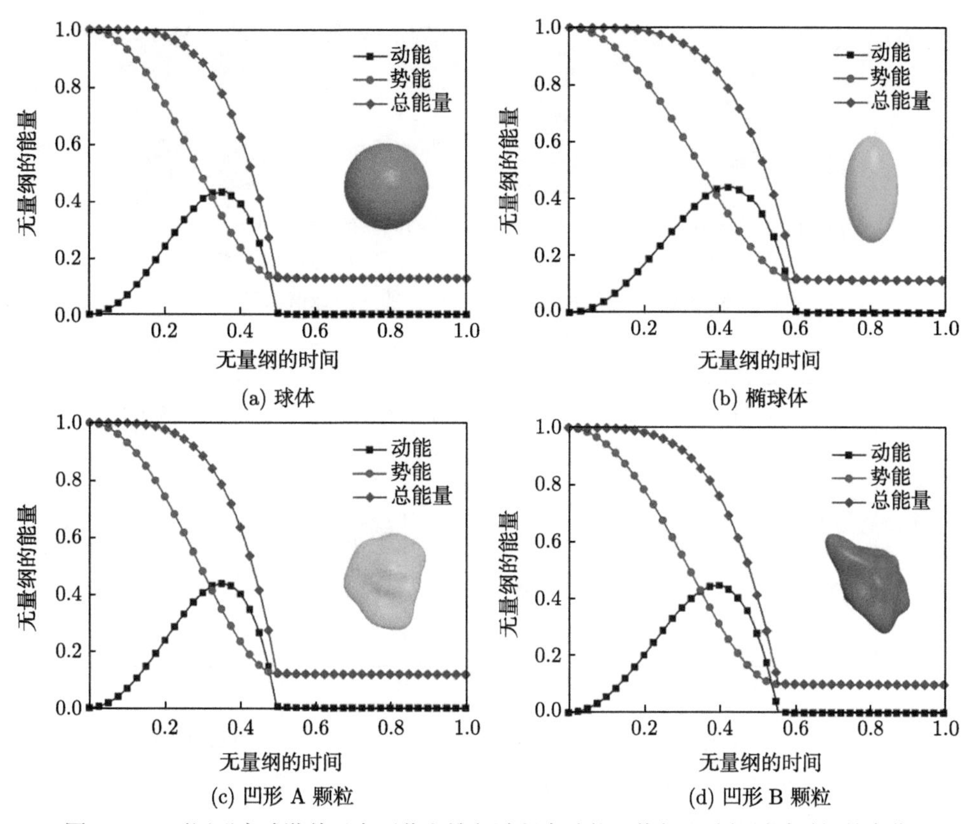

(a) 球体 (b) 椭球体 (c) 凹形 A 颗粒 (d) 凹形 B 颗粒

图 5.12 不同形态球谐单元在下落和堆积过程中动能、势能和总能量随时间的变化

为对比分析不同表面凹凸特性对颗粒材料堆积过程的影响，这里选取球谐函数参数 N 分别为 0、2、5、10、15、20、25 和 30 的球体和两种非规则形态颗粒，如图 5.13 所示。随着形状参数 N 的增加，颗粒逐渐从球体变为非规则颗粒，并且颗粒表面的凹凸特性变得更加显著。对不同形态颗粒床的体积分数和平均配位数进行统计，如图 5.14 所示。与球形颗粒相比，非规则颗粒具有较高的体积分数和平均配位数。随着形状参数 N 的增加，颗粒材料的体积分数呈现先增加后减小的趋势，而平均配位数呈现先增加后趋于稳定。这主要是由于当形状参数 N 从 0 变为 2 时，颗粒形状从球形变为非规则的凸形。与球形颗粒相比，非规则的凸形颗粒具有更大的接触面积，并且颗粒间的点接触逐步转变为紧密的面接触。因此，这种非规则颗粒具有更高的堆积密度和平均配位数。随着形状参数 N 的继续增加，颗粒形状从凸形转变为表面具有凹凸特性的凹形。凹形颗粒间的互锁效应阻碍颗粒的相对运动，并且形成局部团簇结构。因此，凹形颗粒填充的颗粒床具有相对更高的孔隙率和更低的体积分数。然而，表面凹凸特性难以直接影响单元周围的邻居数目，这使得凹形颗粒的平均配位数无显著变化。

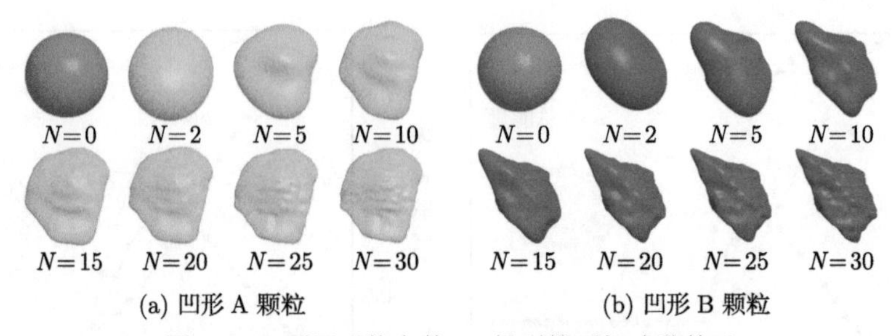

图 5.13　不同形状参数 N 得到的两组球谐单元

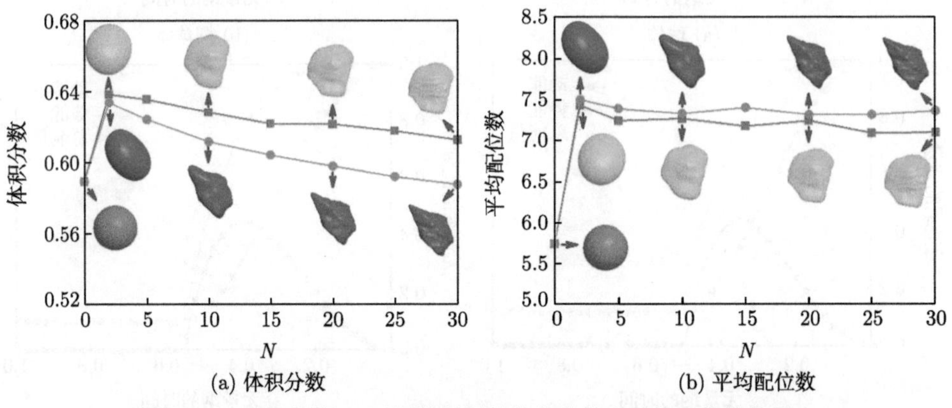

图 5.14　形状参数 N 对颗粒材料的体积分数和平均配位数的影响

5.5　小　　结

本章介绍了基于球谐函数的非规则单元构造、基于水平集算法的单元间接触检测及相关验证。详细介绍了非规则单元的球谐函数方程，通过改变函数 A_{nm} 系数和阶数进而得到不同长宽比、表面凹凸程度的非规则颗粒形态。此外，将自然界中真实颗粒表面正交化取点，通过求解多元线性方程组进而得到真实颗粒的球谐函数系数。发展了针对非规则单元的水平集接触算法，将不同形态的球谐单元离散为由一系列点组成的零水平集函数和空间离散水平集函数，并将单元间的接触问题转化为两个水平集函数间的求解问题。通过将一系列零水平集点代入邻居单元的空间离散水平集函数中进行三线性插值，可确定两个接触单元间的多接触点及作用力。对单颗粒与刚性壁面的弹性碰撞、单颗粒自由下落和多颗粒动力堆积过程进行了离散元模拟，研究了颗粒的平动和转动动能随时间的变化规律。计算结果表明，基于水平集算法的球谐函数离散元方法可准确地计算单元间的接触碰撞作用，并可保证弹性碰撞时颗粒材料的能量守恒，以及非弹性碰撞时颗粒材料的能量衰减直至动能为零。

参考文献

冯春, 李世海, 刘晓宇. 2011. 半弹簧接触模型及其在边坡破坏计算中的应用 [J]. 力学学报, 43(1): 184-192.

刘璐, 龙雪, 季顺迎. 2015. 基于扩展多面体的离散单元法及其作用于圆桩的冰载荷计算 [J]. 力学学报, 47(6): 1046-1057.

王嗣强, 乔婷, 张林风, 等. 2022. 基于水平集接触算法的任意形态颗粒材料球谐离散元方法 [J]. 中国科学: 物理学 力学 天文学, 52(2): 38-53.

Feng Y T. 2021. An energy-conserving contact theory for discrete element modelling of arbitrarily shaped particles: contact volume based model and computational issues[J]. Computer Methods in Applied Mechanics and Engineering, 373: 113493.

Garboczi E J, Bullard J W. 2017. 3D analytical mathematical models of random star-shape particles via a combination of X-ray computed microtomography and spherical harmonic analysis [J]. Advanced Powder Technology, 28(2): 325-339.

Harmon J M, Arthur D, Andrade J E. 2020. Level set splitting in DEM for modeling breakage mechanics [J]. Computer Methods in Applied Mechanics and Engineering, 365: 112961.

Kawamoto R, Andò E, Viggiani G, et al. 2018. All you need is shape: predicting shear banding in sand with LS-DEM [J]. Journal of the Mechanics and Physics of Solids, 111: 375-392.

Nie J Y, Li D Q, Cao Z J, et al. 2020. Probabilistic characterization and simulation of realistic particle shape based on sphere harmonic representation and Nataf transformation[J]. Powder Technology, 360: 209-220.

Radvilaitė U, Ramírez-Gómez Á, Kačianauskas R. 2016. Determining the shape of agricultural materials using spherical harmonics [J]. Computers and Electronics in Agriculture, 128: 160-171.

Vlahinić I, Kawamoto R, Andò E, et al. 2017. From computed tomography to mechanics of granular materials via level set bridge [J]. Acta Geotechnica, 12(1): 85-95.

Zhou B, Wang J, Wang H. 2018. Three-dimensional sphericity, roundness and fractal dimension of sand particles [J]. Géotechnique, 68(1): 18-30.

Zhou B, Wang J. 2017. Generation of a realistic 3D sand assembly using X-ray micro-computed tomography and spherical harmonic-based principal component analysis[J]. International Journal for Numerical and Analytical Methods in Geomechanics, 41(1): 93-109.

第 6 章　任意形态组合单元的离散元方法

为能更准确地模拟真实颗粒材料，各种非规则颗粒的构建方法不断被提出。由二次曲面函数可构造得到椭球体单元 (Lin et al., 1995; Yan et al., 2010)，并且通过调整参数可得到二维圆盘、三维细长或扁平椭球体等不同形状颗粒。超二次曲面单元是椭球体单元的扩展，改变函数参数可获得具有不同表面尖锐度和长宽比的圆柱体、椭球体等颗粒单元 (Cleary, 2009; 崔泽群等, 2013; 王嗣强等, 2018)。多面体单元是基于拓扑结构的颗粒单元，可表示尖锐的角点和棱边，很好地反映出自然界中颗粒材料的真实形态 (Nassauer et al., 2013; 洪俊等, 2018)。然而，这些颗粒模型只适用于构造凸形颗粒，这与实际的颗粒形态存在一定差异。近年来，针对凹形颗粒的离散元方法也在不断发展。Li 等 (2019) 用凹形函数确定心形颗粒形态，再通过网格法来确定颗粒之间的接触点，但其计算效率随形状函数复杂度的增加而降低。Feng (2021a, b) 将任意颗粒形态离散成一系列三角形单元，通过能量守恒接触模型确定颗粒之间的接触力、接触法向。尽管上述构造方法均能有效地描述任意形态的颗粒单元，但其接触计算的复杂性，导致离散元数值模拟时间大大增加。

为描述任意形态颗粒材料的几何构型，本章采用组合单元法，将不同数目的任意基本单元组合起来且允许颗粒之间重叠，进而构造出不同形态的颗粒。其优势在于组合单元的接触问题可简化为一系列简单的基本单元之间的接触判断。组合单元法在不断地完善与发展，其组成基本单元包括球体、扩展多面体和超二次曲面等。组合球体单元是通过将一定数量的球体颗粒组合起来构造出形状复杂的非规则颗粒，因球体单元易于构造、接触判断简单等优点而最先发展并广泛应用。组合扩展多面体单元通过组合多个扩展多面体颗粒构造出形态各异的颗粒材料。组合超二次曲面单元是将多个超二次曲面单元进行任意组合并且基本单元间存在重叠量，可用于构造凸形和凹形颗粒。

6.1　组合球体单元的离散元方法

为精确地模拟非规则颗粒的几何形态，人们在利用激光扫描仪得到颗粒三维几何形状的基础上，采用球形颗粒的镶嵌组合方式可近似地构造非规则颗粒单元 (Lu and McDowell, 2007; Lobo-Guerrero and Vallejo, 2006)，从而更精确地模拟真实颗粒的几何形态，该方法已成功地应用于模拟铁路道床 (Khatibi et al., 2017)、边坡稳定等不同的研究领域中 (Ngo et al., 2014)，如图 6.1 所示。

图 6.1 单轨枕有砟道床离散元模型 (Khatibi et al., 2017)

6.1.1 组合球体模型的几何构造

组合球体单元不考虑颗粒的破碎，且单元间接触对数目相比于粘结颗粒模型显著减少，在描述非规则颗粒的几何形态和力学行为中具有良好的计算效果。图 6.2 为不同镶嵌尺寸和组合方式的碎石料颗粒模型。

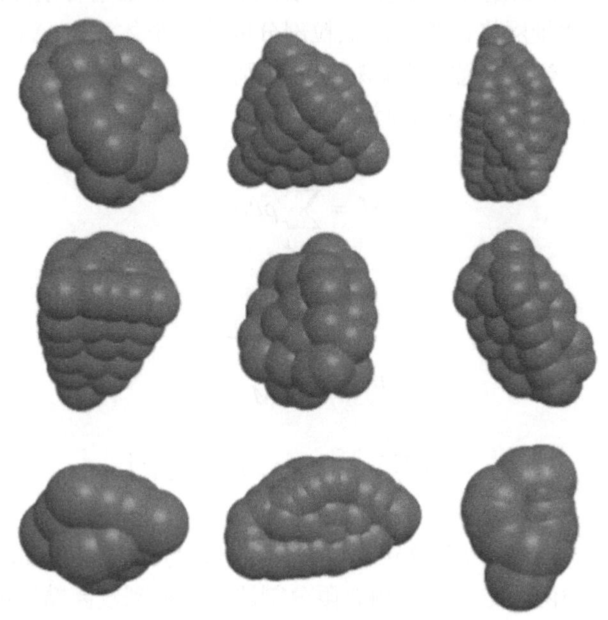

图 6.2 组合球体单元构造的不同碎石料颗粒模型 (李勇俊, 2020)

在构造组合镶嵌颗粒模型时，依据设定的碎石料尺寸，以及球形颗粒的个数和重叠量确定相应的球形颗粒尺寸，不同的颗粒尺寸和重叠量显著影响碎石料模型的表面光滑度，并由此影响到整体的宏观力学性能。图 6.3 为采用镶嵌单元模拟道砟直剪试验和搅拌机的过程。

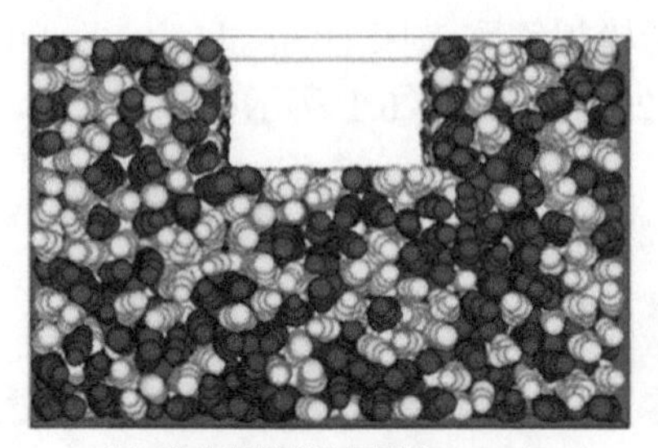
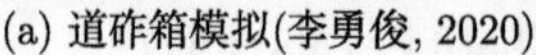
(a) 道砟箱模拟(李勇俊, 2020)

(b) 颗粒搅拌机

图 6.3 镶嵌单元的应用

6.1.2 组合球体模型的运动求解

在组合镶嵌颗粒模型的动力计算过程中，质量和转动惯量是计算道砟颗粒运动响应的基础。为消除球形颗粒间的质量重叠及其分布不均匀性对质量和转动惯量数值求解的影响，如图 6.4 所示，以二维空间为例，采用有限分割法，建立包含整个道砟颗粒的背景网格，将道砟颗粒剖分成若干个体积为 ΔV 的立方体单元。若立方体单元中心位于任意一个球颗粒内，则该单元质量有效。由此确定道砟颗粒的质量 M、质心 C_B 及转动惯量 I_{ii}，即

$$M = \sum_{n=1}^{N} \rho \Delta V_n \tag{6.1}$$

$$C_B = \frac{\sum_{n=1}^{N} \rho c_n \Delta V_n}{M} \tag{6.2}$$

$$I_{ii} = \sum_{n=1}^{N} \rho \left[(C_{Bj} - c_{nj})^2 \Delta V_i \right] \tag{6.3}$$

式中，ρ 为颗粒密度；N 为有效立方体单元数；c_n 为立方体单元的形心坐标；i、j 为二维空间坐标的两个方向。采用有限分割法可以得到较高精度的数值结果，且当剖分单元尺寸小于最小粒径球形颗粒的 1/20 时，其计算精度可以达到 97%以上 (严颖等, 2016)。

道砟颗粒单元的力矩、角速度等动力学计算分量在离散元模拟中需要在整体坐标系和局部坐标系之间进行转换，可利用四元数方法进行计算 (Jiang et al., 2003)。这四个基本元素的计算公式为

$$\begin{cases} q_1 = \sin\dfrac{\theta}{2}\sin\left(\dfrac{\psi-\varphi}{2}\right) \\ q_2 = \sin\dfrac{\theta}{2}\cos\left(\dfrac{\psi-\varphi}{2}\right) \\ q_3 = \cos\dfrac{\theta}{2}\sin\left(\dfrac{\psi+\varphi}{2}\right) \\ q_4 = \cos\dfrac{\theta}{2}\cos\left(\dfrac{\psi+\varphi}{2}\right) \end{cases} \tag{6.4}$$

式中，θ、ψ 和 φ 表示欧拉角，为整体坐标系和局部坐标系之间相对转动的角度。整体坐标系和局部坐标系间的转换矩阵 $\boldsymbol{A}$ 为

$$\boldsymbol{A} = \begin{bmatrix} -q_1^2+q_2^2-q_3^2+q_4^2 & -2\left(q_1q_2-q_3q_4\right) & 2\left(q_2q_3+q_1q_4\right) \\ -2\left(q_1q_2+q_3q_4\right) & q_1^2-q_2^2-q_3^2+q_4^2 & -2\left(q_1q_3-q_2q_4\right) \\ 2\left(q_2q_3-q_1q_4\right) & -2\left(q_1q_3+q_2q_4\right) & -q_1^2-q_2^2+q_3^2+q_4^2 \end{bmatrix} \tag{6.5}$$

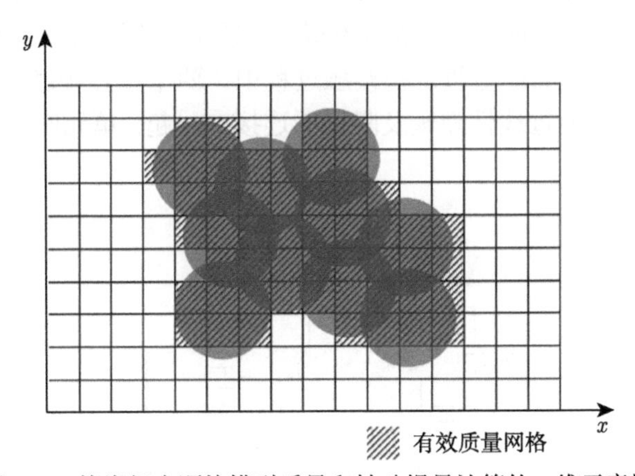

图 6.4 镶嵌组合颗粒模型质量和转动惯量计算的二维示意图

在离散元数值模拟中，四元数在每一个时间步后均需要进行更新。当道砟颗粒在局部坐标系下的角速度 $\boldsymbol{\omega}^{\mathrm{B}}$ 确定后，其在整体坐标系下的角速度 $\boldsymbol{\omega}^{\mathrm{G}}$ 为

$$\boldsymbol{\omega}^{\mathrm{G}} = \boldsymbol{A}^{\mathrm{T}}\boldsymbol{\omega}^{\mathrm{B}} \tag{6.6}$$

在得到整体坐标系下整体道砟颗粒的角速度后，组成道砟颗粒的球形颗粒的速度和位移均能相继计算得到，并应用于下一个时间步的离散元迭代求解中。同时，下一个时间步的四元数可更新为

$$\begin{bmatrix} q_1' \\ q_2' \\ q_3' \\ q_4' \end{bmatrix}^{(t+1)} = \begin{bmatrix} q_1 \\ q_2 \\ q_3 \\ q_4 \end{bmatrix}^{(t)} + \frac{\Delta t}{2}\boldsymbol{W}^{(t)}\boldsymbol{\omega}^{\mathrm{B}(t)} \tag{6.7}$$

其中，$\boldsymbol{W}$ 为一个 4×4 的反对称矩阵，可表示为

$$\boldsymbol{W} = \begin{bmatrix} q_1 & -q_2 & -q_3 & -q_4 \\ q_2 & q_1 & -q_4 & q_3 \\ q_3 & q_4 & q_1 & -q_2 \\ q_4 & -q_3 & q_2 & q_1 \end{bmatrix} \tag{6.8}$$

6.1.3　组合球体单元间的接触力计算

1. 线性接触模型

颗粒间的接触模型是离散单元法的核心，构建合理的接触模型是确保计算准确的基础。在道砟颗粒的离散元数值模拟中，最简单的接触模型为线性接触模型。如图 6.5 所示，该接触模型假定在接触过程中，两个相互接触的颗粒单元 (质量分别为 m_1 和 m_2) 通过线性弹簧及阻尼器连接在一起，单元间的接触力可分解为法向和切向分量。

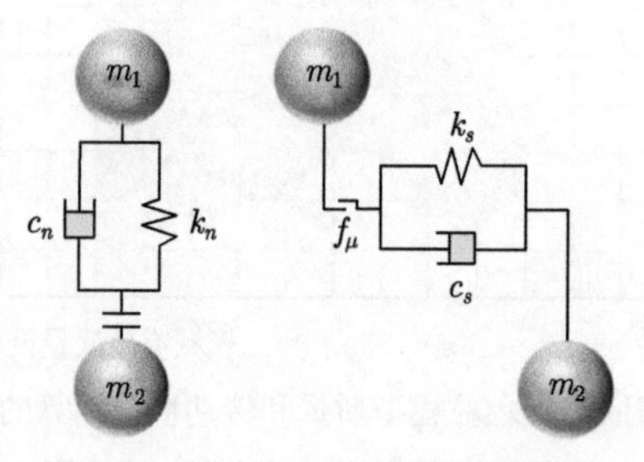

图 6.5　法向与切向线性接触模型

法向接触力 $\boldsymbol{F}_n$ 和切向接触力 $\boldsymbol{F}_s$ 可分别由下式表示：

$$\boldsymbol{F}_n = k_n\boldsymbol{\delta}_n + c_n\boldsymbol{v}_n \tag{6.9}$$

$$\boldsymbol{F}_s^{\mathrm{new}} = \min\left(\boldsymbol{F}_s^{\mathrm{old}} + k_s\Delta\boldsymbol{\eta}, \mu\boldsymbol{F}_n\right) \tag{6.10}$$

式中，k_n 和 k_s 分别表示两个颗粒接触后的法向和切向等效刚度；$\boldsymbol{\delta}_n$ 为颗粒间的法向重叠量矢量；c_n 为法向阻尼系数；$\boldsymbol{v}_n$ 为两个接触颗粒法向速度差；$\Delta\boldsymbol{\eta}$ 为接

触面相对切向位移增量矢量；μ 为颗粒间摩擦系数。颗粒间接触平面的方位会由颗粒位置坐标的改变而发生变化，因此，式 (6.10) 中切向接触力的计算与法向接触力不同，可采用增量叠加的形式对颗粒间切向接触力进行计算。同时，切向接触力应满足 Mohr-Coulomb 摩擦定律，即当颗粒间的切向接触力超过最大静摩擦力时，切向接触力将被重新设定为最大静摩擦力值。c_n 可表示为

$$c_n = 2\gamma\sqrt{m^* k_n} \tag{6.11}$$

式中，γ 表示法向阻尼系数；m^* 为接触颗粒的有效质量，可分别表示为

$$\gamma = \frac{-\ln e}{\sqrt{\pi^2 + \ln^2 e}} \tag{6.12}$$

$$\frac{1}{m^*} = \frac{1}{m_1} + \frac{1}{m_2} \tag{6.13}$$

式中，e 为恢复系数。

在接触碰撞过程中，可得到两个颗粒间的碰撞接触时间 t_{c}。t_{c} 与颗粒间撞击速度无关，可表示为

$$t_{\mathrm{c}} = \pi\left(\frac{m^*}{k_n}\right)^{1/2} \tag{6.14}$$

2. 非线性接触模型

为避免 Mindlin 和 Deresiewicz (1953) 提出的切向力模型在计算模拟过程中计算的复杂性，目前大多采用 Mindlin(1949) 的无滑移模型。无滑移模型结合 Hertz 法向力接触理论，提供了非线性接触模型，同时加入了非线性阻尼器以达到耗散能量的目的。考虑非线性弹簧–阻尼器的组合模型，可得到第 i 步时的法向和切向接触力，其可写作

$$\boldsymbol{F}_n = \frac{4}{3}E^*\sqrt{R^*}\frac{\boldsymbol{\delta}_n}{\|\boldsymbol{\delta}_n\|^{1/2}} + 2\gamma\sqrt{m^* k_n}\boldsymbol{v}_n \tag{6.15}$$

若 $\Delta\boldsymbol{F}_n \geqslant 0$，则 $\boldsymbol{F}_s^i$ 可表示为

$$\boldsymbol{F}_s^i = \boldsymbol{F}_s^{i-1} + k_s^i\Delta\boldsymbol{\eta} \tag{6.16}$$

若 $\Delta F_n < 0$，则 $\boldsymbol{F}_s^i$ 可表示为

$$\boldsymbol{F}_s^i = \boldsymbol{F}_s^{i-1}\left(\frac{k_s^i}{k_s^{i-1}}\right) + k_s^i\Delta\boldsymbol{\eta} \tag{6.17}$$

$$\boldsymbol{F}_s = \min\left(\boldsymbol{F}_s^i + 2\gamma\sqrt{m^* k_s}\boldsymbol{v}_s, \mu\boldsymbol{F}_n\right) \tag{6.18}$$

式中，$k_n = 2E^*\sqrt{R^*}\dfrac{\boldsymbol{\delta}_n}{\|\boldsymbol{\delta}_n\|^{1/2}}$ 和 $k_s = 8G^*\sqrt{R^*}\boldsymbol{\delta}_n$ 分别为法向刚度和切向刚度；$\boldsymbol{v}_s$ 为切向速度；E^*、G^* 和 R^* 分别为有效弹性模量、有效剪切模量和有效颗粒半径，可写作

$$\frac{1}{E^*} = \frac{1-\nu_1^2}{E_1} + \frac{1-\nu_2^2}{E_2} \tag{6.19}$$

$$G^* = \frac{2-\nu_1}{G_1} + \frac{2-\nu_2}{G_2} \tag{6.20}$$

$$\frac{1}{R^*} = \frac{1}{R_1} + \frac{1}{R_2} \tag{6.21}$$

式中，E_1、G_1、ν_1，E_2、G_2、ν_2 分别为颗粒 1 和颗粒 2 的弹性模量、剪切模量和泊松比，且颗粒的剪切模量由弹性模量和泊松比确定，可写作

$$G_1 = \frac{E_1}{2(1+\nu_1)} \tag{6.22}$$

$$G_2 = \frac{E_2}{2(1+\nu_2)} \tag{6.23}$$

与线性模型对切向接触力的计算类似，非线性接触模型亦采用增量叠加的形式来计算切向接触力。式 (6.17) 中由切向位移增量 $\Delta\boldsymbol{\eta}$ 引起的切向力增量 $\Delta\boldsymbol{F}_s = k_s^i\Delta\boldsymbol{\eta}$ 可进一步表示为

$$\Delta\boldsymbol{F}_s = 8aG^*\theta_k\Delta\boldsymbol{\eta} + (-1)^k\mu(1-\theta_k)\Delta\boldsymbol{F}_n \tag{6.24}$$

式中，k 取 0, 1, 2，分别表示加载、卸载和卸载后重新加载。若 $\|\Delta\boldsymbol{F}_s\| < \mu\|\Delta\boldsymbol{F}_n\|$，$\theta_k$ 取值为 1.0。若 $\|\Delta\boldsymbol{F}\|_s \geqslant \mu\|\Delta\boldsymbol{F}_n\|$，$\theta_k$ 可表示为

$$\theta_k = \begin{cases} \left(1 - \dfrac{\|\boldsymbol{F}_s\| + \mu\|\Delta\boldsymbol{F}\|_n}{\mu\|\boldsymbol{F}_n\|}\right)^{1/3}, & k=0 \\ \left(1 - \dfrac{(-1)^k(\|\boldsymbol{F}_s\| - \|\boldsymbol{F}_{s,k}\|) + 2\mu\|\Delta\boldsymbol{F}_n\|}{2\mu\|\boldsymbol{F}_n\|}\right)^{1/3}, & k=1,2 \end{cases} \tag{6.25}$$

式中，$\boldsymbol{F}_{s,k}$ 是考虑了卸载或卸载后重新加载的切向接触力。

3. 单元间的接触阻尼作用

在颗粒离散元计算中，颗粒接触碰撞产生的弹性波在颗粒之间传播。为使整个颗粒系统尽快达到平衡状态，通常采用增大颗粒之间的接触滑动摩擦系数来耗散颗粒的能量。但是，考虑离散元计算效率，在有限的离散元计算时间步内，颗粒间相互接触产生的滑动摩擦力对颗粒系统的能量耗散作用不足以使其达到力学平衡状态，因此在颗粒接触过程中可加入阻尼器来有效地耗散颗粒系统的能量。在颗粒系统的静力和动力问题中，阻尼力并不是真实的颗粒接触力。在颗粒的法向和切向接触力中，阻尼力可以有效地平衡颗粒的力和力矩。为对不同的颗粒系统实现能量的耗散，可根据所处理问题的不同分别采用不同的阻尼机制，通常采用的阻尼有自适应阻尼和粘性阻尼 (Hart et al., 1988; Cundall, 1988)。

自适应阻尼通过对粘性阻尼系数进行自动调整，使得阻尼所耗散的能量与整个颗粒系统动能变化率的比值为一个给定的常数值。当颗粒系统最终达到一个稳定的状态时，颗粒间的阻尼作用也将随之消失。作为一个无量纲常数，阻尼系数与颗粒系统固有的特性、边界条件等无关。在颗粒系统的不同位置处，由于颗粒的运动状态不尽相同，因此阻尼对每个颗粒接触对所施加的阻尼力亦不同。对于采用离散元数值模拟的具体科学问题，自适应阻尼也有其适用性。在模拟载荷突然改变或颗粒系统受载荷作用逐渐破坏的过程时，自适应阻尼对颗粒系统能量的耗散均表现出良好的适用性。此外，在颗粒系统的动力学问题中，通常采用质量阻尼或刚度阻尼对系统的能量进行耗散。质量阻尼通过控制颗粒绝对运动对系统内部的能量进行耗散，刚度阻尼则主要控制颗粒间的相对运动来达到耗散能量的目的。

粘结阻尼分为线性粘性阻尼模型和非线性粘性阻尼模型。线性粘性阻尼假定阻尼力与颗粒间相对速度成正比 (Itasca, 2013)。对于单自由度阻尼系统，无论是简谐振动或是非简谐振动，利用线性粘性阻尼均可以直接得到系统的运动方程：

$$m^{*}\ddot{u}(t)+\gamma_{i}\dot{u}(t)+ku(t)=0 \tag{6.26}$$

式中，m^{*} 为接触颗粒的有效质量；γ_i 为阻尼系数；下标 i 表示法向或切向方向；$u(t)$ 为颗粒离开平衡位置的距离；$\dot{u}(t)$ 为颗粒接触点处的相对运动速度；$\ddot{u}(t)$ 为颗粒接触点处的相对运动加速度。阻尼系数 γ_i 可写作

$$\gamma_{i}=2\gamma_{\mathrm{c}}\sqrt{m^{*}k_{i}} \tag{6.27}$$

式中，γ_{c} 为阻尼常数，其值由颗粒恢复系数 e 决定。当 $\gamma_{\mathrm{c}}=1$ 时，颗粒系统处于临界阻尼状态；当 $\gamma_{\mathrm{c}}<1$ 时，颗粒系统处于欠阻尼状态，系统能量耗散的效率会降低，不容易达到稳定状态；当 $\gamma_{\mathrm{c}}>1$ 时，颗粒系统处于过阻尼状态，系统需

要更多的计算迭代步数以达到平衡状态。因此在离散元数值模拟计算中，应根据所研究系统的特性来确定最优的阻尼系数。

对于非线性粘性阻尼模型 (Tsuji et al., 1992)，最早由 Tsuji 等提出。颗粒系统的运动方程为

$$m^*\ddot{u}(t)+\gamma_i\dot{u}(t)+ku(t)^{3/2}=0 \tag{6.28}$$

阻尼系数 γ_i 可表示为

$$\gamma_i=\gamma_{\mathrm{c}}\sqrt{m^*k_i}u\left(t\right)^{1/4} \tag{6.29}$$

利用非线性阻尼可以对颗粒系统的能量进行耗散，阻尼常数 γ_{c} 与恢复系数 e 之间的关系表达式为

$$\gamma_{\mathrm{c}}=-\left(\ln e\right)\sqrt{\frac{5}{\ln^2\left(e\right)+\pi^2}} \tag{6.30}$$

4. 单元计算时间步长

在颗粒的运动过程中，可能与相邻的颗粒或边界发生接触碰撞，并且颗粒间相互碰撞后会产生扰动波，因此颗粒的运动同时也受到远离其邻域的颗粒影响。为解决这个问题，需要对计算时间步长设置一个适当的数值，使得在单个时间步长内，扰动只能从一个颗粒传播到与之接触的邻域颗粒。在一个离散元计算时间步内，颗粒离散元方法假定颗粒受到的力恒定不变，因此计算得到的颗粒加速度也不变。如果时间步长过大，扰动波的传播距离会越远，会造成颗粒间接触过程计算不准确，导致计算结果的发散。时间步长过小则会导致离散元模拟迭代步数的急剧增大，虽然能够使数值模拟更为精确，但严重浪费了计算资源。因此，选择合适的计算时间步长在离散元数值模拟中显得尤为重要。以下分别介绍两种确定时间步长的方法，分别为简谐振动法和瑞利波法，分别对应不同的物理机制 (孙其诚和王光谦, 2009)。

1) 简谐振动法

简谐振动法通常被用于线形弹簧接触模型的情况，把颗粒碰撞系统近似简化为一个弹簧和振子组成的系统的简谐振动。通过中心差分法对简谐振动方程进行求解，可知离散元计算时间步长 Δt 需满足如下条件：

$$\Delta t<2\sqrt{\frac{m}{k}} \tag{6.31}$$

式中，k 为弹簧刚度系数；m 为振子质量。在软球接触模型中，通常以最小质量的颗粒振动周期作为离散元计算时间步长，可表示为

$$\Delta t<\min\left(P\sqrt{\frac{m}{k}}\right) \tag{6.32}$$

式中，考虑颗粒间的阻尼作用，引入常数 P，其值需根据实际问题进行确定。

2) 瑞利波法

通过实验可以发现，当颗粒发生接触碰撞的过程中，其总能耗的三分之二是由瑞利波消耗的 (Miller et al., 1955)。颗粒间发生接触时其表面受到交变应力的作用会产生沿颗粒表面传播的偏振波，该偏振波称为瑞利波。即使颗粒间的接触点位置不同，瑞利波在任何接触点的平均到达时间也都是相同的，因此可根据沿颗粒表面传播的瑞利波的波速对临界时间步长进行确定。瑞利波在传播的过程中，颗粒表面的能量最强，且随着颗粒深度的增加，瑞利波的能量减弱得非常明显。对于各向同性的材料，瑞利波的振幅随颗粒深度的增加呈指数衰减的趋势，而各向异性材料则随颗粒深度的增加呈现振荡衰减的规律。临界的时间步长基于颗粒样本中的最小粒径 $R_{\min}$，并以不传递到其他颗粒为标准，则离散元计算时间步长 Δt 可表示为

$$\Delta t=\frac{\pi R_{\min}}{v_{\mathrm{R}}}=\frac{\pi R_{\min}}{\lambda}\sqrt{\frac{\rho}{G}} \tag{6.33}$$

式中，λ 为与泊松比 ν 相关的一个中间参数；v_{R} 表示瑞利波的波速。v_{R} 可表示为

$$v_{\mathrm{R}}=\lambda\sqrt{\frac{G}{\rho}} \tag{6.34}$$

式中，G 为颗粒的剪切模量；ρ 为颗粒密度；λ 可由下式计算得到：

$$\left(2-\lambda^2\right)^4=16\left(1-\lambda^2\right)\left[1-\lambda^2\frac{1-2\nu}{2\left(1-\nu\right)}\right] \tag{6.35}$$

其中，ν 为颗粒的泊松比，由式 (6.35) 可得到 λ 的近似解为

$$\lambda=0.8766+0.1631\nu \tag{6.36}$$

在离散元数值模拟计算中，需选取合理的离散元计算时间步长以保证计算过程的稳定性。在本书有砟道床离散元数值模拟中，时间步长设定为 $0.1\Delta t$。

6.2 组合扩展多面体单元的离散元方法

非规则颗粒材料广泛地存在于自然界及工业生产中，而由包络函数构造的扩展多面体颗粒需要满足严格凸形的条件。为构建更接近真实颗粒形态的理论模型，人们以扩展多面体单元为基本颗粒发展了组合扩展多面体模型；通过组合多个扩展多面体颗粒构造出形态各异的组合模型，并将组合单元间的接触问题简化为其基本单元间接触判断，最后对组合单元的运动进行求解。

6.2.1　组合扩展多面体模型的几何构造

在组合扩展多面体模型中，其基本单元扩展多面体颗粒是基于闵可夫斯基和理论 (Varadhan et al., 2006)，在欧几里得几何空间中将 $\boldsymbol{A}$ 和 $\boldsymbol{B}$ 两个空间体设置为任意多面体和扩展球体构建得到的 (Galindo-Torres et al., 2012)。

$$\boldsymbol{A} \oplus \boldsymbol{B} = \{\boldsymbol{x} + \boldsymbol{y} | \boldsymbol{x} \in \boldsymbol{A}, \boldsymbol{y} \in \boldsymbol{B}\} \tag{6.37}$$

式中，$\boldsymbol{x}$ 和 $\boldsymbol{y}$ 分别为空间体 $\boldsymbol{A}$ 和 $\boldsymbol{B}$ 对应的空间坐标。

扩展多面体的多样性可通过不同几何形态的多面体和不同半径的球体来调整。通过改变球体的扩展半径可构建具有不同粒子尖锐度的扩展多面体单元 (Galindo-Torres et al., 2009; 刘璐等, 2015)，如图 6.6 所示。

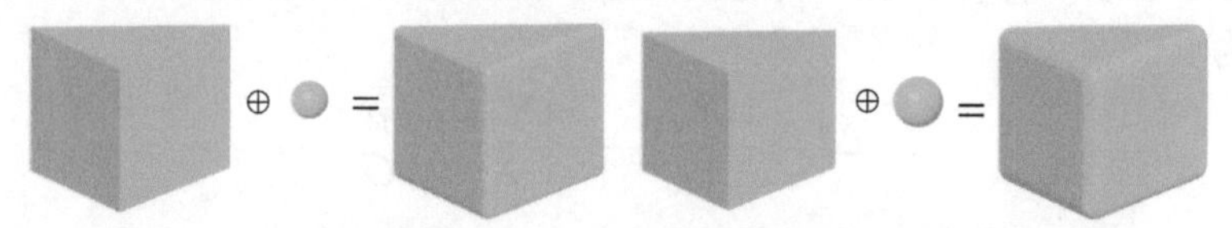

图 6.6　由不同扩展半径球体与多面体构造的扩展多面体单元

为准确地构建形状更为复杂的凹形颗粒，这里基于组合离散元方法将多个不同形态的扩展多面体单元组合起来，且颗粒之间可存在一定重叠量，进而构造形态各异的任意形态颗粒材料。不同颗粒形态的组合扩展多面体模型如图 6.7 所示。

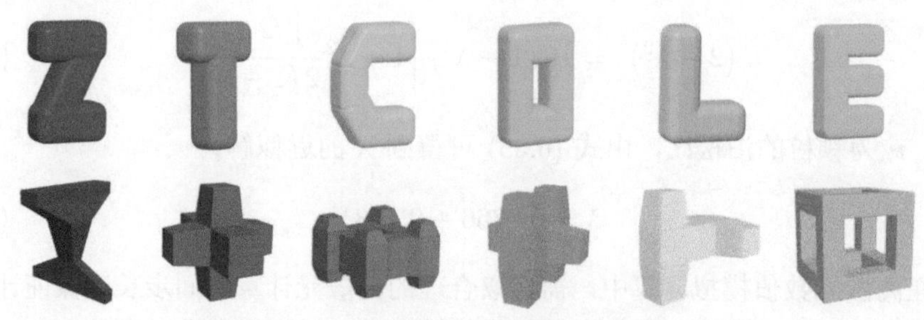

图 6.7　不同形态的扩展多面体组合单元

6.2.2　组合扩展多面体模型的运动求解

组合扩展多面体模型的运动可分为平动和转动两部分，根据牛顿第二定律列出其运动方程如下：

$$m\frac{\mathrm{d}\boldsymbol{v}}{\mathrm{d}t} = \sum \boldsymbol{F} + m\boldsymbol{g} \tag{6.38}$$

$$I\frac{\mathrm{d}\boldsymbol{\omega}}{\mathrm{d}t} = \sum \boldsymbol{M} \tag{6.39}$$

式中，m、I 分别为组合单元的质量和惯性张量；$\mathrm{d}\boldsymbol{v}/\mathrm{d}t$、$\mathrm{d}\boldsymbol{\omega}/\mathrm{d}t$ 分别为组合单元的加速度和角加速度；$\sum \boldsymbol{F}$、$\sum \boldsymbol{M}$ 分别为组合单元的合力和合力矩；$\boldsymbol{g}$ 为重力加速度。

组合单元所在空间坐标系可分为整体坐标系 (G) 和以组合单元质心为原点的全局坐标系 (GL) 和局部坐标系 (B)。组合单元平动时，局部坐标系 (B) 随之发生平动，其动力学方程可写作

$$\boldsymbol{a}^{k+1} = \boldsymbol{F}^{k+1}/m \tag{6.40}$$

$$\boldsymbol{v}^{k+1} = \boldsymbol{v}^{k} + \frac{1}{2}\left(\boldsymbol{a}^{k} + \boldsymbol{a}^{k+1}\right) \cdot \Delta t \tag{6.41}$$

$$\boldsymbol{x}^{k+1} = \boldsymbol{x}^{k} + \boldsymbol{v}^{k+1} \cdot \Delta t + \frac{1}{2}\boldsymbol{a}^{k} \cdot \Delta t^2 \tag{6.42}$$

式中，$\boldsymbol{F}$、$\boldsymbol{a}$ 和 $\boldsymbol{v}$ 分别为组合单元的合力、加速度和速度；$\boldsymbol{x}$ 为组合单元的位置信息；k、$k+1$ 分别表示当前时刻和下一时刻，其间隔用 Δt 表示。

组合单元是一个刚体，所有基本单元与组合单元之间的相对位置都是恒定的 (Lu et al., 2015)。因此，通过更新组合单元的坐标位置，以及所有基本单元与组合单元的相对位置，就可以得到所有基本单元的位置信息，可表示为

$$\boldsymbol{x}_i^{k+1} = \boldsymbol{x}^{k+1} + \Delta \boldsymbol{x}_i^{k+1} \tag{6.43}$$

式中，i 为基本单元的编号；$\boldsymbol{x}_i$ 为下一时刻第 i 个基本单元位置信息；$\Delta \boldsymbol{x}_i$ 为第 i 个基本单元与其组合单元质心的相对位置。

组合单元转动时其运动可视为局部坐标系在全局坐标系下的运动。局部坐标系下的坐标 e^{B} 与全局坐标系下的坐标 e^{GL}，其转换关系可表示为

$$\mathrm{e}^{\mathrm{B}} = \boldsymbol{R}\Delta \mathrm{e}^{\mathrm{GL}} \tag{6.44}$$

式中，$\boldsymbol{R}$ 为转换矩阵。

作用在组合单元上的合力矩 $\boldsymbol{M}$ 在局部坐标系下可表示为 $\boldsymbol{M}_{\mathrm{B}} = \boldsymbol{R} \cdot \boldsymbol{M}$。根据组合单元转动的动力学方程可求得下一时刻局部坐标系下组合单元的角速度 $\boldsymbol{\omega}_{\mathrm{B}}$，即

$$\omega_{\mathrm{B}x}^{k+1} = \omega_{\mathrm{B}x}^{k} + \frac{\left[M_{\mathrm{B}x}^{k} + \left(I_{yy} - I_{zz}\right)\omega_{\mathrm{B}y}^{k}\omega_{\mathrm{B}z}^{k}\right]\mathrm{d}t}{I_{xx}} \tag{6.45}$$

$$\omega_{\mathrm{B}y}^{k+1} = \omega_{\mathrm{B}y}^{k} + \frac{\left[M_{\mathrm{B}y}^{k} + \left(I_{zz} - I_{xx}\right)\omega_{\mathrm{B}z}^{k}\omega_{\mathrm{B}x}^{k}\right]\mathrm{d}t}{I_{yy}} \tag{6.46}$$

$$\omega_{\mathrm{B}z}^{k+1} = \omega_{\mathrm{B}z}^{k} + \frac{\left[M_{\mathrm{B}z}^{k} + \left(I_{xx} - I_{yy}\right)\omega_{\mathrm{B}x}^{k}\omega_{\mathrm{B}y}^{k}\right]\mathrm{d}t}{I_{zz}} \tag{6.47}$$

式中，I_{xx}、I_{yy} 和 I_{zz} 分别表示三个轴向的转动惯量；$\mathrm{d}t$ 为时间间隔。

由式 (6.45)～式 (6.47) 求得下一时刻局部坐标系下组合单元的转速，然后再对组合单元四元数进行更新，表达式见式 (6.7)。随后，将更新后的四元数再次代入表达式 (6.5) 中计算得到下一时刻的转换矩阵。通过下式可计算得到组合单元在全局坐标系下的转速 $\boldsymbol{\omega}_{\mathrm{G}}$：

$$\boldsymbol{\omega}_{\mathrm{G}}^{k+1} = \boldsymbol{R}^{-1}\boldsymbol{\omega}_{\mathrm{B}}^{k} \tag{6.48}$$

6.2.3 组合扩展多面体模型的接触力计算

组合方法的优势在于其接触判断可简化为一系列简单的基本颗粒之间的接触判断 (Rakotonirina et al., 2019)，所以在组合扩展多面体模型的接触力模型中，将两组合扩展多面体单元之间的接触问题转化为其基本单元即扩展多面体颗粒之间的接触问题，如图 6.8 所示。

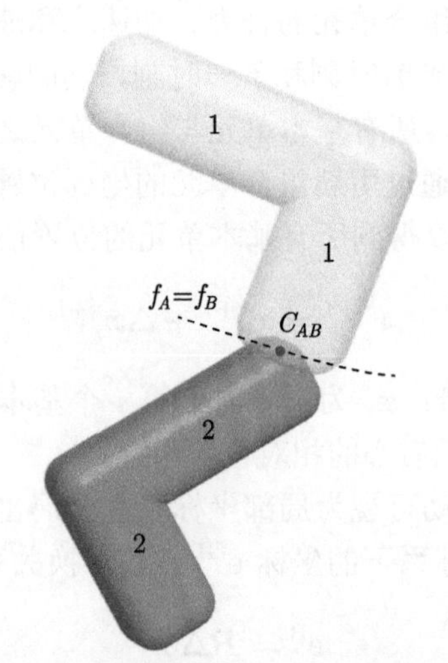

图 6.8 扩展多面体组合单元间的接触判断

采用二阶多面体扩展函数与球面函数加权求和的方法得到扩展多面体的包络函数，从而将扩展多面体间的接触问题转化为两个包络函数之间的优化问题。通过求解优化问题而快速确定颗粒间的接触法向和重叠量，有效地提高了扩展多面体单元的接触搜索效率 (刘璐和季顺迎, 2019)。该包络函数的归一化形式为

$$f(x,y,z) = (1-k)\left(\sum_{i=1}^{N}\frac{a_i x + b_i y + c_i z - d_i^2}{r^2} - 1\right) + k\left(\frac{x^2+y^2+z^2}{R^2} - 1\right) \tag{6.49}$$

式中，k 为颗粒光滑度系数；R 为球面函数的半径。

优化模型的表达式为

$$\begin{aligned}&\text{设计变量}:(x,y,z)\\&\text{目标函数}:f_A(x,y,z)+f_B(x,y,z)\\&\text{约束条件}:f_A(x,y,z)-f_B(x,y,z)=0\end{aligned}\tag{6.50}$$

式中，f_A 和 f_B 分别为两个基本单元的包络函数。

因组合单元之间的接触已转换为其基本单元之间的接触，所以组合单元的接触力、力矩是在其基本单元接触力、力矩计算的基础上再进行计算。这里采用非线性接触力模型简化基本单元之间的接触力计算 (Liu et al., 2014)，法向接触力可表示为

$$\boldsymbol{F}_n=\boldsymbol{F}_n^{\mathrm{e}}+\boldsymbol{F}_n^{\mathrm{v}}=k_n\boldsymbol{\delta}_n^{\frac{3}{2}}+c_n\sqrt{\boldsymbol{\delta}_n}\dot{\boldsymbol{\delta}}_n\tag{6.51}$$

式中，k_n 为法向接触刚度且 $k_n=\dfrac{4E^*\sqrt{R^*}}{3}$，这里 E^* 和 R^* 分别为等效弹性模量和等效颗粒半径；$\boldsymbol{\delta}_n$ 为颗粒间法向接触重叠量；$\dot{\boldsymbol{\delta}}_n$ 为法向相对速度；c_n 为法向阻尼系数且 $c_n=\zeta_n\sqrt{m_{AB}k_n}$，这里 m_{AB} 为等效质量，ζ_n 为无量纲阻尼系数且 $\zeta_n=\dfrac{-\ln e}{\sqrt{\pi^2+\ln^2 e}}$ (e 为回弹系数)。

切向接触力可表示为 (Liu et al., 2014)

$$\boldsymbol{F}_t=\boldsymbol{F}_t^{\mathrm{e}}+\boldsymbol{F}_t^{\mathrm{v}}=\mu\left|\boldsymbol{F}_n^{\mathrm{e}}\right|\left[1-\left(1-\frac{\boldsymbol{\delta}_t}{\boldsymbol{\delta}_t^{\max}}\right)^{\frac{3}{2}}\right]+c_t\sqrt{\frac{6\mu m_{AB}\left|\boldsymbol{F}_n^{\mathrm{e}}\right|\sqrt{1-\boldsymbol{\delta}_t/\boldsymbol{\delta}_t^{\max}}}{\boldsymbol{\delta}_t^{\max}}}\dot{\boldsymbol{\delta}}_t\tag{6.52}$$

式中，μ 为摩擦系数；$\boldsymbol{\delta}_t$ 为切向重叠量；$\boldsymbol{\delta}_t^{\max}$ 为最大切向重叠量且 $\boldsymbol{\delta}_t^{\max}=\mu\boldsymbol{\delta}_n(2-\nu)/(2-2\nu)$；$\dot{\boldsymbol{\delta}}_t$ 为切向相对速度；c_t 为切向阻尼系数且 $c_t=c_n/[2(1+\nu)]$。对于组合单元来说，合力矩 $\sum\boldsymbol{M}$ 以及合力 $\sum\boldsymbol{F}$ 的计算是将所有基本单元的接触力矩进行叠加，将作用在基本单元上的接触力相对于组合单元质心进行累加。

6.3 组合超二次曲面单元的离散元方法

超二次曲面方程构造的颗粒是几何对称并且是严格凸形的，这与实际的颗粒形态存在一定差异并且限制了超二次曲面单元的进一步工程应用。为此，本节在超二次曲面方程基础上发展组合超二次曲面模型。组合超二次曲面模型是将多个超二次曲面单元进行任意组合并且基本单元间存在重叠量，可用于构造凸形和凹形颗粒。

6.3.1 组合超二次曲面单元的几何构造

通过组合若干个不同形状的超二次曲面单元进而形成一个可描述几何非对称或凹形的颗粒形态 (Liu and Zhao, 2020; Wang and Ji, 2021)，且每个基本单元的形状是由式 (4.1) 确定。因此，每个组合超二次曲面单元的函数形式可表述为

$$\left(\left|\frac{x}{a_i}\right|^{n_{2i}}+\left|\frac{y}{b_i}\right|^{n_{2i}}\right)^{n_{1i}/n_{2i}}+\left|\frac{z}{c_i}\right|^{n_{1i}}-1=0 \tag{6.53}$$

式中，a_i、b_i、c_i、n_{1i} 和 n_{2i} 为第 i 个超二次曲面单元的函数参数。如果一个组合超二次曲面单元是由 N_{s} 个基本超二次曲面单元组合而成，那么这个单元需要 $5N_{\mathrm{s}}$ 个形状参数。不同形态的组合超二次曲面单元如图 6.9 所示。

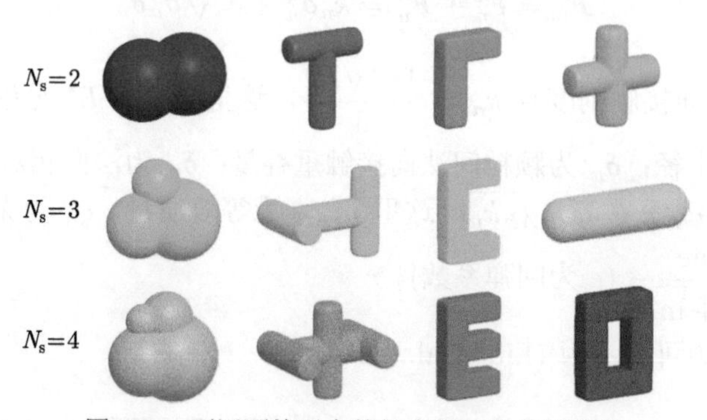

图 6.9 不同颗粒形态的组合超二次曲面单元

考虑组合超二次曲面单元中基本单元间存在较大的重叠量，因此采用背景网格方法计算组合超二次曲面单元的质量和转动惯量。该方法通过累加有效网格的质量进而消除重叠区域对质量计算的影响，如图 6.10 所示。通过基本超二次曲面单元间的位置关系和每个基本单元的包围球体半径来确定空间网格的计算区域，并且每个立方体网格的边长是所有基本超二次曲面单元的最小包围球体半径的八十分之一。如果立方体网格的中心在组合超二次曲面单元内，则对该网格的质量进行累加，可表示为

$$m=\sum_{nz=1}^{N_z}\sum_{ny=1}^{N_y}\sum_{nx=1}^{N_x}\rho l_{nx}l_{ny}l_{nz} \tag{6.54}$$

式中，m 为质量；ρ 为颗粒的密度；l_{nx}、l_{ny} 和 l_{nz} 分别为 x、y 和 z 方向上立方体网格的边长；N_x、N_y 和 N_z 分别为 x、y 和 z 方向上有效网格的总数目。

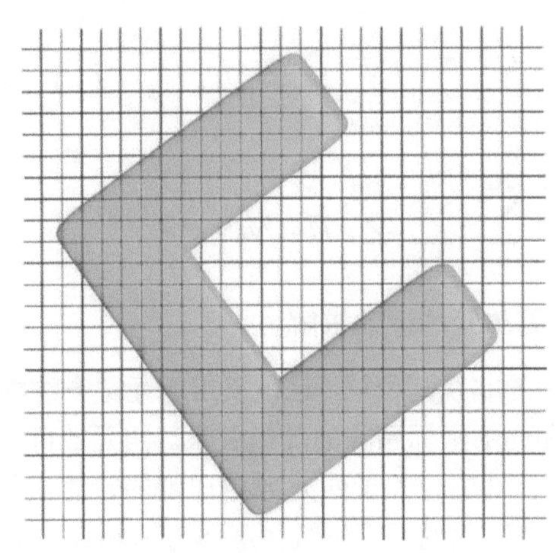

图 6.10 采用背景网格方法计算组合超二次曲面单元的质量和转动惯量

随后，颗粒的质心可表示为

$$C_x = \frac{1}{m}\sum_{nz=1}^{N_z}\sum_{ny=1}^{N_y}\sum_{nx=1}^{N_x}\rho l_{nx}l_{ny}l_{nz}x_g \tag{6.55}$$

$$C_y = \frac{1}{m}\sum_{nz=1}^{N_z}\sum_{ny=1}^{N_y}\sum_{nx=1}^{N_x}\rho l_{nx}l_{ny}l_{nz}y_g \tag{6.56}$$

$$C_z = \frac{1}{m}\sum_{nz=1}^{N_z}\sum_{ny=1}^{N_y}\sum_{nx=1}^{N_x}\rho l_{nx}l_{ny}l_{nz}z_g \tag{6.57}$$

式中，C_x、C_y 和 C_z 分别为 x、y 和 z 方向上颗粒的质心坐标；x_g、y_g 和 z_g 分别为 x、y 和 z 方向上有效网格的中心坐标。

最终，颗粒的转动惯量可表示为

$$I_{xx} = \sum_{nz=1}^{N_z}\sum_{ny=1}^{N_y}\sum_{nx=1}^{N_x}\rho l_{nx}l_{ny}l_{nz}[(y_g - C_y)^2 + (z_g - C_z)^2] \tag{6.58}$$

$$I_{yy} = \sum_{nz=1}^{N_z}\sum_{ny=1}^{N_y}\sum_{nx=1}^{N_x}\rho l_{nx}l_{ny}l_{nz}[(x_g - C_x)^2 + (z_g - C_z)^2] \tag{6.59}$$

$$I_{zz} = \sum_{nz=1}^{N_z}\sum_{ny=1}^{N_y}\sum_{nx=1}^{N_x}\rho l_{nx}l_{ny}l_{nz}[(x_g - C_x)^2 + (y_g - C_y)^2] \tag{6.60}$$

$$I_{xy} = I_{yx} = -\sum_{nz=1}^{N_z}\sum_{ny=1}^{N_y}\sum_{nx=1}^{N_x}\rho l_{nx}l_{ny}l_{nz}\left(x_g - C_x\right)\left(y_g - C_y\right) \tag{6.61}$$

$$I_{xz} = I_{zx} = -\sum_{nz=1}^{N_z}\sum_{ny=1}^{N_y}\sum_{nx=1}^{N_x} \rho l_{nx} l_{ny} l_{nz} (x_g - C_x)(z_g - C_z) \tag{6.62}$$

$$I_{yz} = I_{zy} = -\sum_{nz=1}^{N_z}\sum_{ny=1}^{N_y}\sum_{nx=1}^{N_x} \rho l_{nx} l_{ny} l_{nz} (y_g - C_y)(z_g - C_z) \tag{6.63}$$

6.3.2 组合超二次曲面单元的运动求解

针对离散元模拟中的非规则颗粒，这里采用四元数方法描述非规则颗粒的空间角度以及全局坐标系和局部坐标系间的转换关系。四元数可表示为 $\boldsymbol{q}(q_0, q_1, q_2, q_3)$，其转换矩阵可表示为式 (6.5)。关于四元数更详细的计算过程可参考 Fritzer 的工作 (Fritzer, 2001)。值得注意的是，与组合球体方法相比，组合超二次曲面单元包含两组局部坐标系，分别是以组合超二次曲面单元质心为原点的局部坐标系和若干个以基本超二次曲面单元质心为原点的局部坐标系，如图 6.11 所示。$\boldsymbol{R}_{\mathrm{c}}$ 为全局坐标系和组合超二次曲面单元的局部坐标系间的转换矩阵；$\boldsymbol{R}_{\alpha}\,(\alpha = 1, 2, 3)$ 为组合超二次曲面单元的局部坐标系和基本超二次曲面单元的局部坐标系间的转换矩阵。另外，在组合超二次曲面单元初始生成时形成矩阵 $\boldsymbol{R}_{\alpha}$，同时该矩阵在离散元模拟中保持不变。矩阵 $\boldsymbol{R}_{\mathrm{c}}$ 在每个 DEM 时间步进行更新，并用于表示每个时刻组合超二次曲面单元的空间角度。矩阵 $\boldsymbol{R}_{\mathrm{c}\alpha}$ 可通过矩阵 $\boldsymbol{R}_{\mathrm{c}}$ 计算得到，可表示为 $\boldsymbol{R}_{\mathrm{c}\alpha} = \boldsymbol{R}_{\alpha} \cdot \boldsymbol{R}_{\mathrm{c}}$，并用于基本超二次曲面单元间重叠量的计算。

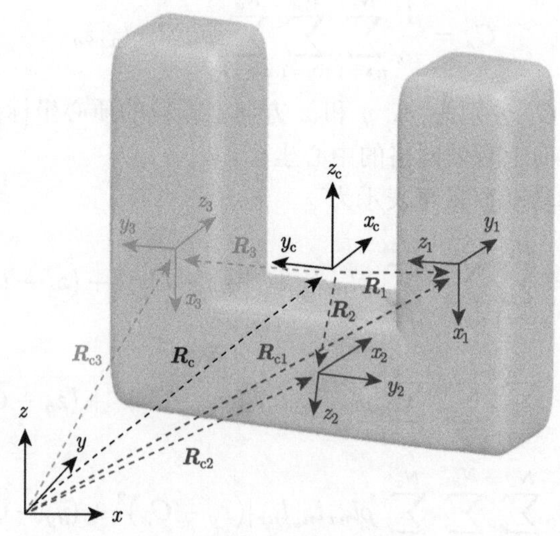

图 6.11　组合超二次曲面单元的局部坐标系和全局坐标系间的转换关系

6.3.3 组合超二次曲面单元的接触力计算

考虑组合超二次曲面单元间接触判断的复杂性，将一个组合超二次曲面单元拆分为若干个基本超二次曲面单元，并且组合超二次曲面单元间的接触判断转变为基本超二次曲面单元间的接触判断。值得注意的是，属于同一个组合超二次曲面单元的基本单元之间不计算重叠量和接触力。

一般而言，包围球和方向包围盒 (oriented bounding box) 可用于减少超二次曲面单元间潜在的接触对数目，进而提高离散元模拟的计算效率。此外，超二次曲面单元间精确的接触算法包括：公共法向方法 (common normal method) (Wellmann et al., 2008)、几何势能算法 (geometric potential approach)(Houlsby, 2009) 和中间点方法 (midway point method)(Podlozhnyuk et al., 2017)。本书采用中间点方法计算两个相邻超二次曲面单元间的重叠量，其非线性方程组可表示为

$$\begin{cases} \nabla F_i(\boldsymbol{X}) + \lambda^2 \nabla F_j(\boldsymbol{X}) = 0 \\ F_i(\boldsymbol{X}) - F_j(\boldsymbol{X}) = 0 \end{cases} \tag{6.64}$$

式中，$\boldsymbol{X} = (x, y, z)^{\mathrm{T}}$；$\lambda$ 为运算乘子；F_i 和 F_j 分别为超二次曲面单元 i 和 j 的函数方程。如果中间点 ($\boldsymbol{X}_0$) 满足 $F_i(\boldsymbol{X}_0) < 0$ 且 $F_j(\boldsymbol{X}_0) < 0$，那么单元 i 和 j 发生接触。其中，接触法向可表示为 $\boldsymbol{n} = \nabla F_i(\boldsymbol{X}_0) / \nabla F_i(\boldsymbol{X}_0)$，如图 6.12 所示。然后，表面点 $\boldsymbol{X}_i$ 和 $\boldsymbol{X}_j$ 可分别表示为 $\boldsymbol{X}_i = \boldsymbol{X}_0 + \alpha\boldsymbol{n}$ 和 $\boldsymbol{X}_j = \boldsymbol{X}_0 + \beta\boldsymbol{n}$，而法向重叠量可表示为 $\boldsymbol{\delta}_n = \boldsymbol{X}_i - \boldsymbol{X}_j$。对于每一个超二次曲面单元的潜在接触对，采用牛顿迭代算法求解式 (6.64)。对于组合超二次曲面单元，将所有基本超二次曲面单元的接触力和力矩进行叠加，进而得到组合单元的合力和合力矩。

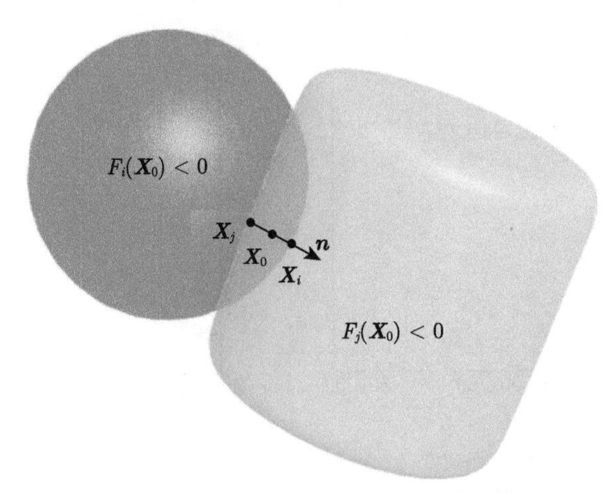

图 6.12 超二次曲面单元间的接触判断

6.4　任意形态组合单元离散元方法的算例验证

组合单元方法是非规则颗粒构造的重要方法。本节采用组合超二次曲面和组合扩展多面体构造非规则颗粒形态，并通过离散元方法模拟单个颗粒冲击平面、多颗粒堆积及动态卸料过程，进而对任意形态组合单元离散元方法进行有效验证。

6.4.1　单个颗粒冲击平面的解析解对比

为了验证组合超二次曲面和聚合超二次曲面离散元方法的有效性，这里采用组合超二次曲面构造球柱体颗粒，采用聚合超二次曲面单元构造半球体颗粒，对单个颗粒冲击平面的过程进行离散元模拟，并与解析结果 (Park, 2003) 进行对比。其中，一个球柱体颗粒是由一个圆柱体和两个球体组合而成，如图 6.13(a) 所示。圆柱体单元的函数参数满足 $a = b = c = 6$ mm、$n_1 = 10$ 和 $n_2 = 2$，球体的函数参数满足 $a = b = c = 6$ mm 和 $n_1 = n_2 = 2$。因此，一个球柱体颗粒的尺寸为

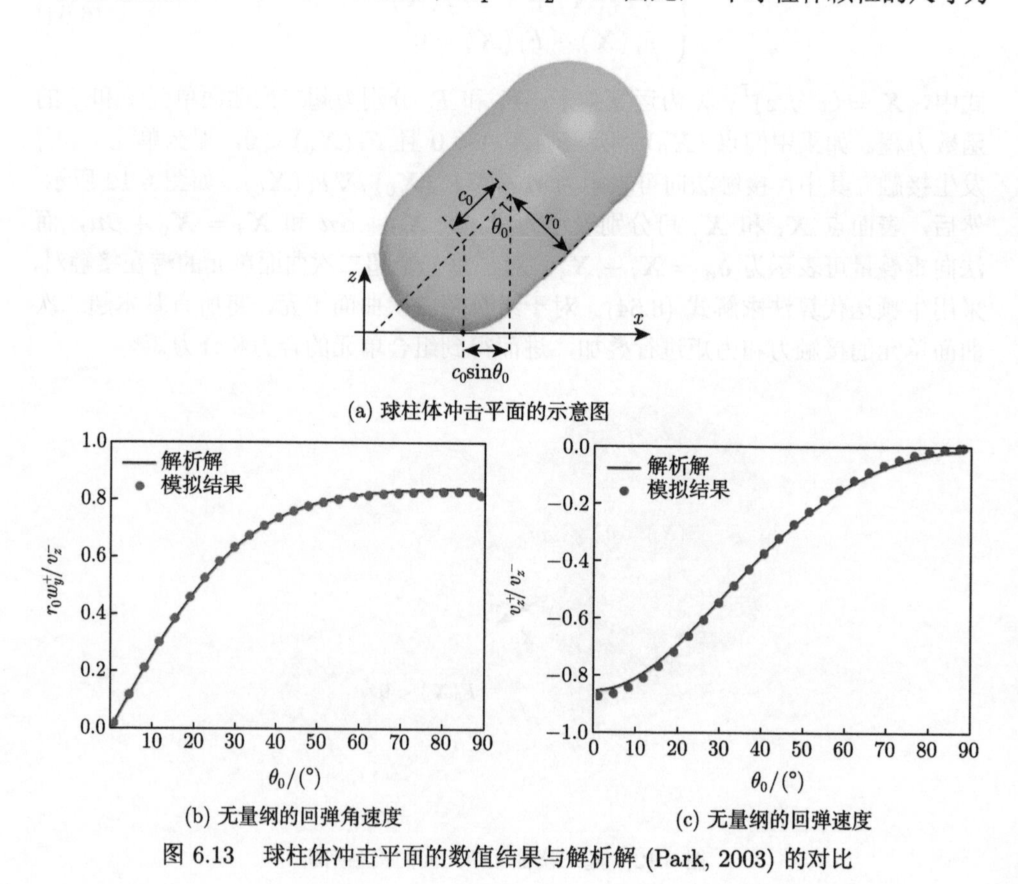

(a) 球柱体冲击平面的示意图

(b) 无量纲的回弹角速度　　(c) 无量纲的回弹速度

图 6.13　球柱体冲击平面的数值结果与解析解 (Park, 2003) 的对比

$r_0 = c_0 = 6$ mm。颗粒密度为 2500 kg/m^3，弹性模量为 1 GPa，泊松比为 0.3。整个冲击过程中不考虑重力和摩擦作用，且不同冲击角度下回弹角速度 $\left(w_y^+\right)$ 和平动速度 $\left(v_z^+\right)$ 的解析解可表示为 (Park, 2003)

$$w_y^+ = mv_z^- \left(1+\varepsilon\right) c_0 \sin\theta_0 / \left(I_{yy} + mc_0^2 \sin^2\theta_0\right) \tag{6.65}$$

$$v_z^+ = w_y^+ c_0 \sin\theta_0 - \varepsilon v_z^- \tag{6.66}$$

式中，m 为颗粒质量；I_{yy} 为颗粒绕 y 轴的转动惯量；ε 为恢复系数，设定为 0.85；θ_0 为颗粒外表面与平面的夹角；c_0 为圆柱体质心与球体质心间的距离；v_z^- 为初始冲击速度，定义为 -1 m/s。在组合超二次曲面离散元模拟中，将球柱体的无量纲回弹角速度和回弹速度分别与解析解进行对比，如图 6.13(b) 和 (c) 所示。尽管采用组合超二次曲面单元构造的球柱体颗粒与真实球柱体存在一定的形态差异，但是离散元模拟结果与解析结果较好地吻合，这说明当前的组合超二次曲面离散元方法能够有效地模拟复杂形态颗粒的动力行为。

6.4.2 多个颗粒卸料过程的对比分析

为验证组合扩展多面体单元的有效性，并与已有文献结果进行对比 (Govender et al., 2018)，本书选取了该文献中的两类单元，分别模拟其在长方形平底料斗中的卸料过程。图 6.14 中的这两类单元分别是由一个基本颗粒构成的凸形三棱柱单元和由两个基本颗粒构成的凹形正倒锥体单元，其可看作在凸形三棱柱单元基础上将其两个矩形面旋转 45° 得到。

图 6.14 凸形三棱柱单元和凹形正倒锥体单元

长方形平底料斗的长、宽、高分别为 0.14 m、0.05 m 和 0.4 m，料斗挡板尺寸为 0.04 m、0.05 m。这里选取 600 个蓝色颗粒和 400 个红色颗粒，并将其划分为 5 层，以便更好地观察颗粒的堆积和卸料过程。初始时料斗中放置挡板，所有颗粒具有随机位置和空间方位，在重力作用下自由下落堆积。当颗粒堆积稳定后撤去挡板，完成料斗卸料过程。

将两种组合单元模拟平底卸料过程所得结果与相关试验以及离散元模拟结果进行比较分析，如图 6.15 和图 6.16 所示。在三棱柱单元的模拟中，组合单元的流动从中间向边缘发展，组合单元逐渐呈 V 形流动。这主要是由于料斗中心的颗粒速度要高于两侧边壁的颗粒速度。已有的试验和模拟中分别在 1.6 s 和 2.4 s 时形成准稳定拱门，但在大多数情况下这些准稳定拱门最终会坍塌 (Govender et al., 2018)。而在本书的模拟中，首先在 1.6 s 处观察到准稳定拱门的形成，而后拱门坍塌，料斗继续卸料，2.4 s 时再次形成准稳定拱门。这主要是因为凸形颗粒的流动是连续的，也更容易滑动和转动，不能像凹形颗粒一样互锁而形成稳定的拱形结构。而对于凹形正倒锥体单元，在已有的试验、模拟以及本书的数值模拟中均在 0.8 s 处形成稳定的拱形结构，且在整个模拟过程中拱形结构保持稳定。这主要是因为凹形颗粒之间的互锁结构阻碍了组合颗粒的连续流动；其次，靠近边壁的凹形颗粒更容易产生互锁效应，从而形成更为稳定的拱形结构。

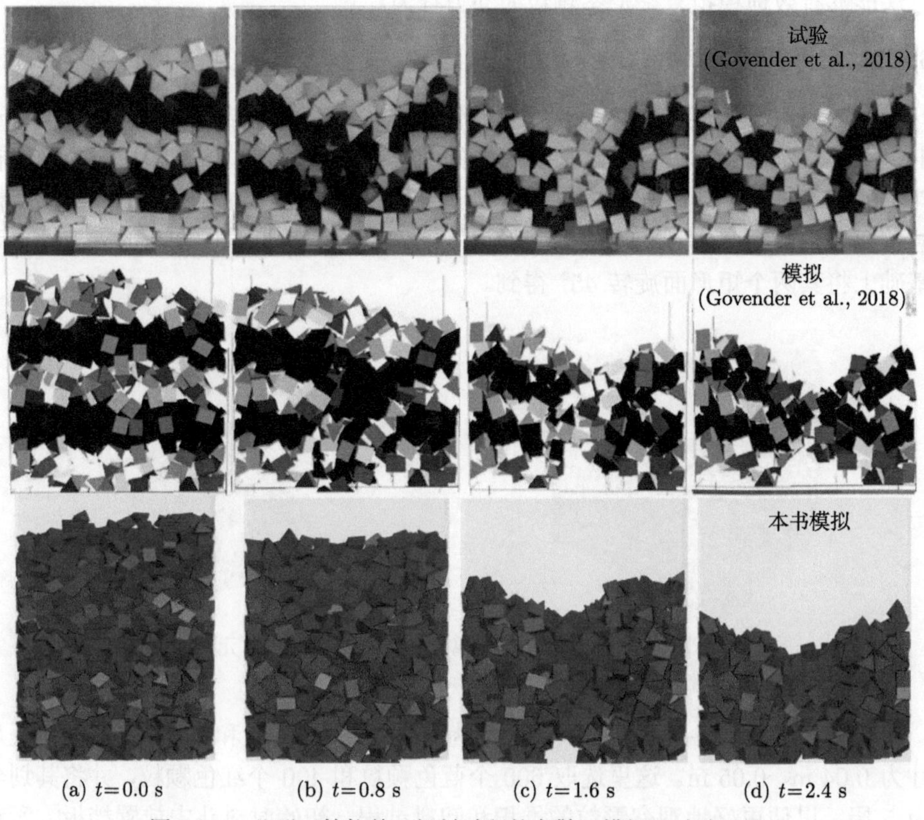

图 6.15 凸形三棱柱单元卸料过程的离散元模拟及试验对比

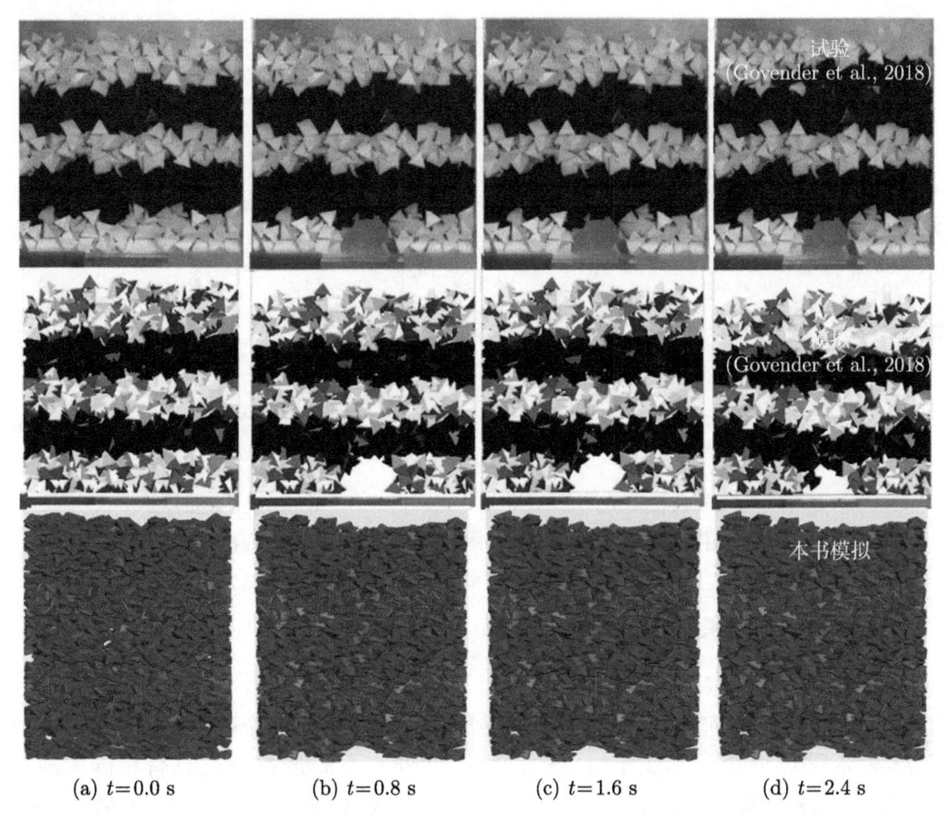

图 6.16　凹形正倒锥体单元卸料过程的离散元模拟及试验对比

为进一步验证方法的可靠性,下面将卸料过程的流量进行对比分析。Govender 等 (2018) 共进行了 20 次试验和 5 次数值模拟，其中 20 次试验结果存在一定差异，这主要是由于颗粒材料的初始排列状态具有很强的随机分布规律，从而最终堆积状态不同，这会对卸料结果产生一定影响。图 6.17 为平底料斗卸料过程中剩余颗粒比例随时间的变化情况，在此给出了 Govender 等 (2018) 的 20 次试验结果上下限及一次数值模拟结果。可以看到，对于凸形三棱柱单元，本书模拟结果在 Govender 等 (2018) 试验结果的区域范围内，且与离散元模拟结果在趋势上是一致的。此外，本书模拟结果与 Govender 等 (2018) 的模拟结果最终剩余颗粒比例相近，不同的是，开始时本书模拟料斗卸料速度更快。这主要是因为在本次模拟中选择的基本单元为扩展多面体单元，即使给定的扩展半径很小，但其较多面体而言，颗粒表面也更为光滑，颗粒也更易流动。

对于凹形正倒锥体单元，本书模拟所得结果与 Govender 等 (2018) 的试验、离散元模拟结果在趋势上一致，且其位于试验结果的区域范围内。显然，在最终稳定状态下平底料斗中剩余颗粒比例与已有试验结果的上限相近。从整体上看，本

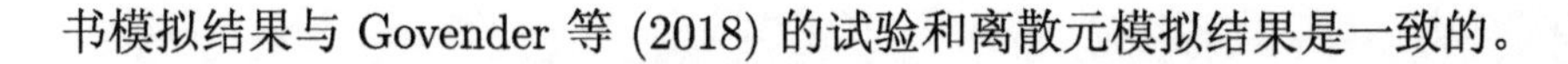
书模拟结果与 Govender 等 (2018) 的试验和离散元模拟结果是一致的。

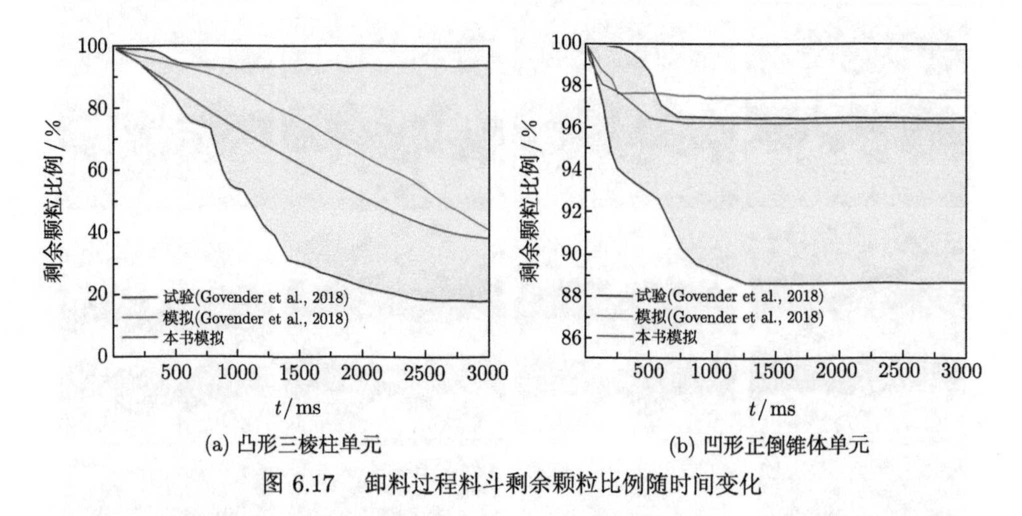

(a) 凸形三棱柱单元　　(b) 凹形正倒锥体单元

图 6.17　卸料过程料斗剩余颗粒比例随时间变化

6.4.3 多个颗粒堆积过程的离散元模拟

这里通过超二次曲面模型和组合超二次曲面模型构造不同形态的颗粒，如图 6.18 所示。L、W 和 H 分别表示颗粒的长、宽和高，且满足 $L{:}W{:}H = 1{:}1{:}1$，而 D 表示颗粒直径，其满足 $L{:}D = 3{:}1$。此外，不同形态颗粒具有相同的质量，并且等体积球体的直径都为 5 mm。颗粒的总数为 4000 个，密度为 2500 kg/m^3，弹性模量为 1×10^8 Pa，泊松比为 0.3，颗粒间的摩擦系数和阻尼系数均为 0.3。

立方体容器的长、宽和高分别为 L_0 = 75 mm、W_0 = 75 mm 和 H_0 = 180 mm。在初始时刻，所有颗粒具有随机位置和空间角度，并且其在重力作用下实现下落和堆积过程。将不同形态颗粒的包围球体半径作为颗粒初始生成时的粗判断，并且保证所有颗粒在初始时刻无重叠量。颗粒的颜色表示颗粒与容器底部的距离。其中，红色表示颗粒与底板的距离较远，而蓝色表示颗粒与底板的距离较近。最终，不同形态颗粒形成的稳定颗粒床如图 6.19 所示，且颗粒形状对堆积分数的影响如图 6.20 所示。与球形颗粒相比，柱形颗粒和球柱形颗粒具有更高的堆积密度和更低的孔隙率，而凹形颗粒具有更低的堆积密度和更高的孔隙率。此外，球柱体颗粒比圆柱体颗粒具有更高的堆积密度和更低的孔隙率。这主要是由于球柱体颗粒比圆柱体颗粒具有更加光滑的表面，这使得颗粒更容易发生相对滑动和转动。然而，凹形颗粒比凸形颗粒具有更显著的互锁效应，这使得凹形颗粒难以发生相对运动，进而导致更高的孔隙率。一般而言，颗粒形状的复杂度显著影响颗粒床的堆积密度，并且随着颗粒形状复杂度的增加，颗粒床的堆积密度降低。

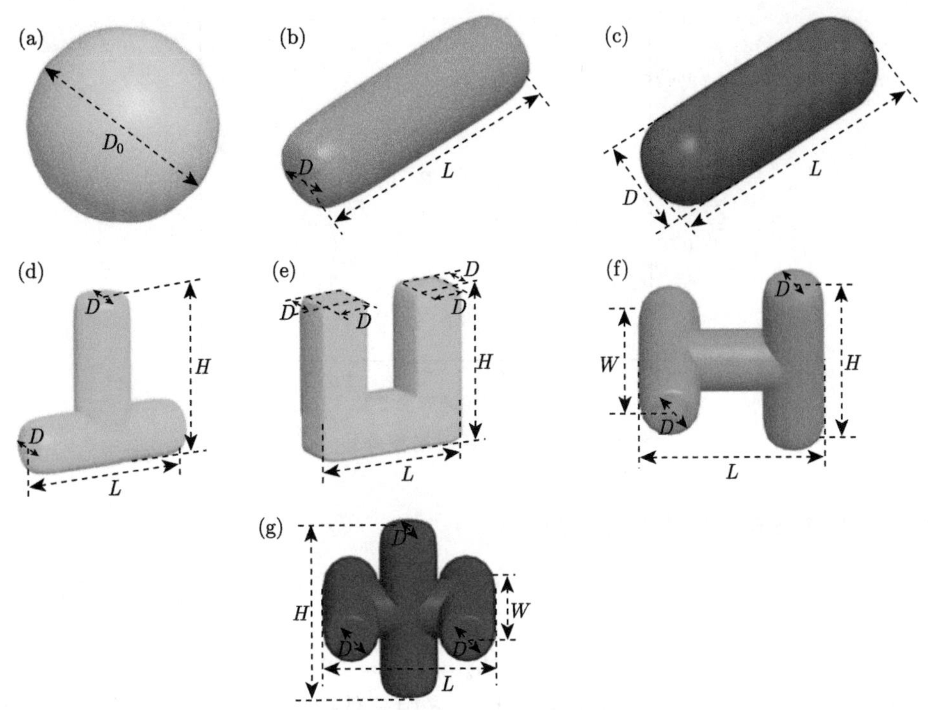

图 6.18 由超二次曲面模型 (a)、(b) 和组合超二次曲面模型 (c)~(g) 构造的不同形态颗粒

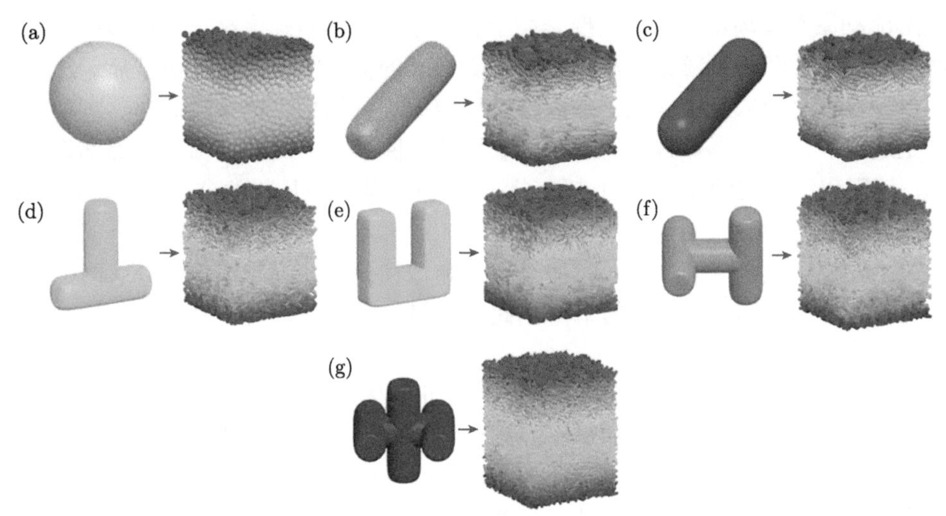

图 6.19 超二次曲面颗粒 (a)、(b) 和组合超二次曲面颗粒 (c)~(g) 形成的稳定颗粒床

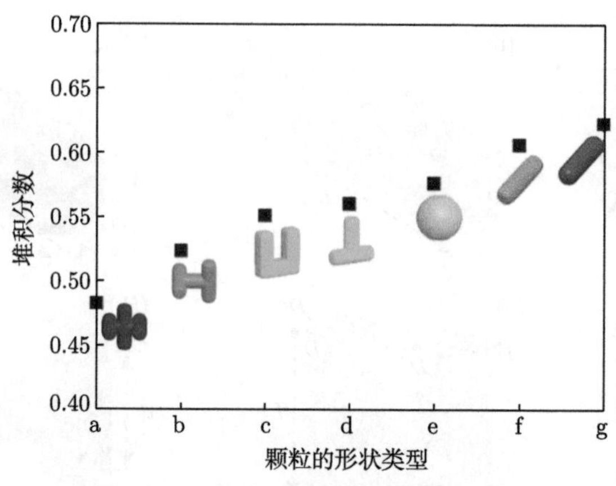

图 6.20 颗粒形状对堆积分数的影响

6.4.4 多个颗粒流动特性的对比分析

随后，采用不同颗粒形状分析非规则颗粒材料的流动行为，并且在离散元模拟中上部料斗的尺寸满足 $L_0 = W_0 = 75$ mm 和 $\theta_0 = 30°$，开口尺寸满足 $L_1 = W_1 = 30$ mm，下部容器的尺寸满足 $L_2 = W_2 = 225$ mm 和 $H_2 = 75$ mm。当颗粒在重力作用下形成稳定的颗粒床后，采用三种颜色按照高度将颗粒床均匀地划分为三层：蓝色、绿色和红色，以便于观察颗粒材料的流动模式。图 6.21 为不同时刻下超二次曲面颗粒和组合超二次曲面颗粒的流动图案。当料斗孔口打开后，V 形流动图案逐渐出现，这主要是由于料斗中心的颗粒速度高于靠近边壁的颗粒速度。同时，凹形颗粒比凸形颗粒具有更显著的流动图案。这是由于靠近边壁的凹形颗粒容易形成互锁效应，从而产生稳定的堆积结构。球体和球柱体颗粒的流动是连续的，而凹形颗粒的流动是间歇性的。凹形颗粒间的互锁形成局部拱形结构，这阻碍了颗粒的连续流动过程。除此之外，从颗粒堆积的分层图案可以看出，位于料斗下部的蓝色颗粒主要位于颗粒床的底部和上部，而位于料斗上部的红色颗粒主要位于颗粒床的中部。然而，球体和球柱体颗粒没有明显的分层图案，这说明这些颗粒更容易滑动和转动。因此，大量的蓝色球体或球柱体颗粒向容器边壁运动。

此外，颗粒形状对流出质量百分比和休止角的影响如图 6.22 所示。球体颗粒具有最高的流出质量百分比和最小的休止角，圆柱体和球柱体颗粒比凹形颗粒具有更高的流出质量百分比和更小的休止角。球柱体比圆柱体颗粒具有更光滑的表面，且更容易滑动和相对转动，这导致球柱体颗粒比圆柱体颗粒具有更高的流出质量百分比和更小的休止角。值得注意的是，凹形颗粒的形状复杂度显著影响颗粒材料的流出质量百分比和休止角。一般而言，随着凹形颗粒形状复杂度的增加，颗粒材料的流出质量百分比降低而休止角增加。

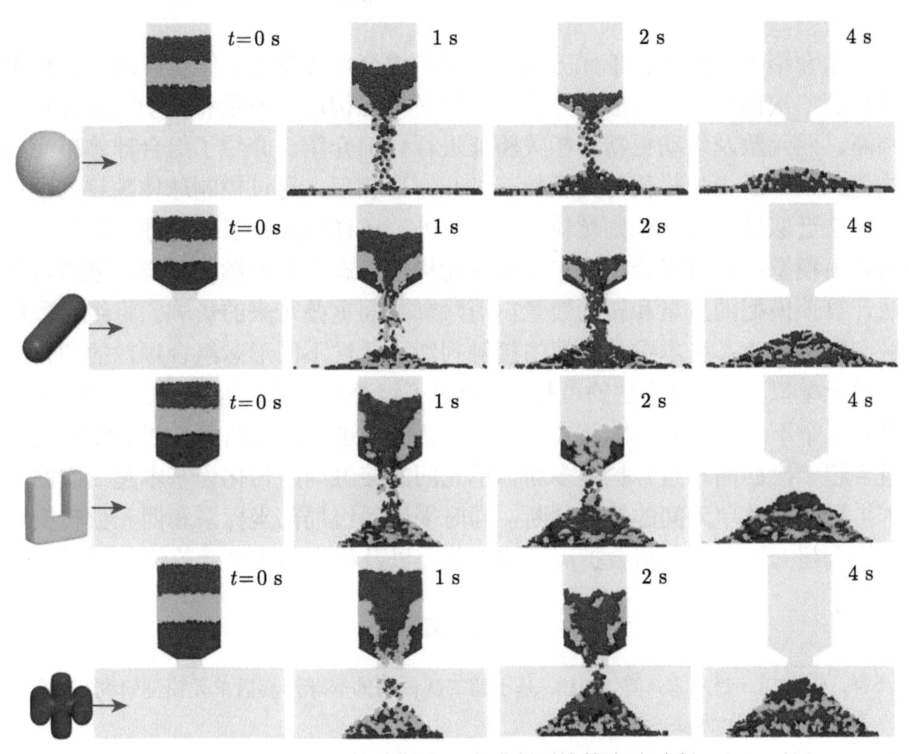

图 6.21 不同时刻下不同形态颗粒的流动过程

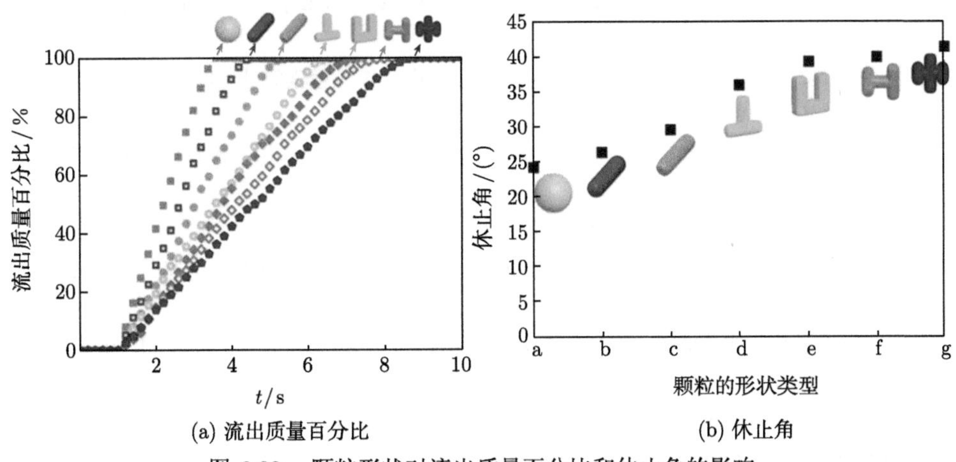

(a) 流出质量百分比 (b) 休止角

图 6.22 颗粒形状对流出质量百分比和休止角的影响

6.5　小　结

本章介绍了三种组合单元方法，分别是组合球体单元、组合扩展多面体单元和组合超二次曲面单元离散元方法，同时对单元构造、质量和转动惯量计算、接触判断、四元数及运动更新和相关验证进行详细介绍。介绍了组合球体单元的几何构型，采用激光扫描仪得到颗粒三维几何形状后，通过控制球体颗粒的数目和重叠量来近似地构造非规则颗粒单元。此外，还详细介绍了组合球体颗粒间的两种接触力模型；通过组合扩展多面体单元构造形态各异的颗粒材料。采用背景网格法计算该模型的质量和转动惯量，消除颗粒间重叠带来的影响。将组合颗粒的接触判断转化为其基本颗粒之间的接触判断。通过不同形态组合颗粒的卸料过程的离散元模拟，验证该方法的可行性；介绍了组合超二次曲面单元的函数方程，通过将若干个不同形状的基本超二次曲面任意组合进而构造凸形和凹形颗粒。此外，将组合超二次曲面和组合扩展多面体单元间的接触问题转化为基本超二次曲面和基本扩展多面体单元间的接触判断，同时采用两组局部坐标系和四元数转换矩阵实现组合超二次曲面和组合扩展多面体单元以及相应基本单元的位置更新。

参 考 文 献

崔泽群，陈友川，赵永志，等. 2013. 基于超二次曲面的非球形离散单元模型研究 [J]. 计算力学学报, 30(6): 854-859.

洪俊，李建兴，沈月，等. 2018. 多面体颗粒的接触识别及离散元动力学建模 [J]. 东南大学学报 (自然科学版), 48(6): 1082-1087.

李勇俊. 2020. 有砟铁路道床动力特性的离散元并行计算及试验研究 [D]. 大连: 大连理工大学.

刘璐, 季顺迎. 2019. 基于扩展多面体包络函数的快速接触搜索算法 [J]. 中国科学: 物理学力学天文学, 49(6): 9-23.

刘璐, 龙雪, 季顺迎. 2015. 基于扩展多面体的离散单元法及其作用于圆桩的冰载荷计算 [J]. 力学学报, 47(6): 1046-1057.

孙其诚, 王光谦. 2009. 颗粒物质力学导论 [M]. 北京: 科学出版社.

王嗣强，季顺迎. 2018. 基于超二次曲面的颗粒材料缓冲性能离散元分析 [J]. 物理学报, 67(9):182-193.

严颖, 赵金凤, 季顺迎. 2016. 道砟材料累积沉降量和形变模量的离散元分析 [J]. 铁道科学与工程学报, 13(6): 1031-1038.

Cleary P W. 2009. Industrial particle flow modelling using discrete element method [J]. Engineering Computations, 26(6): 698-743.

Cundall P A. 1988. Formulation of a three-dimensional distinct element model—Part I: a scheme to detect and represent contacts in a system composed of many polyhedral blocks[J]. International Journal of Rock Mechanics and Mining Sciences & Geomechanics Abstracts, 25(3): 107-116.

Feng Y T. 2021a. An energy-conserving contact theory for discrete element modelling of arbitrarily shaped particles: basic framework and general contact model [J]. Computer Methods in Applied Mechanics and Engineering, 373: 113454.

Feng Y T. 2021b. An energy-conserving contact theory for discrete element modelling of arbitrarily shaped particles: contact volume based model and computational issues[J]. Computer Methods in Applied Mechanics and Engineering, 373: 113493.

Fritzer H P. 2001. Molecular symmetry with quaternions [J]. Spectrochimica Acta Part A, 57(10): 1919-1930.

Galindo-Torres S A, Alonso-Marroquín F, Wang Y C , et al. 2009. Molecular dynamics simulation of complex particles in three dimensions and the study of friction due to nonconvexity[J]. Physical Review E, 79(6Pt1): 060301.

Galindo-Torres S A, Pedroso D M, Williams D J, et al. 2012. Breaking processes in three-dimensional bonded granular materials with general shapes [J]. Computer Physics Communications, 183(2): 266-277.

Govender N, Wilke D N, Wu C Y, et al. 2018. Hopper flow of irregularly shaped particles (non-convex polyhedra): GPU-based DEM simulation and experimental validation[J]. Chemical Engineering Science, 188: 34-51.

Hart R, Cundall P A, Lemos J. 1988. Formulation of a three-dimensional distinct element model—Part Ⅱ: mechanical calculations for motion and interaction of a system composed of many polyhedral blocks[J]. International Journal of Rock Mechanics and Mining Sciences & Geomechanics Abstracts, 25(3): 117-125.

Houlsby G T. 2009. Potential particles: a method for modelling non-circular particles in DEM [J]. Computers and Geotechnics, 36(6): 953-959.

Itasca. 2013. 3DEC—3D distinct element code, version 5.0, user's manual[R]. USA: Itasca Consulting Group, Inc.

Jiang M J, Konrad J M, Leroueil S. 2003. An efficient technique for generating homogeneous specimens for DEM studies[J]. Computers and Geotechnics, 30(7): 579-597.

Khatibi F, Esmaeili M, Mohammadzadeh S. 2017. DEM analysis of railway track lateral resistance[J]. Soils and Foundations, 57(4): 587-602.

Li C B, Peng Y X, Zhang P, et al. 2019. The contact detection for heart-shaped particles[J]. Powder Technology, 346: 85-96.

Lin X, Ng T. 1995. Contact detection algorithms for three-dimensional ellipsoids in discrete element modelling [J]. International Journal for Numerical & Analytical Methods in Geomechanics, 19(9): 653-659.

Liu S D, Zhou Z Y, Zou R P, et al. 2014. Flow characteristics and discharge rate of ellipsoidal particles in a flat bottom hopper [J]. Powder Technology, 253: 70-79.

Liu Z, Zhao Y. 2020. Multi-super-ellipsoid model for non-spherical particles in DEM simulation [J]. Powder Technology, 361: 190-202.

Lobo-Guerrero S, Vallejo L E. 2006. Discrete element method analysis of railtrack ballast degradation during cyclic loading [J]. Granular Matter, 8(3-4): 195-204.

Lu G, Third J R, Müller C R. 2015. Discrete element models for non-spherical particle systems: from theoretical developments to applications [J]. Chemical Engineering Science, 127: 425-465.

Lu M F, McDowell G R. 2007. The importance of modelling ballast particle shape in the discrete element method [J]. Granular Matter, 9(1-2): 69-80.

Miller G F, Pursey H, Bullard E C. 1955. On the partition of energy between elastic waves in a semi-infinite solid [J]. Proceedings of the Royal Society of London. Series A. Mathematical Physical Sciences, 233(1192): 55-69.

Mindlin R D. 1949. Compliance of elastic bodies in contact [J]. Journal of Applied Mechanics, 16(3): 259-268.

Mindlin R D, Deresiewicz H. 1953. Elastic spheres in contact under varying oblique forces[J]. Journal of Applied Mechanics, 20(3): 327-344.

Nassauer B, Liedke T, Kuna M. 2013. Polyhedral particles for the discrete element method[J]. Granular Matter, 15(1): 85-93.

Ngo N T, Indraratna B, Rujikiatkamjorn C. 2014. DEM simulation of the behaviour of geogrid stabilised ballast fouled with coal [J]. Computers & Geotechnics, 55: 224-231.

Park J. 2003. Modeling the dynamics of fabric in a rotating horizontal drum [D]. West Lafayette: Purdue University.

Podlozhnyuk A, Pirker S, Kloss C. 2017. Efficient implementation of superquadric particles in discrete element method within an open-source framework [J]. Computational Particle Mechanics, 4(1): 101-118.

Rakotonirina A D, Delenne J Y, Radjai F, et al. 2019. Grains3D, a flexible DEM approach for particles of arbitrary convex shape—Part Ⅲ: extension to non-convex particles modelled as glued convex particles [J]. Computational Particle Mechanics, 6: 55-84.

Tsuji Y, Tanaka T, Ishida T. 1992. Lagrangian numerical simulation of plug flow of cohesionless particles in a horizontal pipe [J]. Powder Technology, 71(3): 239-250.

Varadhan G, Manocha D. 2006. Accurate Minkowski sum approximation of polyhedral models [J]. Graphical Models, 68: 343-355.

Wang S Q, Ji S Y. 2021. Flow characteristics of nonspherical granular materials simulated with multi-superquadric elements [J]. Particuology, 54: 25-36.

Wellmann C, Lillie C, Wriggers P. 2008. A contact detection algorithm for superellipsoids based on the common-normal concept [J]. Engineering Computations, 25(5): 432-442.

Yan B, Regueiro R A, Sture S. 2010. Three-dimensional ellipsoidal discrete element modeling of granular materials and its coupling with finite element facets[J]. Engineering Computations, 27(4): 519-550.

第 7 章　任意形态单元间的粘结–破碎模型

在离散元模拟中考虑材料的破坏是准确分析颗粒材料力学行为的重要组成部分，特别是在岩石体破碎、山体滑坡等过程的模拟中。Potyondy 和 Cundall 在 2004 年提出了球体单元之间的平行粘结模型 (Potyondy and Cundall, 2004)，用于模拟脆性材料的整体变形和破坏过程。平行粘结模型自提出后获得了大量的关注，在岩石、海冰和陶瓷等材料的模拟中运用广泛，被认为是业内最有效的脆性材料破碎过程模拟方法之一 (Scholtès and Donzé, 2012; 狄少丞和季顺迎, 2014)。该模型将球体之间的粘结作用简化为“梁”，根据球体单元之间的相对运动和欧拉梁理论计算最大应力，通过设定的强度判断粘结的失效，从而实现对材料破碎过程的模拟。但由于基于球形单元的平行粘结模型将连续材料构造为内部包含间隙的网状结构，并且间隙的大小与单元的尺寸直接相关，所以，平行粘结模型中单元的相关材料参数，如密度、杨氏模量等，与连续材料的整体性质并不一致。单元的尺寸对粘结破碎模型的相关参数影响较大，将直接影响到模拟结果的准确性和可靠性。因此，基于非球形单元的各类粘结破碎模型得到了广泛发展。除将粘结作用考虑为欧拉梁的平行粘结模型外，接触粘结模型也是非球形单元粘结破碎模型的常见方法之一。

针对平行粘结模型，Cho 等 (2007) 结合岩石材料自身的非均质性，进一步发展了基于球体的团簇单元来模拟岩石的破碎及力学行为。近年来，随着离散元方法及非规则形态单元构造方法的发展，Harmon 等 (2021) 将平行粘结模型应用到了水平集离散元法中，实现了任意形态颗粒的粘结–破碎行为模拟。Liu 和 Ji (2019) 在扩展多面体离散元方法中引入刚体有限元的思想和方法，建立了扩展多面体基于交界面的粘结模型。Liu 等 (2021) 在采用重叠体积的接触模型基础上发展了内聚力断裂模型 (cohesive fracture model)。这些粘结模型虽然从不同的角度建立了粘结模型，但由于它们均忽略了键的厚度，因而从形式上均可归结为接触粘结模型。目前，上述粘结模型主要应用于多面体及扩展多面体单元以模拟连续材料的破坏以及散体材料堆积体的破坏，因此本章将以多面体及扩展多面体为例，分别介绍平行粘结模型和接触粘结模型的各一种可行方案。

7.1　平行粘结–破碎模型

离散单元法不仅可用于研究颗粒材料的流动和碰撞运动特性，而且还能有效模拟脆性材料的受力断裂及破碎变形等力学行为。2004 年，Potyondy 和 Cundall 提出了可用于模拟岩石材料断裂行为的 BPM (bonded-particle model) 模型 (在 PFC 软件中又被称为平行粘结模型 (linear parallel bond model)(Potyondy and Cundall, 2004)。通过将两个接触球体颗粒之间的粘结区域假定为一根通过颗粒质心的圆柱梁，则基于圆柱梁的小变形假设及弹性受力分析可实现粘结颗粒的受力断裂。具体地，可设定梁上最大法向和切向极限强度来判断并模拟粘结颗粒间的拉、剪、弯和扭断裂行为。之后，Cho 等 (2007) 结合岩石材料自身的非均质性，进一步发展了基于球体的可破碎团簇单元来模拟岩石的断裂变形等力学行为。近年来，随着离散元法理论及非规则形态单元构造方法的发展，Harmon 等将该模型应用到了水平集离散元法中，实现了任意形态颗粒的粘结–破碎行为模拟。该模型不仅实现了从球体单元到非规则单元间的过渡，其应用上也从最初的岩土材料拓展到海冰、陶瓷及混凝土等硬脆性材料的破碎变形中。

7.1.1　球体颗粒的平行粘结模型

在球体离散元模型中，将连续体视为具有一定质量和大小的球体单元的集合，并按照一定的方式将颗粒单元进行规则或不规则排列。为模拟连续体的连续特性，将相邻颗粒单元进行粘结。单元之间的粘结方式包括点接触模型和平行粘结模型。点粘结模型只作用在相邻颗粒单元很小区域内，只能通过接触点传递单元间的粘结力，无法传递粘结力矩。而另一种粘结模型则是在两个单元的相邻区域内假设一个以接触点为中心、半径为 R 的粘结圆盘，可通过该粘结圆盘同时传递单元间的粘结力和粘结力矩，如图 7.1 所示。球体颗粒单元的平行粘结模型最早由 Potyondy 和 Cundall (2004) 提出，同时考虑了粘结圆盘的破坏失效，并应用在岩石材料破坏过程的模拟计算中。随后平行粘结模型广泛应用于其他脆性材料的离散元模拟中。

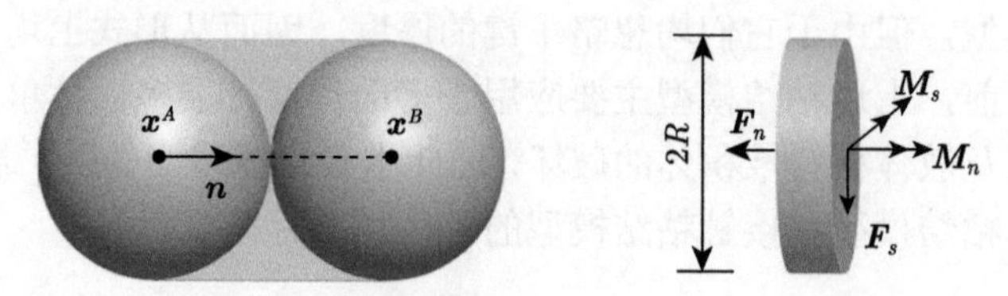

图 7.1　球体单元的平行粘结模型 (Potyondy and Cundall, 2004)

平行粘结模型的基本原理是设想一组具有恒定法向和切向刚度的线性弹簧，

以两单元的接触点为中心，均匀分布在粘结圆盘上，完成单元间作用力和力矩的传递。其法向力和切向力分别可表示为 $\boldsymbol{F}_n$ 和 $\boldsymbol{F}_s$；法向力矩和切向力矩分别可表示为 $\boldsymbol{M}_n$ 和 $\boldsymbol{M}_s$。粘结圆盘的半径 R 通常被设置为两个粘结颗粒单元中的较小半径或平均半径，由于本书采用的颗粒单元尺寸相同，则 R 与单元半径相等。根据梁理论模型，作用在粘结圆盘上的最大拉应力和剪应力可表示为 (Potyondy and Cundall, 2004)

$$\sigma_{\max} = \frac{-F_n}{A} + \frac{|M_s|}{I}R, \quad \tau_{\max} = \frac{|F_s|}{A} + \frac{|M_n|}{J}R \tag{7.1}$$

式中，A 为粘结圆盘的横截面积；J 为粘结圆盘的极惯性矩；I 为粘结圆盘的惯性矩，即

$$A = \pi R^2, \quad I = \frac{1}{4}\pi R^4, \quad J = \frac{1}{2}\pi R^4 \tag{7.2}$$

当粘结圆盘的最大拉应力 $\sigma_{\max}$ 和剪应力 $\tau_{\max}$ 超出其破坏强度时，该粘结圆盘失效，由此模拟海冰内部裂纹的产生过程。

7.1.2 扩展多面体的平行粘结模型

离散元中的扩展多面体单元是基于闵可夫斯基和理论，由球体单元的质心沿着基础多面体单元的外表面扫过一周扩展而成。在此过程中，原基础多面体单元几何元素中的角点被扩展为球体、棱边扩展为球形圆柱体，而平面被扩展为一定厚度的球体圆柱体包络成的板，最终得到具有光滑表面的扩展多面体单元。

当两个扩展多面体发生接触粘结时，如图 7.2 所示，可以借鉴目前广泛应用于球体颗粒中的平行粘结模型，达到有效模拟并实现扩展多面体单元间的粘结–破碎行为的目的。当扩展多面体单元用于非规则形态颗粒的建模时，单元几何形态及空间排布的多样性会导致颗粒在堆积状态下的接触模式呈现任意无序性。此时，采用平行粘结模型将扩展多面体复杂的局部接触重叠区域用一根假想的圆柱弹性梁进行搭接，并用于传递非规则颗粒间的接触力和接触力矩，是较为理想且合理的一种粘结–破碎模型。

当两扩展多面体发生接触时，可根据全局坐标系下两颗粒的接触点确定其初始粘结点位置。此时，该初始粘结点分别隶属于两颗粒并可分别表示为 $\boldsymbol{P}_A^{\mathrm{G}}$ 和 $\boldsymbol{P}_B^{\mathrm{G}}$，两点位置完全重合，并满足 $\boldsymbol{P}_A^{\mathrm{G}} = \boldsymbol{P}_B^{\mathrm{G}}$。之后，随着粘结颗粒的运动，两个粘结点的空间位置也会发生改变，其运动更新可表示为

$$\boldsymbol{P}_A^{\mathrm{G}} = \boldsymbol{x}_A^{\mathrm{G}} + \boldsymbol{D}_A^{\mathrm{G}}, \quad \boldsymbol{P}_B^{\mathrm{G}} = \boldsymbol{x}_B^{\mathrm{G}} + \boldsymbol{D}_B^{\mathrm{G}} \tag{7.3}$$

$$\boldsymbol{D}_A^{\mathrm{G}} = \boldsymbol{A}\boldsymbol{D}_A^{\mathrm{L}}, \quad \boldsymbol{D}_B^{\mathrm{G}} = \boldsymbol{A}\boldsymbol{D}_B^{\mathrm{L}} \tag{7.4}$$

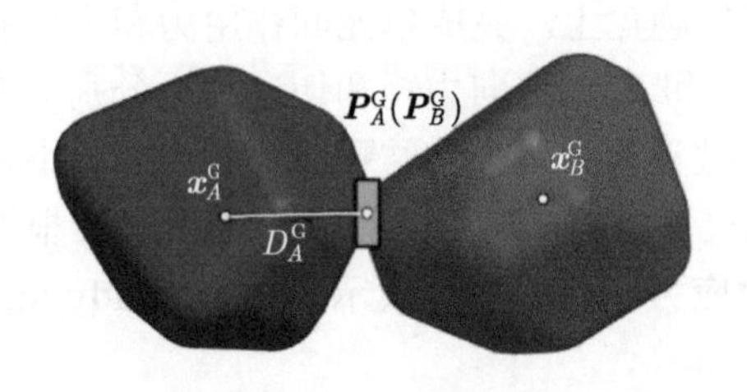

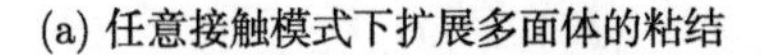

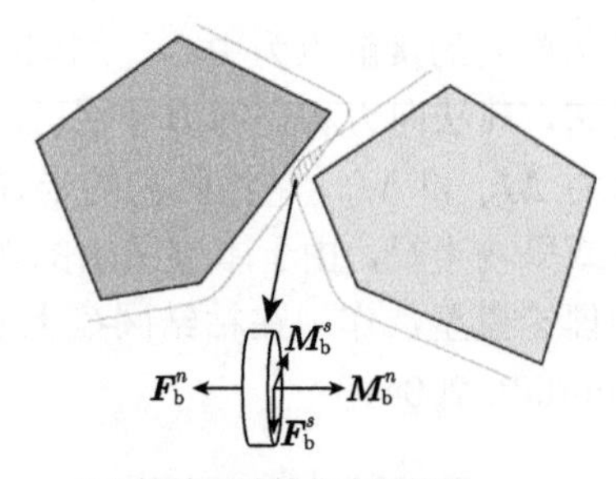

(a) 任意接触模式下扩展多面体的粘结　　(b) 粘结区域简化为圆柱梁

图 7.2　扩展多面体的平行粘结模型

式中，$\boldsymbol{x}_A^{\mathrm{G}}$ 和 $\boldsymbol{x}_B^{\mathrm{G}}$ 分别为全局坐标系下颗粒 A 和 B 的质心坐标；$\boldsymbol{D}_A^{\mathrm{G}}$、$\boldsymbol{D}_B^{\mathrm{G}}$ 和 $\boldsymbol{D}_A^{\mathrm{L}}$、$\boldsymbol{D}_B^{\mathrm{L}}$ 分别为全局和局部坐标系下颗粒 A 和 B 的质心到各自粘结点的距离；$\boldsymbol{A}$ 为与四元数相关的坐标转换矩阵 (Yan and Ji, 2010)。

与球体单元类似，当两个扩展多面体颗粒发生任意粘结时，颗粒间的接触合力 $\boldsymbol{F}_i$ 分为颗粒产生真实物理接触时的接触力 $\boldsymbol{F}_{\mathrm{c}}$ 和粘结键上的力 $\bar{\boldsymbol{F}}_{\mathrm{b}}$，并表示为

$$\boldsymbol{F}_i = \boldsymbol{F}_{\mathrm{c}} + \bar{\boldsymbol{F}}_{\mathrm{b}} \tag{7.5}$$

颗粒间的接触力 $\boldsymbol{F}_{\mathrm{c}}$ 和粘结力 $\boldsymbol{F}_{\mathrm{b}}$ 均可分为法向和切向两部分：

$$\boldsymbol{F}_{\mathrm{c}} = \boldsymbol{F}_{\mathrm{c}}^n \boldsymbol{n}_i + \boldsymbol{F}_{\mathrm{c}}^s \boldsymbol{t}_i \tag{7.6}$$

$$\bar{\boldsymbol{F}}_{\mathrm{b}} = \bar{\boldsymbol{F}}_{\mathrm{b}}^n \boldsymbol{n}_i + \bar{\boldsymbol{F}}_{\mathrm{b}}^s \boldsymbol{t}_i \tag{7.7}$$

式中，$\boldsymbol{F}_{\mathrm{c}}^n$ 和 $\boldsymbol{F}_{\mathrm{c}}^s$ 分别为颗粒的法向和切向接触力；$\bar{\boldsymbol{F}}_{\mathrm{b}}^n$ 和 $\bar{\boldsymbol{F}}_{\mathrm{b}}^s$ 分别为粘结键的法向和切向力；$\boldsymbol{n}_i$ 和 $\boldsymbol{t}_i$ 为接触点的单位法向和单位切向向量。

通常，粘结颗粒间的接触力 $\boldsymbol{F}_{\mathrm{c}}$ 可采用简单的线弹性接触模型计算 (Potyondy and Cundall, 2004)，但对于扩展多面体单元，这里推荐采用在非球颗粒中应用广泛的非线性接触模型 (Liu et al., 2022)。该模型的具体内容这里不作过多介绍，但需要注意的是，当两个颗粒粘结时，法向接触力 $\boldsymbol{F}_{\mathrm{c}}^n$ 可以采用与切向接触力一致的增量更新模式，在键被激活初始化时，采用增量更新的接触力均需清零处理。

颗粒间粘结键上的力包括了键的弹性力和阻尼力两部分，并分别表示为

$$\bar{\boldsymbol{F}}_{\mathrm{b}}^n = \bar{\boldsymbol{F}}_{\mathrm{l}}^n + \bar{\boldsymbol{F}}_{\mathrm{d}}^n \tag{7.8}$$

$$\bar{\boldsymbol{F}}_{\mathrm{b}}^s = \bar{\boldsymbol{F}}_{\mathrm{l}}^s + \bar{\boldsymbol{F}}_{\mathrm{d}}^s \tag{7.9}$$

式中，$\bar{\boldsymbol{F}}_{\mathrm{l}}^n$ 和 $\bar{\boldsymbol{F}}_{\mathrm{l}}^s$ 分别为键上的法向和切向弹性力；$\bar{\boldsymbol{F}}_{\mathrm{d}}^n$ 和 $\bar{\boldsymbol{F}}_{\mathrm{d}}^s$ 为键上的法向和切向阻尼力。

粘结键上弹性力采用增量更新模式，可进一步表示为

$$\bar{\boldsymbol{F}}_{\rm l}^{n}=\left(\bar{\boldsymbol{F}}_{\rm l}^{n}\right)_{0}+k^{n}\bar{A}\boldsymbol{v}_{\rm rel}^{n}\Delta t \tag{7.10}$$

$$\bar{\boldsymbol{F}}_{\rm l}^{s}=\left(\bar{\boldsymbol{F}}_{\rm l}^{s}\right)_{0}-k^{s}\bar{A}\boldsymbol{v}_{\rm rel}^{s}\Delta t \tag{7.11}$$

式中，k^n 和 k^s 分别是键的单位法向和切向刚度；$\left(\bar{\boldsymbol{F}}_{\rm l}^{n}\right)_{0}$ 和 $\left(\bar{\boldsymbol{F}}_{\rm l}^{s}\right)_{0}$ 为上一时间步键上的法向和切向弹性力；$\boldsymbol{v}_{\rm rel}^{n}$ 和 $\boldsymbol{v}_{\rm rel}^{s}$ 分别为颗粒在法向和切向方向上的相对速度。此外，键的长度 $\bar{L}$ 的确定与两扩展多面体粘结激活时选择的接触搜索域范围有关，如果两扩展多面体发生真实物理接触时，键被激活，则键的长度 $\bar{L}=\alpha\left(r_A+r_B\right)$，其中系数 α 默认为 1。

粘结键上的阻尼力可通过下式计算：

$$\bar{\boldsymbol{F}}_{\rm d}^{n}=2\sqrt{k^{n}\bar{A}m_{\rm eq}}\boldsymbol{v}_{\rm rel}^{n} \tag{7.12}$$

$$\bar{\boldsymbol{F}}_{\rm d}^{s}=2\sqrt{k^{s}\bar{A}m_{\rm eq}}\boldsymbol{v}_{\rm rel}^{s} \tag{7.13}$$

式中，$m_{\rm eq}$ 为两粘结颗粒的等效质量，满足 $m_{\rm eq}=m_A\cdot m_B/(m_A+m_B)$，$m_A$ 和 m_B 为两粘结颗粒的质量；$\bar{A}$ 为粘结键横截面面积，满足 $\bar{A}=\pi\bar{R}^2$，$\bar{R}$ 是键的半径，对于非规则的扩展多面体单元，键的半径可设置成与单元的扩展半径 r 有关，并使其满足 $\bar{R}=\bar{\lambda}\min\left(r_A,r_B\right)$，这里 $\bar{\lambda}$ 为默认为 1 的键半径放大因子。

平行粘结模型中的粘结键上既能传递接触力还能传递力矩，其中，键上的力矩 $\boldsymbol{M}_{\rm b}$ 可分为弯矩 $\boldsymbol{M}_{\rm b}^{n}$ 和扭矩 $\boldsymbol{M}_{\rm b}^{s}$ 两部分，其键上力矩的更新可表示为

$$\boldsymbol{M}_{\rm b}=\overline{\boldsymbol{M}}_{\rm b}^{n}n_i+\overline{\boldsymbol{M}}_{\rm b}^{s}t_i \tag{7.14}$$

$$\overline{\boldsymbol{M}}_{\rm b}^{n}=\left(\overline{\boldsymbol{M}}_{\rm b}^{n}\right)_{0}-k^{n}\bar{J}\boldsymbol{w}_{\rm rel}^{n}\Delta t \tag{7.15}$$

$$\overline{\boldsymbol{M}}_{\rm b}^{s}=\left(\overline{\boldsymbol{M}}_{\rm b}^{s}\right)_{0}-k^{s}\bar{I}\boldsymbol{w}_{\rm rel}^{s}\Delta t \tag{7.16}$$

式中，$\bar{I}$ 和 $\bar{J}$ 为粘结键横截面上的惯性矩和极惯性矩；$\boldsymbol{w}_{\rm rel}^{n}$ 和 $\boldsymbol{w}_{\rm rel}^{s}$ 分别为两粘结颗粒的相对法向和切向角速度；$\left(\overline{\boldsymbol{M}}_{\rm b}^{n}\right)_{0}$ 和 $\left(\overline{\boldsymbol{M}}_{\rm b}^{s}\right)_{0}$ 为上一时间步键上受到的弯矩和扭矩。

对于粘结的非规则颗粒，键上也可以考虑阻尼力矩，以便于动态加载时非规则颗粒构造的粘结系统能尽快达到稳定状态。键上阻尼力矩 $\overline{\boldsymbol{M}}_{\rm d}$ 也分为法向和切向两部分，并分别写作

$$\overline{\boldsymbol{M}}_{\rm d}=\overline{\boldsymbol{M}}_{\rm d}^{n}n_i+\overline{\boldsymbol{M}}_{\rm d}^{s}t_i \tag{7.17}$$

$$\overline{\boldsymbol{M}}_{\mathrm{d}}^{n}=2\sqrt{k^{n}\overline{J}I_{\mathrm{eq}}^{n}}\boldsymbol{w}_{\mathrm{rel}}^{n} \tag{7.18}$$

$$\overline{\boldsymbol{M}}_{\mathrm{d}}^{s}=2\sqrt{k^{s}\overline{I}I_{\mathrm{eq}}^{s}}\boldsymbol{w}_{\mathrm{rel}}^{s} \tag{7.19}$$

式中，$\overline{\boldsymbol{M}}_{\mathrm{d}}^{n}$ 和 $\overline{\boldsymbol{M}}_{\mathrm{d}}^{s}$ 分别是键的法向和切向阻尼力矩；I_{eq}^{n} 和 I_{eq}^{s} 分别为从颗粒质心到各自粘结点的法向和切向等效惯性矩。以法向等效惯性矩 I_{eq}^{n} 为例，其可表示为

$$I_{\mathrm{eq}}^{n}=\frac{I_{A}^{n}\cdot I_{B}^{n}}{I_{A}^{n}+I_{B}^{n}} \tag{7.20}$$

式中，I_{A}^{n} 和 I_{B}^{n} 分别为颗粒 A 和颗粒 B 质心到各自粘结点的法向惯性矩。

根据平行轴理论，某个粘结颗粒的质心到颗粒粘结点的法向惯性矩标量 I^{n} 可以通过该颗粒自身的惯性矩向量 $\boldsymbol{I}$、粘结点局部坐标系下的单位法向 $\boldsymbol{n}_{i}$ 及平移距离 $\|\boldsymbol{c}\|$ 来确定，并表示为

$$I^{n}=(\boldsymbol{n}_{i}\cdot\boldsymbol{I})\,n_{i}^{\mathrm{T}}+m\|\boldsymbol{c}\|^{2} \tag{7.21}$$

粘结键的断裂准则基于小变形圆柱梁理论，键的拉、剪、弯和扭的断裂行为被转换成去判断键上当前法向和切向应力是否达到指定的强度极限值，其断裂准则为

$$\bar{\sigma}_{\mathrm{c}}>\bar{\sigma}=\frac{\left\|\overline{\boldsymbol{F}}_{\mathrm{b}}^{n}\right\|}{\bar{A}}+\bar{\beta}\frac{\left\|\overline{\boldsymbol{M}}_{\mathrm{b}}^{s}\right\|\bar{R}}{\bar{I}} \tag{7.22}$$

$$\bar{\tau}_{\mathrm{c}}>\bar{\tau}=\frac{\left\|\overline{\boldsymbol{F}}_{\mathrm{b}}^{s}\right\|}{\bar{A}}+\bar{\beta}\frac{\left\|\overline{\boldsymbol{M}}_{\mathrm{b}}^{n}\right\|\bar{R}}{\bar{J}} \tag{7.23}$$

式中，键的切向极限强度 $\bar{\tau}_{\mathrm{c}}$ 满足 Mohr-Coulomb 准则，满足 $\bar{\tau}_{\mathrm{c}}=C-\sigma\tan\theta$，这里 C 为内聚力强度，θ 为内摩擦角；$\bar{\beta}$ 为默认为 1 的力矩贡献因子。当键上的当前法向应力 $\bar{\sigma}$ 或切向应力 $\bar{\tau}$ 超出给定的极限强度 $\bar{\sigma}_{\mathrm{c}}$ 和 $\bar{\tau}_{\mathrm{c}}$ 时，键会发生断裂，键上接触力和力矩清零。

相对于球体颗粒单元，将平行粘结模型推广应用到非规则扩展多面体单元时，粘结点的运动变形需要根据两个初始重叠的粘结点的位置来更新，而不是重新通过颗粒的接触搜索确定 (可避免粘结点的稳定性)。此外，需要考虑到粘结键的阻尼，键的阻尼能在一定程度上使得非规则的粘结颗粒较快达到稳定状态，但过大的阻尼可能也存在过阻尼问题，导致粘结键不稳定而提前断裂 (Harmon et al., 2021)。因此，在实际离散元动态仿真过程中，需要根据加载条件合理地控制键的阻尼力大小，当给定较大的颗粒全局阻尼系数时，可适当缩小键的阻尼系数。

7.1.3 粘结力和力矩的有效计算

当颗粒发生粘结时，颗粒间的接触力的求解与未粘结时类似，也包括了弹簧部分的弹性力和阻尼器部分的阻尼力，可表示为

$$\boldsymbol{F}_{\mathrm{c}}^{n}=\boldsymbol{F}_{\mathrm{l}}^{n}+\boldsymbol{F}_{\mathrm{d}}^{n} \tag{7.24}$$

$$\boldsymbol{F}_{\mathrm{c}}^{s}=\boldsymbol{F}_{\mathrm{l}}^{s}+\boldsymbol{F}_{\mathrm{d}}^{s} \tag{7.25}$$

式中，$\boldsymbol{F}_{\mathrm{l}}^{n}$ 和 $\boldsymbol{F}_{\mathrm{l}}^{s}$ 分别为弹簧部分的法向和切向弹性力；$\boldsymbol{F}_{\mathrm{d}}^{n}$ 和 $\boldsymbol{F}_{\mathrm{d}}^{s}$ 分别为阻尼器部分的法向和切向阻尼力。

如果采用最简单的线弹性接触模型，则每个时间步内，颗粒间接触时弹簧部分产生的弹性力可表示为

$$\boldsymbol{F}_{\mathrm{l}}^{n}=\begin{cases}K^{n}\boldsymbol{\delta}^{n}, & 若M_{\mathrm{l}}=0,\ 绝对更新\\ \max\left[(\boldsymbol{F}_{\mathrm{l}}^{n})_{0}-K^{n}\boldsymbol{v}_{\mathrm{rel}}^{n}\Delta t,0\right], & 若M_{\mathrm{l}}=1,\ 增量更新\end{cases} \tag{7.26}$$

$$\boldsymbol{F}_{\mathrm{l}}^{s}=(\boldsymbol{F}_{\mathrm{l}}^{s})_{0}-K^{s}\boldsymbol{v}_{\mathrm{rel}}^{s}\Delta t \tag{7.27}$$

式中，K^{n} 和 K^{s} 分别为颗粒间的法向和切向刚度；$\boldsymbol{\delta}^{n}$ 为颗粒间的法向重叠量；$\boldsymbol{v}_{\mathrm{rel}}^{n}$ 和 $\boldsymbol{v}_{\mathrm{rel}}^{s}$ 分别为两接触颗粒间的相对法向和切向速度；Δt 为离散元时间步长；$(\boldsymbol{F}_{\mathrm{l}}^{n})_{0}$ 和 $(\boldsymbol{F}_{\mathrm{l}}^{s})_{0}$ 分别为上一步的法向和切向颗粒弹性力；值得注意的是，当颗粒发生粘结时，颗粒间的法向弹性力可以选用 $M_{\mathrm{l}}=1$ 表示的增量更新模式，以增量形式更新的接触力在程序初始化时均为 0。

颗粒间粘结键上的力也包括了键的弹性力和阻尼力两部分，并分别表示为

$$\overline{\boldsymbol{F}}_{\mathrm{b}}^{n}=\overline{\boldsymbol{F}}_{\mathrm{l}}^{n}+\overline{\boldsymbol{F}}_{\mathrm{d}}^{n} \tag{7.28}$$

$$\overline{\boldsymbol{F}}_{\mathrm{b}}^{s}=\overline{\boldsymbol{F}}_{\mathrm{l}}^{s}+\overline{\boldsymbol{F}}_{\mathrm{d}}^{s} \tag{7.29}$$

式中，$\overline{\boldsymbol{F}}_{\mathrm{l}}^{n}$ 和 $\overline{\boldsymbol{F}}_{\mathrm{l}}^{s}$ 分别为键上的法向和切向弹性力；$\overline{\boldsymbol{F}}_{\mathrm{d}}^{n}$ 和 $\overline{\boldsymbol{F}}_{\mathrm{d}}^{s}$ 分别为键上的法向和切向阻尼力。同样地，粘结键上弹性力可进一步表示为

$$\overline{\boldsymbol{F}}_{\mathrm{l}}^{n}=\left(\overline{\boldsymbol{F}}_{\mathrm{l}}^{n}\right)_{0}+k^{n}\overline{A}\boldsymbol{v}_{\mathrm{rel}}^{n}\Delta t \tag{7.30}$$

$$\overline{\boldsymbol{F}}_{\mathrm{l}}^{s}=\left(\overline{\boldsymbol{F}}_{\mathrm{l}}^{s}\right)_{0}-k^{s}\overline{A}\boldsymbol{v}_{\mathrm{rel}}^{s}\Delta t \tag{7.31}$$

式中，k^{n} 和 k^{s} 分别是键的单位法向和切向刚度；$\left(\overline{\boldsymbol{F}}_{\mathrm{l}}^{n}\right)_{0}$ 和 $\left(\overline{\boldsymbol{F}}_{\mathrm{l}}^{s}\right)_{0}$ 分别为上一时间步键上的法向和切向弹性力。粘结键上的阻尼力为

$$\overline{\boldsymbol{F}}_{\mathrm{d}}^{n}=2\sqrt{k^{n}\overline{A}m_{\mathrm{eq}}}\boldsymbol{v}_{\mathrm{rel}}^{n} \tag{7.32}$$

$$\overline{\boldsymbol{F}}_{\mathrm{d}}^{s} = 2\sqrt{k^{s}\overline{A}m_{\mathrm{eq}}\boldsymbol{v}_{\mathrm{rel}}^{s}} \tag{7.33}$$

式中，m_{eq} 为两粘结颗粒的等效质量，满足 $m_{\mathrm{eq}} = m_A \cdot m_B / (m_A + m_B)$，$m_A$ 和 m_B 为两粘结颗粒的质量；$\overline{A}$ 为粘结键横截面面积，满足 $\overline{A} = \pi\bar{R}^2$，这里 $\bar{R}$ 是键的半径，对于非规则的扩展多面体单元，键的半径可设置成与单元的扩展半径 r 有关，并使其满足 $\bar{R} = \min(r_A, r_B)$。

考虑到平行粘结模型中的粘结键不仅可以传递接触力还能传递力矩，因此，键上的力矩 $\boldsymbol{M}_{\mathrm{b}}$ 必须考虑，可分为弯矩 $\boldsymbol{M}_{\mathrm{b}}^{n}$ 和扭矩 $\boldsymbol{M}_{\mathrm{b}}^{s}$ 两部分，其键上力矩的更新可表示为

$$\boldsymbol{M}_{\mathrm{b}} = \overline{\boldsymbol{M}}_{\mathrm{b}}^{n} n_i + \overline{\boldsymbol{M}}_{\mathrm{b}}^{s} t_i \tag{7.34}$$

$$\overline{\boldsymbol{M}}_{\mathrm{b}}^{n} = \left(\overline{\boldsymbol{M}}_{\mathrm{b}}^{n}\right)_0 - k^{n}\overline{J}\boldsymbol{w}_{\mathrm{rel}}^{n}\Delta t \tag{7.35}$$

$$\overline{\boldsymbol{M}}_{\mathrm{b}}^{s} = \left(\overline{\boldsymbol{M}}_{\mathrm{b}}^{s}\right)_0 - k^{s}\overline{I}\boldsymbol{w}_{\mathrm{rel}}^{s}\Delta t \tag{7.36}$$

式中，$\bar{I}$ 和 $\bar{J}$ 为粘结键横截面上的惯性矩和极惯性矩；$\boldsymbol{w}_{\mathrm{rel}}^{n}$ 和 $\boldsymbol{w}_{\mathrm{rel}}^{s}$ 分别为两粘结颗粒的相对法向和切向角速度；$\left(\overline{\boldsymbol{M}}_{\mathrm{b}}^{n}\right)_0$ 和 $\left(\overline{\boldsymbol{M}}_{\mathrm{b}}^{s}\right)_0$ 为上一时间步键上受到的弯矩和扭矩。

与颗粒间的接触力分为弹性力和阻尼力两部分类似，粘结键也可以考虑键上的阻尼力，以便于非规则颗粒相互粘结时构造的连续体系统尽快达到稳定状态。键上阻尼力矩 $\overline{\boldsymbol{M}}_{\mathrm{d}}$ 也可分为法向和切向两部分，并分别表示为

$$\overline{\boldsymbol{M}}_{\mathrm{d}} = \overline{\boldsymbol{M}}_{\mathrm{d}}^{n} n_i + \overline{\boldsymbol{M}}_{\mathrm{d}}^{s} t_i \tag{7.37}$$

$$\overline{\boldsymbol{M}}_{\mathrm{d}}^{n} = 2\sqrt{k^{n}\overline{J}I_{\mathrm{eq}}^{n}}\boldsymbol{w}_{\mathrm{rel}}^{n} \tag{7.38}$$

$$\overline{\boldsymbol{M}}_{\mathrm{d}}^{s} = 2\sqrt{k^{s}\overline{I}I_{\mathrm{eq}}^{s}}\boldsymbol{w}_{\mathrm{rel}}^{s} \tag{7.39}$$

式中，$\overline{\boldsymbol{M}}_{\mathrm{d}}^{n}$ 和 $\overline{\boldsymbol{M}}_{\mathrm{d}}^{s}$ 分别是键的法向和切向阻尼力矩；I_{eq}^{n} 和 I_{eq}^{s} 分别为从颗粒质心到各自粘结点的法向和切向等效惯性矩。以法向等效惯性矩 I_{eq}^{n} 为例，其可表示为

$$I_{\mathrm{eq}}^{n} = \frac{I_A^{n} \cdot I_B^{n}}{I_A^{n} + I_B^{n}} \tag{7.40}$$

式中，I_A^{n} 和 I_B^{n} 分别为颗粒 A 和颗粒 B 质心到各自粘结点的法向惯性矩。

根据平行轴理论，某个粘结颗粒的质心到颗粒粘结点的法向惯性矩标量 I^{n} 可以通过该颗粒自身的惯性矩向量 $\boldsymbol{I}$、粘结点局部坐标系下的单位法向 $\boldsymbol{n}_i$ 及平移距离 $\|\boldsymbol{c}\|$ 来确定，并表示为

$$I^{n} = (\boldsymbol{n}_i \cdot \boldsymbol{I})\, n_i^{\mathrm{T}} + m\|\boldsymbol{c}\|^2 \tag{7.41}$$

粘结键的断裂准则基于小变形圆柱梁理论，键的拉、剪、弯和扭的断裂行为被转换成去判断键上当前法向和切向应力是否达到指定的强度极限值，其断裂准则为

$$\overline{\sigma}_{\mathrm{c}} > \overline{\sigma} = \frac{\left\|\overline{\boldsymbol{F}}_{\mathrm{b}}^{n}\right\|}{\overline{A}} + \frac{\left\|\overline{\boldsymbol{M}}_{\mathrm{b}}^{s}\right\|\overline{R}}{\overline{I}} \tag{7.42}$$

$$\overline{\tau}_{\mathrm{c}} > \overline{\tau} = \frac{\left\|\overline{\boldsymbol{F}}_{\mathrm{b}}^{s}\right\|}{\overline{A}} + \frac{\left\|\overline{\boldsymbol{M}}_{\mathrm{b}}^{n}\right\|\overline{R}}{\overline{J}} \tag{7.43}$$

式中，键的切向极限强度 $\overline{\tau}_{\mathrm{c}}$ 满足 Mohr-Coulomb 准则，满足 $\overline{\tau}_{\mathrm{c}} = C - \sigma \tan\theta$，这里 C 为内聚力，θ 为内摩擦角。当键上的当前法向应力 $\overline{\sigma}$ 或切向应力 $\overline{\tau}$ 超出给定的极限强度 $\overline{\sigma}_{\mathrm{c}}$ 和 $\overline{\tau}_{\mathrm{c}}$ 时，键会发生断裂，键上接触力和力矩清零。

从上可以看出，相对于球体颗粒，将平行粘结模型推广应用到非规则扩展多面体单元时，需要考虑到粘结键的阻尼，键的阻尼能在一定程度上使得非规则的粘结颗粒较快达到稳定状态，但过大的阻尼可能也存在过阻尼问题，导致粘结键不稳定而提前断裂。因此，在实际离散元动态仿真过程中，需要根据加载条件合理地控制键的阻尼力大小，并结合给定的颗粒全局阻尼系数来适当地缩小键的阻尼系数。

实际上，平行粘结模型通过假定的梁模型将相接触的颗粒进行两两粘结，因此，所构造的连续体本质上是带有一定初始孔隙的网状结构，该结构作为颗粒接触力的“传递通道”在颗粒力学中被称为“力链”。网状结构的形态，如空间排布、网孔尺寸及形状，与相接触的颗粒尺寸及几何排布状态密切相关。因此，平行粘结模型中的细观接触参数，如粘结键的弹性模量、刚度比、键的极限强度等细观参数并不能直接用于描述材料的宏观力学性质。相同一组材料细观参数在不同单元尺寸下获得的模拟结果会出现较大差异。因此，合理建立不同单元尺寸下材料的宏观参数和离散元的细观参数之间的关系，是平行粘结模型能否真实有效地模拟目标模型的关键所在。

7.2 单元接触的粘结–破碎模型

这里针对任意接触模式下的两单元间的接触，结合刚体有限元方法，发展了粘结–破碎模型，该模型通过接触位置建立粘结对来实现单元和单元之间的粘结作用，并在此基础上建立了考虑损伤和断裂能的混合断裂准则。

7.2.1 刚体有限元方法

刚体有限元方法 (rigid finite element method, RFEM)，也称为刚体弹簧元方法 (rigid body spring method, RBSM)，最早由日本学者 Kawai (1978) 于 1978

年提出。传统的有限元方法在单元节点上进行插值，而该方法在单元离散化的基础上在单元的形心处插值，以单元形心位移作为基本的未知量求解连续方程，用分片的刚体位移逼近整体结构的位移场。通过单元之间的相对位置可体现材料内部的弹塑性变形，而其内部应力则通过单元交界面上的面力来表现 (Zhang et al., 2001)。由于刚体单元本身不可变形，所以刚体有限元的位移是不协调的，其结构的变形能全部储存在接触面的弹簧系统中。因此，刚体有限元更适合描述岩石材料的滑移、断裂、失稳等行为，具有非连续介质的一些特点。该方法在材料破坏的模拟中使用较多，如混凝土的破坏分析、混凝土的水力穿透等过程 (Wang and Ueda, 2011)。刚体有限元与离散元方法都采用刚体单元且在单元形心处进行插值，在方程求解上高度一致。同时刚体有限元在单元交界面上建立单元之间的耦合作用，这一思想与离散元方法中经典的粘结模型较为相似。

传统的有限元方法在模拟连续材料时具有很好的连续性特点，其可构造位移协调的单元内插值函数，并通过增加节点个数或提高插值函数阶次的方式提高有限元的计算精度。随着科学认识领域的扩展和工程实践的不断深入，人们发现岩石、冰、陶瓷等脆性材料会发生不连续变形。例如岩石发生错动、失稳或崩落等情况，岩石材料表现出非连续的特性。在有限元中被认为不合理的单元运动，即单元之间互相分离开裂并滑移错位均无法采用位移协调进行合理解释。而刚体有限元允许单元交界面之间的位移不协调，可合理描述脆性材料内部的不连续变形，因而更适合模拟岩石、海冰等脆性材料的破碎过程。

刚体有限元在单元内只有一个插值点，通常为单元的形心，因此对单元的形状没有限制 (Kawai, 1978)。理论上单元的形状可为任意的凹形或凸形多面体。刚体有限元的单元刚度矩阵在单元之间的交界面上进行积分，且采用线性插值函数。因此刚体有限元在刚度矩阵的积分阶次上比传统有限元低一阶，其位移精度较低且应力张量须通过交界面上的面力间接求得，但是该方法计算简便且计算效率较高。

刚体有限元方法与一般有限元类似，均从连续介质平衡方程出发进行推导，连续介质的动力方程一般写作 (Zhang et al., 2001)

$$\begin{cases} \rho\ddot{\boldsymbol{u}} = \nabla\cdot\boldsymbol{\sigma} + \rho\boldsymbol{f} \\ \boldsymbol{u} = \bar{\boldsymbol{u}}, & \text{在} S_u \text{ 上} \\ \boldsymbol{\sigma}\cdot\boldsymbol{n} = \bar{\boldsymbol{t}}, & \text{在 } S_\sigma \text{ 上} \end{cases} \tag{7.44}$$

式中，ρ 是材料密度；$\boldsymbol{u} = (u, v, w)^{\mathrm{T}}$ 是位移矢量；$\boldsymbol{f}$ 是质量力；$\boldsymbol{\sigma}$ 是柯西 (Cauchy) 应力张量；$\boldsymbol{n}$ 为边界外法向。后两个方程分别为位移和面力边界条件。根据伽辽金 (Galerkin) 原理可得连接介质方程的弱形式：

$$\int_V \delta\boldsymbol{u}^{\mathrm{T}}\rho\ddot{\boldsymbol{u}}\mathrm{d}V = \int_V \delta\boldsymbol{u}^{\mathrm{T}}(\nabla\cdot\boldsymbol{\sigma})\mathrm{d}V + \int_V \rho\delta\boldsymbol{u}^{\mathrm{T}}\boldsymbol{f}\mathrm{d}V \tag{7.45}$$

式中，V 代表体积。根据高斯散度定理，式 (7.45) 可写为

$$\int_S \delta\boldsymbol{u}^{\mathrm{T}}(\boldsymbol{\sigma}\cdot\boldsymbol{n})\mathrm{d}S - \int_V \boldsymbol{\sigma} : \delta\boldsymbol{e}\mathrm{d}V + \int_V \rho\delta\boldsymbol{u}^{\mathrm{T}}\boldsymbol{f}\mathrm{d}V = \int_V \delta\boldsymbol{u}^{\mathrm{T}}\rho\ddot{\boldsymbol{u}}\mathrm{d}V \tag{7.46}$$

式中，S 是边界外表面，这里可视为单元交界面；$\boldsymbol{e}$ 是弹性应变张量，$\boldsymbol{e}=\{u_{i,j}\}$。由于单元不发生变形，所以其应变能为 0，即

$$\int_V \boldsymbol{\sigma} : \delta\boldsymbol{e}\mathrm{d}V = 0 \tag{7.47}$$

因此，刚体有限元的弱形式可写作

$$\int_S \delta\boldsymbol{u}^{\mathrm{T}}(\boldsymbol{\sigma}\cdot\boldsymbol{n})\mathrm{d}S + \int_V \rho\delta\boldsymbol{u}^{\mathrm{T}}\boldsymbol{f}\mathrm{d}V = \int_V \delta\boldsymbol{u}^{\mathrm{T}}\rho\ddot{\boldsymbol{u}}\mathrm{d}V \tag{7.48}$$

可以看出，式 (7.48) 右侧第一项即单元之间的相互作用力，且该作用力是作用在两单元之间的交界面上，如图 7.3 所示。在局部坐标系下，若两单元 a 和 b 在交界面上的应力为 $\boldsymbol{R}=\{\sigma_n,\tau_s,\tau_t\}^{\mathrm{T}}$，那么对于单元之间的作用力有

$$\boldsymbol{\sigma}\cdot\boldsymbol{n} = \boldsymbol{A}^{\mathrm{T}}\boldsymbol{R} \tag{7.49}$$

式中，$\boldsymbol{A}$ 为局部坐标系和整体坐标系之间的转换矩阵。

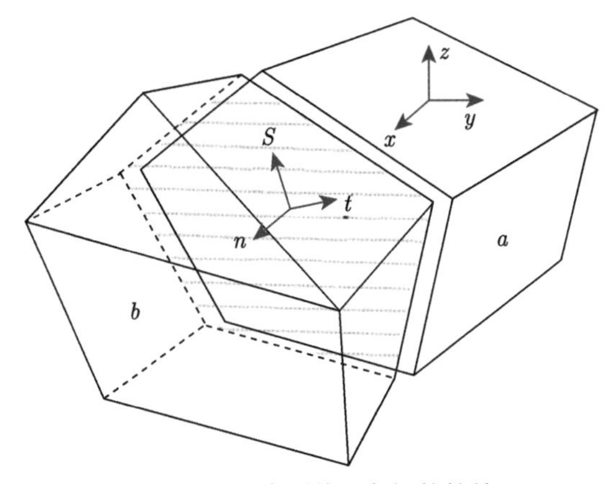

图 7.3 两个刚体元之间的粘结

显然，交界面上的应力 $\boldsymbol{R}$ 与交界面上分属两个单元的点之间的运动直接相关。单元上某个点 (x,y,z) 在局部坐标系下的广义运动位移 $\boldsymbol{u}$ 可写作

$$\boldsymbol{u} = \boldsymbol{N}\boldsymbol{q} \tag{7.50}$$

式中，$\boldsymbol{q}$ 为单元质心的六自由度运动位移，$\boldsymbol{q}=\{u_0,v_0,w_0,\psi,\theta,\varphi\}^{\mathrm{T}}$；$\boldsymbol{N}$ 即为单元插值函数，写作

$$\boldsymbol{N}=\begin{bmatrix}1&0&0&0&z-z_0&y-y_0\\0&1&0&z_0-z&0&x-x_0\\0&0&1&y_0-y&x_0-x&0\end{bmatrix}\tag{7.51}$$

式中，x_0、y_0 和 z_0 为单元质心的坐标。

假设点 i 和 j 为交界面上分别属于单元 a 和 b 的同一点，即在单元之间没有错位变形时该两点完全重合。交界面上的应力 $\boldsymbol{R}$ 与点 i 和 j 之间的距离向量 $\boldsymbol{d}$ 相关，在整体坐标系下，$\boldsymbol{d}$ 可写作

$$\boldsymbol{d}=\boldsymbol{A}\boldsymbol{u}_j-\boldsymbol{A}\boldsymbol{u}_i\tag{7.52}$$

根据式 (7.50)，用 i 和 j 质心的广义位移表示式 (7.52)，则可写作

$$\boldsymbol{d}=\boldsymbol{A}\boldsymbol{N}_j\boldsymbol{q}_j-\boldsymbol{A}\boldsymbol{N}_i\boldsymbol{q}_i=\begin{bmatrix}-\boldsymbol{A}&\boldsymbol{A}\end{bmatrix}\begin{bmatrix}\boldsymbol{N}_i&\\&\boldsymbol{N}_j\end{bmatrix}\begin{Bmatrix}\boldsymbol{q}_i\\\boldsymbol{q}_j\end{Bmatrix}\tag{7.53}$$

单元 i 和 j 质心的广义位移向量、插值函数矩阵和坐标转换矩阵为

$$\begin{aligned}\boldsymbol{q}_{\mathrm{G}}&=\begin{Bmatrix}\boldsymbol{q}_i&\boldsymbol{q}_j\end{Bmatrix}^{\mathrm{T}}\\\boldsymbol{N}_{\mathrm{G}}&=\begin{bmatrix}\boldsymbol{N}_i&\\&\boldsymbol{N}_j\end{bmatrix}\\\boldsymbol{A}_{\mathrm{G}}&=\begin{bmatrix}-\boldsymbol{A}&\boldsymbol{A}\end{bmatrix}\end{aligned}\tag{7.54}$$

那么点 i 和 j 之间的距离向量 $\boldsymbol{d}$ 可写作

$$\boldsymbol{d}=\boldsymbol{A}_{\mathrm{G}}\boldsymbol{N}_{\mathrm{G}}\boldsymbol{q}_{\mathrm{G}}\tag{7.55}$$

定义相对变形几何矩阵 $\boldsymbol{B}=\boldsymbol{A}_{\mathrm{G}}\boldsymbol{N}_{\mathrm{G}}$，那么式 (7.55) 可进一步写作

$$\boldsymbol{d}=\boldsymbol{B}\boldsymbol{q}_{\mathrm{G}}\tag{7.56}$$

定义单元 i 和 j 交界面上的应变 $\boldsymbol{\varepsilon}$ 为

$$\boldsymbol{\varepsilon}=\boldsymbol{d}/C_{ij}\tag{7.57}$$

式中，C_{ij} 为单元的特征长度，即交界面到两单元质心的距离之和。根据三维弹性理论，交界面上的应力 $\boldsymbol{R}$ 可写作

$$\boldsymbol{R}=\boldsymbol{D}\boldsymbol{\varepsilon}=\frac{1}{C}\boldsymbol{D}\boldsymbol{B}\boldsymbol{q}_{\mathrm{G}} \tag{7.58}$$

式中，$\boldsymbol{D}$ 为三维条件下的弹性矩阵，写作

$$\boldsymbol{D}=\frac{E(1-\nu)}{(1+\nu)(1-2\nu)}\begin{bmatrix}1 & 0 & 0\\ 0 & \dfrac{1-2\nu}{2(1-\nu)} & 0\\ 0 & 0 & \dfrac{1-2\nu}{2(1-\nu)}\end{bmatrix} \tag{7.59}$$

根据该本构关系，通过类似一般有限元的推导方法，利用式 (7.44) 和式 (7.48) 可得到两个相邻单元 a 和 b 的控制方程，写作

$$\begin{aligned}&\int_{S_{ab}}\delta\boldsymbol{u}_a^{\mathrm{T}}(\boldsymbol{\sigma}\cdot\boldsymbol{n})\mathrm{d}S-\int_{S_{ab}}\delta\boldsymbol{u}_b^{\mathrm{T}}(\boldsymbol{\sigma}\cdot\boldsymbol{n})\mathrm{d}S+\int_{S_\sigma^a}\delta\boldsymbol{u}_a^{\mathrm{T}}\bar{\boldsymbol{t}}_a\mathrm{d}S+\int_{S_\sigma^b}\delta\boldsymbol{u}_b^{\mathrm{T}}\bar{\boldsymbol{t}}_b\mathrm{d}S\\&+\int_{V_a}\rho\delta\boldsymbol{u}_a^{\mathrm{T}}\boldsymbol{f}_a\mathrm{d}V+\int_{V_b}\rho\delta\boldsymbol{u}_b^{\mathrm{T}}\boldsymbol{f}_b\mathrm{d}V=\int_{V_a}\delta\boldsymbol{u}_a^{\mathrm{T}}\rho\ddot{\boldsymbol{u}}_a\mathrm{d}V+\int_{V_b}\delta\boldsymbol{u}_b^{\mathrm{T}}\rho\ddot{\boldsymbol{u}}_b\mathrm{d}V\end{aligned} \tag{7.60}$$

经过推导，式 (7.60) 可转化为

$$\begin{aligned}&-\frac{1}{C}\left(\int_{S_{ab}}\boldsymbol{B}^T\boldsymbol{D}\boldsymbol{B}\mathrm{d}S\right)\boldsymbol{q}_{\mathrm{G}}+\int_{S_\sigma^a}\boldsymbol{N}_{\mathrm{G}}^{\mathrm{T}}\left\{\bar{\boldsymbol{t}}_a\quad 0\right\}^{\mathrm{T}}\mathrm{d}S+\int_{S_\sigma^b}\boldsymbol{N}_{\mathrm{G}}^{\mathrm{T}}\left\{0\quad \bar{\boldsymbol{t}}_b\right\}^{\mathrm{T}}\mathrm{d}S\\&+\int_{V_a}\rho\boldsymbol{N}_{\mathrm{G}}^{\mathrm{T}}\left\{\boldsymbol{f}_a\quad 0\right\}^{\mathrm{T}}\mathrm{d}V+\int_{V_b}\rho\boldsymbol{N}_{\mathrm{G}}^{\mathrm{T}}\left\{0\quad \boldsymbol{f}_b\right\}^{\mathrm{T}}\mathrm{d}V\\&=\int_{V_a}\rho\boldsymbol{N}_{\mathrm{G}}^{\mathrm{T}}\left\{\ddot{\boldsymbol{u}}_a\quad 0\right\}^{\mathrm{T}}\mathrm{d}V+\int_{V_b}\rho\boldsymbol{N}_{\mathrm{G}}^{\mathrm{T}}\left\{0\quad \ddot{\boldsymbol{u}}_b\right\}^{\mathrm{T}}\mathrm{d}V\end{aligned} \tag{7.61}$$

经过整理可得矩阵形式的刚体有限元控制方程：

$$\boldsymbol{M}_{\mathrm{G}}\ddot{\boldsymbol{q}}_{\mathrm{G}}+\boldsymbol{K}_{\mathrm{G}}\boldsymbol{q}_{\mathrm{G}}=\boldsymbol{F}_{\mathrm{G}} \tag{7.62}$$

式中，$\boldsymbol{F}_{\mathrm{G}}$ 包含边界载荷和单元的质量力；$\boldsymbol{M}$ 和 $\boldsymbol{K}$ 分别为质量和刚度矩阵，可分别写作

$$\begin{aligned}\boldsymbol{M}_{\mathrm{G}}&=\mathrm{diag}\left(\int_{V_a}\rho\boldsymbol{N}_a^{\mathrm{T}}\boldsymbol{N}_a\mathrm{d}V,\int_{V_b}\rho\boldsymbol{N}_b^{\mathrm{T}}\mathrm{d}V\right)\\ \boldsymbol{K}_{\mathrm{G}}&=\frac{1}{C}\int_{S_{ab}}\boldsymbol{B}^{\mathrm{T}}\boldsymbol{D}\boldsymbol{B}\mathrm{d}S\end{aligned} \tag{7.63}$$

该矩阵方程可通过将矩阵集成到总体矩阵中进行求解。在动力学方程中还需要增加阻尼耗散能量，提高模拟稳定性。因此，最终的总体矩阵方程可写作

$$\boldsymbol{M}\ddot{\boldsymbol{q}} + \boldsymbol{C}\dot{\boldsymbol{q}} + \boldsymbol{K}\boldsymbol{q} = \boldsymbol{F} \tag{7.64}$$

式中，$\boldsymbol{M}$、$\boldsymbol{C}$ 和 $\boldsymbol{K}$ 分别为总体质量、阻尼和刚度矩阵。其中，阻尼矩阵通常可取为瑞利 (Rayleigh) 阻尼形式，即 $\boldsymbol{C} = \alpha\boldsymbol{M} + \beta\boldsymbol{K}$。

通过以上分析可总结刚体有限元方法具有以下特点：

(1) 单元为刚体，不发生变形；

(2) 单元之间的“粘结”效应建立在两相邻单元的交界面上，需要在交界面上进行面积分获得单元之间的刚度，从而实现整个单元结构对连续体变形的模拟；

(3) 最终的有限元控制方程求解的是每个单元的质心运动，也即以每个单元的质心运动自由度作为求解目标。

7.2.2 考虑损伤和断裂能的混合断裂准则

在数值方法中合理建立断裂准则 (fracture criterion)(Xie et al., 2005; Xie and Waas, 2006) 是模拟材料破坏过程的关键。材料的应力强度参数是断裂准则中的重要参数，应力强度因子和断裂能也是全面考虑材料破碎过程、细化分析裂纹扩展的关键因素。由于离散元的粘结模型中分别计算法向和切向的粘结作用，通常采用拉剪分区方式判断失效，即根据断裂准则分别判断法向和切向的失效，若其中一个失效即判定粘结失效。显然，该方法对材料的破坏分析较为片面，不能合理地评估断裂特性。因此，本书同时考虑法向拉伸和剪切应力的评估计算临界应力强度，在超过临界应力强度之后计算损伤并重新确定粘结刚度。结合拉伸破坏和剪切破坏并采用经过试验验证的断裂能模型计算断裂能，从而根据断裂能确定粘结节点之间的临界变形，若节点之间的变形大于该临界变形，则该粘结失效。

本书采用考虑拉伸和剪切的强度判定准则决定弹性的临界状态，该准则可写作

$$\left(\frac{\sigma}{\bar{\sigma}}\right)^2 + \left(\frac{\tau}{\bar{\tau}}\right)^2 \geqslant 1 \tag{7.65}$$

式中，σ 和 τ 分别是法向和切向粘结强度。$\langle\cdot\rangle$ 表示 Macaulay 括号，且有 $\langle x\rangle = x$ 若 $x \geqslant 0$，$\langle x\rangle = 0$ 若 $x < 0$。这里假设拉应力为正且压应力为负，那么 $\langle\sigma\rangle$ 即表示只考虑拉伸应力。图 7.4 为该强度判定准则在拉伸和剪切应力坐标系中的表示，图中曲线内形状为椭圆，椭圆之外即表示材料损伤。另外也可看出，拉剪分区判断准则即为图中虚线与横纵轴围成的长方形区域，因此本书采用的强度准则比拉剪分区方法“更易”产生损伤或破坏。

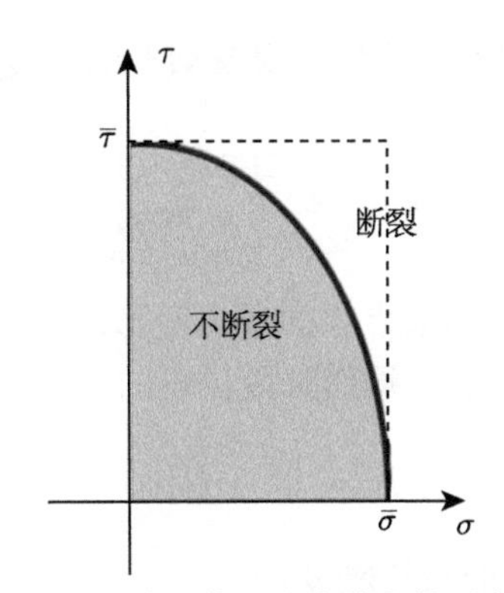

图 7.4 拉伸和剪切应力结合的强度准则

如图 7.5 所示，采用 Mohr-Coulomb 准则计算材料的切向强度，可写作

$$\overline{\tau} = C - \mu_{\mathrm{b}}\sigma \tag{7.66}$$

式中，C 是粘聚力；$\mu_{\mathrm{b}} = \tan\theta$ 是内摩擦系数，这里 θ 是内摩擦角。

为避免采用拉剪分区方式判断粘结失效，本书粘结强度判别方法是通过等效的应力 σ_{m} 和变形 δ_{m} 构造本构关系，可分别写作

$$\sigma_{\mathrm{m}} = \sqrt{\sigma^2 + \tau^2} \tag{7.67}$$

$$\delta_{\mathrm{m}} = \sqrt{\langle\delta_n\rangle^2 + \delta_s^2} \tag{7.68}$$

式中，δ_n 和 δ_s 分别是法向和切向变形量。当粘结节点的应力状态满足式 (7.65) 时，可视为该节点的应力状态达到了极限强度，那么根据式 (7.66) 和式 (7.67) 可计算等效的极限强度 σ_{m}^0 和对应的极限变形 δ_{m}^0。

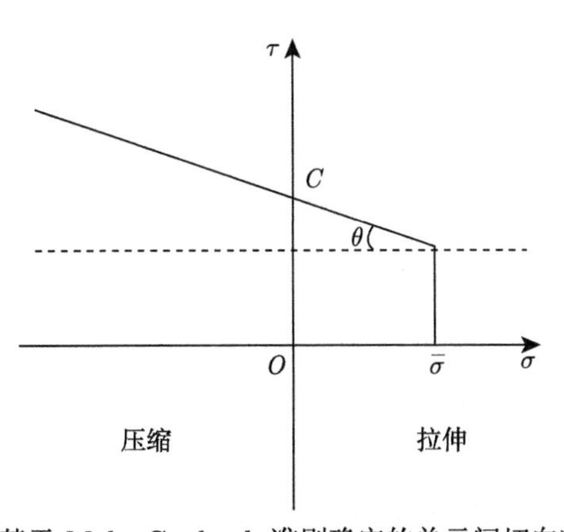

图 7.5 基于 Mohr-Coulomb 准则确定的单元间切向粘结强度

如图 7.6 所示，采用双线性模型定义等效应力和变形之间的本构关系，可计算复合损伤 D，写作

$$D=\frac{\delta_{\mathrm{m}}^{\mathrm{f}}\left(\delta_{\mathrm{m}}^{\max}-\delta_{\mathrm{m}}^{0}\right)}{\delta_{\mathrm{m}}^{\max}\left(\delta_{\mathrm{m}}^{\mathrm{f}}-\delta_{\mathrm{m}}^{0}\right)} \tag{7.69}$$

式中，$\delta_{\mathrm{m}}^{\max}$ 是加载历程中粘结节点上的最大变形；$\delta_{\mathrm{m}}^{\mathrm{f}}$ 是粘结失效时的临界变形，即当 $\delta_{\mathrm{m}}>\delta_{\mathrm{m}}^{\mathrm{f}}$ 时粘结失效。那么损伤阶段材料的刚度 k' 变为

$$k'=(1-D)k \tag{7.70}$$

式中，k 为极限强度范围内的材料刚度。

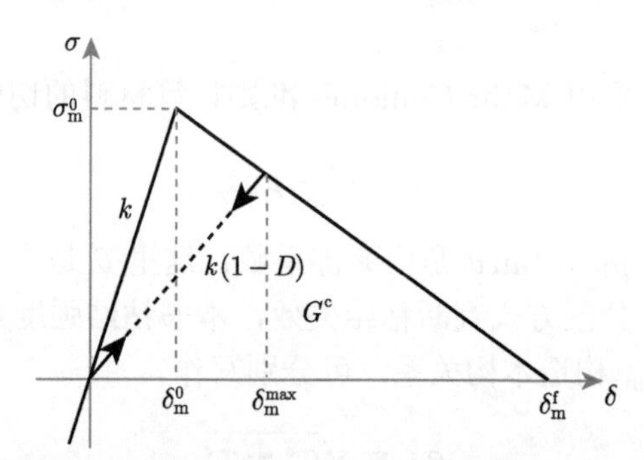

图 7.6　等效应力和变形确定的双线性本构关系

$\delta_{\mathrm{m}}^{\mathrm{f}}$ 可根据 $\delta_{\mathrm{m}}^{\mathrm{f}}=2G^{\mathrm{c}}/\sigma_{\mathrm{m}}^{0}$ 算得，式中 G^{c} 是临界的混合断裂能，采用 Benzeggagh-Kenane 模型计算该混合断裂能，写作 (Benzeggagh and Kenane,1996; Ma et al., 2014)

$$G^{\mathrm{c}}=G_{\mathrm{I}}^{\mathrm{c}}+\left(G_{\mathrm{II}}^{\mathrm{c}}-G_{\mathrm{I}}^{\mathrm{c}}\right)\left(\frac{G_{\mathrm{II}}}{G_{\mathrm{I}}+G_{\mathrm{II}}}\right)^{\eta} \tag{7.71}$$

式中，$G_{\mathrm{I}}^{\mathrm{c}}$ 和 $G_{\mathrm{II}}^{\mathrm{c}}$ 分别对应于拉伸和剪切型裂纹的临界断裂能；η 为常系数，对于脆性材料一般取 $\eta=1.75$ (Camanho et al., 2003)。对应当前状态的拉伸和剪切型断裂能 G_{I} 和 G_{II} 可通过拉伸和剪切的变形计算两者的比例，写作

$$\frac{G_{\mathrm{II}}}{G_{\mathrm{I}}}=\frac{\delta_{s}^{2}}{\left\langle\delta_{n}\right\rangle^{2}} \tag{7.72}$$

在发生损伤之前，即 $D=0$ 时，材料处于弹性阶段。若材料的应力状态满足式 (7.65)，则进入损伤状态。在每一步迭代中先根据粘结节点的变形计算损伤，再根据损伤计算刚度从而可计算应力。同时，损伤状态下需根据式 (7.66) 计算临界的混合断裂能并计算粘结失效的临界变形，从而可根据临界变形判断粘结失效。

通过以上分析可以看出，本书采用的粘结强度的判别方法综合考虑了损伤、断裂能，且避免了采用拉剪分区方式判断粘结失效，其特点如下：

(1) 采用等效的应力和变形，统一了拉伸和剪切应力和变形计算，从而避免了在法向和切向分别判断失效的片面性；

(2) 采用统一拉伸和剪切的强度准则判定粘结的极限强度状态，并采用双线性模型定义等效应力和变形之间的本构关系；

(3) 在材料达到等效的极限强度之后，材料会发生损伤，即反复载荷作用下材料的应力变形关系会发生变化；

(4) 采用了经典的 Benzeggagh-Kenane 模型计算混合断裂能，提高了损伤阶段临界变形的计算合理性。

需要注意的是，损伤、断裂能等概念皆来源于断裂力学，这里引入这些概念对本书的粘结强度判别方法进行比拟化的说明，其与传统断裂力学中的概念尚存在一定差异。

7.2.3 粘结节点的选取及粘结力的计算

在刚体有限元中，单元之间的刚度作用建立在交界面上，即在每个时间步上对单元之间的交界面上的应力进行积分而获得单元之间的作用力。显然，对于几何形状复杂的单元，交界面上的几何形状也较为复杂，不利于进行高效且频繁的积分计算。在球体离散元的粘结模型中，GCM (generalized contact model) 模型在两个球体之间的粘结球面上设定若干粘结节点，通过弹簧链接节点并分别在互相粘结的节点上计算弹簧力 (Azevedo et al., 2015)，如图 7.7(a) 所示。该弹簧力在传递到单元质心过程中也考虑力矩的作用，较为全面地考虑了两个单元之间的粘结效应。

类似地，这里考虑在两个互相粘结的单元之真实交界面或虚拟交界面的角点上设定若干积分点，将该积分点对应在两个单元上的点视为粘结节点，并称该交界面对应在两个单元上的面为粘结面。考虑到连续材料的剖分粘结和散体材料的堆积粘结两种情形，分别建立了基于交界面的粘结模型和基于任意接触模式的粘结模型。

基于交界面的粘结模型在建立粘结对时需要满足一定的条件，即两个扩展多面体单元在初始时刻处于面面重合的接触状态。因此模型在起始时刻需要对所有的计算单元之间进行粘结条件的判断。这一步称为粘结对初始化。面面重合的条件可归纳为：① 两接触面的法向需要是平行反向的，② 两接触面的距离需要等于 0 或近似为 0。两粘结单元的具体粘结方式如图 7.7(b) 和 (c) 所示。图中的接触面被分开显示以更好地说明粘结面的构造。图中 P 和 P' 为两单元的接触点。粘结作用设置在两粘结单元的交界面角点上。这些角点称为粘结节点，并将该交界面称为粘结面。在图中 A-A'，B-B'，C-C' 和 D-D' 即对应的粘结节点，面 $ABCD$ 和面 $A'B'C'D'$ 即为粘结面。图中 $\boldsymbol{n}_i$ 和 $\boldsymbol{n}_j$ 是粘结面的单位外法向向量，$\boldsymbol{h}_i$ 和 $\boldsymbol{h}_j$ 是计算单元的中心到粘结面的距离向量。由于借鉴了刚体有限元的主要思想，扩展多面体粘结–破碎模型有如下相似的特点：粘结作用的传递是由粘结节点的变形产生，扩展多面体计算单元本身为刚体，不考虑变形；扩展多面体计算单元之间的粘结作用建立在交界面上的节点处，类似于刚体有限元中的面积分，离散元交界面上的粘结作用需要对各粘结节点传递的作用力进行累加求得；对扩展多面体计算单元的运动控制方程求解后将粘结力转化到计算单元质心，并考虑力矩的作用。

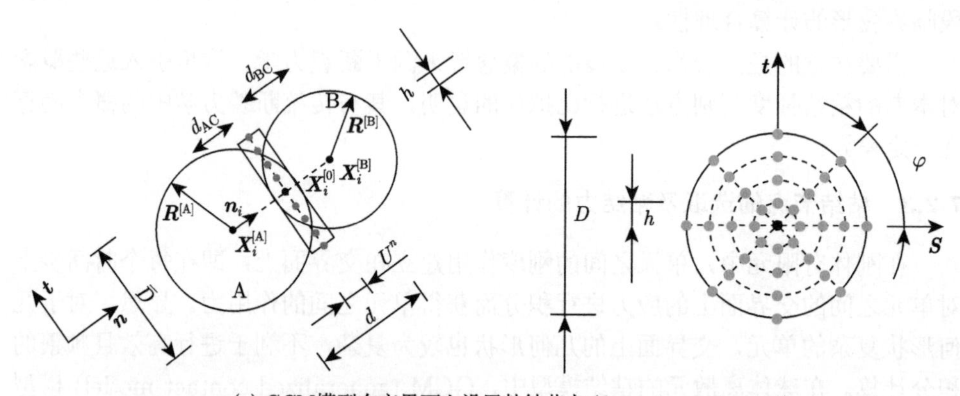

(a) GCM模型在交界面上设置粘结节点 (Azevedo et al., 2015)

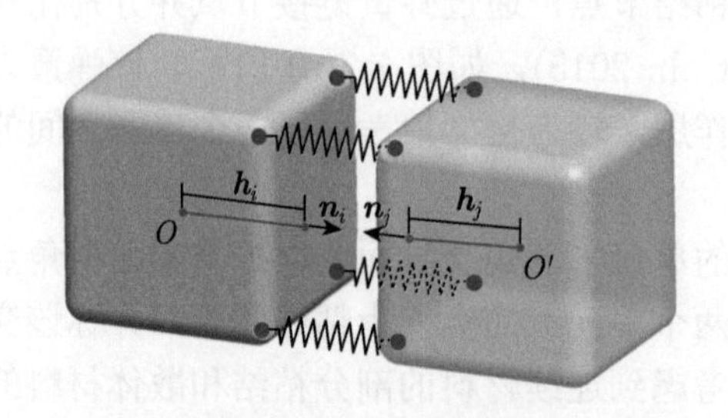

(b) 两单元在交界面上的粘结作用

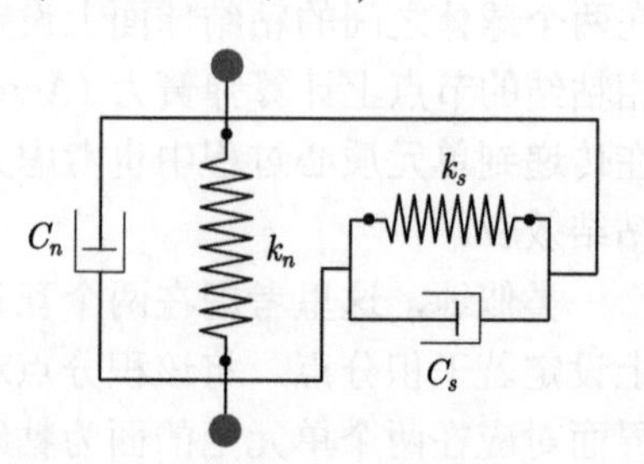

(c) 两个粘结节点之间的粘结模型

图 7.7　粘结模型的描述简图

基于任意接触模式的粘结模型主要针对散体堆积形成的堆积体，非规则的排列方式使得单元之间随机堆叠，其内部存在较多孔隙，面面重合的接触方式较少，杂乱的倾斜堆叠较多。这种情况下基于交界面的粘结模型便不再适用，并且对于随机接触的颗粒单元，由于没有交界面作为粘结面来传递粘结作用，从而必须在两单元之间建立虚拟的粘结面和粘结点，如图 7.8 所示。通过颗粒间的接触模型可求出相邻两颗粒的接触位置，并以此在接触面上建立虚拟粘结面，即面 $ABCD$

和面 $A'B'C'D'$。粘结面上的粘结点设定为中心对称的四粘结点，分别在矩形粘结面的四个角点处，为点 A、B、C、D 和点 A'、B'、C'、D'，两个面上的粘结点在初始时刻是重合的。$\boldsymbol{n}_i$ 和 $\boldsymbol{n}_j$ 分别为两粘结面的单位法向向量，在初始时刻两向量为平行反向。粘结面的面积直接决定粘结单元之间传递力的大小，其与粘结强度共同决定了粘结作用的强弱。

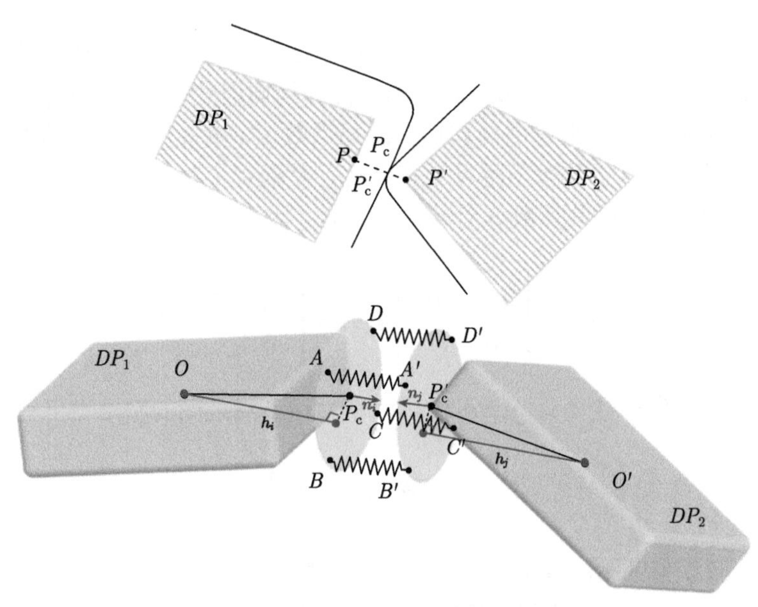

图 7.8 任意接触模式下的粘结模型

通过施加一定的刚度和阻尼，即可在互相粘结的节点上计算法向和切向应变。其中，法向应变 ε_n 可写作

$$\varepsilon_n = \frac{\boldsymbol{d} \cdot \boldsymbol{n}}{C_{ij}} \tag{7.73}$$

式中，$\boldsymbol{d}$ 是两个粘结节点之间的距离向量；$\boldsymbol{n}$ 为交界面的法向，这里取为两个单元粘结面的外法向之差，即 $\boldsymbol{n} = \operatorname{norm}(\boldsymbol{n}_i - \boldsymbol{n}_j)$；$C_{ij}$ 为两个粘结单元之间的特征长度，与刚体有限元中的定义相同，即为两个粘结面到各自单元质心的距离之和，可写作

$$C_{ij} = h_i + h_j \tag{7.74}$$

由于粘结力会传递到单元质心上进行合力计算，这里切向应变只考虑与法向垂直的一个方向应变，可写作

$$\boldsymbol{\varepsilon}_t = \frac{|\boldsymbol{d} - (\boldsymbol{d} \cdot \boldsymbol{n})\boldsymbol{n}|}{C_{ij}} \tag{7.75}$$

根据图 7.7(c) 所示的粘结力模型，采用三维条件下的弹性矩阵，两个粘结单元在交界面上的弹性应力 $\boldsymbol{\sigma}^{\mathrm{e}}$ 可写作

$$\boldsymbol{\sigma}^{\mathrm{e}} = \begin{bmatrix} k_n & 0 \\ 0 & k_s \end{bmatrix} \boldsymbol{\varepsilon} = \frac{E(1-\nu)}{(1+\nu)(1-2\nu)} \begin{bmatrix} 1 & 0 \\ 0 & \dfrac{1-2\nu}{2(1-\nu)} \end{bmatrix} \boldsymbol{\varepsilon} \tag{7.76}$$

式中，E 为材料弹性模量；ν 为材料泊松比；$\boldsymbol{\sigma}^{\mathrm{e}}$ 为考虑法向和切向的应力，即 $\boldsymbol{\sigma}^{\mathrm{e}} = \{\sigma, \tau\}^{\mathrm{T}}$；$\boldsymbol{\varepsilon}$ 为考虑粘结节点之间的法向和切向应变，即 $\boldsymbol{\varepsilon} = \{\varepsilon_n, \varepsilon_t\}^{\mathrm{T}}$。

在粘结力模型中，考虑法向和切向阻尼系数 C_n 和 C_s 表示的粘滞作用。该阻尼效应可代表真实的物理阻尼并消耗动能，从而提高模拟的稳定性。一般情况下，通过与刚度相关的常系数 β 计算阻尼系数。因此，由粘滞作用产生的应力 $\boldsymbol{\sigma}^{\mathrm{v}}$ 可写作

$$\boldsymbol{\sigma}^{\mathrm{v}} = \begin{bmatrix} C_n & 0 \\ 0 & C_s \end{bmatrix} \dot{\boldsymbol{\varepsilon}} = \beta \begin{bmatrix} k_n & 0 \\ 0 & k_s \end{bmatrix} \dot{\boldsymbol{\varepsilon}} \tag{7.77}$$

式中，$\dot{\boldsymbol{\varepsilon}}$ 是应变率，且 $\dot{\boldsymbol{\varepsilon}} = \{\dot{\varepsilon}_n, \dot{\varepsilon}_t\}^{\mathrm{T}}$。两个粘结节点之间的粘结力可写作

$$\boldsymbol{F}^{\mathrm{b}} = (\boldsymbol{\sigma}^{\mathrm{e}} + \boldsymbol{\sigma}^{\mathrm{v}}) \cdot \frac{A}{n} \tag{7.78}$$

式中，A 是交界面面积；n 是一个粘结面上的粘结节点个数。通过式 (7.78) 计算单元受到的粘结力，将其转换到单元质心上，并结合接触力等其他受力，即可得到每个单元质心受到的合力情况。

从以上分析可以看出，在单元间交界面对应的粘结面上设置粘结节点，通过弹性矩阵可简化应力–应变的计算。同时直接在整体坐标系下将节点之间的粘结力传递到单元质心上，可分别求解每个单元的运动。因此，该方式结合了刚体有限元，可高效地融入离散元方法中并形成算法和数据结构高度统一的数值方法。

7.3　平行粘结–破碎模型的验证

平行粘结–破碎模型自提出以来就被广泛用于岩土工程的离散元模拟。近年来，该模型不仅实现了从球体单元到非规则单元的过渡，其应用上也拓展到海冰、陶瓷及混凝土等硬脆性材料的破碎变形中。本节介绍基于球体单元的海冰单轴压缩和三点弯曲离散元模拟，以及基于非规则单元的冻结道砟破碎特性的离散元模拟。

7.3.1 单轴压缩试验的离散元分析

1. 单轴压缩的试验模型

在单轴压缩试验中，沿竖直方向对海冰试件进行加载，试件其他方向不进行约束，如图 7.9 所示。选取的海冰试件是尺寸 $(a \times a \times h)$ 为 15 cm×15 cm×37.5 cm 的长方体。考虑到海冰与结构相互作用时的加载方向为垂直于冰厚的方向，因此试验中压头将以 0.01 m/s 的速度垂直于冰厚方向对试件加载。试验条件下海冰的温度在 $-17.4 \sim -0.8$ °C 范围内，海冰的盐度在 0.4‰ ~ 12.6‰ 范围内，测得海冰的抗压强度在 2.0 ~ 6.0 MPa 范围内，海冰的弹性模量在 1.0 ~ 2.0 GPa 范围内。

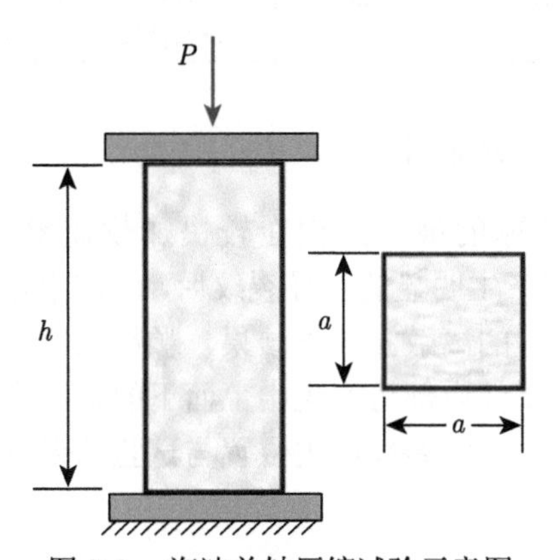

图 7.9 海冰单轴压缩试验示意图

单轴压缩试验中，压头上的压力传感器可测得加载面的受力情况，若测得的最大载荷为 $P_{\max}$，则海冰的单轴抗压强度可表示为

$$\sigma_{\mathrm{c}} = \frac{P_{\max}}{a^2} \tag{7.79}$$

2. 单轴压缩的离散元模型

采用规则排列、大小相同的球体单元构建海冰单轴压缩的离散元模型，对海冰的单轴抗压强度进行计算。单元间通过密排六方 (HCP) 的方式进行排列粘结而成长方体形状的海冰试件。采用三角形平面构造单轴压缩试验的上下压板，其中下压板固定不变，仅使上压板保持固定速度向下运动来模拟压头对海冰的加载过程。离散元模拟中上下压板均视为刚体，不考虑局部变形。海冰试件的四个侧面不受其他边界约束，使模拟条件与单轴压缩试验保持一致。计算时考虑海冰试件与上下压板的接触力作用，即计算球体和三角面单元的接触力。根据球体单元

与三角面单元的相对位置计算两者之间的重叠量，再通过线性接触模型及 Mohr-Coulomb 准则计算单元与三角形单元的法向力和切向力。海冰与加载压板的相互作用力是上压板与颗粒单元之间竖直方向上的接触力，其最大值用 $P_{\max}$ 表示。由此可通过离散元模拟计算海冰的单轴抗压强度。其中，离散元细观参数可根据海冰单轴压缩试验的相关参数进行设定，详见表 7.1 中。

表 7.1　海冰力学试验模拟的离散元参数

参数	单位	数值	参数	单位	数值
单元尺寸	mm	5.2	海冰的弹性模量	GPa	1.0
海冰的密度	kg/m^3	920.0	切向接触刚度	N/m	1.6×10^7
法向接触刚度	N/m	7.8×10^6	法向粘结强度	MPa	0.6
切向粘结强度	MPa	0.6	颗粒阻尼系数	—	0.3
颗粒单元的内摩擦系数	—	0.2	海冰与结构的摩擦系数	—	0.15

3. 离散元模拟与试验结果对比

单轴压缩试验中海冰的破碎过程在较快加载速率下表现为脆性破坏，如图 7.10 所示。海冰内部产生明显的主导裂纹后，海冰沿该裂纹迅速劈裂。图 7.11 为海冰单轴压缩破坏过程的离散元计算结果，颗粒颜色表示其运动速度。可以看出，在加载过程中海冰试件内部可产生由上而下的贯穿裂纹，随后海冰沿裂纹方向发生劈裂。虽然模拟结果中裂纹产生位置与试验结果有所差别，但海冰劈裂形式和裂纹方向比较一致。

(a)

(b)

(c)

图 7.10　现场试验的海冰单轴压缩破坏过程

单轴压缩试验过程中，根据压头载荷随时间的变化情况，可得到海冰的应力–应变曲线，如图 7.12 所示。随着压头的不断加载，海冰试件的应力和应变逐渐增大，此时海冰没有明显的裂纹出现。当达到载荷峰值后载荷迅速下降，海冰产生大量裂纹并发生断裂导致压头与海冰脱离，载荷迅速下降为零。试验中抗压强度的最大值为 4.2 MPa，离散元模拟中抗压强度的最大值为 3.8 MPa。图 7.12 中 OA 段直线的斜率是海冰的弹性模量，离散元模拟中海冰的弹性模量为 1.42 GPa，满足渤海实测的海冰弹性模量范围。虽然模拟结果与试验数据在数值上有所差别，但海冰应力–应变曲线的变化趋势及海冰的破坏模式两者结果基本接近，可说明离散元参数可适用于模拟海冰的单轴抗压强度。

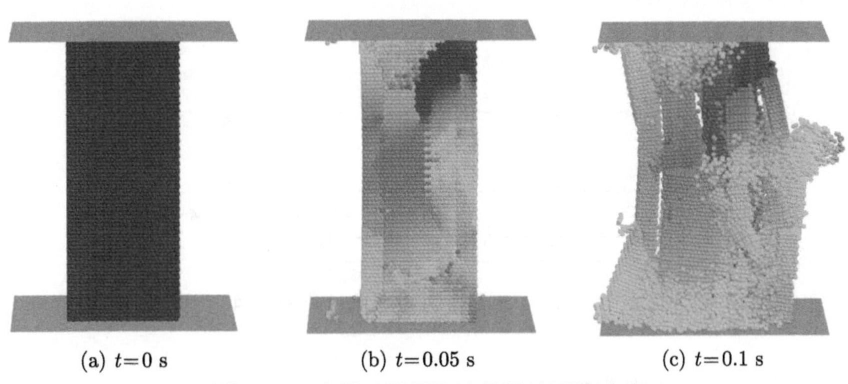

(a) t=0 s (b) t=0.05 s (c) t=0.1 s

图 7.11 离散元模拟海冰的单轴压缩试验

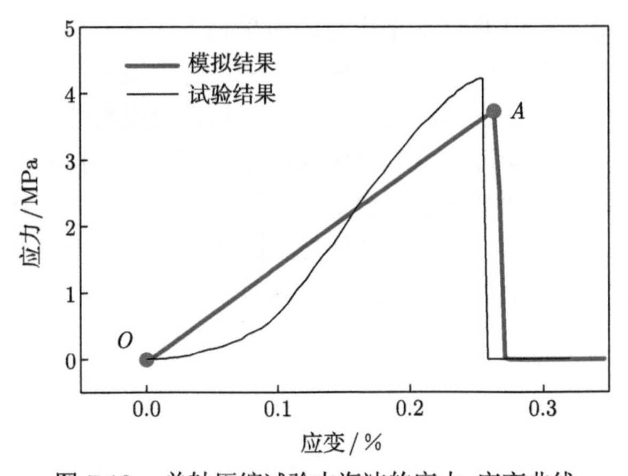

图 7.12 单轴压缩试验中海冰的应力–应变曲线

7.3.2 三点弯曲试验的离散元分析

1. 三点弯曲的试验模型

海冰与锥体海洋平台结构作用时多发生弯曲破坏，海冰弯曲强度是锥体结构冰载荷的重要影响因素。人们通常采用三点弯曲试验对海冰的弯曲强度进行测量。试验时海冰试件下方有两个固定支点，在海冰试件上方施加载荷，保持压头向下的加载速度不变为 0.01 m/s。海冰试件的尺寸 $(l \times a \times a)$ 为 140 cm×15 cm×15 cm，如图 7.13 所示。根据简支梁的受力分析可知，当载荷最大为 $P_{\max}$ 时，海冰试件的弯曲强度为

$$\sigma_{\mathrm{f}} = \frac{3P_{\max}l_0}{2a^3} \tag{7.80}$$

式中，l_0 为支撑点间距。

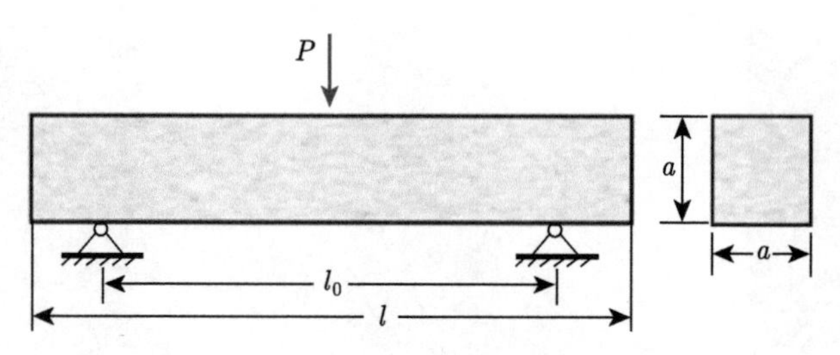

图 7.13　海冰的三点弯曲试验示意图

2. 三点弯曲试验的离散元模型

现场试验中可观察到海冰发生弯曲破坏后，试件在中间位置劈裂成两段，且断裂截面整齐，如图 7.14 所示。采用与模拟单轴压缩试验时相同的颗粒排列方式生成三点弯曲试验试件。用圆柱体结构代替三点弯曲试验中的支点，位于下方的两个圆柱固定不动，位于上方的圆柱匀速向下加载模拟海冰的弯曲过程。三个圆柱支点可视为刚体，模拟过程中需考虑球体单元和圆柱的接触。利用球心到圆柱轴线的距离求出球体与圆柱接触重叠量，进而计算两者之间的接触力作用，上方圆柱受到颗粒单元的合力即为海冰试件受到圆柱的下压作用力 P。这里采用的离散元计算参数与模拟单轴压缩试验的参数相同，详见表 7.1。

图 7.14　现场三点弯曲试验中海冰的破碎过程

3. 离散元模拟与试验结果对比

图 7.15 是离散元模拟得到的海冰破碎过程，图中颜色为颗粒所受合力情况。随着载荷的增加，试件在上下表面的中间位置均产生较大作用力，并不断向试件中间层扩展。其中，试件上表面主要受压应力，下表面以拉应力为主。由于海冰的抗拉强度较低，在海冰下表面中间位置首先出现裂纹，并沿垂直截面迅速向上扩展，直至试件劈裂。在试件劈裂前其内部并没有产生明显裂纹，可见海冰的弯曲破碎过程也表现出脆性材料破碎特点。

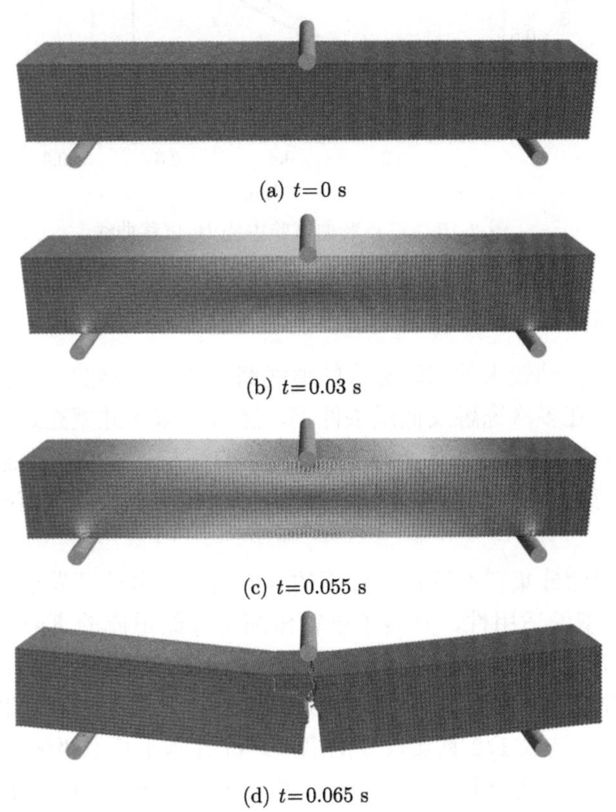

(a) t=0 s

(b) t=0.03 s

(c) t=0.055 s

(d) t=0.065 s

图 7.15　离散元模拟海冰三点弯曲试验

图 7.16 是海冰弯曲应力随圆柱压头位移变化情况。其中，海冰弯曲应力的最大值 (A 点) 即为海冰的弯曲强度。可以看出，试验和离散元模拟得到的弯曲应力都随压头位移的增加逐渐增大，当应力达到最大后海冰试件的变形量也达到最大，随后海冰劈裂使弯曲应力迅速下降为零。模拟结果和实测结果得到的海冰弯曲强度 σ_{f} 均为 1.3 MPa，海冰的最大变形量也比较接近，由此说明模拟结果与试验数据比较接近。另外，由于海冰试件在载荷作用下产生轻微振动，海冰应力在

加载过程中也伴随着一定振荡，但在内部阻尼影响下振荡会逐渐消失而保持线性增大。

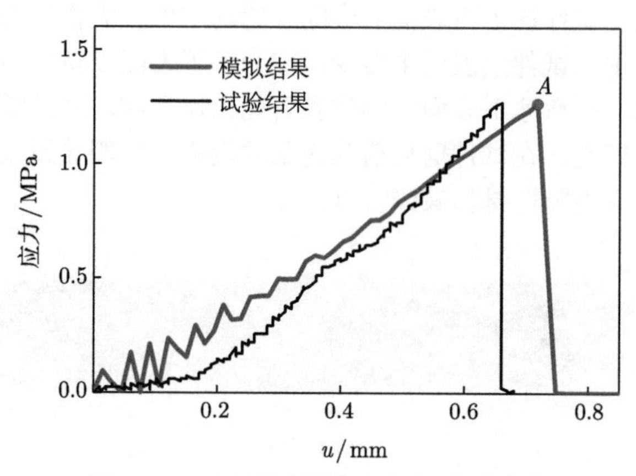

图 7.16　三点弯曲试验中应力–位移曲线

7.3.3　冻结道砟破碎特性的离散元模拟

在某些气温波动较大的寒区有砟轨道线路地段，下落的雨雪会堆积到外露的碎石道床表面。在多次冻融及低温条件下，融雪水渗入并填充道床内部，使得散粒体道床发生冻结。低温条件下冰–石混合体的冻结道砟结构形态将改变整体道床的物理力学特性及服役性能，严重时可引发线路不平顺及轨道冻害等一系列工程问题。

为探究低温道砟集料在冻结条件下的破碎特性，并验证发展的扩展多面体单元粘结–破碎模型的适用性，开展了单轴压缩下冻结道砟的离散元模拟和室内模型试验。如图 7.17 所示，在冻结道砟的模型试验中，道砟试验材料选用莫氏硬度 5 ~ 7 的玄武岩碎石，密度约为 $\rho = 2800$ kg/m^3，孔隙率约为 0.42。由于室内试验条件限制，这里选取 1/2 真实尺寸的缩尺道砟并基于相似级配法进行粒径配比。冻结道砟试样尺寸参考普通混凝土单轴压缩试样制作标准 (GB/T 50081—2019)，大小为 0.15 m×0.15 m×0.15 m。冻结道砟离散元模型中的非规则道砟颗粒采用扩展多面体单元建模，并采用之前发展的扩展多面体平行粘结模型来模拟道砟颗粒的冻结–破碎行为，主要离散元参数列于表 7.2 中。扩展多面体道砟颗粒尺寸满足真实铁路道砟级配分布，密度和孔隙率与试验一致，离散元模型试样的尺寸为 0.3 m×0.3 m×0.3 m。

为探究冻结道砟试样的力学性能及破坏模式，有必要首先验证建立的冻结道砟离散元模型的正确性，图 7.18 给出了两种不同加载应变率下冻结道砟室内试验及离散元模拟的对比结果。可以看出，DEM 模拟得到的应力–应变曲线中弹性阶段的斜率和强度峰值与试验曲线吻合程度较好。然而，由于冰冻道砟试样在加载过程中局部断裂的随机性，离散元模拟很难再现高加载应变率下试样试验曲线在达到峰值强度前的多次应力跌落行为，如图 7.18(b) 所示。此外，通过监测离散元仿真中粘结键的断裂数目可以发现，在试样初始加载到断裂破坏的过程中，以键断裂为特征的裂纹数目经历了从缓慢增加到呈指数增长的转变，且受拉裂纹数量高于剪切断裂的裂纹数量。根据两种应变率下应力–应变曲线峰后阶段产生的裂纹数目可进一步发现，低应变率下试样内裂纹萌生的增长趋势低于高应变率。试样内裂纹增长速率与应力–应变峰后曲线有一定的相关性。当试件中裂纹增长速率逐渐增大时，峰后的应力–应变曲线相应下降，导致试件从韧性破坏过渡到脆性破坏。

(a) 冻结道砟试样

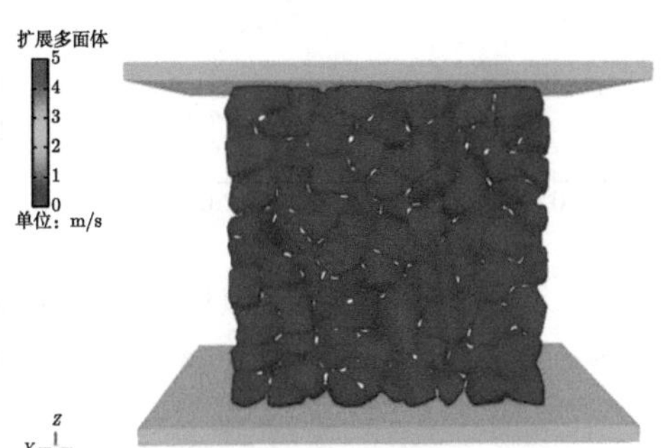

(b) 冻结道砟离散元模型

图 7.17 冻结道砟单轴压缩试验

表 7.2 冻结道砟的离散元模拟中主要计算参数

模拟参数	韧性破坏	脆性破坏
键的弹性模量 /GPa	9.1	12.2
键的法向和切向刚度比	1	1
颗粒的弹性模量 /GPa	9	80
颗粒的泊松比	0.3	0.3
键的法向强度 /MPa	27	21
键的内聚力强度 /MPa	54	42
键的内摩擦系数	0.3	0.3
键的半径 /mm	5	5

基于扩展多面体平行粘结模型的 DEM 模拟不仅可以复现冻结道砟试样的宏观力学性能，而且还能有效模拟试样的断裂失效行为。冻结道砟试件不同破坏模式的离散元模拟结果如图 7.19 所示。图中的蓝色圆点表示未断裂的粘结键，绿色和红色圆点分别表示拉伸和剪切破碎的断裂键。可以看出，初始时刻下 DEM 模型中粘结点的空间分布是相对随机的 (图 7.19(a))，该特征取决于堆积条件下非规

则道砟颗粒间的局部接触状态，并最终影响冻结道砟的试验结果的离散程度。当 DEM 模型发生轴向劈裂破坏时 (图 7.19(b))，可在试样中部观察到大量随机分布的微裂纹 (断裂键)。当试样内部的轴向裂纹穿透试样时，大块的粘结道砟颗粒呈片状脱落。而当冻结试样发生脆性破坏时，可以观察到试样中间的粘结区域几乎完全破碎，而未断裂的道砟颗粒则主要分布在试样的左上角和右下角。具有一定倾角的断裂带从右上延伸至左下角，属于典型的脆性断裂。

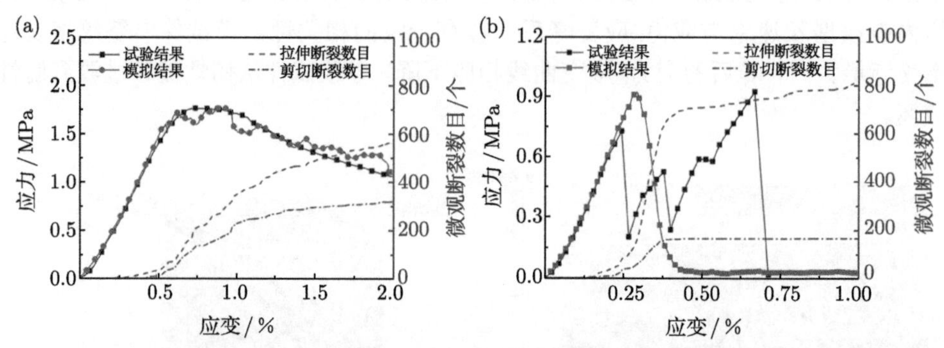

图 7.18　离散元模拟与室内试验获得的应力–应变曲线对比

(a) 低应变率 $\dot{\varepsilon} = 2 \times 10^{-4}\ \mathrm{s}^{-1}$ 时试样韧性破坏；(b) 高应变率 $\dot{\varepsilon} = 6.67 \times 10^{-3}\ \mathrm{s}^{-1}$ 时试样脆性破坏

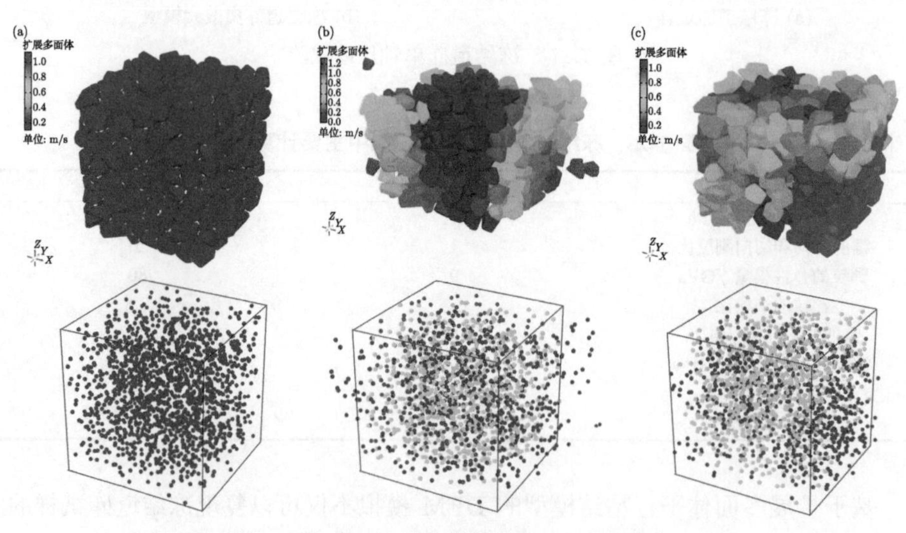

图 7.19　冻结道砟试样不同破坏模式下的离散元模拟

(a) 完整试样；(b) 轴向劈裂失效；(c) 脆性断裂失效

冻结试样最终宏观破坏模式与细观尺度下粘结键的状态密切相关。图 7.20 统计了试样应力–应变曲线达到峰值强度时内部粘结键的应力状态。与加载前完整试样的键数相比，此时韧性破坏的试样内未断键的数目略高于脆性破坏试样，这表明在达到峰值强度前，脆性破坏试样内部的损伤较为严重。同时，这也解释了脆性破坏试样在室内试验中更容易出现局部断裂行为而导致其抗压强度较低的原因。此外，通过统计粘结键上的接触力幅值和对应的键数目可以发现，韧性破坏试样中粘结键上接触力幅值较大，且在分担外部载荷时，键的数量较为平均。这种应力状态有助于实现粘结键的稳定断裂和曲线峰后阶段较小的应力降。而对于脆性破坏的试样，承受较大外力的粘结键数目不足，在随后的加载过程中，这些键很容易提前断裂，导致试件强度严重减弱。试样中的这种弱结构状态会进一步反馈给粘结键，导致键在后续阶段短时间内大面积断裂，试件发生宏观脆性破坏行为。

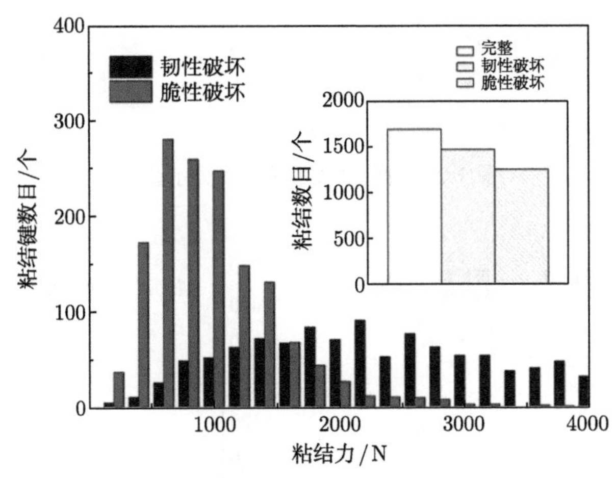

图 7.20 试样达到峰值强度时内部粘结键的应力状态

7.4 单元接触的粘结–破碎模型的验证

对于在任意接触模式下的两单元，根据其接触位置建立粘结对来实现单元和单元之间的粘结作用。粘结主要是用来传递单元之间的作用力，使得两个处于粘结状态的单元有着稳定一致的运动状态。同时，单元间考虑粘结对的失效，并对粘结对的失效及颗粒破碎行为进行验证。

7.4.1 颗粒运动稳定性

采用如图 7.21 所示两正方体颗粒 A、B 单元检验粘结单元传递粘结力过程的稳定性。算例对初始静止的两个单元中的单元 A 施加压力、拉力和扭矩，则其对应于粘结对传递的作用力为拉力、压力和扭矩。通过 $x=\frac{1}{2}\left(\frac{F}{m}\right)t^2$ 以及 $\theta=\frac{1}{2}\left(\frac{M}{J}\right)t^2$ 求得两个颗粒受外力作用下运动的距离和转动角度的理论解，并且作为模拟结果的对照，其中 m、J 分别为颗粒的质量和转动惯量，$J=\frac{ma^2}{6}$，a 为边长。单元之间初始已粘结，粘结点为面的中心位置。模拟结果如图 7.22 所示，粘结单元中的一个单元受到外力作用时，两粘结单元发生了一致的位移和转角变化，位移和转角变化的模拟结果也与理论解较好地吻合，由此显示了颗粒单元之间粘结作用的有效性和正确性。

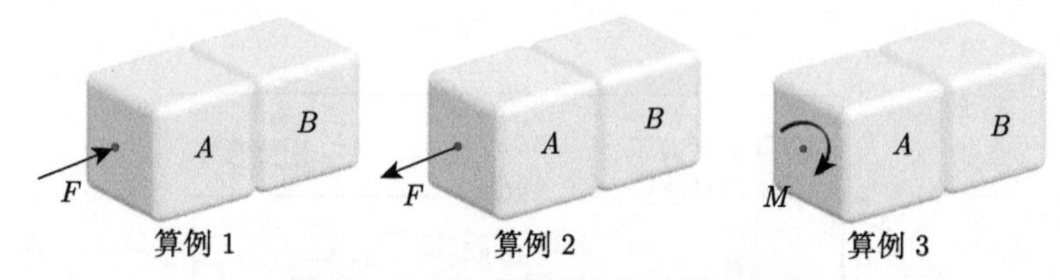

图 7.21　面–面接触单元受力示意图

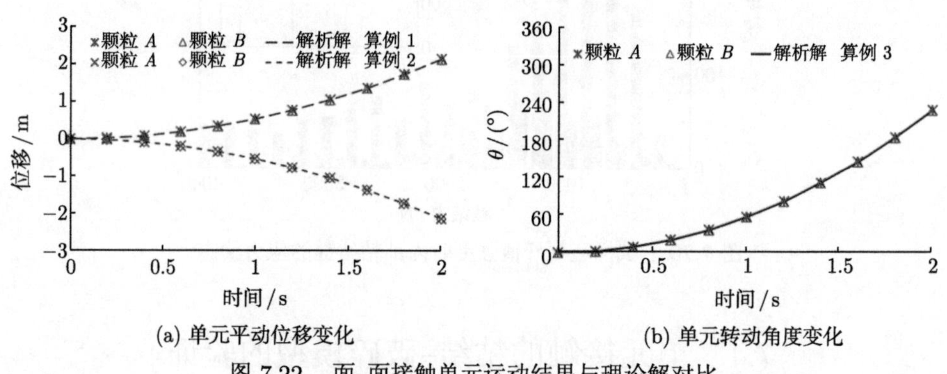

图 7.22　面–面接触单元运动结果与理论解对比

调整单元的初始角度使得颗粒单元角点相对，且两块体单元的体对角线重合，如图 7.23 所示。同样施加相同的外力做三组相同算例，其中力的方向恰好沿体对角线并穿过接触点，扭矩则与体对角线方向一致。模拟结果如图 7.24 所示，在外力的作用下两粘结单元发生了平移和转动，运动状态保持一致，且与理论解吻合，由此可见粘结模型对角–点接触的粘结单元同样有效。

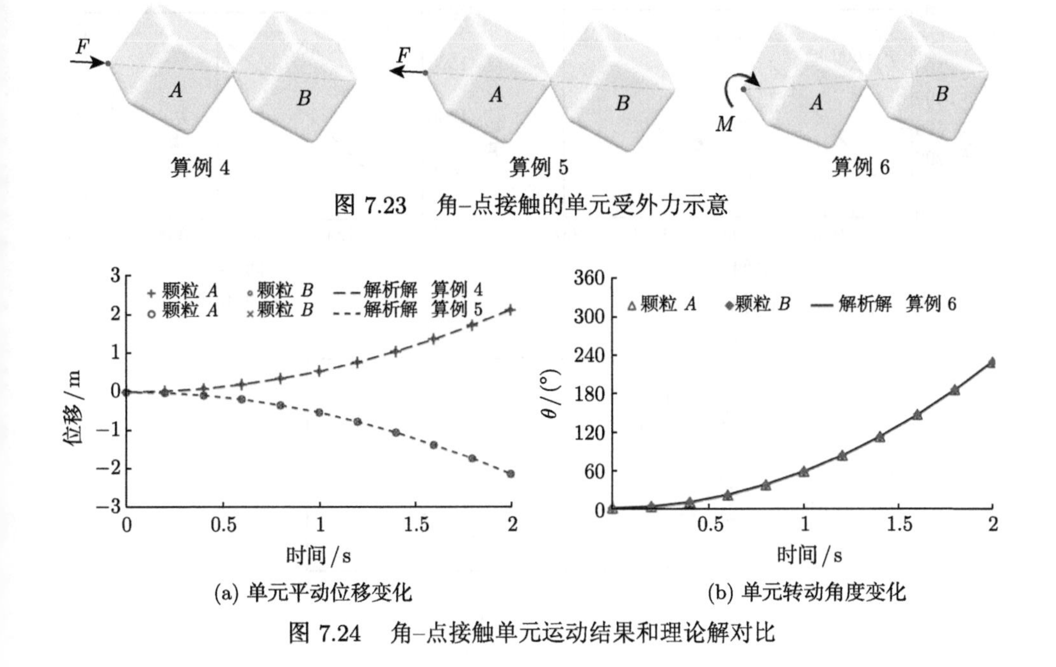

算例 4 算例 5 算例 6

图 7.23 角–点接触的单元受外力示意

(a) 单元平动位移变化 (b) 单元转动角度变化

图 7.24 角–点接触单元运动结果和理论解对比

7.4.2 粘结单元的破碎行为

扩展多面体单元之间粘结作用的破坏失效行为直接影响到宏观碎冰堆积体的破碎行为。由于对任意接触模式下的粘结–破碎过程很难找到理论解作为参照，本小节首先通过规则排布的两颗粒单元的拉伸剪切试验验证粘结的失效过程，再进行河冰堆积体的贯穿过程模拟，通过其宏观表现的强度特征来验证模型的适用性。

采用两个相互粘结的正方体单元 (1.0 m×1.0 m×1.0 m)，如图 7.21 所示。将其中一个颗粒单元固定，在另一颗粒单元上分别施加拉力、剪力以及扭矩，施力的大小由 0 随时间缓慢地线性增加，直至两单元的粘结发生失效。粘结键的参数设置为：法向粘结强度 $f_t = 0.6$ MPa，粘聚力 $C = 1.8$ MPa，粘结面的面积为 1 m^2。记录固定颗粒单元受力时程，如图 7.25 所示。三种受力条件下出现相同的规律：随着外力的增大，粘结键传递的力也增加，最终当超过粘结键强度极限时发生断裂。

在只受拉力作用不受剪切力作用时，$\tau^{\mathrm{b}} = 0$。根据粘结失效判定准则 $(\langle\sigma^{\mathrm{b}}\rangle/f_t)^2 + \left(\tau^{\mathrm{b}}/f_s\right)^2 \geqslant 1$，传递的最大拉力 $\sigma^{\mathrm{b}} = f_t = 0.6$ MPa，因此传递的作用力为最大拉应力和粘结面面积的乘积，$F = \sigma^{\mathrm{b}}A = 600$ kN，模拟结果与分析值相一致。在只受剪切力作用时，粘结键不受拉力，即 $\sigma^{\mathrm{b}} = 0$。根据 Mohr-Coulomb 准则 $f_s = C - \mu_{\mathrm{b}}\sigma^{\mathrm{b}}$ 可知，切向力主要由设定的粘聚力参数决定，即 $\tau^{\mathrm{b}} = C = 1.8$ MPa，乘上面积可求出传递的极限剪切力 $F = \tau^{\mathrm{b}}A = 1800$ kN，与模拟结果一致。

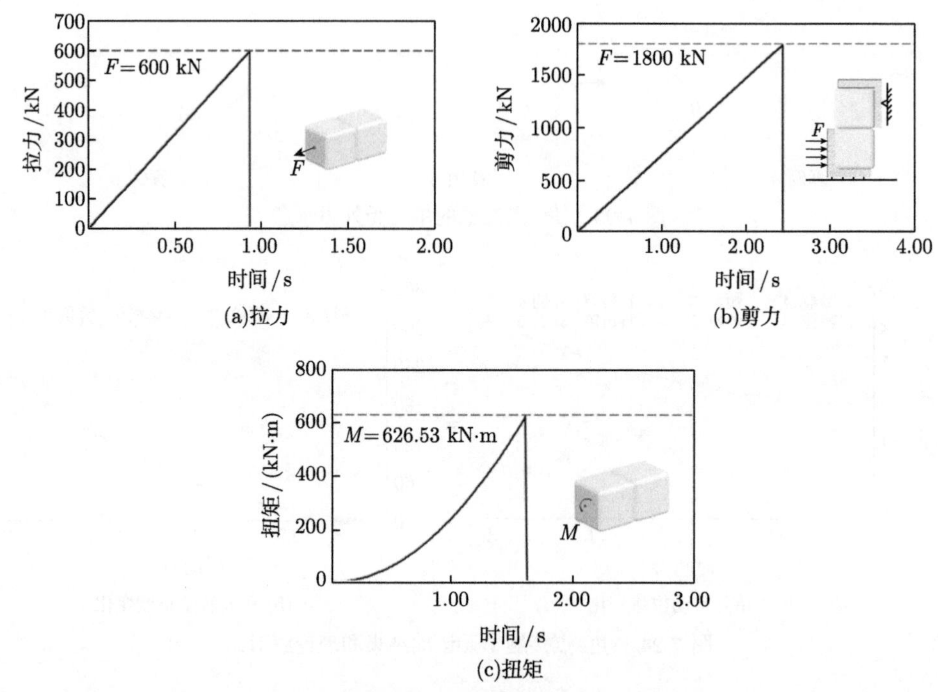

图 7.25　粘结失效过程颗粒之间受力时程变化

图 7.25 所示，粘结键传递的扭矩并非与加载扭矩呈线性关系，这主要与算法中扭矩传递的计算方式有关。根据粘结模型的设定，粘结面上的四个粘结点如图 7.26 所示。传递的扭矩实质是，由四个粘结点的切向位移产生的切向力在粘结面中心合成的合力矩，而切向力对应的应变和扭矩对应的变形之间的关系为 $\varepsilon_t^{\mathrm{b}} = l\sin\theta$，因此其对应的扭矩时程并非线性增长。这里将面力产生的扭矩简化为单点集中力产生的扭矩，避免了求解时对粘结面的积分运算，减少了计算量，但是数值上会有一定偏差。因此当涉及力矩传递的特定问题时，应通过数值试验如三点弯曲试验或悬臂梁试验，建立微观参数 (法向粘结强度、粘结力参数) 与宏观力学参数的联系。

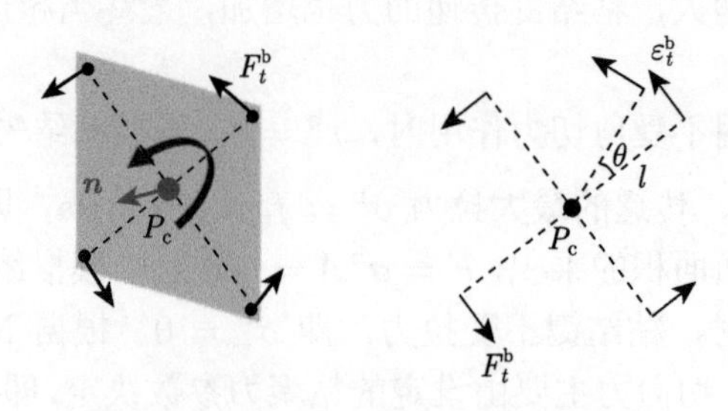

图 7.26　粘结面内剪切力与扭矩传递

7.4.3 巴西盘劈裂试验的离散元模拟

巴西盘压缩试验是测定岩石材料拉伸强度的重要方法，在岩石力学领域运用广泛。图 7.27 为巴西盘试验的物理模型，采用离散元方法模拟巴西盘压缩试验。二维的巴西盘先划分为若干个三角形，然后在垂直于纸面的方向拉伸扩展成三维空间中的三棱柱单元。在巴西盘的上下两侧设置压板，模拟中上下压板同时朝中心以定速度运动压缩巴西盘。压板与巴西盘会发生圆形弧面的接触，可能会导致巴西盘的滚动。为避免该现象并提高模拟稳定性，这里将与压板接触的两侧削成较小的平面，形成加载角 α。本书模拟中 $\alpha = 0.1745$ rad。

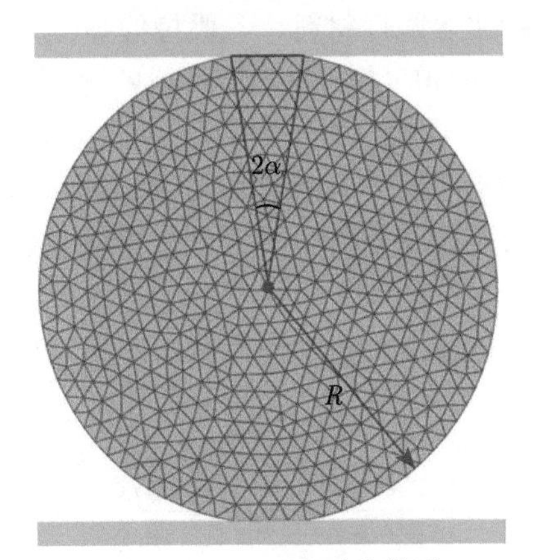

图 7.27 巴西盘试验模型

表 7.3 中列出了离散元模拟中采用的主要参数。材料的物理和力学参数主要参考海冰材料的参数。密度和弹性模量参考了 Hopkins 的相关文献 (Hopkins, 1994)。法向粘结强度参考了球体离散元的相关工作 (Long et al., 2019)。根据前文所述，由于压缩时只会发生剪切破坏，而剪切破坏强度由粘聚力根据 Mohr-Coulomb 决定。因此，这里粘聚力参数 C 取为法向粘结强度的 5 倍，保证圆盘发生的破坏模式符合脆性材料的破坏特点。其他参数根据海冰与结构相互作用的相关研究选取 (Lu et al., 2014)。

表 7.3 巴西盘压缩试验的离散元模拟典型参数

参数	符号	值	单位	参数	符号	值	单位
圆盘直径	D	50	mm	圆盘厚度	t	12.5	mm
材料密度	ρ	920	kg/m^3	弹性模量	E	1.0	GPa
泊松比	ν	0.3	—	滑动摩擦系数	μ	0.3	—
法向粘结强度	$\bar{\sigma}$	1.0	MPa	粘聚力	C	5.0	MPa
内摩擦系数	μ_b	0.3	—	断裂能-I 型	G_{I}^{c}	12	N/m
断裂能-II 型	G_{II}^{c}	12	N/m				

根据弹性力学理论解，两端受压的巴西盘中心位置应力最大，且拉伸应力 $\sigma_{\rm t}$ 和压缩应力 $\sigma_{\rm c}$ 可分别写作 (Muskhelishvili, 1963)

$$\sigma_{\rm t}=\frac{2P}{\pi Dt} \tag{7.81}$$

$$\sigma_{\rm c}=-\frac{6P}{\pi Dt} \tag{7.82}$$

式中，P 是巴西盘两侧的加载载荷大小；D 是圆盘的直径；t 是圆盘的厚度。从式 (7.81) 和式 (7.82) 可以看出，两端受压的巴西盘中心处压缩应力是拉伸应力的三倍。然而，对于岩石、海冰等脆性材料，一般拉伸强度要远小于抗压强度。因此，尽管圆盘的压缩应力大于拉伸应力，在脆性材料的巴西盘压缩试验中仍会首先在中心处发生拉伸破坏，拉伸强度可采用材料破坏时的加载载荷 $P_{\max}$ 和式 (7.81) 算得。因为巴西盘试验的这项特点，该试验可用于测试脆性材料的拉伸强度。另一方面，圆盘首先在中心点发生拉伸破坏是保证脆性材料拉伸强度测试准确性的关键。

由于巴西盘两侧被削成了平面，则需要修正式 (7.81) 定义拉伸强度的计算公式，修正系数 k 可写作 (Lin et al., 2015)

$$k=\frac{(2\cos^3\alpha+\cos\alpha+\sin\alpha/\alpha)^2}{8(\cos\alpha+\sin\alpha/\alpha)}\cdot\frac{\alpha}{\sin\alpha} \tag{7.83}$$

式中，α 采用弧度数。当 $\alpha=0.1745$ 时，$k=0.9603$。因此，这里采用拉伸强度公式定义巴西盘的破坏强度 $\bar{\sigma}_{\rm f}$，写作

$$\bar{\sigma}_{\rm f}=k\frac{2P_{\max}}{\pi Dt}=0.9603\frac{2P_{\max}}{\pi Dt} \tag{7.84}$$

在离散元模拟中，采集压板上受到的圆盘接触力。最大的接触力 $P_{\max}$ 可用于式 (7.67) 计算巴西盘的破坏强度 $\bar{\sigma}_{\rm f}$。根据巴西盘的破坏模式可决定材料拉伸强度 $\bar{\sigma}_{\rm t}$ 是否与破坏强度相等。若为拉伸破坏，则 $\bar{\sigma}_{\rm f}=\bar{\sigma}_{\rm t}$；若为其他破坏，则 $\bar{\sigma}_{\rm f}\neq\bar{\sigma}_{\rm t}$。

在基于平行粘结模型的球体离散元中，单元的尺寸是影响模拟结果的重要参数 (Long et al., 2019)，合理地评估单元尺寸效应也是进一步研究本书方法的前提和基础。这里采用不同的单元尺寸模拟巴西盘压缩试验，研究单元尺寸对圆盘破坏强度的影响。这里采用二维上三角形单元的平均边长 $\bar{D}$ 作为单元尺寸参数。不同单元尺寸划分的巴西盘试件如图 7.28(a) 所示。不同单元尺寸模拟的巴西盘破坏强度如图 7.28(b) 所示。结果表明，当 $\bar{D}<3$ mm 时单元尺寸对圆盘破坏强度影响较小，且破坏强度稳定在 1.10 MPa 附近；当 $\bar{D}>3$ mm 时，破坏强度较不稳定。因此，在后面的模拟中单元尺寸取为 2 mm。

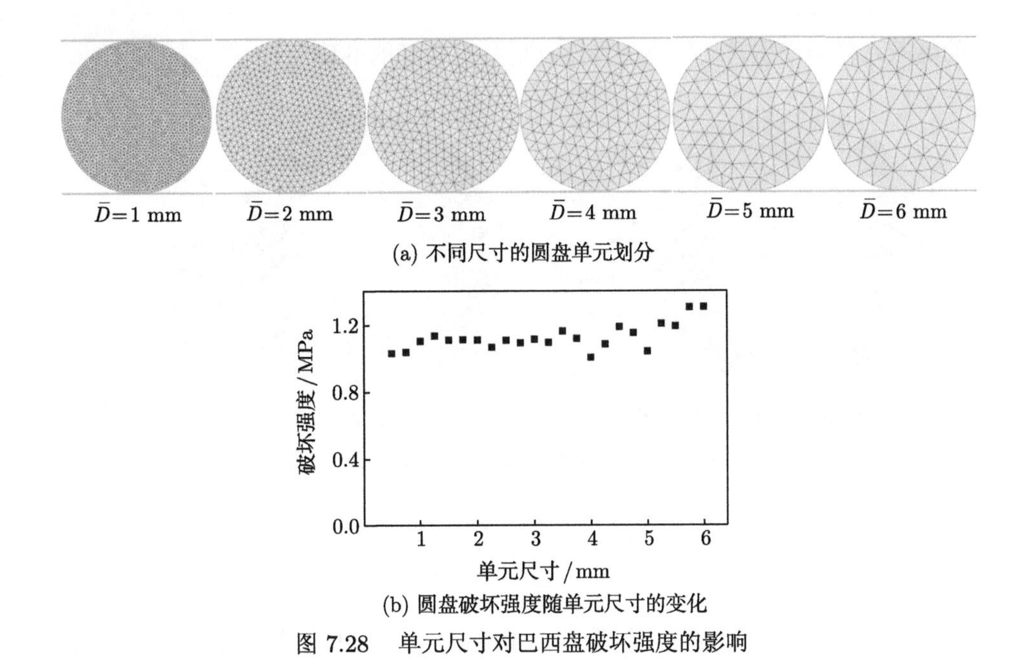

(a) 不同尺寸的圆盘单元划分

(b) 圆盘破坏强度随单元尺寸的变化

图 7.28 单元尺寸对巴西盘破坏强度的影响

采用有限元商业软件 ABAQUS (with standard/explicit model) 的静力分析功能对比验证巴西盘的 Mises 应力计算。在有限元分析中，采用二维巴西盘，上下两侧施加位移载荷，并采用与离散元相同的单元大小和分布形式。圆盘的相关参数均采用表 7.3 中的参数值。在有限元和离散元模拟中，圆盘上下两侧的位移载荷均设定为 5.0×10^{-6} m。

在离散元模拟中，应力是两粘结单元间的相互作用量，因此难以区分应力在 x 或 y 方向的正负。这里采用 Mises 应力作为对比物理量，离散元中的 Mises 应力 σ_{s} 可写作

$$\sigma_{\mathrm{s}} = \sqrt{\sigma^2 + 3\tau^2} \tag{7.85}$$

有限元和离散元模拟计算得到的 Mises 应力在圆盘上的分布云图如图 7.29 所示。其中，离散元结果采用 MATLAB 对应力进行插值并采用 TECPLOT 描绘圆盘的应力云图。可以看出，有限元的计算结果采用了默认平均阈值 (default averaging threshold，从图中可看出该默认值为 75%) 方法对节点应力进行了平均，因此其比离散元计算的应力分布光滑。由于离散元计算得到的是每个粘结节点上的应力，因此插值采用的是非均匀离散点，对非均匀点的插值误差是其中的原因之一。另外，动态松弛法会造成数值阻尼效应，从而产生非物理振荡。综合以上两点，有限元静力分析和离散元的动力计算存在一定的误差，但是在可接受范围内。在应力的分布趋势、应力的大小范围上，两者均较为接近，可认为本小

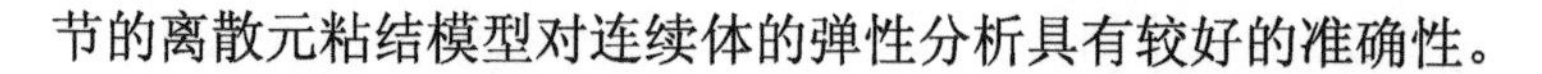

节的离散元粘结模型对连续体的弹性分析具有较好的准确性。

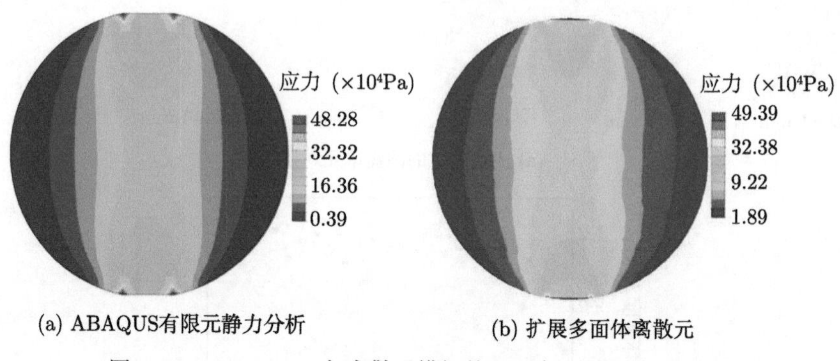

(a) ABAQUS有限元静力分析　　(b) 扩展多面体离散元

图 7.29　ABAQUS 与离散元模拟的巴西盘 Mises 应力分布

7.5 小　结

本章主要介绍了非规则颗粒的两类常用粘结–破碎模型的基本原理及其相应的模型验证。其中，平行粘结–破碎模型以球体颗粒为例引出后被推广用于非规则颗粒间的粘结作用。通过连续材料单轴压缩试验和三点弯曲试验的离散元模拟以及散体材料堆积体破碎特性的离散元模拟这三个经典案例，展示了所呈现模型的有效性和合理性。接触粘结–破碎模型以扩展多面体单元为例介绍了根据刚体有限元方法建立的粘结模型及其相应的考虑损伤和断裂能的混合断裂准则。通过对粘结单元运动稳定性和粘结单元破碎行为的验证以及巴西盘受压破坏过程的离散元模拟，展现了该接触粘结模型对连续体破坏过程的模拟能力。本章内容表明，所介绍的平行粘结模型和接触粘结模型均是模拟材料破坏过程的有效工具。

参 考 文 献

狄少丞, 季顺迎. 2014. 海冰与自升式海洋平台相互作用 GPU 离散元模拟 [J]. 力学学报, 46(4): 561-571.

Azevedo N M, Candeias M, Gouveia F. 2015. A rigid particle model for rock fracture following the voronoi tessellation of the grain structure: formulation and validation[J]. Rock Mechanics and Rock Engineering, 48(2): 535-557.

Benzeggagh M L, Kenane M. 1996. Measurement of mixed-mode delamination fracture toughness of unidirectional glass/epoxy composites with mixed-mode bending apparatus [J]. Composites Science and Technology, 56(4): 439-449.

Camanho P P, Davila C G, Moura M F D. 2003. Numerical simulation of mixed-mode progressive delamination in composite materials [J]. Journal of Composite Materials, 37(16): 1415-1438.

Cho N, Martin C D, Sego D C. 2007. A clumped particle model for rock[J]. International Journal of Rock Mechanics and Mining Sciences, 44(7): 997-1010.

Harmon J M, Karapiperis K, Li L, et al. 2021. Modeling connected granular media: particle bonding within the level set discrete element method[J]. Computer Methods in Applied Mechanics and Engineering, 373: 113486.

Hopkins M A. 1994. On the ridging of intact lead ice [J]. Journal of Geophysical Research Oceans, 99(C8): 16351-16360.

Kawai T. 1978. New discrete models and their application to seismic response analysis of structures [J]. Nuclear Engineering & Design, 48(1): 207-229.

Lin H, Xiong W, Xiong Z, et al. 2015. Three-dimensional effects in a flattened Brazilian disk test [J]. International Journal of Rock Mechanics & Mining Sciences, 74: 10-14.

Liu G Y, Xu W J, Govender N, et al. 2021. Simulation of rock fracture process based on GPU-accelerated discrete element method[J]. Powder Technology, 337(2): 640-656.

Liu L, Ji S. 2019. Bond and fracture model in dilated polyhedral DEM and its application to simulate breakage of brittle materials[J]. Granular Matter, 21(3): 41.1-41.16.

Liu L, Wu J, Ji S Y. 2022. DEM-SPH coupling method for the interaction between irregularly shaped granular materials and fluids [J]. Powder Technology, 400: 117249.

Long X, Ji S, Wang Y. 2019. Validation of microparameters in discrete element modeling of sea ice failure process [J]. Particulate Science and Technology, 37(5): 550-559.

Lu W, Lubbad R, Løset S. 2014. Simulating ice-sloping structure interactions with the cohesive element method [J]. Journal of Offshore Mechanics & Arctic Engineering, 136(3): 031501.

Ma G, Zhou W, Chang X L. 2014. Modeling the particle breakage of rockfill materials with the cohesive crack model [J]. Computers & Geotechnics, 61(61): 132-143.

Muskhelishvili N I. 1963. Some Basic Problems of The Mathematical Theory of Elasticity[M]. Groningen: P. Noordhof.

Potyondy D O, Cundall P A. 2004. A bonded-particle model for rock [J]. International Journal of Rock Mechanics & Mining Sciences, 41(8): 1329-1364.

Scholtès L, Donzé F V. 2012. Modelling progressive failure in fractured rock masses using a 3D discrete element method [J]. International Journal of Rock Mechanics & Mining Sciences, 52: 18-30.

Wang L, Ueda T. 2011. Mesoscale modeling of water penetration into concrete by capillary absorption [J]. Ocean Engineering, 38(4): 519-528.

Xie D, Waas A M. 2006. Discrete cohesive zone model for mixed-mode fracture using finite element analysis [J]. Engineering Fracture Mechanics, 73(13): 1783-1796.

Xie D, Waas A M, Shahwan K W, et al. 2005. Fracture criterion for kinking cracks in a tri-material adhesively bonded joint under mixed mode loading [J]. Engineering Fracture Mechanics, 72: 2487-2504.

Yan Y, Ji S Y. 2010. Discrete element modeling of direct shear tests for a granular material[J]. International Journal for Numerical and Analytical Methods in Geomechanics, 34(9): 978-990.

Zhang J H, He J D, Fan J W. 2001. Static and dynamic stability assessment of slopes or dam foundations using a rigid body-spring element method [J]. International Journal of Rock Mechanics & Mining Sciences, 38(8): 1081-1090.

第 8 章　基于 GPU 并行的高性能离散元计算及软件研发

大规模离散元的并行计算通常基于理想的球体单元，然而自然界或工业生产中普遍存在的是由非规则颗粒组成的复杂体系。非规则颗粒的构造方法主要包括粘结或镶嵌模型 (Gui et al., 2017)、椭球体模型 (Liu et al., 2014)、超二次曲面模型 (Delaney and Cleary, 2010)、扩展多面体模型 (Liu and Ji, 2019)、球谐函数模型 (许文祥等, 2016) 等。其中，超二次曲面方程能准确地描述自然界中的颗粒形状，并通过改变函数方程中三个方向的半轴长和两个形状参数，进而得到不同长宽比和表面尖锐度的颗粒形态 (Cleary et al., 2017)。Delaney 和 Cleary (2010) 通过超二次曲面方法研究不同单元形状对堆积特性的影响。Höhner 等 (2015) 采用超二次曲面模型研究筒仓内非规则颗粒材料的流动特性。然而，超二次曲面单元间接触判断的复杂性很大程度上限制了颗粒数量和运行时间，进而难以准确反映大规模非规则颗粒材料的运动规律。近年来，高性能并行算法广泛地应用于离散元模拟中。并行算法主要包括中央处理器 (CPU) 并行和图像处理器 (GPU) 并行。其中，CPU 并行包括以共享内存为基础的多线程并行方法 (OpenMP)(Amritkar et al., 2014) 和以分布式内存为基础的消息传递通信方法 (MPI) (Lemieux et al., 2008)。CPU 并行是以逻辑处理器为计算基础，将总任务均等分配给不同的逻辑处理器并且各个处理器间相互协同，进而提高数值计算的运行效率。GPU 并行是一种单指令多线程的并行执行模型，其以图像处理器为计算基础，拥有成百上千个计算核心并且这些核心可用于任务的同步执行。与 CPU 并行相比，可用于 GPU 并行的计算核心数目通常是 CPU 核心数目的几十倍，这使得 GPU 比 CPU 拥有更强大的并行计算能力。同时，GPU 比 CPU 拥有更低廉的价格优势，这为大规模颗粒材料的数值计算提供了可靠的硬件基础。

为此，本章描述了基于 CUDA-GPU 架构的超二次曲面单元并行算法。该方法通过核函数创建包围盒列表及牛顿迭代的接触点列表，优化计算模型和内存访问模式以提高算法的计算效率；为检验超二次曲面并行算法的有效性，对百万量级非规则颗粒材料的堆积过程进行离散元模拟；同时，将非规则颗粒材料的流动过程与试验结果进行对比验证；在此基础上，进一步分析颗粒形状及数目对 GPU 加速比和运行时间的影响规律。

8.1 任意形态颗粒间的邻居搜索和接触算法

离散元方法的研究对象是离散介质材料，颗粒单元之间允许平移、转动、碰撞和分离。在颗粒单元的运动过程中需要不断地对邻居进行搜索，以确定颗粒间的接触和受力情况，这一过程往往对离散元算法的效率起着决定性因素。因此，发展高效的颗粒搜索和接触算法对于离散元算法效率的提高尤为重要。

8.1.1 空间网格划分和重新排序

超二次曲面方程是数学意义上描述球形和非规则颗粒的普遍方法，其函数形式可参考第 4 章式 (4.1)。在超二次曲面方程中，a、b 和 c 分别表示颗粒沿 x、y 和 z 方向的半轴长，n_1 和 n_2 表示颗粒形状及尖锐度。图 8.1 显示由超二次曲面方程构造的不同颗粒形状。

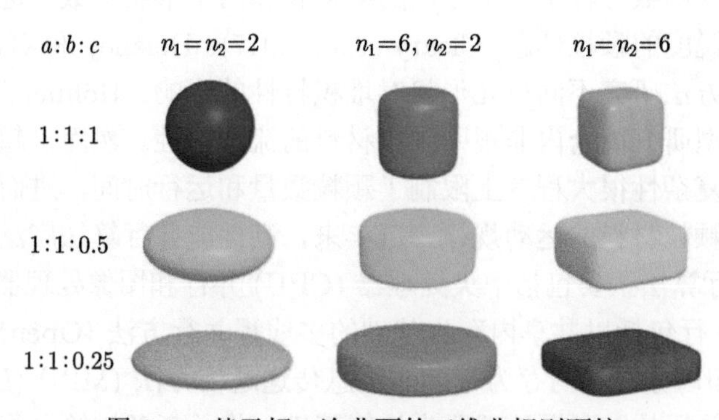

图 8.1 基于超二次曲面的三维非规则颗粒

考虑超二次曲面单元间接触判断的复杂性及 GPU 并行特点，整个离散元模拟分为三部分：空间网格的划分和邻居搜索，单元间包围盒列表和接触点列表的创建，以及接触力计算和信息更新。这一过程的具体实现，离不开预先划分立方体网格和颗粒对网格的匹配。

网格的划分与网格内颗粒的重排序的目的是为每个颗粒生成合理的潜在接触对索引，为接下来的接触检测提供合理范围，从而大幅度提高离散元模拟的计算效率。在整个计算区域被划分为大量的立方体网格前，应确定网格尺寸。网格尺寸的选取对于离散元模拟的计算效率有着十分显著的影响。过小的网格会导致邻居网格无法覆盖所有潜在的接触对，进而可能发生对颗粒接触的漏判。同时，过大的网格虽然会使整个计算区域内的网格数减小，但由于相邻网格包含了过多非潜在接触对，反而会使计算效率大打折扣。通常情况下，网格的尺寸不小于颗粒床中最大颗粒包围球直径的 1.5 倍。此外，单元的最大邻居数目需要提前设定，该值取决于在多分散系统中颗粒的最大粒径与最小粒径的比率。随着颗粒的最大与最小粒径比率的增加，网格尺寸和单元的最大邻居数目增加，这导致离散元模拟的计算效率降低且内存消耗增加。

在网格划分完成后，整个计算区域内的颗粒到网格的一一映射关系也随之建立。通常情况下，网格到颗粒的映射关系并非一一对应，因此需要对含有颗粒的网格进行重排序，以获取网格内的颗粒数量以及颗粒编号索引，为下一步的邻居网格搜索和潜在接触列表的生成提供依据。

8.1.2 接触对列表及参考列表的创建方法

将接触对索引作为并行依据，在 GPU 端创建与接触对索引对应的包围盒列表 $L_{\text{box}}[N_{\text{list}}]$。这有利于快速减少潜在接触对的数目，进而提高离散元模拟的计算效率。如果两个非规则单元的包围盒接触，在数组 $L_{\text{box}}[N_{\text{list}}]$ 中存储 “1”，否则在数组 $L_{\text{box}}[N_{\text{list}}]$ 中存储 “0”。如果 $L_{\text{box}}[N_{\text{list}}]=1$，那么采用牛顿迭代方法计算超二次曲面单元间的重叠量。这里，$L_{\text{pa}}[N_{\text{list}}]=i^*$ 和 $L_{\text{pb}}[N_{\text{list}}]=j^*$。根据排序前和排序后索引间的对应关系，重排序前的单元索引可表示为 $i=P_{\text{e}}[i^*]$ 和 $j=P_{\text{e}}[j^*]$。采用中间点方法建立两个单元间的非线性方程组，可表示为 (Podlozhnyuk et al., 2017)

$$\begin{cases}\nabla F_i(\boldsymbol{X})+\lambda^2\nabla F_j(\boldsymbol{X})=0\\ F_i(\boldsymbol{X})-F_j(\boldsymbol{X})=0\end{cases}\tag{8.1}$$

式中，$\boldsymbol{X}=(x,y,z)^{\text{T}}$；$\lambda$ 为运算乘子；F_i 和 F_j 分别为超二次曲面单元 i 和 j 的函数方程。采用牛顿迭代方法计算式 (8.1) 可得到中间点 $\boldsymbol{X}_0$，如果满足 $F_i(\boldsymbol{X}_0)<0$ 和 $F_j(\boldsymbol{X}_0)<0$，则两个单元发生接触，如图 8.2 所示。单元间重叠量的计算与 2.2.1 节中的计算相同。

为了加速数值迭代的计算效率，将中间点 $\boldsymbol{X}_0$ 存储在牛顿迭代数组 $L_n[N_{\text{list}}]$ 中并且该值作为下一个离散元时间步的牛顿迭代初始值。值得注意的是，每个单元的切向力需要基于上一个 DEM 时间步的切向位移进行计算和叠加。这意味着如果在上一个 DEM 时间步内两个单元发生接触并且在当前 DEM 时间步仍发生接触，则当前两个单元的切向位移需要继承和叠加上一个 DEM 时间步的切向位移。因此，在离散元模拟中判断当前的接触对是否是上一个 DEM 时间步的接触对，这是至关重要的。

在当前时间步，以接触对索引作为并行依据，重新排序前和后的单元索引可分别表示为 i 和 i^*。在前一个 DEM 时间步，重新排序后的单元索引表示为 i^{pre^*}。在前一时间步，将重新排序后的单元索引存储在数组 $P_{\text{e}}^{\text{pre}}[i]$ 中。此外，将前一时间步邻居数目的前缀求和结果存储在数组 $N_{\text{sum}}^{\text{pre}}\left[i^{\text{pre}^*}\right]$ 中，且每个接触对的邻居单元索引存储在数组 $L_{\text{pb}}^{\text{pre}}\left[N_{\text{list}}^{\text{pre}}\right]$ 中。将当前时间步和前一时间步的切向位移分别存储在数组 $D_t\left[N_{\text{list}}\right]$ 和数组 $D_t^{\text{pre}}\left[N_{\text{list}}^{\text{pre}}\right]$ 中，且将当前和前一时间步的中间点分别存储在数组 $L_n\left[N_{\text{list}}\right]$ 和数组 $L_n^{\text{pre}}\left[N_{\text{list}}^{\text{pre}}\right]$ 中。如果 $j^{\text{pre}^*} > i^{\text{pre}^*}$，在前一时间步的接触对数组 $L_{\text{pb}}^{\text{pre}}\left[N_{\text{list}}^{\text{pre}}\right]$ 中从 $N_{\text{sum}}^{\text{pre}}\left[i^{\text{pre}^*}-1\right]$ 至 $N_{\text{sum}}^{\text{pre}}\left[i^{\text{pre}^*}\right]$ 范围内寻找单元索引 j^{pre^*}。如果寻找到单元索引 j^{pre^*}，将前一时间步的中间点作为当前时间步的初始迭代值且前一时间步的切向位移叠加至当前时间步。如果 $j^{\text{pre}^*} < i^{\text{pre}^*}$，在前一时间步的接触对数组 $L_{\text{pb}}^{\text{pre}}\left[N_{\text{list}}^{\text{pre}}\right]$ 中从 $N_{\text{sum}}^{\text{pre}}\left[j^{\text{pre}^*}-1\right]$ 至 $N_{\text{sum}}^{\text{pre}}\left[j^{\text{pre}^*}\right]$ 范围内寻找单元索引 i^{pre^*}。如果寻找到单元索引 i^{pre^*}，则在当前时间步继承前一时间步的中间点和切向位移。

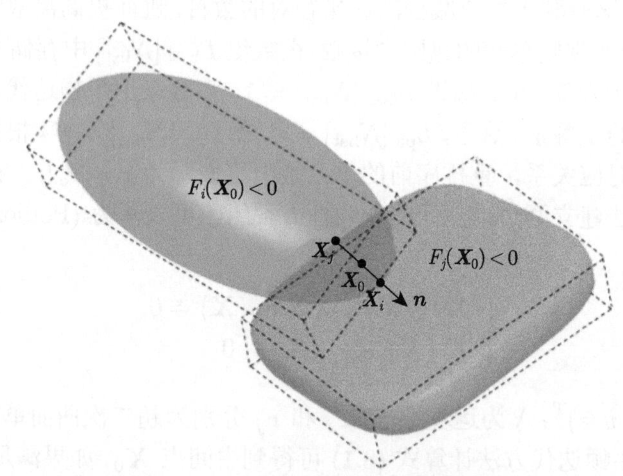

图 8.2　超二次曲面单元间的接触判断

值得注意的是，在每个 DEM 时间步内单元索引都进行了重新排序，但是当前时间步重新排序前的单元索引与前一时间步重新排序前的单元索引是一致的。因此，离散元模拟中每一个时间步更新的都是原始单元索引的信息。除此之外，切向位移是从较小单元索引指向较大单元索引的矢量。当 $j^{\text{pre}^*} < i^{\text{pre}^*}$ 时，将前一时间步切向位移向量的反方向叠加至当前时间步的切向位移中。最终，作用在单元 i^* 和 j^* 的接触力分别存储在数组 $\boldsymbol{F}_i^{ij}\left[N_{\text{list}}\right]$ 和数组 $\boldsymbol{F}_j^{ij}\left[N_{\text{list}}\right]$ 中，而力矩分别存储在数组 $\boldsymbol{M}_i^{ij}\left[N_{\text{list}}\right]$ 和 $\boldsymbol{M}_j^{ij}\left[N_{\text{list}}\right]$ 中。

8.2　基于 GPU 并行的 CUDA 算法

CUDA (compute unified device architecture) 是英伟达公司发明的一种并行计算平台和编程模型，它通过利用图形处理器 (GPU) 的处理能力，可大幅提升计算性能。CUDA 已经在各个领域中应用，包括：图像与视频处理、计算生物学和化学、流体力学模拟、CT 图像再现、光线追踪等。

8.2.1 GPU 架构及 CUDA 编程方案

1. Fermi 架构

Fermi 架构是第一个完整的 GPU 计算架构，其 GPU 核心架构图如图 8.3 所示。Fermi 架构拥有 30 亿个晶体管和 512 个高性能的 CUDA 内核。在一个计算机时钟周期内，一个 CUDA 内核可以执行一个线程中的一个整数或浮点数指令，GPU 和 CPU 之间通过 PCIe 总线进行连接，线程管理器负责将线程块分发到流式多处理器 SM 中。Fermi 架构采用了 IEEE 754—2008 标准的浮点数运算标准，可以同时支持单精度和双精度运算的积和熔加运算 (fused multiply-add，FMA)，其对所有的指令完全支持 32bit、64bit 和可扩展精度的操作，同时也支持多种指令运算，包括布尔型、移位、比较和转化等。此外，Fermi 架构采用双 warp 调度机制，指令分发单元 (instruction dispatch unit) 和执行硬件之间有一个完整的交叉开关，可以对两个 warp 进行同步启动，并且将每个 warp 的一条指令分发

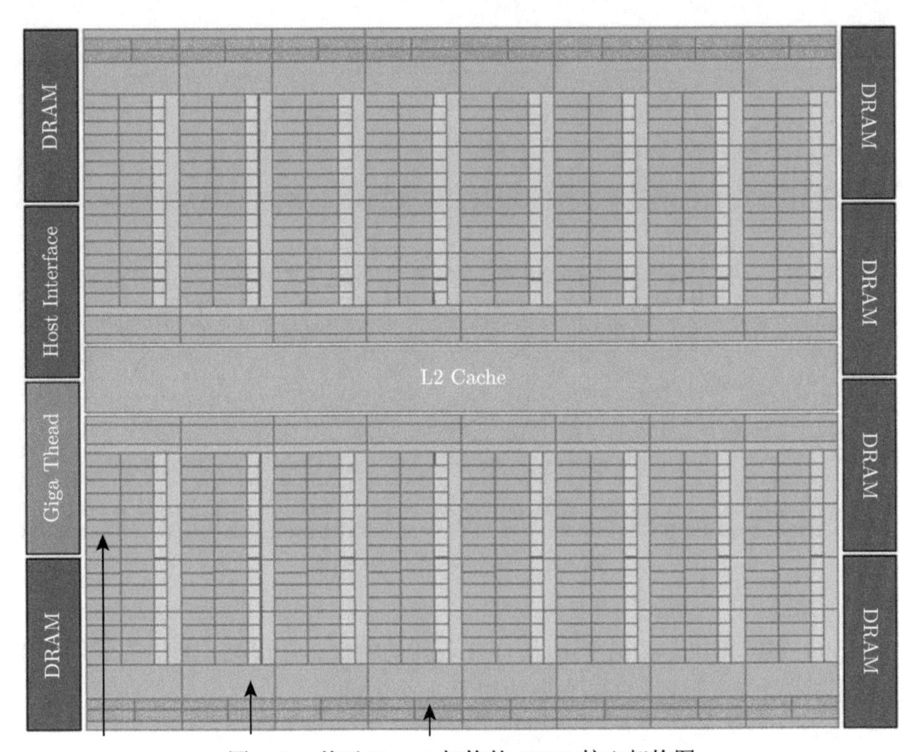

图 8.3 基于 Fermi 架构的 GPU 核心架构图

到一组 16 个 CUDA Core、16 个加载/存储单元 (LD/ST unit) 或者 4 个特殊功能单元 (special function unit，SFU) 上执行。因为 warp 的执行互不干扰，所以调度单元不需要对指令流之间的相关性进行检查。但是，Fermi 架构依赖一个单独的硬件上的工作队列使 CPU 传递线程任务给 GPU，这导致了在某个任务阻塞时，之后的任务无法得到有效及时的处理。

2. Kepler 架构

本章的算例均在 Tesla K40 的 GPU 计算显卡上计算，该显卡采用了 Kepler GK110 架构，如图 8.4 所示。GK110 由 71 亿个晶体管组成，速度极快，其与 Fermi 架构类似，均采用 IEEE 754—2008 标准的浮点数运算标准，但同时新加了许多注重计算性能的创新功能。GK110 提供了超过每秒 1 万亿次双精度浮点数运算的吞吐量，在计算性能上明显超过 Fermi 架构。此外，除了在性能上有极大提高外，GK110 在电源效率方面相比 Fermi 架构提高了近 3 倍。

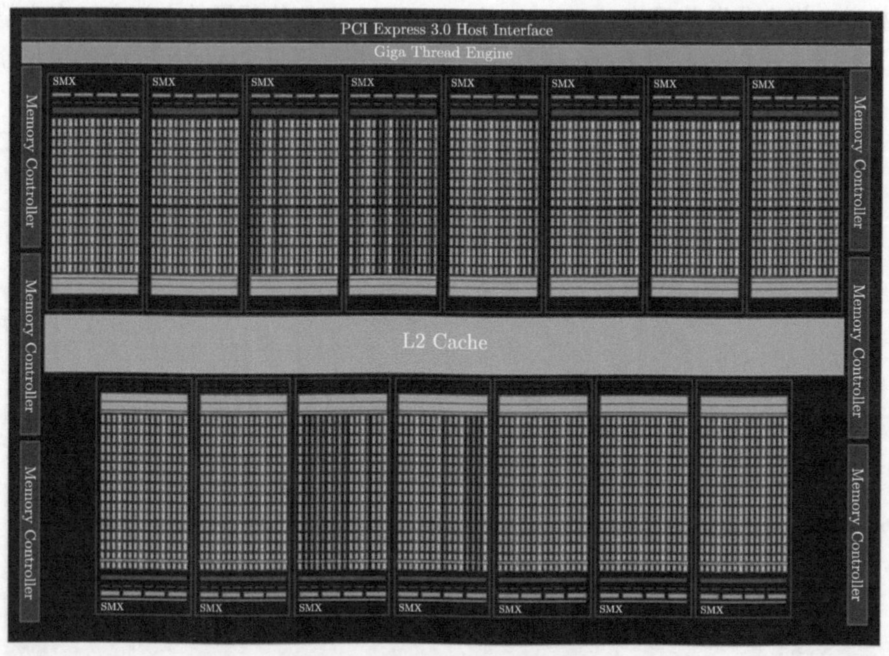

图 8.4 Kepler GK110 架构

Kepler 架构相比 Fermi 架构具有许多新的特性，在提高 GPU 的利用率的同时简化了并行程序设计，主要表现为以下五个方面。

1) 新的 SMX 流式多处理器架构

流式多处理器 (streaming multiprocessors，SMX) 是 Kepler GK110 架构中

最重要的组成部分，GPU 硬件的并行性就是由 SMX 决定的。Kepler GK110 架构完全保留了 Fermi 架构引入的 IEEE 754—2008 标准的浮点数运算标准。在 GK110 中的特殊功能单元 (SFU) 达到了基于 Fermi 架构的 GF110 的 8 倍。此外，GK110 架构包含 15 个流式多处理器单元和 6 个内存控制器。一个 GPU 中包含了很多流式多处理器，且每个流式多处理器都能支持上百个线程并行执行。对于流式多处理器单元，如图 8.5 所示，每个流式多处理器单元包含 192 个单精度 CUDA Core、64 个双精度单元 (DP unit)、32 个特殊功能单元 (SFU)、32 个加载/存储单元 (LD/ST)、4 个 warp 调度单元以及 8 个指令分发单元。在 GK110 中，寄存器数量达到了 255 个，这使得整个并行代码的运行速度得到了大幅度提高，同时又减小了 Fermi 架构下的寄存器压力及并行代码泄露行为的发生概率。

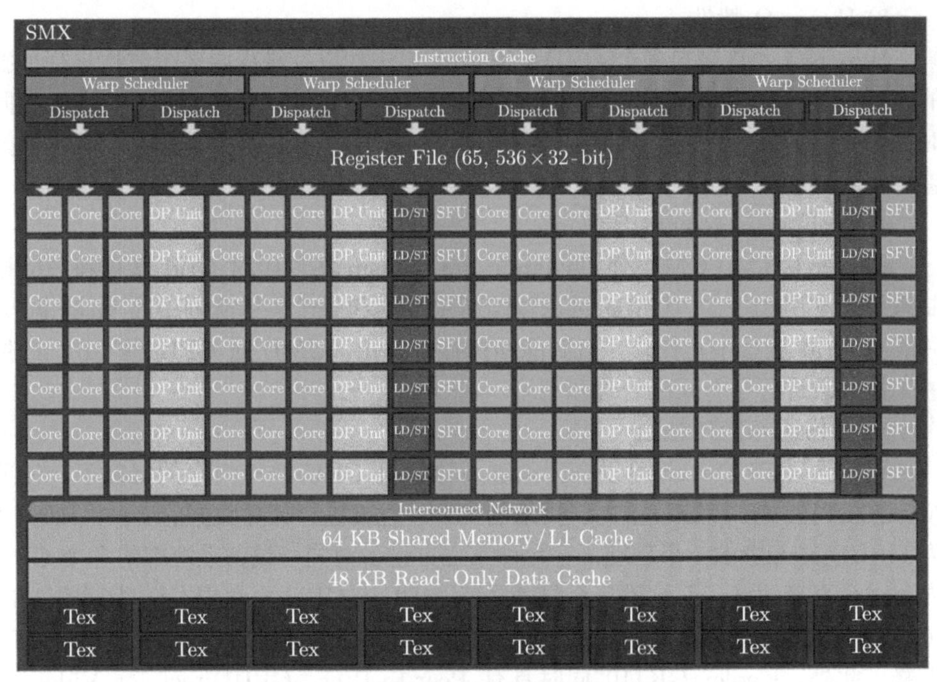

图 8.5 SMX 流式多处理器的可视化

2) Dynamic Parallelism 动态并行化特性

在 Kepler GK110 架构中，如图 8.6 所示，Dynamic Parallelism 使得开发者能够让 GPU 在无须返回主机端 CPU 数据的情况下，通过专业的加速路径动态启动新的线程并对计算结果进行同步处理，同时实时对这些新的线程调度进行控制。这种动态化并行的程序运行模式可以使更多的代码运行在 GPU 上，任何线程内都可以启动其他新的线程，解决了线程的递归以及线程之间数据的依赖问题。

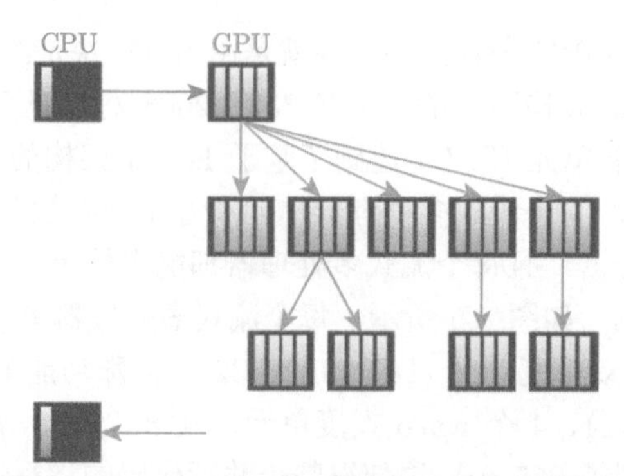

图 8.6 Kepler GK110 架构的动态并行化特性

3) Hyper-Q 特性

Hyper-Q 允许来自多个 CUDA 流、MPI 进程以及进程内多个线程进行单独的连接。这种特性增加了 CPU 与 GPU 之间的联系，使 CPU 可以在 GPU 上同时运行更多的线程任务，从而极大地提高了 GPU 的利用率并降低了 CPU 的闲置时间。

4) Grid Management Unit

Kepler GK110 GMU 使 Dynamic Parallelism 实现了对 Grid 管理和调度控制系统的利用和控制。GMU 可以暂停新生成的和处于等待队列中的 Grid 调度，并能对 Grid 进行中止操作，直到能够执行时为止。GMU 对 CPU 和 GPU 产生的工作负载进行了有效的管理和调度。

5) 英伟达 GPUDirect

英伟达 GPUDirect 可以在无须进入计算机 CPU 系统内存的情况下，使单个计算机内的 GPU 或位于同一网络的 GPU 直接进行计算数据的交换。RDMA 为 GPUDirect 中的一个功能，它允许第三方设备对同一设备系统中的多个 GPU 内存进行直接访问，而这不仅会显著降低 MPI 从 GPU 内存中发送/接收信息的延迟，还会降低系统内存带宽的要求并释放其他 CUDA 任务使用的 GPU DMA 引擎。此外，Kepler GK110 同时具有 Peer-to-Peer、GPUDirect for Video 等 GPUDirect 功能。

CUDA 目前支持 C/C++ 语言的大部分语法规则，其编程模型具有异步的性质，因此在 GPU 上进行的运算能够和主机端–设备端之间的通信重叠。如图 8.7 所示，典型的 CUDA 程序同时包含了串行和并行代码，串行代码在主机端 (host)CPU 上运行，并行代码则在设备端 (device)GPU 上执行，称为 kernel，由 NVCC 进行编译。

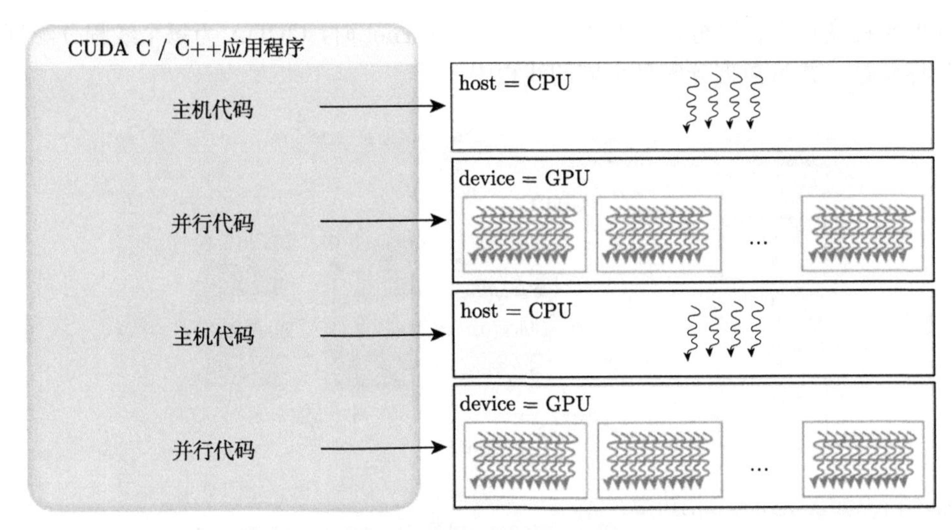

图 8.7 典型的 CUDA 程序

在 CUDA 程序实现流程中，需要首先把数据从 CPU 拷贝到 GPU 内存中，然后调用内核函数 (kernel function) 对存储在 GPU 内存中的数据进行处理，再将数据从 GPU 内存传到 CPU 内存。由于主机端代码和设备端代码的编译方式以及数据可以存储的内存资源不同，因此可通过 _global_、_device_ 和 _host_ 限定符进行区分声明。通过 _global_ 和 _device_ 声明的函数均为 GPU 上运行的设备程序，但 _global_ 声明的函数可由主机端程序进行调用，_device_ 声明的函数则只能由设备端程序进行调用。_host_ 声明的函数为主机端程序，其主要完成程序运行环境的初始化和数据在主机端和设备端之间的传输。CPU 串行程序均在主机端中运行，以 “cuda” 开头的函数称为运行时函数 (CUDA runtime API)。例如 cudaGetDeviceCount()，cudaMemcpy() 等均是运行时函数，其主要作用是在程序运行时对变量进行初始化、内存分配和拷贝等操作。

GPU 实现并行的方式一共有三种，分别为线程并行、块并行和流并行。线程并行属于细粒度并行，而块并行为粗粒度并行。相比块并行在每次调度时均需重新整合分配资源，线程并行有较高的调度效率。流并行可以实现在一个设备上运行多个 kernel。线程并行与块并行两种并行方式运行的 kernel 的代码和传递参数均相同，而流并行不仅可以对不同的 kernel 进行操作，也可以传递不同的参数给同一个 kernel，从而实现任务级别的并行化。如图 8.8 所示，CUDA 线程组织结构为 Grid-Block-Thread，一组线程 Thread 通过线程并行处理后可以组织为一个线程块 Block，一组 Block 通过块并行处理继而组织为一个线程网格 Grid，最后利用流并行对一组 Grid 进行组织。kernel 通过 blockIdx(线程块在线程网格内的索引)、blockDim(线程块的纬度) 和 threadIdx(块内的网格索引) 这三个 unit3 定义的坐标变量进行区分，即当开始执行一个 kernel 时，CUDA 为每个线程分配好坐标变量，并将数据分配到不同的线程中。

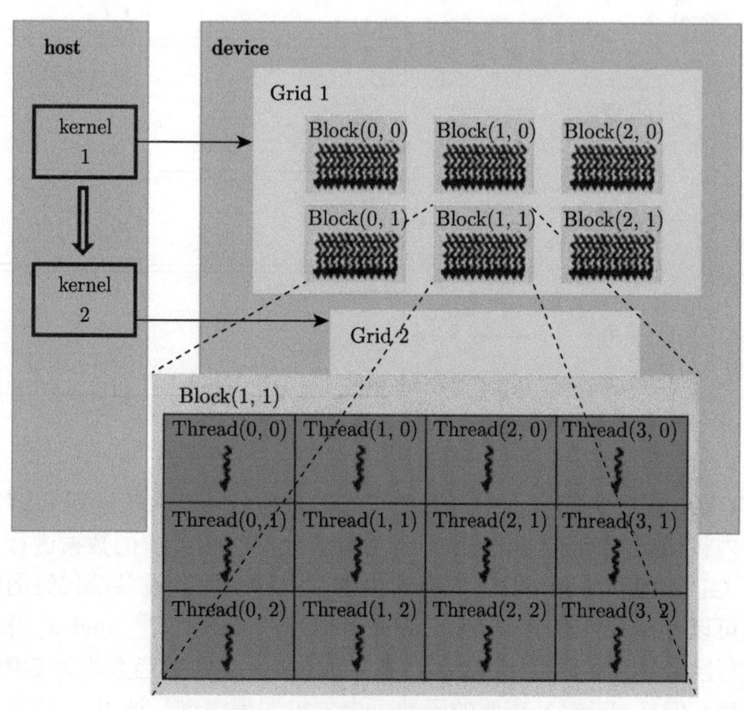

图 8.8　线程组织结构示意图

在 Kepler GK110 架构中，新的 Dynamic Parallelism 动态并行化特性使得各个线程之间不再是相互独立的。如线程 2 可能会以线程 1 计算得到的结果作为输入数据，这就需要利用 GPU 体系中的多层存储器模型，利用共享存储器 (shared memory)、线程同步和原子操作的方式实现线程在 CUDA 中的通信，如图 8.9 所示。共享存储器位于 SMX 中，由 SMX 中的流处理器共同占有。此外，为使线程之间实现有序的处理，需要利用同步机制的方法。_syncthreads() 为典型的 CUDA 同步机制内置函数，当 GPU 中的某一个线程执行到 _syncthreads() 时，该线程随即进入等待状态直到其所在 Block 中的其他所有线程都执行到 _syncthreads() 为止。__syncthreads() 可以使同一个 Block 内的所有线程都达到同步，然后所有线程再进行后续的运行。原子操作在多个线程需要向某一个公共输出地址写入数据时，可以确保读取、修改或写入操作作为一个整体的串行操作执行。

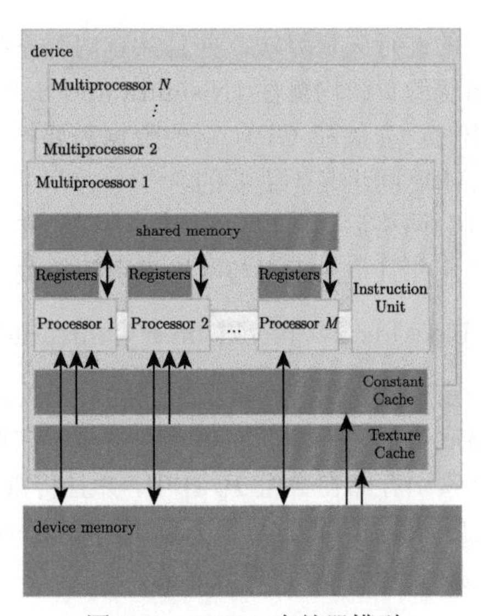

图 8.9 CUDA 存储器模型

8.2.2 CUDA Thrust 库中核函数的调用及离散元计算

在 CUDA-GPU 架构下超二次曲面离散元模拟的流程如图 8.10 所示。值得注意的是，在并行化的离散元程序中全部的模拟数据存储在 GPU 端。当前离散

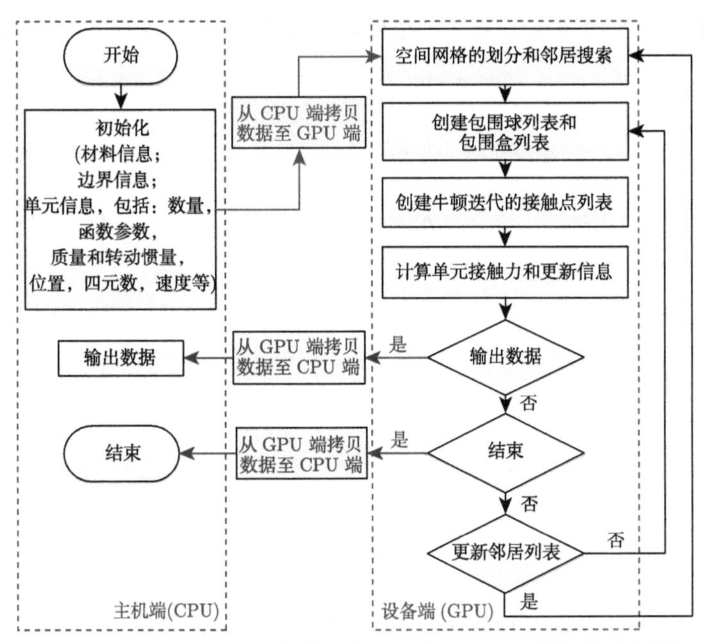

图 8.10 CUDA-GPU 架构下超二次曲面 DEM 模拟的流程图

元程序是基于球形单元的并行矢量算法，并且共享内存系统能够更好地平衡在模拟大规模颗粒材料时出现的负载均衡性 (Nishiura and Sakaguchi, 2011)。当离散元模拟的数据需要输出时，存储在 GPU 端的数据需要拷贝至 CPU 端，而这样的拷贝操作在每个 DEM 时间步是不需要的。

在整个计算区域划分网格后，将单元索引 (i) 视为并行依据，这意味着一个单元索引对应一个线程，并且单元索引与网格索引间的关系可表示为

$$i = \text{blockIdx}.x \times \text{blockDim}.x + \text{threadIdx}.x \tag{8.2}$$

通过元胞列表法确定单元索引与网格索引间的对应关系，如图 8.11 所示。网格索引显示在每个网格底部的左下角，而单元索引显示在颗粒表面上。将与每个单元索引相对应的网格索引存储在数组 $P_{\mathrm{g}}[i]$ 中，并且将重新排序前的索引 (i) 存储在数组 $P_{\mathrm{e}}[i]$ 中。随后，采用 CUDA Thrust 库中的 sort_by_key 函数直接在 GPU 端对所有的单元索引重新排序，可表示为

$$\begin{aligned} &\text{thrustsort\_by\_key}\left(\text{thrust} :: \text{device\_ptr}\langle\text{int}\rangle\left(P_{\mathrm{g}}\right),\right.\\ &\qquad \text{thrust} :: \text{device\_ptr}\langle\text{int}\rangle\left(P_{\mathrm{g}}+N_{\mathrm{e}}\right),\\ &\qquad \left.\text{thrust} :: \text{device\_ptr}\langle\text{int}\rangle\left(P_{\mathrm{e}}\right)\right) \end{aligned} \tag{8.3}$$

式中，N_{e} 为单元的总数目。重新排序后的单元索引表示为 i^{*}，如图 8.12(a) 所示。数组 P_{e} 用于存储重排序后单元索引的对应关系，可表示为 $P_{\mathrm{e}}[i^{*}] = i$。这种方法使得两个邻居单元的新索引编号更加接近，并有利于在 GPU 端快速建立单元的邻居列表。

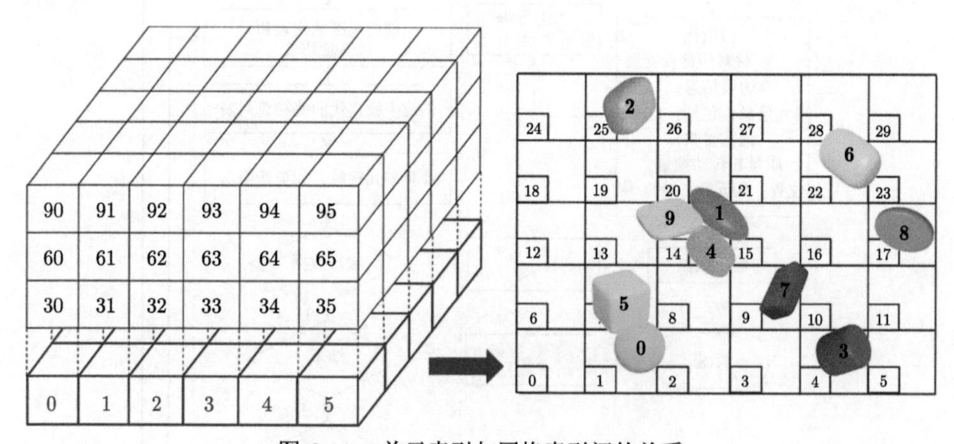

图 8.11 单元索引与网格索引间的关系

将新单元索引作为并行依据，在共享内存中创建数组 S_{g} 并用于存储网格索引，即 $S_{\mathrm{g}}[\text{threadIdx.x}+1] = P_{\mathrm{g}}[i^{*}]$。为了保证线程间的数据同步，这里采

用 CUDA 库中的 _syncthreads 函数，从而保证所有线程运行至相同位置。尽管采用 _syncthreads 函数协调线程间的数据同步，但是该函数使得部分线程空闲和等待，进而降低了 GPU 并行的计算效率。随后，数组 I_{gmax} 和 I_{gmin} 存储每个网格中新单元索引的最大和最小编号。如果对应单元索引的网格索引不等于存储在数组 S_{g} 中的网格索引，即 $P_{\mathrm{g}}[i^*] \neq S_{\mathrm{g}}[\mathrm{threadIdx.x}]$，那么当前的单元索引是该网格内的最小索引，同时也是前一个网格的最大索引。因此，分别将单元索引 i^* 存储在数组 I_{gmin} 和数组 I_{gmax} 中，可表示为 $I_{\mathrm{gmin}}[P_{\mathrm{g}}[i^*]] = i^*$ 和 $I_{\mathrm{gmax}}[S_{\mathrm{g}}[\mathrm{threadIdx.x}]] = i^* - 1$。其中，每个网格内最大和最小单元索引如图 8.12(b) 所示。最小的单元索引显示在右下角，而最大的单元索引显示在左上角。

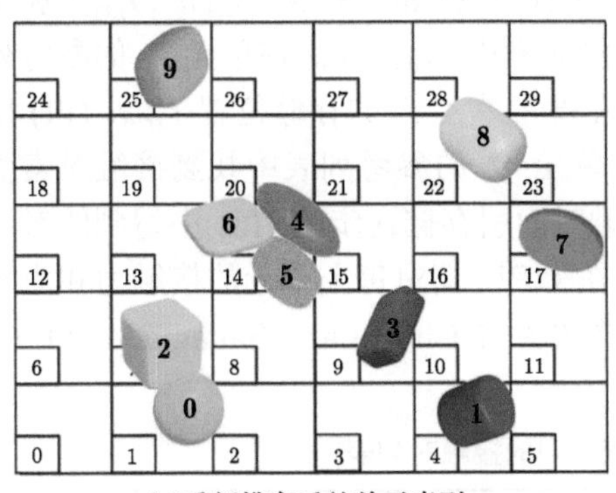

(a)重新排序后的单元索引

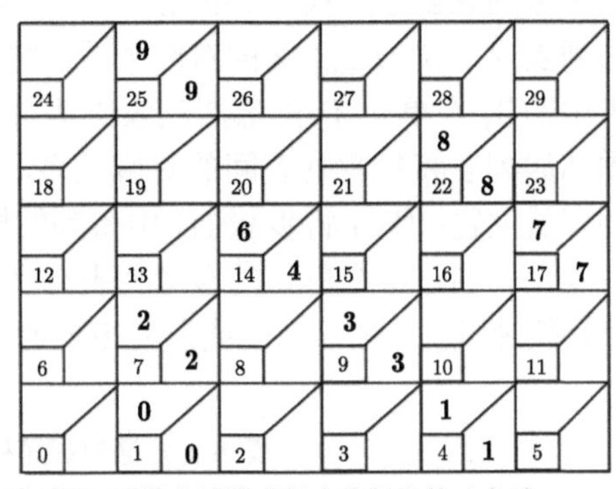

(b)每个网格中最大和最小单元索引

图 8.12　重新排序后的单元索引与网格索引间的关系

将新单元索引作为并行依据，采用包围球方法对位于相同或邻近网格的单元进行第一次粗判断并建立邻居列表。如果两个单元形心间的距离小于它们的包围半径之和，那么两个单元可能接触，并且创建对应每个单元索引 i^* 的邻居列表 $A_{\mathrm{nei}}[i^*, I_{\mathrm{grid}}]$。其中，$I_{\mathrm{grid}}$ 记录邻居单元的索引，其范围是从 0 至 $C_{\max}-1$。$C_{\max}$ 为超二次曲面单元间的最大邻居数目。此外，如果邻居单元索引 j^* 大于单元索引 i^*，将邻居单元索引 j^* 储存在数组 $A_{\mathrm{nei}}[i^*, I_{\mathrm{grid}}]$ 的起始位置，并且所有 $j^* > i^*$ 的总单元数目存储在数组 $N_{\mathrm{g}}[i^*]$ 中；否则，邻居单元索引 j^* 存储在数组 $A_{\mathrm{nei}}[i^*, I_{\mathrm{grid}}]$ 的末尾位置，并且所有 $j^* < i^*$ 的总单元数目存储在数组 $N_{\mathrm{l}}[i^*]$ 中。

采用 CUDA Thrust 库中 inclusive_scan 函数可对数组 $N_{\mathrm{g}}[i^*]$ 在 GPU 端进行前缀求和，即 $N_{\mathrm{sum}}[i^*] = \sum_{k=0}^{i^*} N_{\mathrm{g}}[i^*]$。该函数可表示为

$$\begin{aligned} &\mathrm{thrust::inclusive\_scan}\,(\mathrm{thrust::device\_ptr}\langle\mathrm{int}\rangle\,(N_{\mathrm{g}}), \\ &\qquad \mathrm{thrust::device\_ptr}\langle\mathrm{int}\rangle\,(N_{\mathrm{g}}+N_{\mathrm{e}}), \\ &\qquad \mathrm{thrust::device\_ptr}\langle\mathrm{int}\rangle\,(N_{\mathrm{sum}})) \end{aligned} \tag{8.4}$$

式中，N_e 为单元的总数目。同时，将数组 $N_g[i^*]$ 的前缀求和结果存储在数组 $N_{sum}[i^*]$ 中。

以新单元索引作为并行依据，在 GPU 端同时创建接触对列表和参考列表。每一个接触对的索引可表示为 $N_{list} = N_{sum}[i^*-1] + I_{grid}, I_{grid} \in [0, N_g[i^*]-1]$。将数组 $A_{nei}[i^*, I_{grid}]$ 从 0 至 $N_g[i^*]-1$ 循环可得到单元 i^* 的邻居单元 j^*，从而建立两个单元间的邻居数组 $L_{pa}[N_{list}]$ 和 $L_{pb}[N_{list}]$，并且根据图 8.12 中单元间接触情况建立的邻居数组列于表 8.1 中。此外，将每个接触对的索引 N_{list} 存储在参考列表 $A_{ref}[i^*, I_{grid}]$ 中。其中，I_{grid} 记录每个接触对的索引，且存储位置与数组 $A_{nei}[i^*, I_{grid}]$ 中对应 I_{grid} 的位置相同。图 8.13 显示对于邻居单元 $i^*=4$ 和 $j^*=5$ 的参考列表创建过程。该过程主要包括四步：(I) 根据邻居列表 $A_{nei}[i^*, I_{grid}]$ 和参考列表 $A_{ref}[i^*, I_{grid}]$ 间的对应关系，将接触对索引 N_{list} 存储在单元 i^* 的参考列表中；(II) 在单元 j^* 的邻居列表中从右向左搜索单元 i^* 的存储位置 I_{grid}；(III) 根据邻居列表和参考列表间的对应关系，在单元 j^* 的参考列表中找到接触对索引的存储位置；(IV) 将步骤 (I) 中得到的接触对索引存储在步骤 (III) 中得到的对应位置上。创建每个单元的参考列表有利于在 GPU 端对每个单元的接触力和力矩进行快速叠加，进而提高离散元模拟的计算效率 (Nishiura and Sakaguchi, 2011)。

表 8.1　通过邻居列表得到的接触对列表

i^*	0	4
$j^*\ (>i^*)$	2	6
$N_g[i^*]$	1	2
$N_{sum}[i^*]$	1	3
N_{list}	0	2
$L_{pa}[N_{list}]=i^*$	0	4
$L_{pb}[N_{list}]=j^*$	2	6

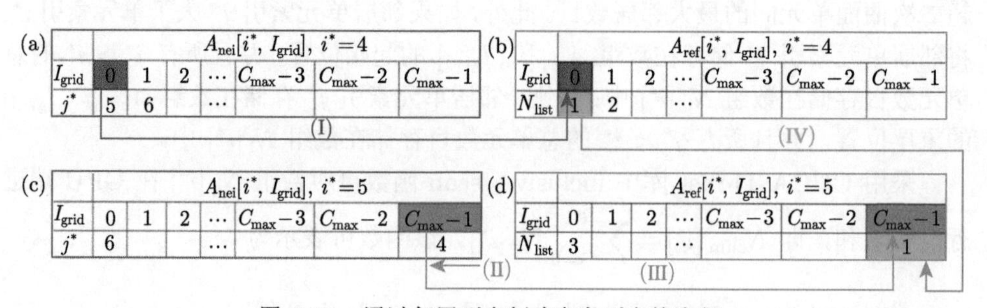

图 8.13　通过邻居列表创建参考列表的流程

8.3 国内外离散元计算分析软件发展现状

随着科学研究和工程应用在离散介质领域的不断深入，以离散元方法为主要分析手段的高性能计算分析软件获得了极大的关注，各种相关计算分析软件发展迅速。

8.3.1 国外离散元软件的发展现状

高性能离散元算法在岩土、采矿、环境、化工、寒区等不同工程领域得到广泛的应用，并且以高性能离散元方法为基础的计算分析软件得到迅速发展且成功地应用于工业领域中。

EDEM 是一款成功商业化的基于离散元方法的全球通用计算机辅助工程 (CAE) 仿真分析软件，其可通过 CPU 并行和 GPU 并行进行工业尺度的颗粒材料离散元模拟，计算规模可达上千万的复杂颗粒系统，如图 8.14 所示。在重型设备、越野、采矿、炼钢、制造等多个行业使用该软件预测颗粒材料的特殊行为并对设备性能进行优化和评估。在 EDEM 软件中，Particle Factory (颗粒工厂) 可自动生成不同尺寸、材料参数、排列方式、初始运动状态等多种类型颗粒，并且颗粒形状可以考虑球体和多面体形状，以及可通过组合球体模型近似构造任意形态颗粒。同时，该软件可与 FEA (有限元分析)、CFD (计算流体动力学)、MBD (多体动力学) 等第三方软件耦合，进而实现颗粒材料与流体、机械结构及电磁场的耦合模拟。

图 8.14 采用 EDEM 软件模拟的颗粒材料流动过程

PFC (particle flow code) 是由美国 Itasca 公司开发的一款基于离散元方法的计算软件。Itasca 是一家国际知名的工程咨询公司，包括离散单元思想的创始人，美国国家工程院院士 Cundall 在内的多个学者都加盟其中。PFC 分为二维 (PFC2D) 和三维 (PFC3D) 两种 (图 8.15)，分别为基于二维圆盘单元和三维圆球单元的离散元程序。该软件最初针对岩土工程开发，目前已被广泛应用于岩土、采矿、石油、机械等诸多工业生产领域。PFC 的优势在于对岩土的结构面及内部缺陷等不连续特征的节理化表征，在模拟岩土破坏过程中的力学行为方面有着较为成熟的方法。随着离散元理论的认识深化和软件版本升级，PFC 应用功能也逐步丰富扩展，如针对岩体结构面增加的三维裂隙网络模拟技术等。

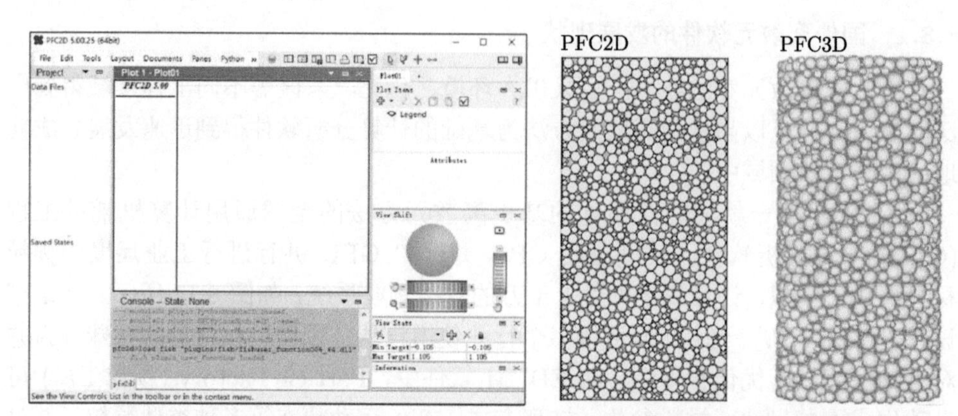

图 8.15 PFC 5.0 图形用户界面和使用 PFC 建立的 2D/3D 球体颗粒模型

UDEC 和 3DEC 是 Itasca 公司开发的另一款离散元计算软件。UDEC 是 3DEC 的二维版本。该软件主要用于土壤、岩石、地下水、结构支撑和砌体的岩土工程分析。软件为用户提供了包含动力分析和温度分析在内的多个分析模块，可实现以热–力耦合为代表的多种耦合场景的模拟 (图 8.16)。

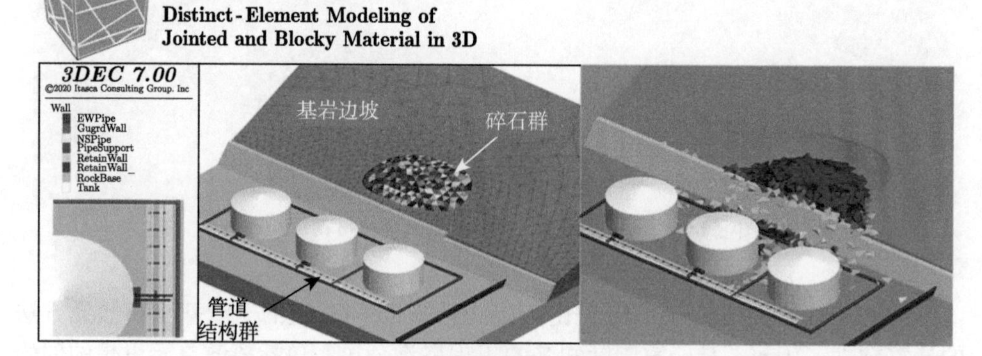

(a) 碎石滚落的 DEM 模拟

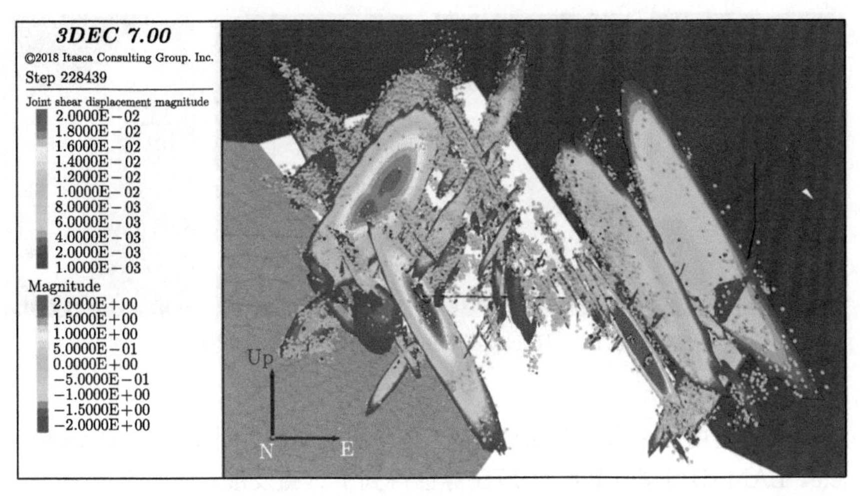

(b) 热-力耦合下的岩土节理面剪切位移

图 8.16 3DEC 软件的不同应用场景

Rocky DEM 是由 Granular Dynamics International, LLC 和 Engineering Simulation and Scientific Software Company (ESSS 公司) 共同开发的功能强大的离散元仿真软件。目前已经被广泛地应用于采矿设备、工程农业机械、化工、钢铁、食品及医药等领域。Rocky DEM 可以实现大规模的 GPU 并行计算，能够实现复杂形态颗粒的建模仿真。Rocky DEM 已完全集成在 Ansys Workbench 环境中 (图 8.17)，能够与 Fluent、Mechanical、Optislang 和 DesignXplorer 交互数据，可实现与 Fluent 的单向和双向耦合计算 (图 8.18)，以及与 Mechanical 的单向耦合计算。同时该软件具备强大的二次开发功能。

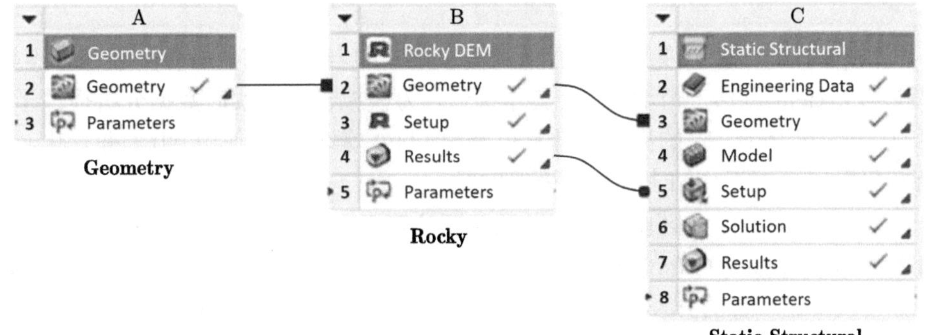

图 8.17 Rocky DEM 软件在 Ansys Workbench 环境中的集成

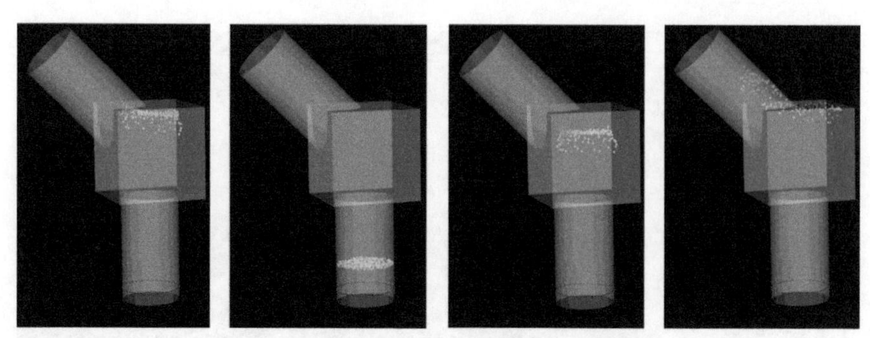

图 8.18 Rocky-Fluent 软件的单向耦合模拟

除了成功商用的离散元分析软件，一些开源的离散元计算框架如 Yade、ESyS-Particle、LAMMPS 和 LIGGGHTS 等也得到了迅猛发展，如图 8.19 所示。这些软件也均实现了多 GPU 或者 GPU 集群的大规模离散元计算。

图 8.19 一些开源离散元计算平台的标志

ESyS-Particle 主要应用于岩土工程领域，如岩石破碎、山体滑坡和地震等。ESyS-Particle 包括一个 Python 脚本接口，为模拟设置和实时数据分析提供了灵活性。ESyS-Particle 的离散元计算引擎用 C++ 编写，并使用 MPI 并行化，支持在集群或高端工作站上模拟百万级颗粒。

Yade 作为一个社区驱动的离散元开源计算平台，最早由法国的 Frederic 教授开发并命名为 SDEC (spherical discrete element code)。2004 年，博士生 Olivier 开始了 Yade 项目的开发工作，采用 C++ 和 Python 将 SDEC 重新改写。之后博士生 Janek 领导了 Yade 项目的开发工作。时至今日 Yade 已发展成了颇具规模的开源软件平台，仍在持续更新，并在多个领域得到广泛应用。值得一提的是，基于 Yade 又新发展起来了 Woo 项目，该项目旨在为用户提供更舒适的交互环境，例如可在 Windows 系统运行等，同时提供商业化的定制化服务。

LAMMPS 是一款由美国 Sandia 国家实验室开发的分子动力学数值模拟软件，以 GPL license 发布，即开放源代码且可以免费获取使用，这意味着使用者可以根据自己的需要自行修改源代码。LAMMPS 可以支持百万级原子分子体系的数值模拟，并提供多种势函数。同时，LAMMPS 具备良好的并行扩展性。LIGGGHTS 是基于 LAMMPS 开源代码的离散元分析软件，目前借助于 CFDEM Coupling 可实现 CFD-DEM 耦合计算。

8.3.2 国内离散元软件的发展现状

我国离散元方法和相关程序软件的发展源于 20 世纪 80 年代在岩土力学中的应用，中国科学院力学研究所非连续介质力学与工程灾害联合实验室与北京极道成然科技有限公司联合开发了国内最新的离散元大型商用软件 GDEM，该软件的核心算法是 CDEM (continuum-based discrete element method)，是中国科学院力学研究所非连续介质力学与工程灾害联合实验室提出的适用于模拟材料在静、动载荷作用下非连续变形及渐进破坏的一种数值算法，已经在岩土工程、采矿工程、结构工程、水利水电工程等多个领域广泛应用，如图 8.20 所示。GDEM 软件将有限元与离散元进行耦合，在块体内部进行有限元计算，在块体边界进行离散元计算，不仅可以模拟材料在连续状态下及非连续状态下的变形、运动特性，更可以实现材料由连续体到非连续体的渐进破坏过程。GDEM 还采用了 GPU 高性能计算技术，可实现大规模、高精度和高效率计算。

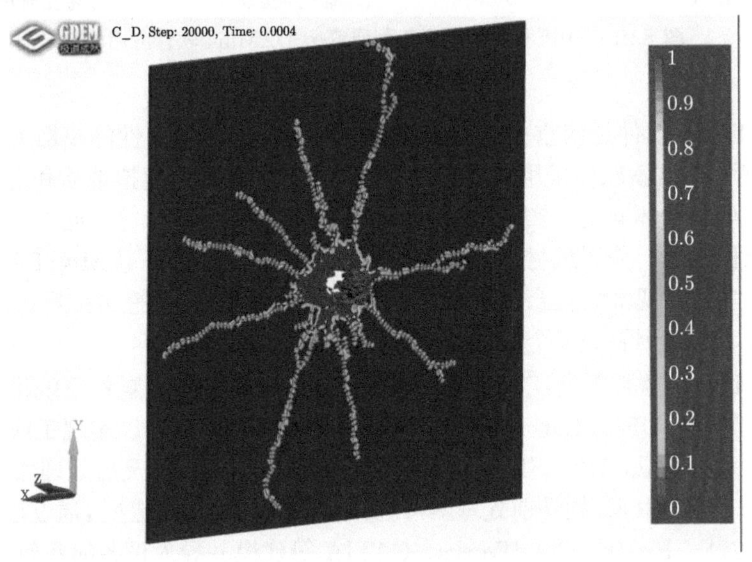

图 8.20 中国科学院力学研究所 GDEM 软件的应用经典案例

DEMms 软件是中国科学院过程工程研究所研发的一款面向颗粒、散料和多相体系大规模高性能模拟的科研与工程软件，可对 CPU 和 GPU 等多种计算资源实现高效利用。这款软件耦合了独特的颗粒粗粒化模型与流–固耦合方法，可以高效地对接多种开源流动求解器，具备长时间或准实时模拟宽粒径分布和反应传递耦合的工业过程的能力，可处理非球形和变形等复杂颗粒，以及多相传递反应耦合等复杂过程，如图 8.21 所示。

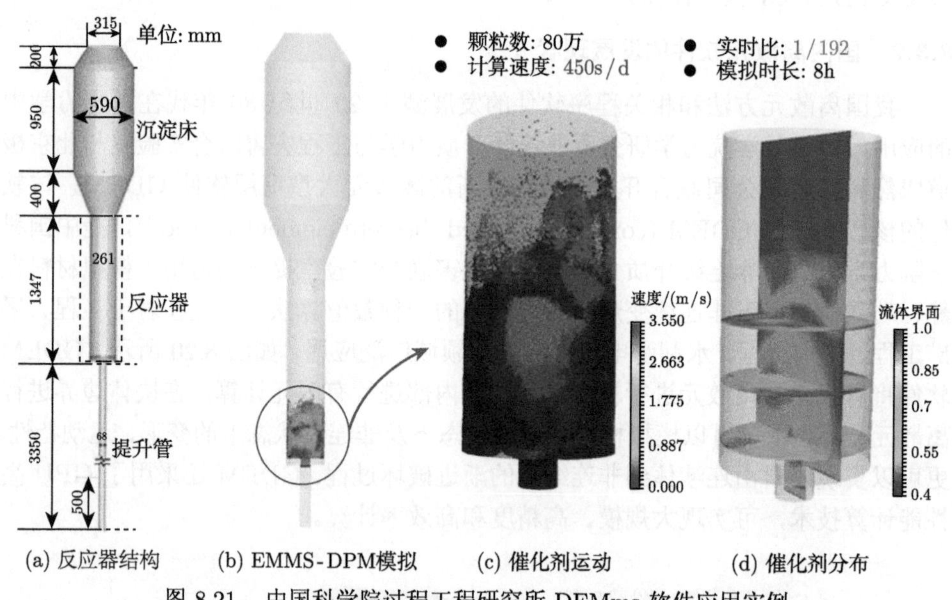

图 8.21　中国科学院过程工程研究所 DEMms 软件应用实例

MatDEM 软件是南京大学刘春教授团队开发的一款高性能离散元软件，如图 8.22 所示。这款软件采用矩阵离散元计算法，可有效地模拟地质和岩土工程领域中大变形和破坏问题，实现了数百万颗粒的 GPU 并行计算。此外，该软件支持自动堆积建模、分层赋材料、节理面和载荷设置，同时基于 MATLAB 语言的二次开发功能实现多场耦合分析，广泛应用于滑坡、岩爆、撞击破坏、桩土作用、滚刀破岩、水力压裂等多个工程领域中。

DEMSLab 软件是浙江大学赵永志教授团队开发的针对颗粒系统进行模拟的大型商用软件。DEMSLab 以非球形离散单元技术为核心，以实现工业级的大规模颗粒体系的模拟。DEMSLab 软件包含前处理器、求解器及后处理器 (图 8.23) 三大部分。DEMSLab 软件前处理器可进行设备的复杂几何造型 (通过通用 3D 软件如 UG NX、Pro/E、SolidWorks、CATIA 等建模并导入设备的几何结构)，颗粒生成器可根据该几何结构自适应生成所需要的颗粒 (支持球形、组合球、粘结球、微滴、超椭球、组合超椭球、凸多面体、凹多面体等颗粒类型)。DEMSLab 软件求解器包含常用的接触力及非接触力模型 (包括范德瓦耳斯力、毛细力等)，并采用 OpenMP 技术进行了并行设计，可对千万级颗粒规模的球形及非球形颗粒体系进行动态模拟，支持复杂结构及运动边界条件、周期性边界条件等，同时还具备强大的 API 二次开发功能。

图 8.22　南京大学 MatDEM 软件的界面展示

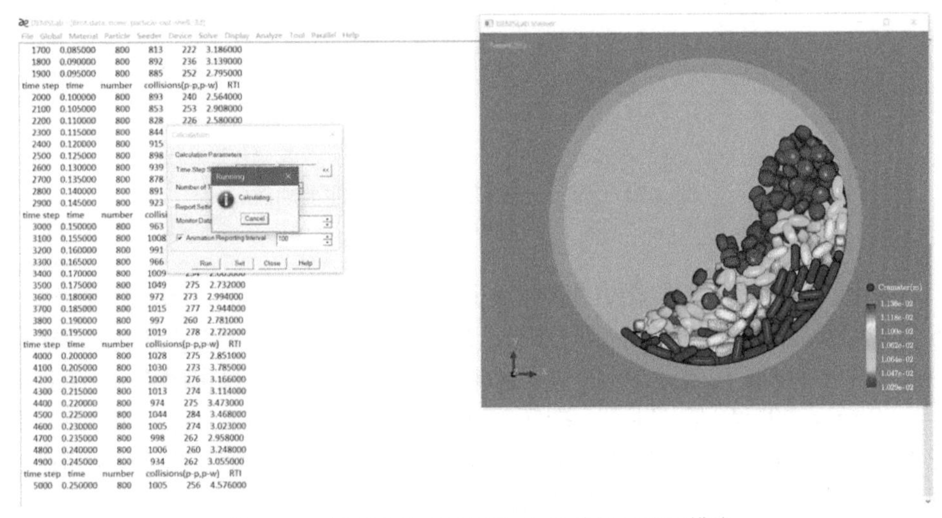

图 8.23　浙江大学 DEMSLab 软件的后处理模块

清华大学徐文杰教授团队开发了离散元软件 CoSim。该软件围绕岩土体/地质体独特的多相态、多过程及多尺度特性，从岩土体/地质体的变形破坏过程中的物理力学机制出发，以有限元 (FEM)、块体和球体离散元 (DEM)、物质点法 (MPM)、光滑粒子流 (SPH)、格子玻尔兹曼法 (LBM)、有限体积法 (FVM) 等数值方法为基础，以 GPU 并行加速为支撑，运用不同数值方法在固体、流体、连续和非连续、细观和宏观等方面的各自优势，发展数值计算分析方法以及不同计算方法之间的耦合算法，从而解决岩土体 “变形–渐进破坏–灾变–高速运动” 的全过程 (或某一阶段) 以及其与流体在细观和宏观尺度上的动力耦合作用分析，以更好地逼近其实际的物理力学过程。图 8.24 显示了 CoSim 的主要功能，目前已在岩土体 (如岩石、砂、土石混合体等) 细观力学及多尺度力学、边坡稳定性分析、滑坡灾害动力学评估、库区滑坡涌浪链生灾害分析等方面有了广泛的应用。

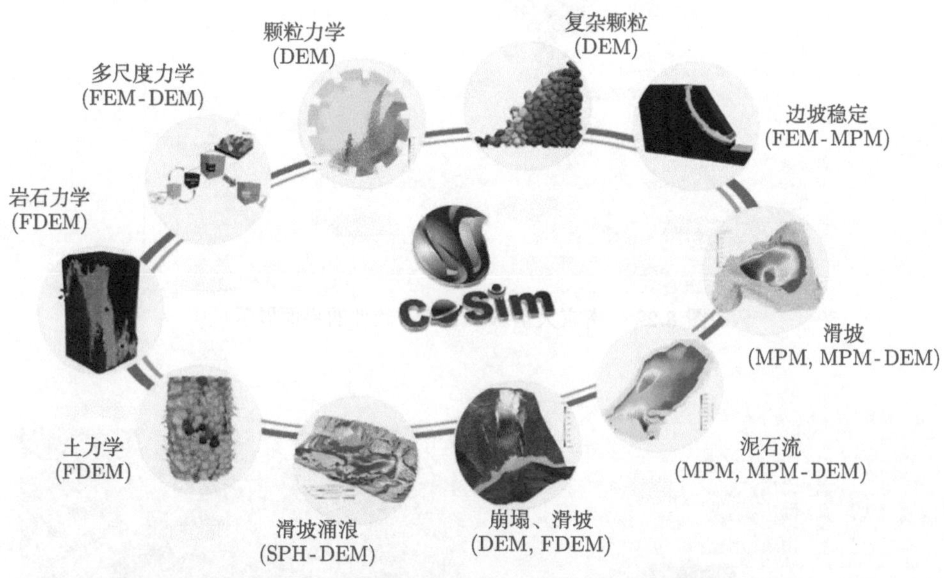

图 8.24 清华大学 CoSim 软件的主要功能

香港科技大学赵吉东教授团队开发了离散元软件 SudoSim。该软件是一个集各类主流无网格数值方法 (包括 DEM、MPM、LBM、PD、SPH 等) 计算平台，继承了开源 DEM 代码 Yade 的基本框架。SudoSim 核心模块采用 C++/CUDA C++/Python 编写，除 C++ 标准库、CUDA 库外，还用到了开源 pybind11，除此不涉及其他第三方库。SudoSim GUI 是 SudoSim 的可视化工具 (图 8.25)，主要用于建模调试。SudoSim 支持 Linux、Windows 和 MacOS 三大操作系统，但 MacOS 版本暂不提供本地 GPU 计算功能。SudoSim 提供 Client/Server 模式实现跨平台远程计算与实时操作。

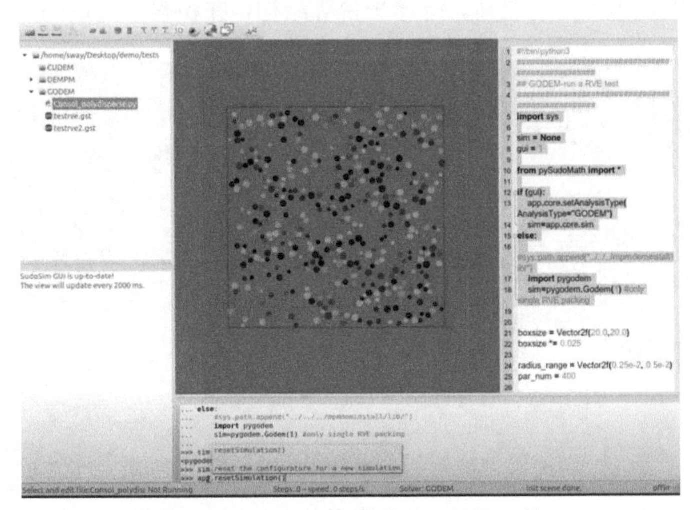

图 8.25　香港科技大学 SudoSim 软件的可视化工具 SudoSim GUI

吉林大学于建群教授团队研发的 AgriDEM(Agricultural DEM) 软件，是一款专注于农业工程领域的新型三维 CAE 软件。软件采用球充填方法和质点弹簧模型，建立农作物籽粒、果穗和植株模型，基于离散元法 (DEM)、计算流体动力学 (CFD) 和平面多刚体动力学/运动学 (MBD/MBK) 及其耦合，实现农机部件工作过程的物理仿真和数值模拟。

8.4　基于 GPU 并行的任意形态颗粒材料离散元计算分析软件 SDEM

大连理工大学季顺迎教授的计算颗粒力学团队开发了高性能离散元并行算法及计算分析软件 SDEM (smoothed discrete element method)(图 8.26)。该软件具有多颗粒形态、多介质、多尺度等数值仿真功能，可实现 GPU 大规模并行计算。

8.4.1　SDEM 软件的开发现状

SDEM 软件提供强大的单元库，涵盖了目前主流的离散元单元类型。可满足各种不同的数值仿真环境的需求，单元类型十分丰富，包括球体单元、超二次曲面单元、扩展多面体单元、镶嵌单元、粘结单元、扩展圆盘单元、多面体单元、水平集单元和可变形单元 (图 8.27)。软件采用的球体单元平行粘结模型可对如海冰、岩石等脆性材料的破坏过程进行有效的模拟。基于闵可夫斯基和算法的扩展多面体单元可实现非规则单元的模拟，引入粘结模型后可对材料断裂过程进行分析。另外，水平集算法和大变形颗粒模型的加入，极大地丰富了单元形式。目前，各种单元可以有效模拟海冰、船体、海洋平台等结构，并积累了大量的工程应用经验。

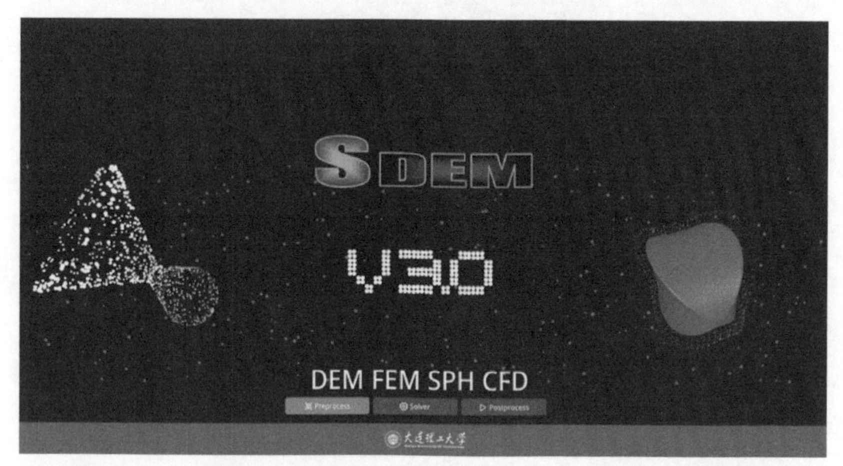

图 8.26 大连理工大学 SDEM 软件的前处理、求解器和后处理显示

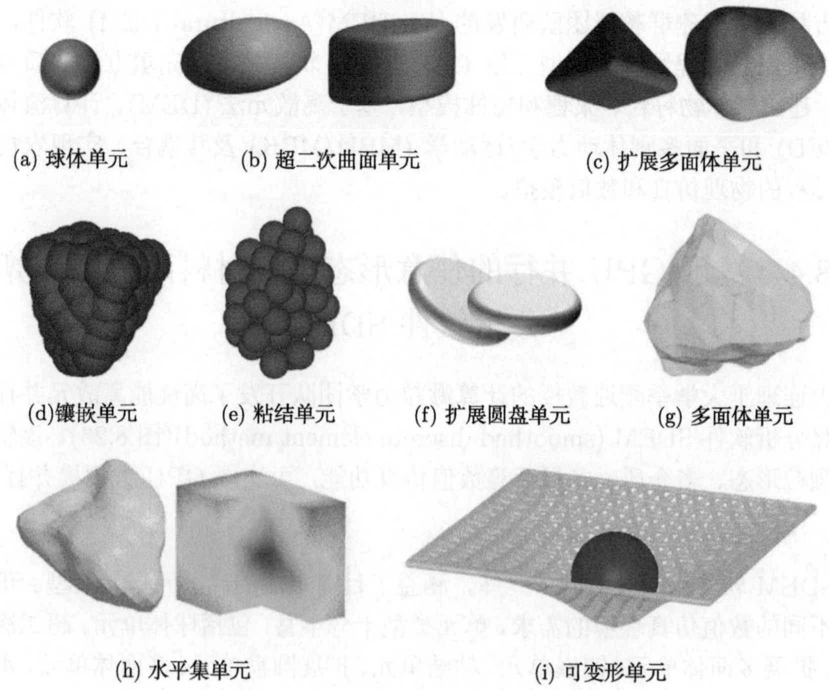

图 8.27 SDEM 软件的单元类型

SDEM 软件提供各种特殊的计算方法。如各类耦合算法，包括 DEM-FEM

(图 8.28)、DEM-SPH(图 8.29)、DEM-FEM-SPH 等算法。数值算法十分丰富，在规则/非规则颗粒材料的动力过程分析、寒区海洋工程、地质灾害演变、有砟铁路道床的力学性能分析、着陆器和返回舱着陆过程等领域有着广泛的应用。

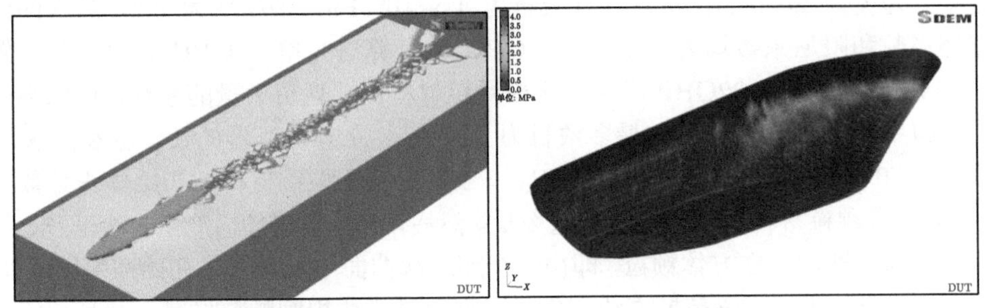

(a) 破冰船的冰区航行模拟　　(b) 船体结构应力云图

图 8.28　SDEM 软件的 DEM-FEM 耦合模拟

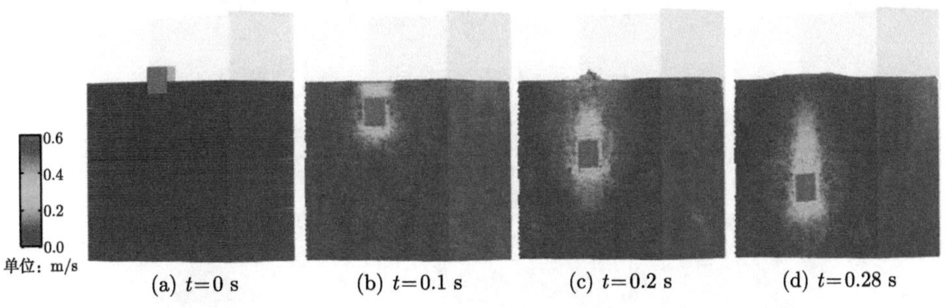

(a) t=0 s　　(b) t=0.1 s　　(c) t=0.2 s　　(d) t=0.28 s

图 8.29　SDEM 软件的 DEM-SPH 耦合模拟：块体入水过程

为提高计算速度，软件包括局部网格算法、局部单元细化技术等在内的加速算法，可以有效模拟海冰与船体相撞、海冰与海洋平台相撞过程等。

SDEM 软件采用 CUDA 并行技术进行加速运算，在单个 Tesla 计算卡上可实现数百万球形颗粒的高效运算，满足真实尺度的大规模运算分析。基于 GPU 的 CUDA 是采用的单指令多线程执行 (single instruction multiple data, SIMD) 模式，是对单指令多数据的一种改进。

迄今为止，SDEM 软件已成功地应用在国家自然科学基金委员会、工业和信息化部、国家海洋局、中国船级社、美国船级社、中船工业、中船重工、黄河水利科学研究院等单位的项目研究中，是国内使用率最高的离散元软件之一。SDEM 软件最新版本为 V3.0，目前，大连理工大学计算颗粒力学团队还在为丰富软件的颗粒形态、大变形颗粒/结构、断裂破碎及 DEM-FEM-CFD 耦合算法而不懈努力。

8.4.2　SDEM 软件模拟百万量级的大规模颗粒材料

首先，采用基于径向前进理论的填充算法生成大规模的球形颗粒材料 (Li and Ji, 2018)，如图 8.30(a) 所示。这里，球体直径为 1.25 mm，颗粒的总数量为 200 万个。密度为 2500 kg/m^3，弹性模量为 1×10^8 Pa，泊松比为 0.2，颗粒间的摩擦系数和阻尼系数均为 0.4。由于 GPU 并行算法为单个 GPU 计算，其配置为 GV100，显存为 32GB，考虑大规模颗粒材料需要耗费大量的显存，所以离散元模拟中超二次曲面单元的最多数目为 200 万。立方体容器的长、宽和高满足：$L_0 = 270$ mm、$W_0 = 90$ mm 和 $H_0 = 160$ mm。颗粒材料的初始体积分数为 0.53，并且颗粒材料内单元间没有重叠量。然后，在基本球体内产生一个球体、随机方向的圆柱体或立方体颗粒，即由一个超二次曲面单元替代了初始产生的球体，如图 8.30(b) 所示。该替换方法产生了无重叠量的非规则颗粒材料，并且初始体积分数为 0.25，如图 8.31(a) 所示。总计 200 万个且考虑随机角度的非规则颗粒下落并在重力作用下形成颗粒床，如图 8.31(b) 所示。最终，非规则颗粒材料的体积分数为 0.64。同时，位于颗粒材料中心位置的平均配位数为 10.4。

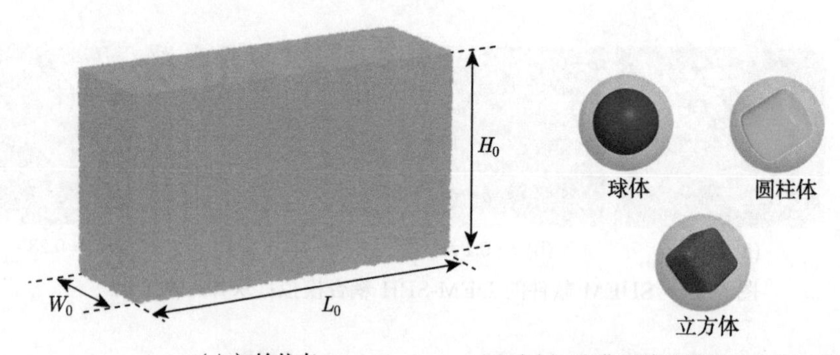

(a) 初始状态　　(b) 由超二次曲面单元代替一个基本球体

图 8.30　200 万球体单元组成的颗粒材料

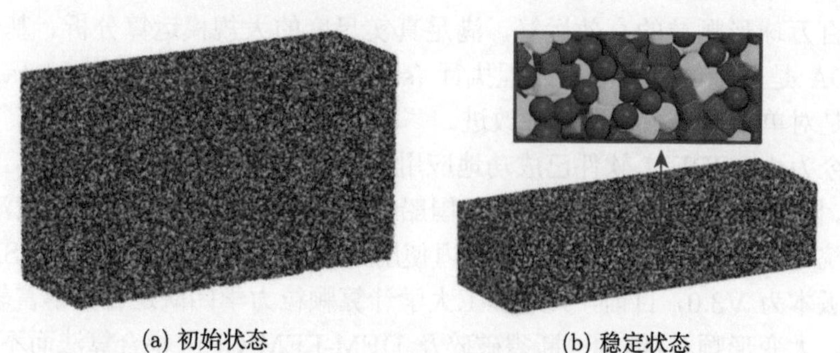

(a) 初始状态　　(b) 稳定状态

图 8.31　200 万个球形和非规则单元组成的颗粒材料

8.4.3 SDEM 软件模拟颗粒材料的流动过程

采用超二次曲面单元模拟颗粒柱的流动过程，并且该模拟结果与试验结果 (Owen et al., 2009) 进行对比。超二次曲面单元的函数参数满足：$2a = 0.6 \sim 0.71$ mm, $b/a = 0.6 \sim 0.85$, $c/a = 0.75 \sim 1.0$ 和 $n_1 = n_2 = 2 \sim 3.5$。弹性模量为 1×10^7 Pa，泊松比为 0.2，颗粒密度为 1520 kg/m^3，摩擦系数和阻尼系数分别为 0.52 和 0.4。超二次曲面单元的不同长宽比可以真实地反映试验中沙子材料的长宽比特性，然而超二次曲面的形状参数却很难反映真实试验中沙子材料的表面粗糙程度。在离散元模拟中，颗粒密度和泊松比与真实沙子材料的物理属性相同。弹性模量低于沙子材料的真实值，这主要是由于离散元模拟的计算效率随着弹性模量的增加而降低。值得注意的是，弹性模量对沙子颗粒的运动行为具有很小的影响 (Owen et al., 2009; Chen et al., 2017)。颗粒间的摩擦系数及颗粒与边壁间的摩擦系数都是基于试验中沙子材料休止角计算得到。

总计 1.55×10^5 个具有随机位置和角度的颗粒在长方体容器中生成并且颗粒间没有重叠量。同时，初始生成的颗粒床按照高度用颜色划分，这有助于显示不同时刻下颗粒材料的流动图案。在重力作用下所有颗粒自由下落并且形成稳定的颗粒床。最终生成的颗粒床高度为 60 mm，长度为 40 mm，宽度为 12 mm。左侧的边壁固定，而右侧边壁以 6.11 mm/s 速度向右移动。图 8.32 显示在不同无量纲时刻下超二次曲面单元的流动过程与试验结果 (Owen et al., 2009) 的对比情况。其中，无量纲时间是指当前时刻与总流动时间的比率。对相同数目的球形颗粒床的流动过程进行离散元模拟，并且将固定边壁侧和移动边壁侧的颗粒床高度与试验结果 (Owen et al., 2009) 进行对比，如图 8.33 所示。尽管在固定边壁和移动边壁侧的非规则颗粒床高度与试验结果基本吻合，但是非规则颗粒的流动图案与真实沙子材料的流动图案存在一定的差异。这主要是由于沙子材料的流动过程包含颗粒材料微观结构的变形及破坏，这导致复杂的流动模式。此外，非规则

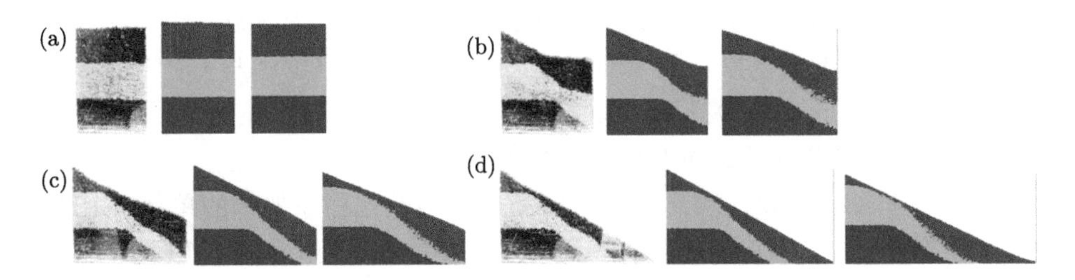

图 8.32 不同无量纲时间下非规则 (中) 和球形 (右) 颗粒材料流动图案的离散元模拟结果与试验 (左) 结果 (Owen et al., 2009) 的对比

(a) 0.0; (b) 0.23; (c) 0.47; (d) 1.0

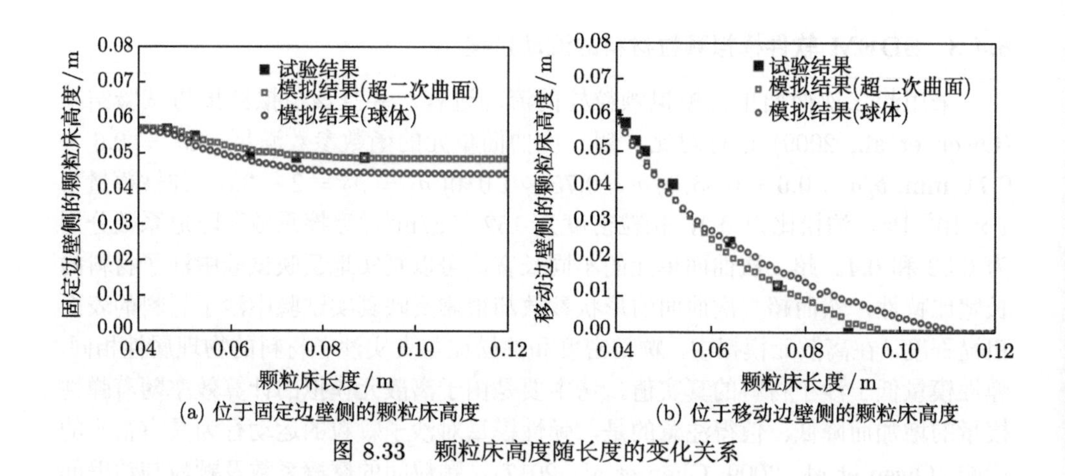

(a) 位于固定边壁侧的颗粒床高度　　(b) 位于移动边壁侧的颗粒床高度

图 8.33　颗粒床高度随长度的变化关系

颗粒材料的模拟结果比球形颗粒材料更接近于试验结果。球形颗粒床的结构强度低且颗粒间更容易相互滑动或转动，这引起颗粒床的连续变形和坍塌。因此，颗粒形状显著影响颗粒材料的流动特性，尤其是颗粒床的剪切强度、连续变形和坍塌。从宏观流动图案上看，离散元模拟的数值结果与试验结果 (Owen et al., 2009) 基本吻合，这也证实了当前 GPU 并行算法能够反映非规则颗粒材料的主要流动特性。

8.4.4　SDEM 软件的 GPU 并行效率对比

料斗容器的长和宽满足 $L_{\rm h} = W_{\rm h} = 40$ mm，并且开口尺寸和角度满足 $L_{\rm r} = W_{\rm r} = 16$ mm 和 $\theta_0 = 60°$，如图 8.34(a) 所示。超二次曲面单元的函数参数满足 $a = b$ 和 $\gamma = c/a$，其中，γ 表示单元的长宽比。不同形态颗粒具有相同的质量，并且等体积球体的半径为 1 mm。弹性模量为 1×10^8 Pa，泊松比为 0.2，阻尼系数为 0.2，摩擦系数为 0.1，单元的数目为 31620 个。CPU 的参数为 Intel(R) Xeon(R) Silver 4114，GPU 的参数为 NVIDIA Quadro GV100，并且只有一个 CPU 核心用于离散元模拟。图 8.34(b) 显示卸料过程中 GPU 与 CPU 的实际消耗时间与模拟时间的对比关系。可以发现，GPU 的计算速度显著高于 CPU，并且颗粒形态显著影响 CPU 和 GPU 的运算速度。

采用基于 GPU 并行的离散元程序和相同离散元程序架构的单核 CPU 程序分别模拟料斗内颗粒的流出过程，统计所有颗粒均流出后两个离散元程序的总消耗时间 (或称为挂钟时间, wall clock time) 分别为 $t_{\rm g}$ 和 $t_{\rm c}$。加速比可表示为 $\tau = t_{\rm c}/t_{\rm g}$。不同单元形状及数目影响下总消耗时间列于表 8.2 中。同时，单元数目对加速比的影响如图 8.35(a) 所示。可以发现，加速比随着单元数目的增加而增加。圆柱体单元具有最高的加速比，而球体单元具有最低的加速比。当单元数目大于 30000 个时，圆柱体单元的加速比约为 300，而球体单元的加速比约为 150。除此之外，单元形状对计算效率的影响如图 8.35(b) 所示。这里，单元数目

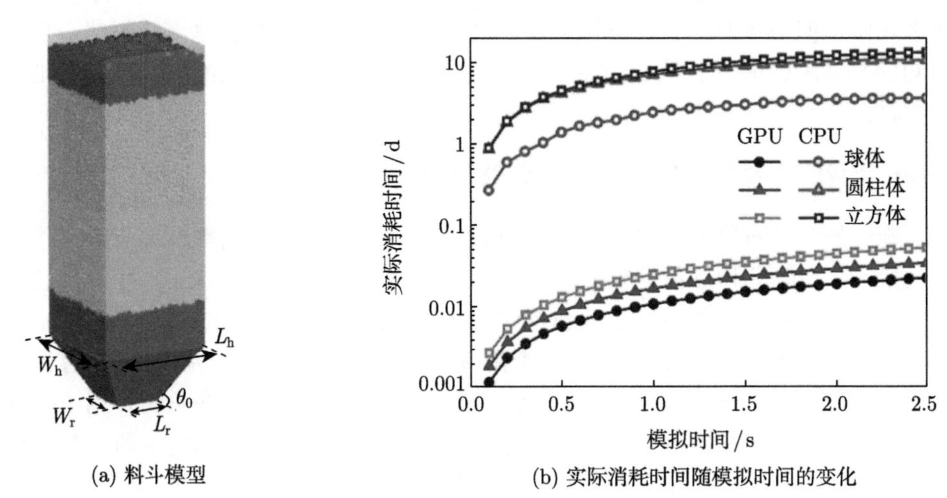

(a) 料斗模型　　(b) 实际消耗时间随模拟时间的变化

图 8.34　卸料过程中 CPU 与 GPU 实际消耗时间的对比

表 8.2　CPU 和 GPU 运行的总消耗时间

单元总数 /(×10³ 个)	球体			圆柱体			立方体		
	t_c/s	t_g/s	t_c/t_g	t_c/s	t_g/s	t_c/t_g	t_c/s	t_g/s	t_c/t_g
1.0	331	39	8.5	1078	53	20.3	1288	71	18.1
3.16	3458	93	37.2	10855	143	75.9	13820	249	55.5
10	27963	363	77.0	87431	576	151.8	115949	939	123.5
31.62	315104	1938	162.6	939495	3022	310.9	1197062	5212	229.7

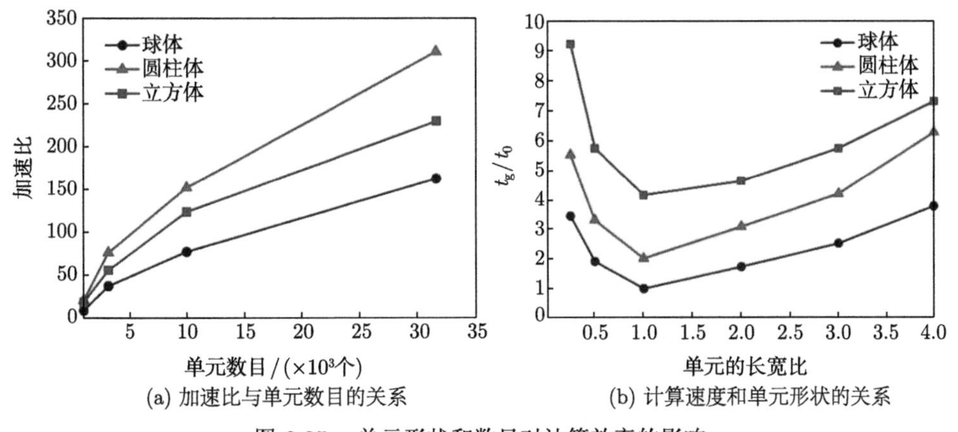

(a) 加速比与单元数目的关系　　(b) 计算速度和单元形状的关系

图 8.35　单元形状和数目对计算效率的影响

为 10000 个，并且球体单元的总消耗时间表示为 t_0。可以发现，立方体单元的计算速度是最慢的，而球体单元具有最快的计算速度。同时，计算速度随着单元长宽比的增加或减小都显著降低。值得注意的是，尽管非规则单元的计算速度比球体单元慢，但是 GPU 并行算法对于非规则单元具有更高的加速比。因此，当前的 CUDA-GPU 并行算法更适用于模拟由超二次曲面单元形成的大规模非规则颗粒材料。

8.4.5 SDEM 软件模拟旋转圆筒内颗粒的混合过程

旋转圆筒的直径和长度分别为 400 mm 和 100 mm，不同颗粒形态具有相同的质量，并且等体积球体的半径为 1.5 mm。颗粒的总数目为 2×10^5 个。旋转圆筒内一个稳定颗粒床的生成主要包括三个步骤，如图 8.36 所示。第一步：在初始时刻，矩形容器中生成总计 3×10^5 个具有随机位置和角度的颗粒。这里，容器的高度为 1300 mm，长度为 400 mm，宽度为 100 mm。所有颗粒在重力作用下降落至容器内并且形成稳定的颗粒床。当时间为 0.6 s 时，将位于圆筒内的所有颗粒信息提取出来用于第二步中。第二步：在旋转圆筒内的所有颗粒在重力作用下形成新的颗粒床。当时间为 0.5 s 时，按照每个颗粒高度从低至高提取总计 2×10^5 个颗粒的所有信息用于第三步中。同时，这些颗粒根据其 x 方向坐标进行染色，如果 x 方向坐标为负，颗粒颜色为蓝色，否则为红色。第三步：在旋转圆筒内形成新的颗粒床，并且当所有颗粒保持静止时，圆筒开始旋转及所有颗粒开始混合。

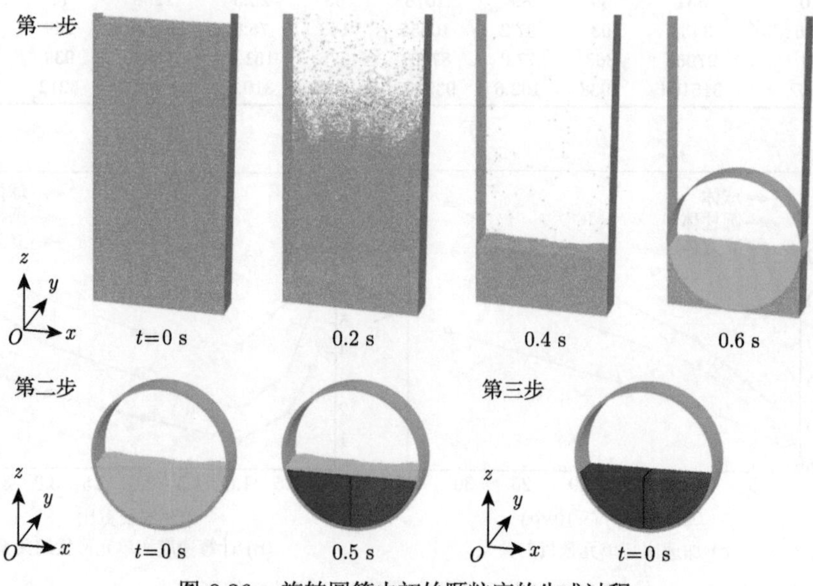

图 8.36 旋转圆筒内初始颗粒床的生成过程

图 8.37 显示不同时刻下球体、圆柱体和立方体颗粒的混合图案。这里，旋转速度为 30 r/min。颗粒床表面呈现 S 形，并且红色和蓝色单元呈现螺旋形图案。随着转动圈数的增加，这种图案逐渐消失。此外，非规则单元比球形单元混合得更快。图 8.38 显示旋转速度对圆柱体颗粒在混合过程中速度分布的影响规律。可以发现，整个颗粒床分为三部分：崩塌层、静态层和提升层。随着圆筒转速的增加，位于崩塌层和提升层的颗粒数目增加，而位于静态层的颗粒数目减小。以上研究表明：基于 GPU 并行算法的超二次曲面模型适用于模拟大规模颗粒材料的流动及混合行为，并且该方法对于非规则颗粒材料具有更高的并行计算效率。

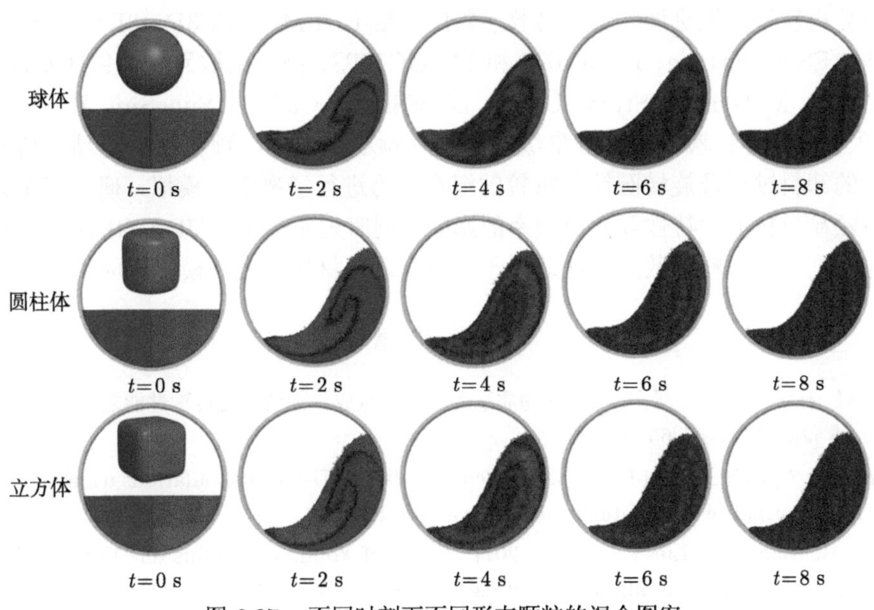

图 8.37 不同时刻下不同形态颗粒的混合图案

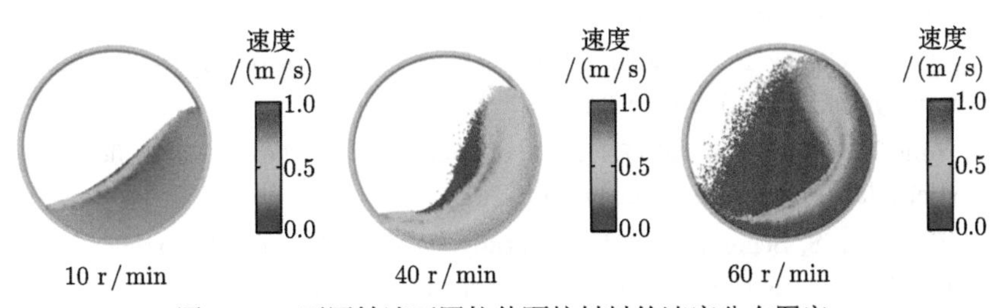

图 8.38 不同转速下圆柱体颗粒材料的速度分布图案

8.5 小　　结

本章介绍了基于 GPU 并行的高性能离散元算法，同时对国内外的离散元计算分析软件的研发进展进行说明，最后采用大连理工大学自主研发的 SDEM 软件模拟了大规模球形和非规则颗粒材料的动力过程，主要包括：① 介绍了在 GPU 端采用元胞列表法创建邻居列表的过程，通过调用 CUDA 库中的 sort_by_key 函数、_syncthreads 函数和 inclusive_scan 函数，从而直接在 GPU 端的每个线程完成对单元索引的重新排序和邻居列表的建立；② 介绍了国内外的离散元计算分析软件研发进展，国外离散元软件包括 EDEM、PFC3D、3DEC、Rocky、Yade、ESyS-Particle、LAMMPS 和 LIGGGHTS，国内离散元软件包括 GDEM、DEMms、MatDEM、StreamDEM、DEMSLab、CoSim、SudoSim 和 SDEM；③ 采用 SDEM 软件对百万量级的非规则颗粒床生成、颗粒柱的流动、料斗中颗粒的卸料过程及旋转圆筒内颗粒的混合行为进行了离散元模拟，研究了单元形状对颗粒材料流动特性及计算效率的影响，同时表明基于 CUDA-GPU 并行算法的非规则颗粒材料离散元方法适用于非规则颗粒材料的大规模工程应用。

参 考 文 献

许文祥, 孙洪广, 陈文, 等. 2016. 软物质系颗粒材料组成、微结构与传输性能之间关联建模综述 [J]. 物理学报, 65: 82-105.

Amritkar A, Deb S, Tafti D. 2014. Efficient parallel CFD-DEM simulations using OpenMP [J]. Journal of Computational Physics, 256: 501-519.

Chen H, Xiao Y G, Liu Y L, et al. 2017. Effect of Young's modulus on DEM results regarding transverse mixing of particles within a rotating drum [J]. Powder Technology, 318: 507-517.

Cleary P W, Hilton J E, Sinnott M. D. 2017. Modelling of industrial particle and multiphase flows [J]. Powder Technology, 314: 232-252.

Delaney G W, Cleary P W. 2010. The packing properties of superellipsoids [J]. EPL (Europhysics Letters), 89(3): 34002.

Gui N, Yang X, Tu J, et al. 2017. Effect of roundness on the discharge flow of granular particles [J]. Powder Technology, 314: 140-147.

Höhner D, Wirtz S, Scherer V. 2015. A study on the influence of particle shape on the mechanical interactions of granular media in a hopper using the discrete element method [J]. Powder Technology, 278: 286-305.

Lemieux M, Léonard G, Doucet J, et al. 2008. Large-scale numerical investigation of solids mixing in a V-blender using the discrete element method [J]. Powder Technology, 181(2): 205-216.

Li Y, Ji S. 2018. A geometric algorithm based on the advancing front approach for sequential sphere packing [J]. Granular Matter, 20: 59.

Liu L, Ji S. 2019. Bond and fracture model in dilated polyhedral DEM and its application to simulate breakage of brittle materials [J]. Granular Matter, 21: 41.

Liu S D, Zhou Z Y, Zou R P, et al. 2014. Flow characteristics and discharge rate of ellipsoidal particles in a flat bottom hopper [J]. Powder Technology, 253: 70-79.

Nishiura D, Sakaguchi H. 2011. Parallel-vector algorithms for particle simulations on shared-memory multiprocessors [J]. Journal of Computational Physics, 230: 1923-1938.

Owen P J, Cleary P W, Mériaux C. 2009. Quasi-static fall of planar granular columns: comparison of 2D and 3D discrete element modelling with laboratory experiments [J]. Geomechanics and Geoengineering, 4(1): 55-77.

Podlozhnyuk A, Pirker S, Kloss C. 2017. Efficient implementation of superquadric particles in discrete element method within an open-source framework [J]. Computational Particle Mechanics, 4(1): 101-118.

第 9 章　任意形态颗粒离散元方法的应用

颗粒材料的运动特性引起广泛关注，并且研究重点从球形颗粒材料逐步扩展至非规则颗粒材料。Zeng 等 (2017) 采用组合球体方法构造大米颗粒，同时通过总接触力及速度波动分析颗粒材料流动过程中的脉动行为 (Zeng et al., 2017)。Govender 等 (2018) 对比了料斗中多面体单元和球形单元的流动过程，并且发现多面体单元的几何形状显著影响颗粒材料的流动速率 (Govender et al., 2018)。此外，旋转圆筒内颗粒流动过程的数值模拟是研究颗粒流动的另一种重要手段，其混合特性的机理研究对颗粒材料在工业生产中的应用具有参考价值。有学者通过 SIPHPM 方法模拟多面体颗粒在二维旋转圆筒内的混合行为，结果表明：与球形颗粒相比，三角形、四边形和六边形颗粒具有更高的混合度 (Gui et al., 2017)。也有学者采用超二次曲面方程构造椭球颗粒，研究不同长宽比对非规则颗粒材料混合过程的影响 (You and Zhao, 2018)，结果表明：高长宽比颗粒的主轴方向基本平行于颗粒的流动方向。自然界或工业应用中颗粒通常具有非规则几何形态，因此对任意形态颗粒材料运动特性的研究具有重要的工程意义。

我国探月计划 “嫦娥工程” 分为 “绕”“落”“回” 三步，分别以对月球进行环绕式的全局探测、实现月面软着陆以及巡视从而对其进行精细探测、在月球表层采样返回并通过地面实验对月壤的物理特性进行研究为目的，逐次开展探月期工程 (Li et al., 2016)。如何保障月球着陆器和返回舱的顺利着陆，是影响探测任务成败的关键，采样返回和载人登月对着陆时的冲击响应有更高的要求 (Aravind et al., 2020)。着陆器和返回舱在着陆过程中必然受到很大的冲击力，这对宇航员以及搭载的试验仪器等造成威胁。因此，有必要对着陆过程中的冲击响应以及着陆点颗粒材料的缓冲特性进行详细研究，为着陆器和返回舱的安全软着陆提供理论基础和事实依据。

有砟轨道作为一种传统的铁路运输结构，具有造价低廉、易于维修、排水优良、降噪减震等优点。该结构中的散粒体道床采用级配道砟碎石堆积而成，用于分担来自列车车轮的移动载荷。随着有砟铁路朝着高速重载化方向发展，在往复列车载荷作用下道砟颗粒局部接触区域不断迁移和错动，诱发道砟边角破碎、表面磨耗等强度劣化行为，导致道床不均匀累积形变、动力失稳及脏污板结等病害，最终危及列车行驶的稳定和安全性 (Indraratna et al., 2010; Zhang et al., 2017; Li et al., 2022)。采用离散元法对非规则道砟颗粒进行精细化建模，可合理地反映道砟颗粒的剪切性能及道床动力特性。通过深入探究有砟道床的动力演化特征及力学行为，可对铁路行车的平稳性和安全性提供重要的工程借鉴价值。

随着我国海洋战略不断向极地领域推进，结构冰载荷的分析工作逐步发展和完善 (徐莹等, 2019; 季顺迎等, 2017)。极地船舶、水下航行器和海洋工程结构的冰载荷是寒区海洋工程研究中的关键环境载荷，也是评估装备结构破冰能力和结构安全性能的重要衡量指标。在海冰离散元方法中，海冰单元的运动和断裂完全决定于单元间的作用力传递和材料的自身参数，体现出更好的自适应性和稳定性。因此，离散元方法是一种能够满足广泛需求的装备结构–冰相互作用分析及冰载荷预测方法。基于扩展多面体离散元方法对极区船舶、水下航行器和海洋工程结构的冰载荷问题进行数值模拟，可以确定结构表面冰压力的分布规律和冰阻力变化情况，从而识别结构的危险区域并分析结构的冰激疲劳问题，为冰区装备结构的安全稳定提供依据 (Tian et al., 2015)。

综上所述，本章采用大连理工大学计算颗粒力学团队自主研发的 SDEM V3.0 软件，通过基于 CUDA-GPU 架构的高性能离散元算法，分别对球形和非规则颗粒材料的流动和缓冲特性、着陆器和返回舱的着陆过程、有砟铁路道床的动力特性、极地船舶及装备结构的冰载荷进行数值分析，并为解决不同工程领域颗粒材料力学问题提供科学依据。

9.1 任意形态颗粒运动特性的离散元模拟

本节通过超二次曲面方程构造球形和非规则颗粒形态，采用离散元方法模拟筒仓、水平转筒和螺旋输送机内颗粒材料的运动特性，同时分析不同颗粒形状及边界条件对颗粒材料宏–细观力学特性的影响规律。

9.1.1 筒仓内颗粒材料的流动状态

一般而言，筒仓内颗粒材料的流动模式包含两种机制。第一种是全部颗粒具有统一的速度且同时向孔口流出，这种模式称为质量流 (mass flow)。第二种是颗粒材料具有不均匀的速度分布，即中心处的颗粒速度高于靠近边壁的颗粒速度，并且不同的颗粒流动行为具有明显的边界性，这种模式称为管状流 (funnel flow)。颗粒材料的流动模式对工业筒仓的设计和加工具有重要的参考价值。为此，本小节采用基于超二次曲面的离散单元法分析筒仓内球形和非规则颗粒材料的流动过程，探究重力驱动下颗粒形状对颗粒材料流动模式及转变特性的影响规律；最后，通过颗粒间法向接触力的垂直分布和容器底部压力的径向分布揭示颗粒材料流动模式转变的细观机理。

1. 筒仓内颗粒材料卸料过程的试验验证

采用超二次曲面单元构造 10500 个椭球体颗粒，在长方体容器中考虑单元的随机位置和角度并在重力作用下实现堆积。超二次曲面方程中函数参数满足：$2a = 13.56$ mm, $2b = 2c = 7.19$ mm, $n_1 = n_2 = 2$。颗粒材料的弹性模量为 1 GPa，泊松比为 0.29，颗粒密度为 1338 kg/m^3，摩擦系数为 0.4，阻尼系数为 0.3。容器的长和宽分别为 290 mm 和 5 mm，并在底部分别设置孔径 $D_0 = 54$ mm 和 63 mm 的卸料口。当容器内颗粒无相对运动时，卸料口打开。图 9.1 显示不同时刻下超二次曲面颗粒的流动过程和试验结果 (Liu et al., 2014) 的对比。颗粒在重力作用下呈现 V 形流动图案。随着颗粒数量的减少，V 形图案逐渐消失并最终在容器两侧产生堆积。图 9.2 显示孔径分别为 54 mm 和 63 mm 时容器内剩余颗粒比率随时间的变化曲线。当孔径 $D_0 = 54$ mm 时，离散元的数值结果与试验结果 (Liu et al., 2014) 基本吻合；当 $D_0 = 63$ mm 时，数值结果略小于试验结果 (Liu et al., 2014)。这是因为当孔径变大且颗粒间的相对流速变快时，摩擦系数和阻尼系数对颗粒流动产生显著的影响，而这些模拟参数需要进一步通过试验结果进行校核和修正。

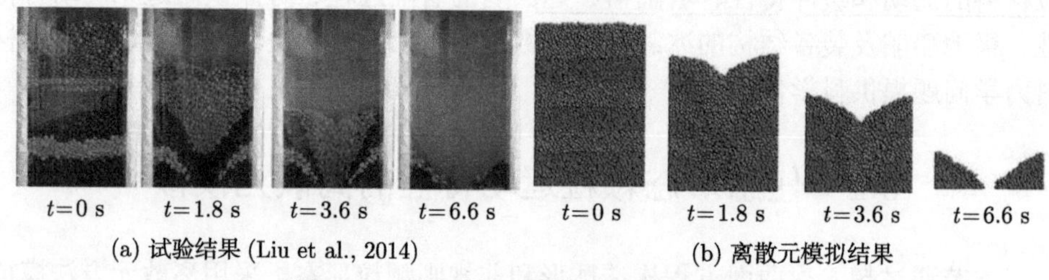

图 9.1　不同时刻下颗粒材料的流动过程

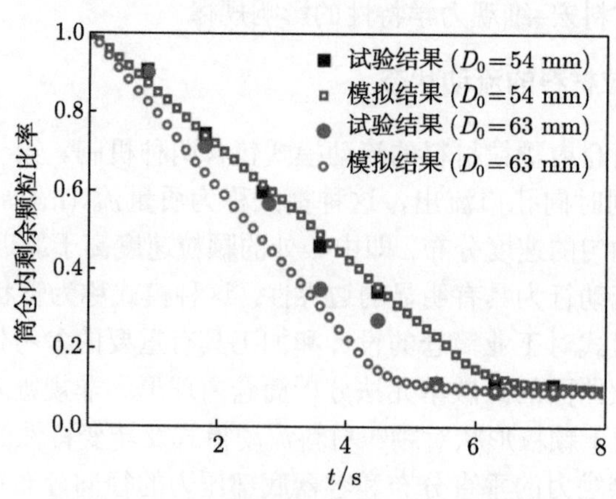

图 9.2　筒仓内剩余颗粒比率随时间的变化关系

2. 颗粒形状和料斗角度对流动图案的影响

在此基础之上，这里进一步探究颗粒形状及料斗角度对颗粒材料流动模式转变的影响规律，采用超二次曲面方程构造不同长宽比和表面尖锐度的圆柱形颗粒。这里，超二次曲面的函数参数满足：$a = b = c$ 且 $n_2 = 2$，长宽比 $\gamma = c/a$。不同形态颗粒具有相同的质量，并且等体积球体的直径为 4.5 mm。颗粒的总数为 17600 个，颗粒材料的总质量为 2.1 kg。弹性模量为 0.5 GPa，泊松比为 0.25，颗粒密度为 2500 kg/m^3，摩擦系数和阻尼系数均为 0.3。锥形料斗的直径 $D_c = 90$ mm，高度 $H_c = 240$ mm，开口直径 $D_0 = 30$ mm，料斗角度 $\theta = 15°$、30°、45°、60° 和 75°，如图 9.3 所示。在初始时刻，球体或圆柱体颗粒具有随机位置和取向。这些颗粒在重力作用下落入锥形容器中并形成稳定的颗粒床。当所有颗粒无相对运动时，底部孔口打开并且容器内的颗粒开始流出。

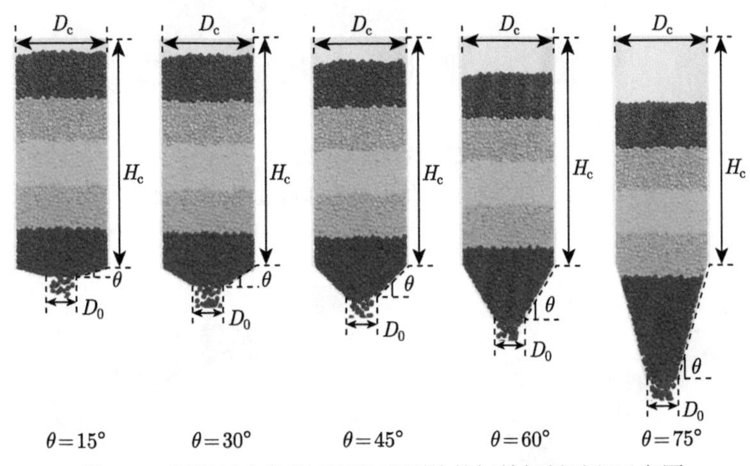

图 9.3 不同料斗角度下圆柱形颗粒的初始卸料过程示意图

为了说明颗粒形状对颗粒材料流动过程的影响，这里比较了不同时刻下球体和圆柱体颗粒流动图案的横截面，如图 9.4 所示。这里，料斗角度 $\theta = 15°$。在重力驱动下，颗粒流动过程中可以逐渐看到 V 形的流动图案。最终，这种图案随着更多颗粒流出容器而消失。另外，颗粒形状影响颗粒材料的流动图案。长宽比为 1 的圆柱形颗粒在料斗中心的垂直速度明显高于靠近边壁的颗粒速度，进而导致更明显的 V 形流动图案。球体和长宽比为 2.5 的圆柱体颗粒在料斗下部呈现 V 形流动图案，而在料斗上部，所有颗粒具有统一的垂直速度。此外，与球体颗粒相比，在靠近边壁的区域内圆柱体颗粒更可能形成堆积结构。

图 9.5 显示不同时刻下球体和圆柱体颗粒的流动过程图。这里，料斗角度 $\theta = 60°$。不同形态颗粒均具有统一的垂直速度，并且位于料斗中心的颗粒速度基本等于靠近边壁的颗粒速度。作为结果，颗粒材料没有出现 V 形流动图案。同时，

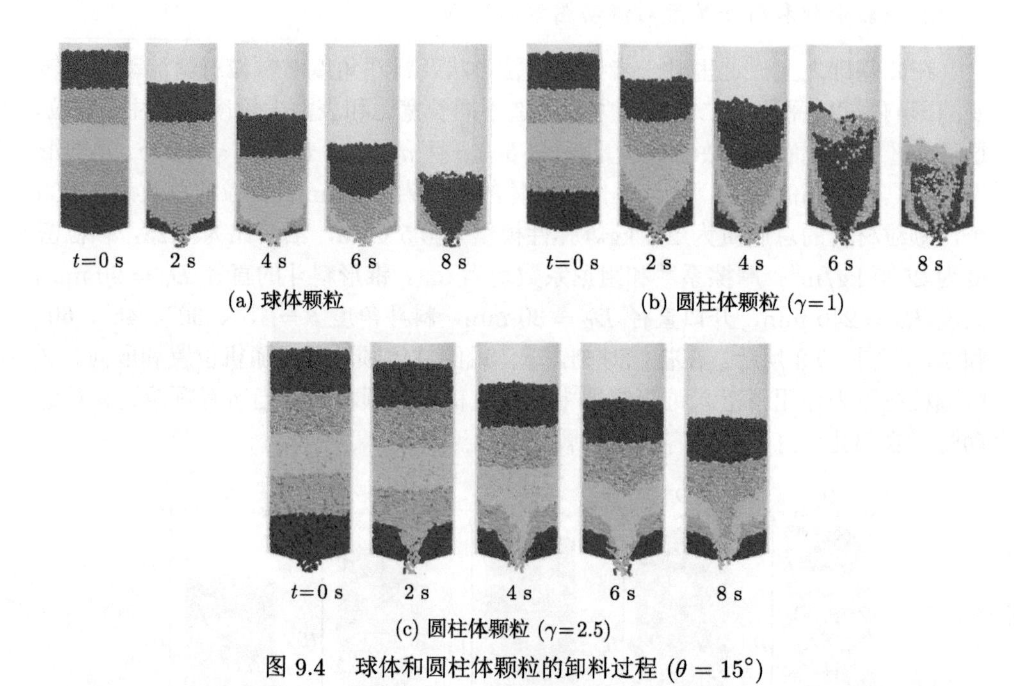

(a) 球体颗粒　　(b) 圆柱体颗粒 (γ=1)

(c) 圆柱体颗粒 (γ=2.5)

图 9.4　球体和圆柱体颗粒的卸料过程 ($\theta = 15°$)

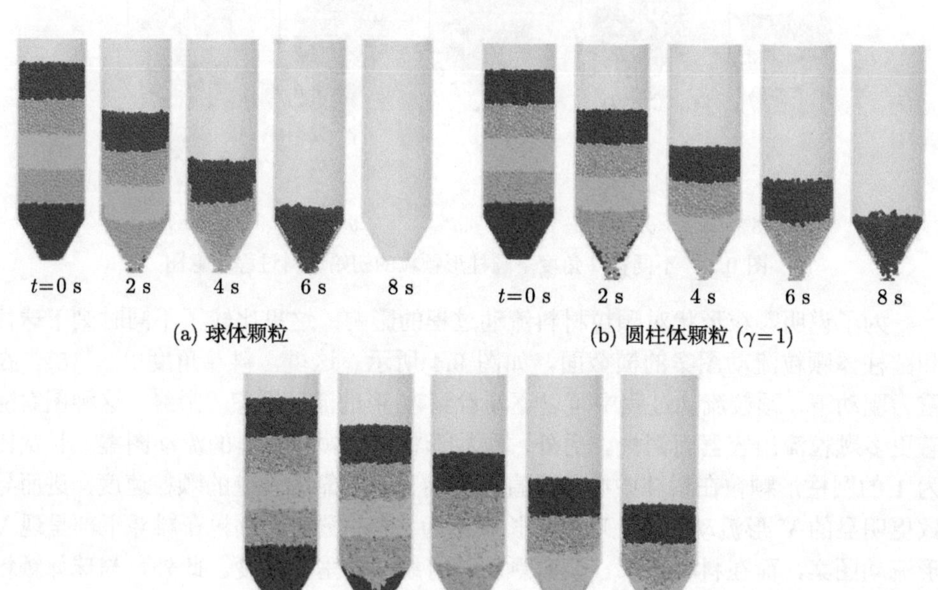

(a) 球体颗粒　　(b) 圆柱体颗粒 (γ=1)

(c) 圆柱体颗粒 (γ=2.5)

图 9.5　球体和圆柱体颗粒的卸料过程 ($\theta = 60°$)

较大的料斗角度使得靠近边壁的圆柱体颗粒难以形成堆积结构。随着料斗角度的增加，颗粒更容易滑动和转动，并且颗粒的流动性增加。因此，当料斗角度为 60° 时，颗粒形状对颗粒材料的流动模式基本没有影响。

3. 颗粒材料的流动模式转变分析

颗粒材料的流动模式与容器内颗粒速度的垂直和径向分布密切相关，这里分别对位于料斗中心和靠近边壁的颗粒速度进行统计，如图 9.6 所示。黑色网格的长、宽和高均为 9 mm，总高度 (H_z) 为 180 mm，并通过颗粒质心的位置进而确定该颗粒是否位于网格内。值得注意的是，对每个 DEM 时间步每个网格内颗粒的垂直平均速度进行累加并求平均，统计时间为颗粒材料的初始高度下落至 180 mm 所需的时间。

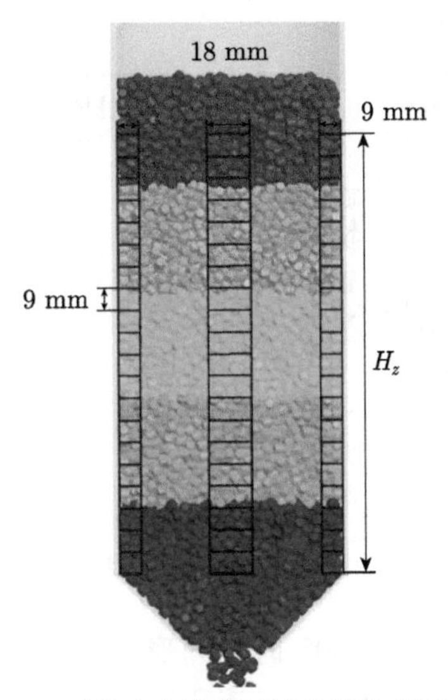

图 9.6 颗粒速度计算区域的横截面示意图

图 9.7 显示不同形态颗粒的垂直速度随颗粒床高度的变化关系。这里，料斗角度 $\theta = 15°$。V_z 表示颗粒的垂直速度，H_z 表示颗粒床高度，V_c 和 V_w 分别表示位于料斗中心和靠近边壁的颗粒速度。随着颗粒床高度的增加，V_w 增加而 V_c 降低。当 V_w 与 V_c 基本相等时，此时的高度定义为临界转变高度，用 H_c 表示。当 $H_z < H_c$ 时，$V_c > V_w$，且颗粒材料的流动模式为管状流；当 $H_z > H_c$ 时，V_c 与 V_w 基本相等，且颗粒材料的流动模式为质量流。长宽比为 1 的圆柱体颗粒的流动模式为管状流，这意味着长宽比为 1 的圆柱体颗粒有更显著的 V 形流动图案。然而，球体和长宽比为 2.5 的圆柱体颗粒的流动模式为质量流和管状流共存。值得注意的是，球体颗粒的临界转变高度大于长宽比为 2.5 的圆柱体颗粒的临界

转变高度，这意味着处于管状流的球体颗粒数目大于长宽比为 2.5 的圆柱体颗粒数目。

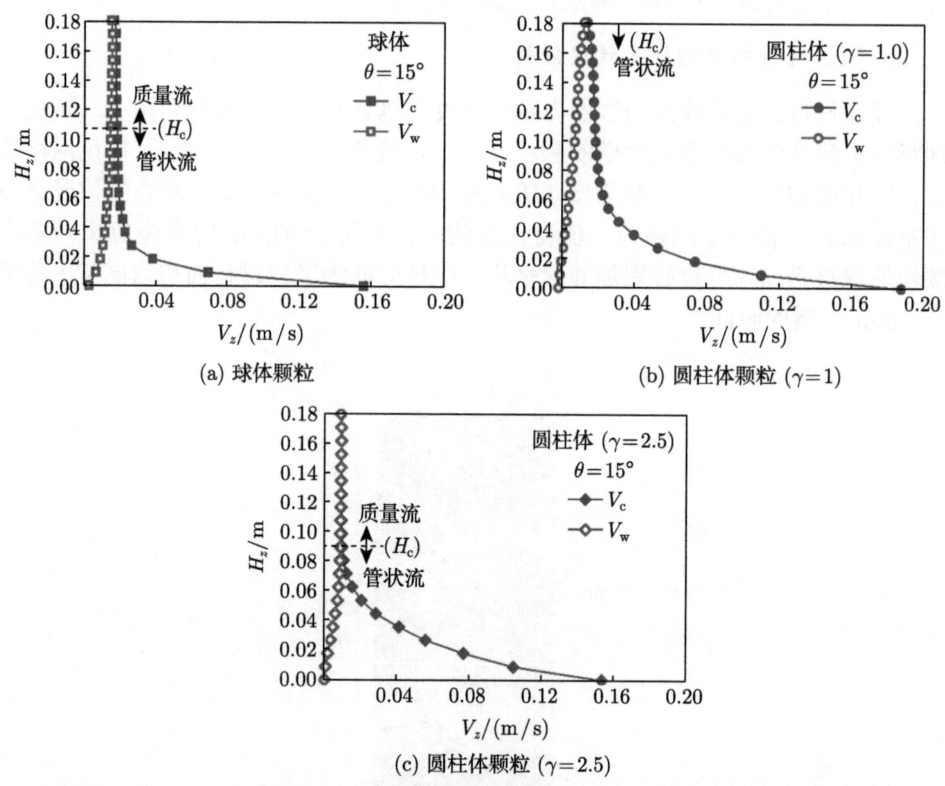

(a) 球体颗粒

(b) 圆柱体颗粒 ($\gamma=1$)

(c) 圆柱体颗粒 ($\gamma=2.5$)

图 9.7 当 $\theta=15°$ 球体和圆柱体颗粒床的高度与颗粒的垂直平均速度间的对应关系

图 9.8 显示料斗角度 $\theta=60°$ 时不同形态颗粒的垂直速度随颗粒床高度的变化关系。可以发现，颗粒形状对质量流和管状流间流动模式转变基本没有影响。当料斗角度为 60° 时，V_c 与 V_w 基本相同。因此，不同形态的颗粒材料基本均有统一的垂直速度且其流动模式均为质量流。此外，较大的料斗角度有利于颗粒间的滑动和相对转动，这使得颗粒材料内更难形成互锁和局部拱形结构。作为结果，由颗粒形状引起的速度分布差异显著降低，进而形成统一的流动图案。

更多地，对不同料斗角度下不同形态颗粒的临界转变高度进行统计，如图 9.9 所示。随着料斗角度的增加，不同形态颗粒的临界转变高度降低并达到一个恒定值，这意味着更少数目的颗粒处于管状流。当料斗角度大于 60° 时，整个颗粒材料基本具有统一的垂直速度并且所有颗粒都处于质量流。此外，颗粒长宽比 (γ) 和尖锐度参数 (n_1) 显著影响颗粒材料的临界转变高度。然而，颗粒形状对临界转变高度的影响随着料斗角度的增加而变得不显著。当尖锐度参数 n_1 小于 3 时，临界高度随着尖锐度参数的增加而增加；当尖锐度参数大于 3 时，尖锐度参数对颗粒材料的临界转变高度和流动模式基本没有影响。当颗粒长宽比 γ 小于 1.5 时，临界转变高度随着长宽比的增加而降低，这意味着更多数目的颗粒具有统一的速度且处于质量流；当颗粒长宽比大于 1.5 时，长宽比对颗粒材料的临界转变高度和流动模式基本没有影响。颗粒的长宽比和尖锐度参数限制了非规则颗粒间的相对运动并增强了互锁效应，这导致颗粒材料的流动过程变成间歇性流动且流动速率降低。因此，对于锥形料斗内非规则颗粒材料的流动模式，需要进一步分析和讨论。

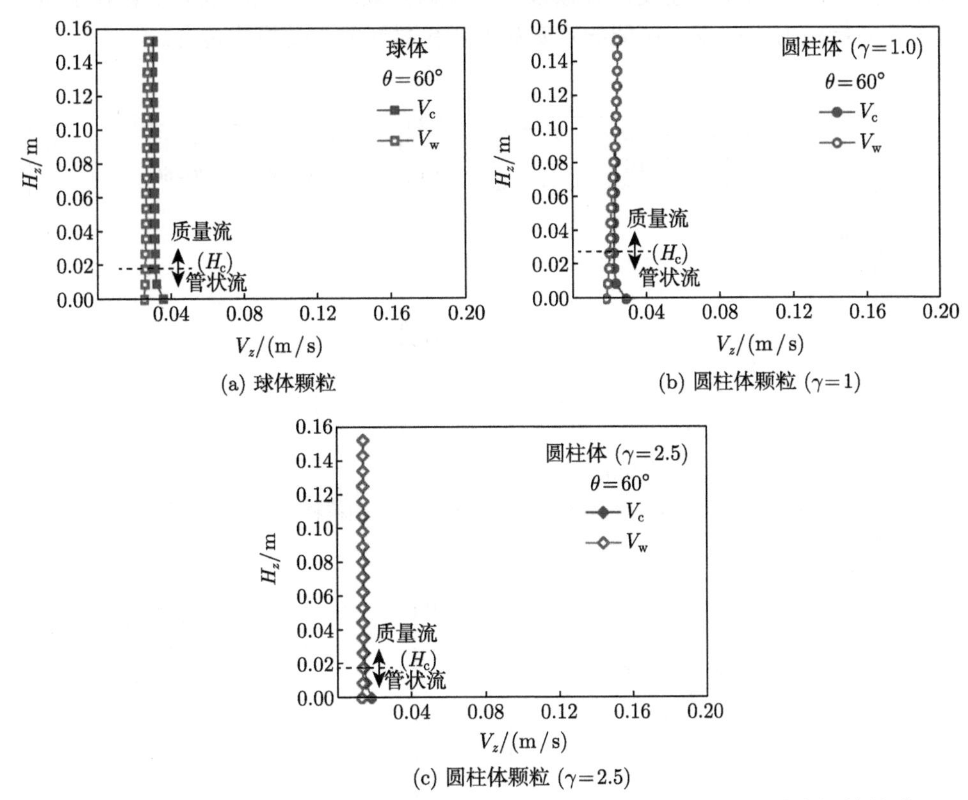

(a) 球体颗粒 (b) 圆柱体颗粒 ($\gamma=1$) (c) 圆柱体颗粒 ($\gamma=2.5$)

图 9.8 当 $\theta = 60^\circ$ 时球体和圆柱体颗粒床的高度与颗粒的垂直平均速度间的关系

颗粒间的接触力可用于量化颗粒材料的稳定性和力链结构，并且接触力与颗粒材料的流动状态密切相关。对 $t = 1$ s 时球体和不同尖锐度参数的圆柱体颗粒的法向接触力进行统计，如图 9.10(a) 所示。这里，$\theta = 15^\circ$，F_n 表示颗粒间的法向接触力，PDF 表示概率密度函数，均采用对数坐标表示。与圆柱形颗粒相比，球体颗粒间强法向接触力的概率较小。同时，随着尖锐度参数的增加，圆柱形颗粒的强法向接触力的概率增加。这主要是因为圆柱形颗粒的流动模式为管状流，而球体颗粒的流动模式为质量流和管状流共存。与质量流相比，管状流中颗粒的速度分布更加不均匀，这导致颗粒间的碰撞更剧烈，从而引起更大的流动波动和更强的接触力。此外，进一步分析了颗粒长宽比对圆柱形颗粒间法向接触力的概率密度分布影响，如图 9.10(b) 所示。随着长宽比的增加，更多圆柱体颗粒具有统一的流动速度，并且颗粒材料的流动状态转变为质量流和管状流共存。作为结果，高长宽比的圆柱体颗粒间碰撞剧烈程度降低，且圆柱体颗粒间强接触力的概率降低。值得注意的是，高长宽比的圆柱体颗粒具有更强的互锁效应，这会引起更多的局部团簇结构。然而，这些团簇结构限制了颗粒间的相对运动，使得颗粒成为整体并具有统一的流动速度，且颗粒间的接触力减弱。因此，细观上颗粒形状引起颗粒间接触力的改变，可能导致宏观上颗粒材料的流动模式转变。

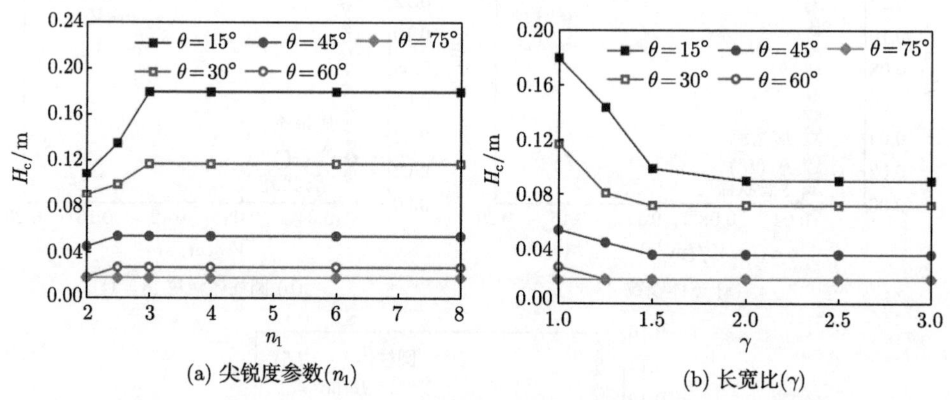

(a) 尖锐度参数(n_1)　　(b) 长宽比(γ)

图 9.9　不同料斗角度下尖锐度参数和长宽比对颗粒材料临界高度的影响

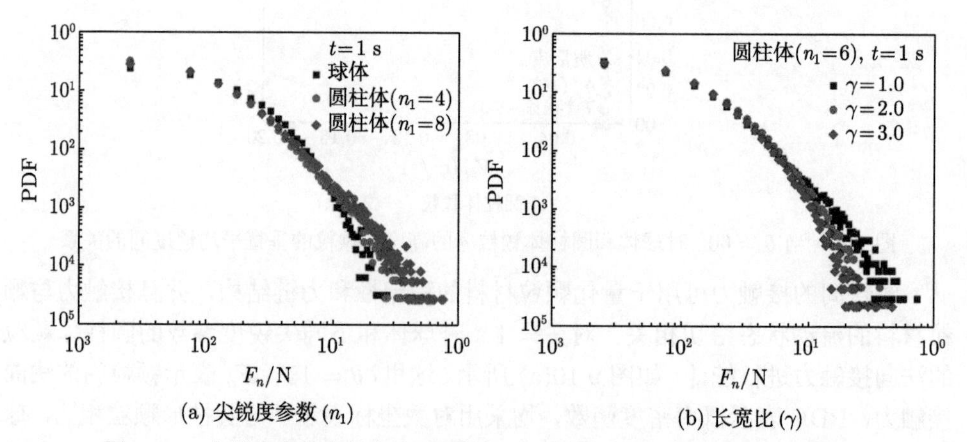

(a) 尖锐度参数 (n_1)　　(b) 长宽比 (γ)

图 9.10　尖锐度参数和长宽比对颗粒间法向接触力的概率密度分布的影响

9.1.2 水平转筒内颗粒材料的混合特性分析

这里通过超二次曲面方程构造球体、圆柱体和立方体颗粒，采用离散元方法模拟水平转筒内颗粒材料的混合过程，并与椭球体颗粒混合过程的试验结果进行对比验证。在此基础之上，研究不同颗粒形状和旋转速度对颗粒材料混合率的影响规律，并通过颗粒材料的平动和转动动能揭示颗粒材料混合过程的潜在机理。

1. 旋转速度对颗粒混合过程的影响

为了验证超二次曲面离散元方法，这里对水平转筒内椭球体颗粒的混合过程进行数值模拟并与试验结果 (You and Zhao, 2018) 进行对比。扁圆形椭球体的函数参数满足：$2a=2b=8$ mm，$2c=4$ mm 且 $n_1=n_2=2$。颗粒材料的弹性模量为 1 GPa，泊松比为 0.3，颗粒密度为 1150 kg/m^3，摩擦系数为 0.3，阻尼系数为 0.05。同时，Lacey 混合指数被用于计算转筒中颗粒材料的混合度，可表示为 (Lacey, 1954)

$$M=\frac{S_0^2-S^2}{S_0^2-S_{\mathrm{r}}^2} \tag{9.1}$$

式中，S_0^2 和 S_{r}^2 分别为颗粒材料完全分离和完全混合时的方差，可表示为 $S_0^2=p\,(1-p)$ 和 $S_{\mathrm{r}}^2=p\,(1-p)/N$，这里 p 为颗粒材料内一种颗粒所占的百分比，N 为一个样本内颗粒的平均数量；S^2 为当前混合状态的方差。水平转筒被分成若干个具有固定大小的立方体 $(3D_{\mathrm{s}}\times 3D_{\mathrm{s}}\times 3D_{\mathrm{s}})$。$D_{\mathrm{s}}$ 是等体积球体的直径。随后，通过颗粒质心的位置来确定颗粒所在的网格。考虑到转筒上部没有颗粒，采用加权方法计算混合指数 (Jiang et al., 2011)。因此，含有较多颗粒的网格对应较大的权重，而含有较少颗粒的网格对应较小的权重。如果样本中没有粒子，则对应的权重为 0。基于权重方法得到当前混合状态的方差 S^2，可表示为

$$S^2=\frac{1}{k}\sum_{i=1}^{N_{\mathrm{c}}}k_i\left(a_i-\bar{a}\right)^2 \tag{9.2}$$

式中，N_{c} 为圆筒内样本的总数；a_i 为一个样本内一种颗粒的体积比率；$\bar{a}$ 为圆筒内一种颗粒的体积比率；k 为所有样本的权重总和，可表示为 $k=\sum\limits_{i=1}^{N_{\mathrm{c}}}k_i$，这里 k_i 为样本 i 的权重，可表示为 $k_i=N_i/N_t$，其中，N_i 为样本 i 中颗粒数目，N_t 为所有样本中颗粒总数。

总计 1000 个具有随机位置和角度的椭球颗粒在转筒容器中生成并在重力作用下实现堆积。当容器内颗粒无相对运动时，转筒开始旋转并将离散元模拟的数值结果与试验结果 (You and Zhao, 2018) 进行对比，如图 9.11 所示。同时，将不同转速 ω_{r} 下的 Lacey 混合指数进行对比，如图 9.12 所示。可以发现，随着转筒圈数的增加，红色和蓝色颗粒呈螺旋形进行混合，且混合指数逐渐增加并最终达

到稳定。尽管离散元计算的数值结果与试验结果 (You and Zhao, 2018) 存在一定的偏差，但在一定程度上可以很好地反映椭球颗粒的流动过程和混合特性。

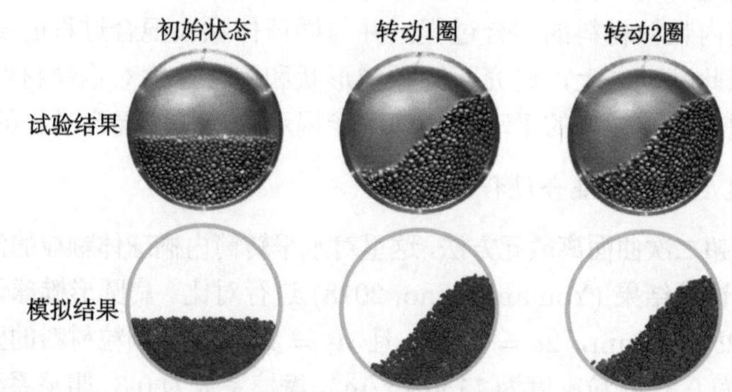

图 9.11　转速为 20 r/min 时扁圆形椭球体混合过程的模拟与试验结果 (You and Zhao, 2018) 对比

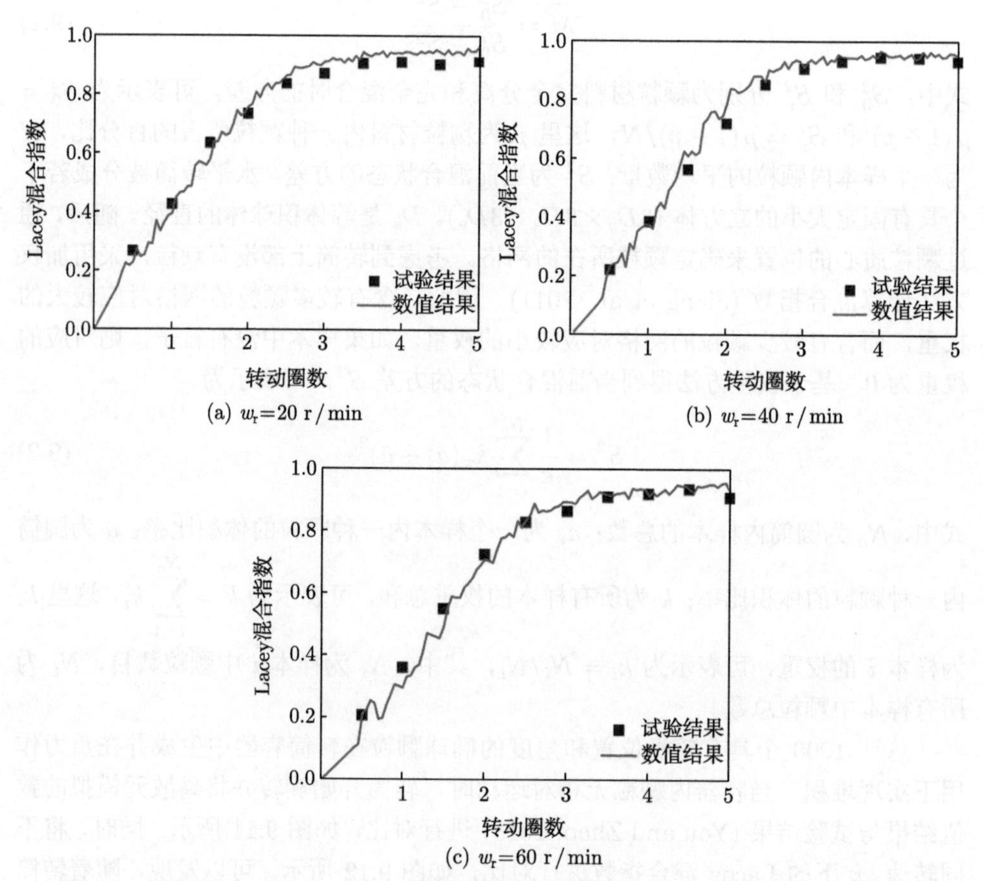

图 9.12　不同转速下 Lacey 混合指数的数值与试验结果 (You and Zhao, 2018) 对比

在此基础上，水平转筒的直径和长度分别调整为 200 mm 和 50 mm，周期性边界条件施加在 z 方向以消除边界对颗粒混合的影响，如图 9.13 所示。旋转速度 ω_{r} = 10 r/min，20 r/min，30 r/min，40 r/min，60 r/min 和 80 r/min。不同形状的颗粒具有相同的体积，颗粒的体积等效球体的半径为 2.9 mm。颗粒的总数为 35000。颗粒材料的弹性模量为 1 GPa，泊松比为 0.2，颗粒密度为 2500 kg/m^3，摩擦系数为 0.45，阻尼系数为 0.1。

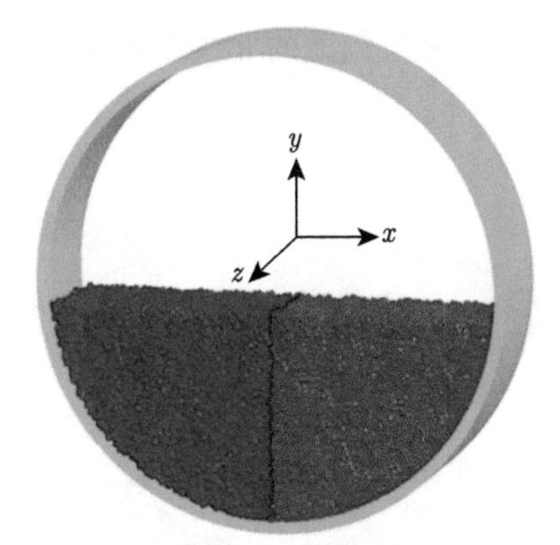

图 9.13　DEM 模拟中三维水平转筒的示意图

图 9.14 显示不同时刻下球体、圆柱体和立方体颗粒的混合图案。可以发现，颗粒材料已经达到级联模式 (cascading flow) 并且出现 S 形表面。靠近转筒的颗粒被连续提升，然后崩塌至颗粒床表面。随着颗粒材料继续转动，红色和蓝色颗粒呈螺旋状并出现分层图案。当转动时间大于 6 s 时，这种图案消失并且红色和

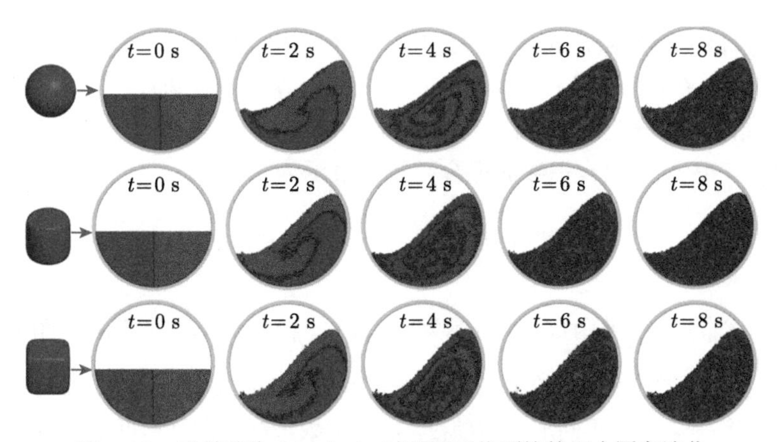

图 9.14　当转速为 30 r/min 时不同形状颗粒的混合图案演化

蓝色颗粒均匀地分布在旋转圆筒内。在相同转速下，可以发现非规则颗粒的混合速度明显快于球体颗粒。

图 9.15 显示在旋转速度 (ω_{r}) 分别为 10 r/min、20 r/min、40 r/min、60 r/min、80 r/min 下不同形状颗粒的速度分布特性。整个颗粒床分为三部分：靠近筒壁的流动层、位于颗粒床中间的静态层和自由表面的崩塌层。随着旋转速度的增加，颗粒材料的这种分层图案变得更加显著。同时，流动层和崩塌层的面积逐渐增加，而静态层的面积逐渐减小。当转动速度为 80 r/min 时，非规则颗粒床内出现空腔。这主要是由于靠近筒壁的非规则颗粒比球形颗粒更容易提升，进而产生更大的颗粒速度。

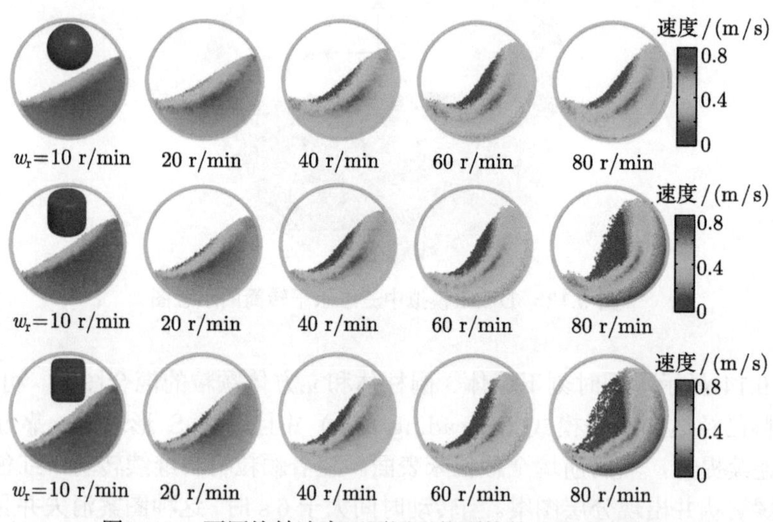

图 9.15 不同旋转速度下不同形状颗粒的速度分布图案

为了定量地分析球形和非规则颗粒的混合过程，这里对 Lacey 混合指数随时间的演化进行函数拟合并计算得到混合率 R_{m}。在初始时刻时，两种颗粒完全分离，即初始混合指数 M_0 为 0。当颗粒材料在转筒内充分混合后，最终的混合指数 M_{f} 为 1。因此，混合指数的拟合函数可表示为

$$M(t) = M_0 + (M_{\mathrm{f}} - M_0)\,\mathrm{erf}(R_{\mathrm{m}}t) \tag{9.3}$$

式中，$\mathrm{erf}(R_{\mathrm{m}}t)$ 为误差函数，可表示为 $\mathrm{erf}(x) = (2/\sqrt{\pi})\int_0^x \mathrm{e}^{-x^2}\mathrm{d}x$。图 9.16 显示球体、圆柱体和立方体颗粒的 Lacey 混合指数随时间的变化。这里，实线为式 (9.3) 拟合数据的结果。对于不同形状的颗粒，混合指数最终稳定且趋近于 1。随着转速的增加，颗粒材料具有更快的混合速率。对于相同的旋转速度，非规则颗粒比球形颗粒

具有更快的混合速度。这意味着与球形颗粒相比，旋转速度对非规则颗粒的混合速率影响更为显著。因此，颗粒形状对混合速率的影响需要进一步分析。

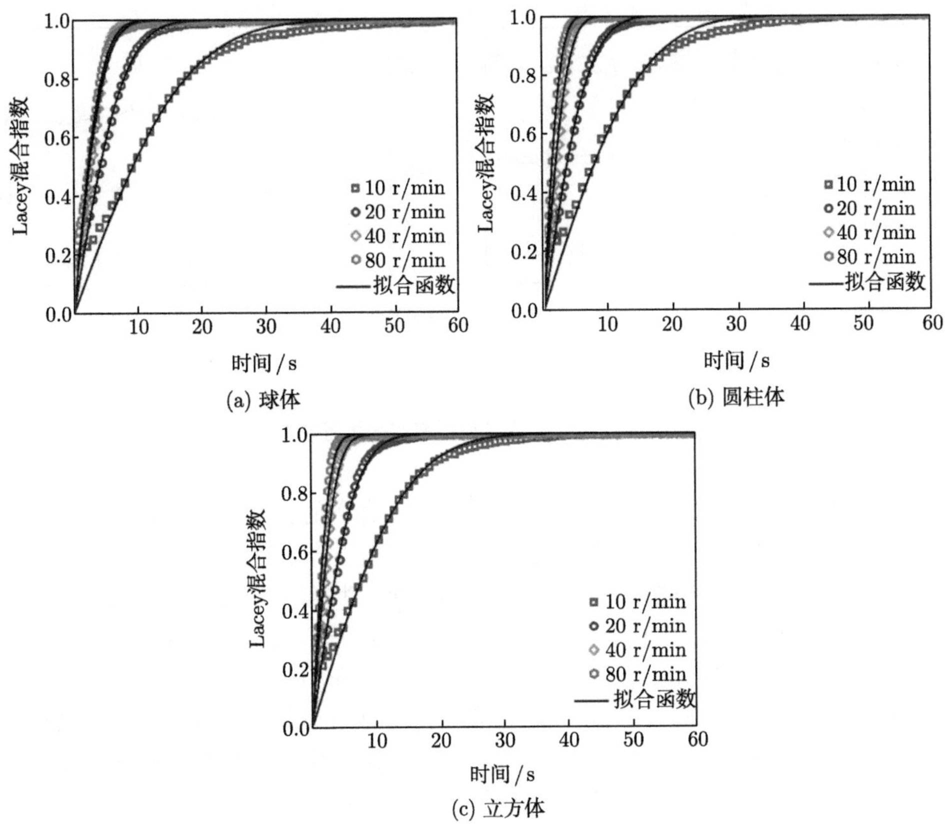

(a) 球体

(b) 圆柱体

(c) 立方体

图 9.16 不同颗粒形状的 Lacey 混合指数随时间的变化

2. 颗粒形状对混合过程的影响

颗粒形状改变了颗粒间的接触模式和作用力，进而影响宏观尺度上颗粒材料的流动及混合过程。图 9.17(a) 显示颗粒表面尖锐度参数对混合率 R_{m} 的影响。当尖锐度参数 n_1 从 2 变化至 3 时，由于颗粒形状从球体直接变化为非规则颗粒，进而导致混合率的显著增加。当尖锐度参数 n_1 大于 3 时，颗粒表面尖锐度对混合率基本没有影响。这主要是由于非规则颗粒的混合过程与颗粒间接触的紧密程度相关，紧密的面–面接触和有序的堆积结构使得颗粒材料具有更高的混合效果。然而，当尖锐度参数 n_1 从 3 变化至 8 时，颗粒表面尖锐度对颗粒材料的堆积分数无显著影响，如图 9.17(b) 所示。更高的堆积分数意味着颗粒间具有更紧密的接触模式。尖锐度参数 n_1 在 3~8 范围内的改变没有影响颗粒间的接触模式，进而对混合率基本无影响。因此，影响颗粒材料混合率的首要因素是圆筒转速，而次要因素是颗粒表面尖锐度。

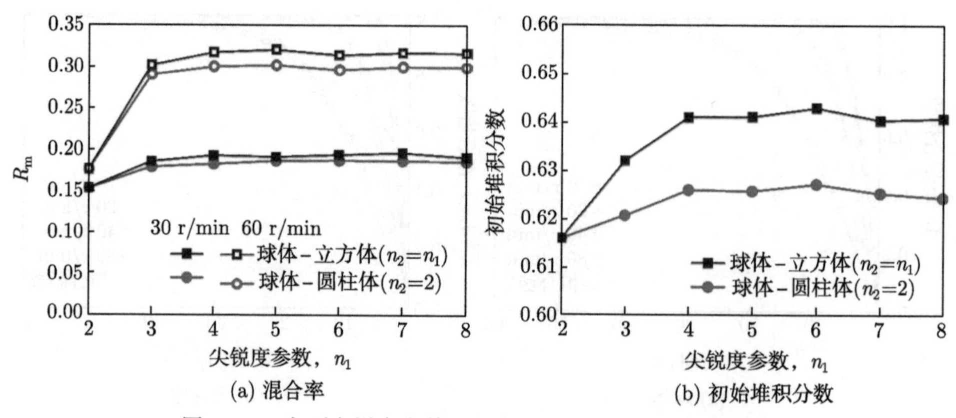

(a) 混合率　　(b) 初始堆积分数

图 9.17　表面尖锐度参数对混合率和初始堆积分数的影响

图 9.18(a) 显示了不同长宽比对颗粒材料混合率的影响规律。可以发现，当长宽比偏离 1 时，混合率随着长宽比的增加或减小都会降低。这主要是因为增加或减小颗粒的长宽比都会使颗粒材料从紧密堆积状态变为松散堆积状态，如图 9.18(b) 所示。具有较高或较低长宽比的颗粒存在显著的互锁效应并在颗粒床内部产生更多的孔隙，进而降低了颗粒材料的混合率。在相同长宽比下，立方体颗粒比圆柱体颗粒具有更高的混合率。这主要是由于立方体颗粒比圆柱体颗粒具有更紧密的接触模式和更低的孔隙率。颗粒材料内部的空隙会降低颗粒间的碰撞及外部驱动力的传递效率，进而减慢旋转圆筒内颗粒的运动速度。

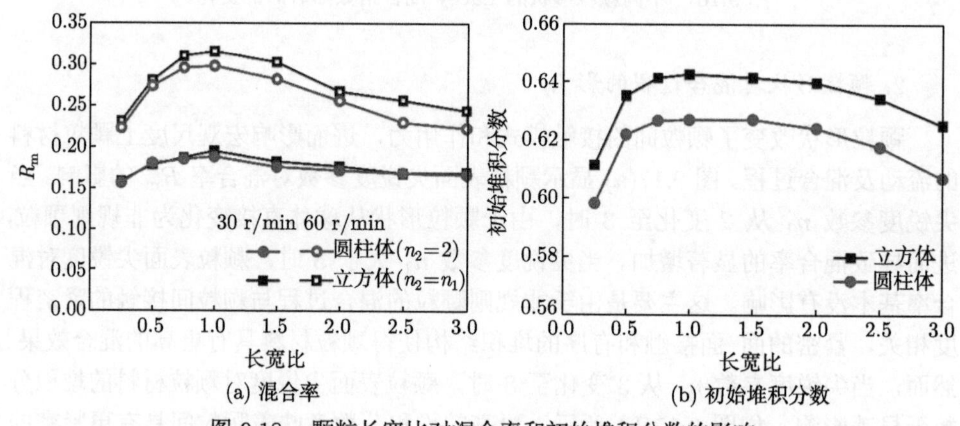

(a) 混合率　　(b) 初始堆积分数

图 9.18　颗粒长宽比对混合率和初始堆积分数的影响

3. 颗粒平动和转动动能分析

旋转圆筒作为纯能量输入，其在驱动颗粒材料运动和混合方面起着至关重要的作用。颗粒材料通过内部的摩擦和互锁效应，将外部驱动能量转化为颗粒材料的动能。图 9.19 显示了球体和立方体颗粒在不同转速下的平动和转动动能。当水平转筒开始旋转时，非规则颗粒需要吸收更多的能量进而驱动颗粒从静止状态转变为运动状态。这主要是由于非规则颗粒具有更紧密的面–面接触和更稳定的堆积结构。当旋转时间大于 3 s 时，颗粒材料达到稳定的流动和混合状态。随着旋转速度的增加，颗粒的平动和转动动能都随之增加。此外，颗粒形状和旋转速度对颗粒材料的平动和转动动能存在叠加影响。因此，这里将 3~10 s 范围内的动能进行平均，进而分析颗粒形状对非规则颗粒材料动能的影响规律。

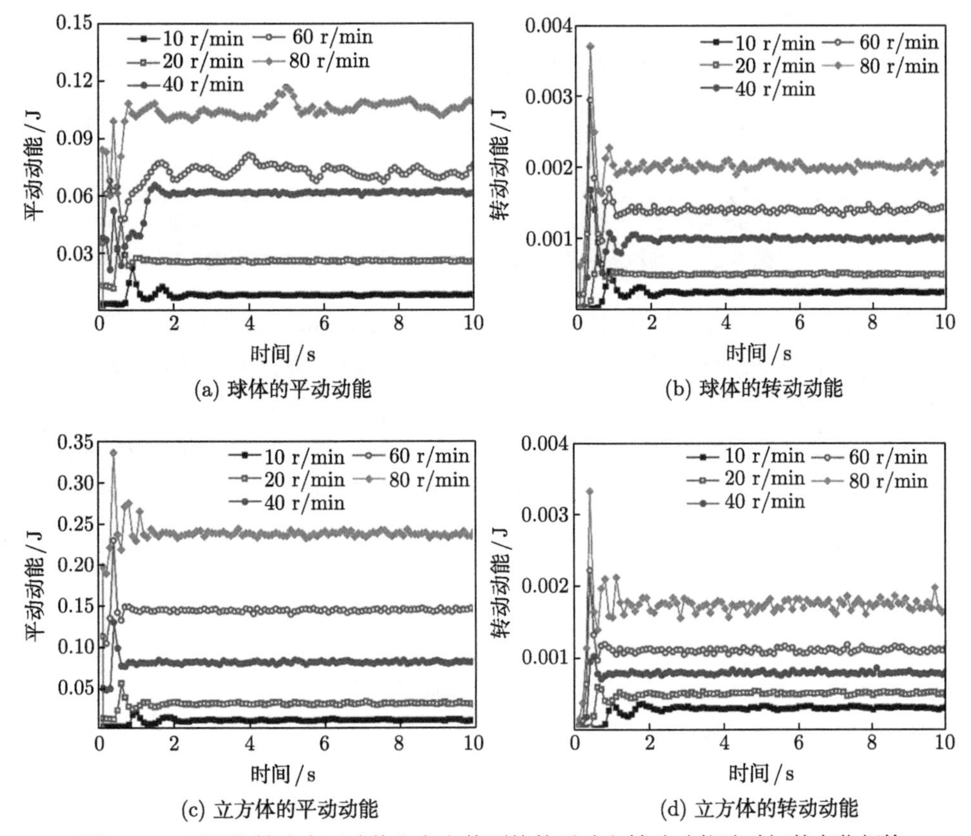

(a) 球体的平动动能　(b) 球体的转动动能

(c) 立方体的平动动能　(d) 立方体的转动动能

图 9.19　不同旋转速度下球体和立方体颗粒的平动和转动动能随时间的变化规律

图 9.20 显示颗粒表面尖锐度参数 n_1 对颗粒材料平动和转动动能的影响规律。随着尖锐度参数的增加，颗粒的平动动能增加而转动动能减小。当旋转速度

为 30 r/min 时，尖锐度参数基本不影响颗粒的平动和转动动能；当旋转速度为 60 r/min 时，随着尖锐度参数从 2 变化为 3，颗粒的平动动能显著增加。当尖锐度参数继续增加至 8 时，颗粒的平动动能无明显变化。此外，颗粒的转动动能随着尖锐度参数的增加而降低。这主要是由于具有更大尖锐度参数的颗粒更易于面–面接触，进而形成紧密的堆积和局部团簇结构且更难以发生滚动。因此，颗粒表面尖锐度参数提高了外部驱动能量向非规则颗粒材料的转化效率。

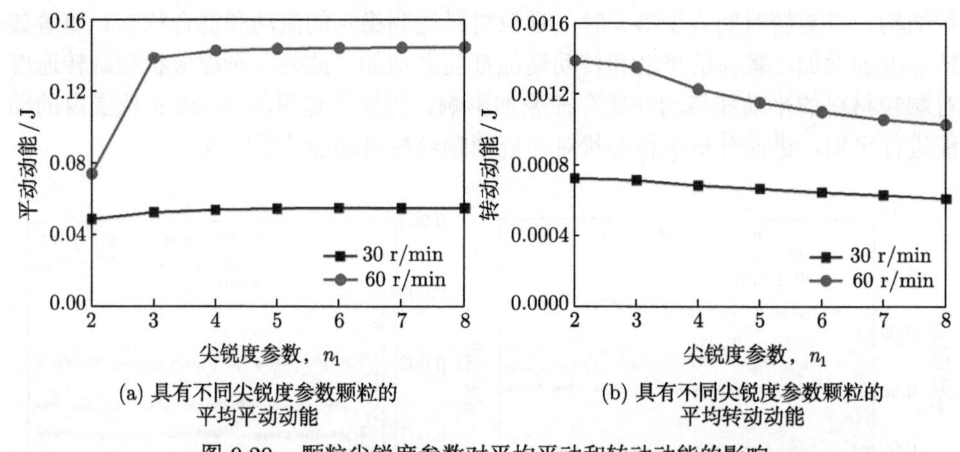

(a) 具有不同尖锐度参数颗粒的平均平动动能

(b) 具有不同尖锐度参数颗粒的平均转动动能

图 9.20 颗粒尖锐度参数对平均平动和转动动能的影响

图 9.21 显示颗粒长宽比对颗粒材料平动和转动动能的影响规律。可以发现，颗粒长宽比对平动动能的影响较小，而对转动动能的影响较大。随着颗粒长宽比偏离 1，颗粒材料的平动和转动动能都减小。颗粒长宽比促使非规则颗粒间形成互锁结构，这使得部分颗粒作为一个整体运动并限制了颗粒的平动和旋转运动。因此，颗粒长宽比可能阻碍了外部驱动能量转化为非规则颗粒系统能量的过程。

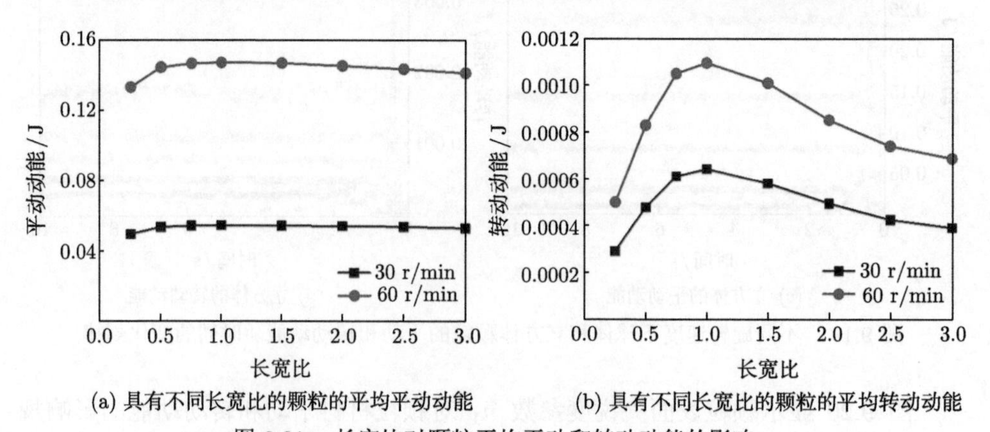

(a) 具有不同长宽比的颗粒的平均平动动能

(b) 具有不同长宽比的颗粒的平均转动动能

图 9.21 长宽比对颗粒平均平动和转动动能的影响

9.1.3 螺旋输送机内颗粒材料的输运过程

螺旋输运机广泛地应用于采矿、冶金、食品加工、制药和可再生能源等多个领域，从储存容器中抽取散装物料并进行短距离至中距离的输送或提升。螺旋输送机可提供相对精确可控的吞吐量，同时与带式输送机相比，物料在封闭管道内运输可减少环境污染。螺旋输送机通常是由储存容器、料斗、管道和螺旋杆四部分组成。当螺旋杆开始旋转时，散装物料从储存容器和料斗中被抽出并沿着管道输送。尽管螺旋输送机的工作原理较为简单，但是球形和非规则颗粒材料具有复杂的流动行为。因此，在本小节中，通过超二次曲面方程构造球体及不同表面尖锐度的立方体颗粒，采用基于 GPU 并行的离散元方法模拟螺旋输送机中大规模颗粒材料的流动过程。在不同颗粒表面尖锐度和旋转速度下，通过对颗粒材料流动图案及速率的数值计算，分析螺旋输送机中球形和非规则颗粒材料的流动特性。

1. 颗粒形状对流动模式的影响

螺旋输送机内颗粒材料具有复杂的流动模式，位于储存容器和管道内的颗粒具有不同的流动速度和方向。同时，这种速度分布的不均匀性受颗粒形状的影响而变得更加显著。图 9.22 显示螺旋输送机的储存容器、料斗、管道和螺旋杆四部分，并且关键几何尺寸在图 9.22 中进行了标注。采用有限元软件对整个螺旋输送机表面进行网格化，包含 2238 个网格节点和 4394 个三角形单元。球形和不同表面尖锐度的立方体颗粒具有相同的体积，并且等体积球体的半径为 0.02 m。颗粒数目为 32 万个，密度为 2500 kg/m^3，总质量为 26.81 t。将不同形态的颗粒材

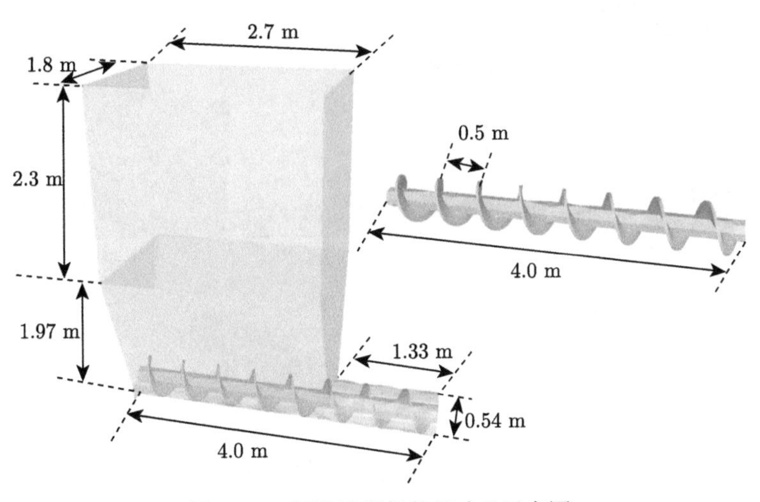

图 9.22 螺旋输送机的尺寸及示意图

料填充至储存容器中，填充率约为 80%。颗粒材料的泊松比为 0.25，颗粒与颗粒间的摩擦系数及颗粒与结构间的摩擦系数均为 0.3，滚动摩擦系数为 0.002，阻尼系数为 0.3。颗粒材料的弹性模量为 1×10^6 Pa，该值低于真实颗粒材料的物理属性。这主要是由于弹性模量与离散元模拟的时间步长密切相关，更小的弹性模量可得到较大的时间步长，进而提高离散元模拟的计算效率。另外，Chen 等 (2017) 研究了弹性模量对颗粒材料混合过程的影响规律。结果表明，尽管弹性模量对单个颗粒的碰撞特性产生显著的影响，但是其对颗粒材料的整体运动及混动过程无明显的影响。

在初始时刻，所有颗粒具有随机的位置和角度并在重力作用下落入储存容器中，进而形成稳定的颗粒床，如图 9.23 所示。将所有颗粒按照高度均匀地划分为五种颜色，这样可以更明显地观察到不同区域内颗粒材料的流动行为。另外，为了清晰地观察颗粒材料的流动图案，在图 9.23 中没有显示螺旋输送器的储存容器、料斗和管道，仅显示了螺旋杆作为颗粒流动的参考。其中，蓝色表示颗粒靠近螺旋杆，而红色表示颗粒远离螺旋杆。当所有颗粒无相对运动时，料斗与管道间的阀门打开，并且螺旋杆开始以 100 r/min 的恒定角速度旋转。最初填充在螺旋杆周围的蓝色颗粒被首先输送出去，同时位于螺旋杆末端的颗粒材料被优先抽取，红色颗粒的高度逐渐下降并在 40 s 时出现 U 形流动图案。随着红色和棕黄色的颗粒数目逐渐减少，在颗粒床上部形成一个自由表面，并且自由表面向储存容器的后部倾斜和弯曲。随后，位于颗粒床顶部的颗粒沿着自由表面滑动或滚动至储存容器的后部，并向下流动进而被螺旋杆抽取和输送出去。另一个重要的现象是在时间为 60 s 时出现颗粒流动的自旋行为，位于螺旋杆附近的颗粒材料被推至储

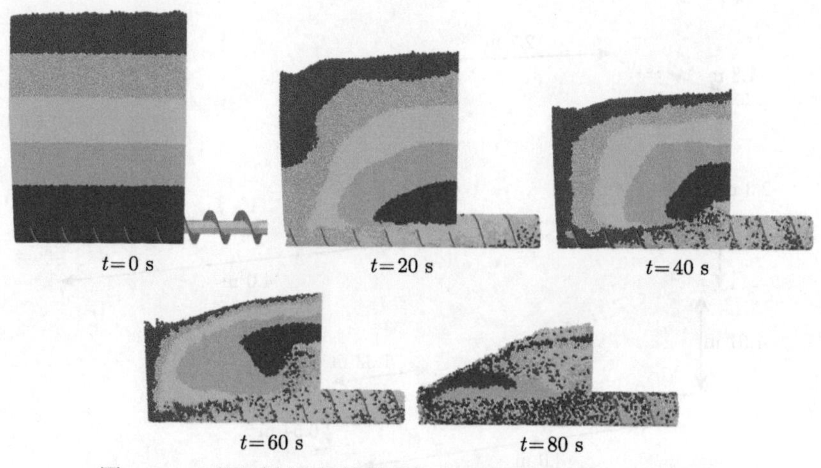

图 9.23　不同时刻下螺旋输送机中球形颗粒材料的流动过程

存容器的前部并缓慢地提升，这在一定程度上反映了在螺旋杆推力和剪切力共同作用下颗粒材料的再循环模式。这使得靠近储存容器前部的蓝色颗粒被推向容器后部，并在螺旋杆推力作用下输送出去。另外，颗粒材料的自旋行为使得位于储存容器前部的颗粒床高度不断升高，而位于储存容器后部的颗粒床高度不断下降，自由表面的倾角不断增加直至在存储容器的后部无颗粒材料。

图 9.24 显示不同颗粒表面尖锐度参数对螺旋输送机中颗粒材料流动图案的影响。这里，时间为 40 s 且螺旋杆的旋转速度为 100 r/min。与球形颗粒相比，非规则颗粒的自由表面具有更大的倾角，并且由于颗粒间紧密的面–面接触，颗粒在自由表面产生较高的竖向堆积。更大的表面倾角有利于红色颗粒从储存容器的中部和前部迅速向容器末端滑动或滚动，使得大量的红色非规则颗粒在容器末端下降并进入螺旋杆周围被输送出去。同时，随着颗粒表面尖锐度参数的增加，颗粒具有更尖锐的棱角和平面，以及更加紧密的接触模式，这增强了颗粒间的剪切和摩擦作用，进而引起更显著的自旋行为。更多数目的非规则颗粒在储存容器前端被提升并进入再循环模式，这也导致更多数目的蓝色非规则颗粒无法下降至螺旋杆周围并滞留在储存容器中。

图 9.24 具有不同表面尖锐度参数的颗粒材料流动图案

此外，图 9.25(a) 显示球形和立方体颗粒的质量流动速率随时间的变化关系。同时，对不同尖锐度参数的颗粒的平均质量流动速率进行统计，如图 9.25(b) 所示。这里，螺旋杆的旋转速度为 100 r/min。可以发现，颗粒质量流动速率随时间的增加而逐渐降低，并且平均质量流动速率随着颗粒尖锐度参数的增加而增加。这主要是由于随着尖锐度参数的增加，颗粒具有更尖锐的顶点和平面，这有利于立方体颗粒形成更紧密的堆积结构。值得注意的是，随着表面尖锐度参数的增加，立方体颗粒具有更高的体积分数和更低的孔隙率。这意味在螺旋杆周围恒定的空间内，立方体颗粒的数目会大于球形颗粒的数目，其颗粒间的空隙小于球形颗粒间的空隙，进而使得相同时间内螺旋杆可输送更多数目的立方体颗粒。因此，当转速为 100 r/min 时，颗粒间紧密的接触模式和较低的孔隙率有利于提高螺旋输送器的吞吐量。

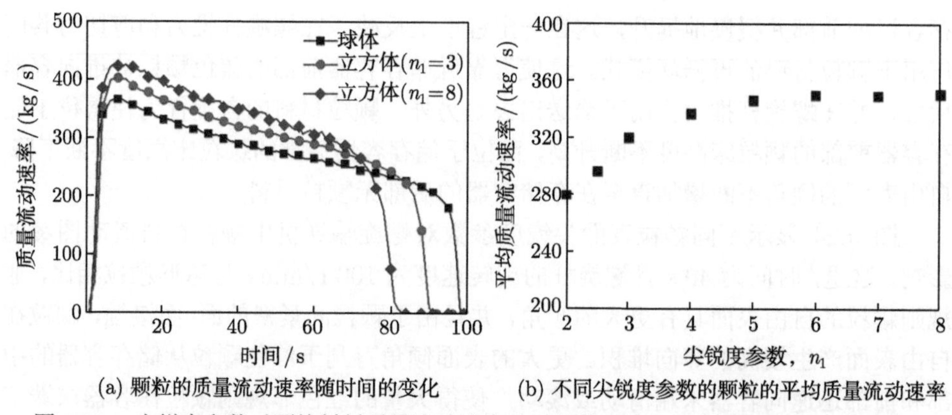

(a) 颗粒的质量流动速率随时间的变化　(b) 不同尖锐度参数的颗粒的平均质量流动速率

图 9.25　尖锐度参数对颗粒材料质量流动速率随时间的变化及平均质量流动速率的影响

2. 旋转速度对颗粒流动模式的影响

通过改变螺旋杆的旋转速度可得到不同的推进力，并促使颗粒材料被快速抽取和输送出去。图 9.26 显示螺旋杆的旋转速度对球形颗粒材料流动图案的影响规律。可以发现，随着旋转速度的增加，位于螺旋杆末端的颗粒材料被首先抽取，红色颗粒快速下降至螺旋杆周围。当旋转速度为 600 r/min 时，储存容器中颗粒床快速形成自由表面，并且具有更大的倾角。颗粒在自由表面向容器后端流动，然后这些颗粒下降至螺旋杆周围。较高的旋转速度引起更大的水平推进力，大量的颗粒材料被快速地抽出和输送出去。由于颗粒材料的水平推进速度明显大于在容器末端颗粒的下降速度，这使得螺旋杆周围存在大量的空隙。同时，螺旋杆周围大量的空隙造成容器中部和前部的颗粒下降，进而阻止了螺旋杆附近颗粒的被提升，并减弱了颗粒材料的自旋行为。因此，输送过程中滞留在储存容器中的蓝色颗粒的数目减少。

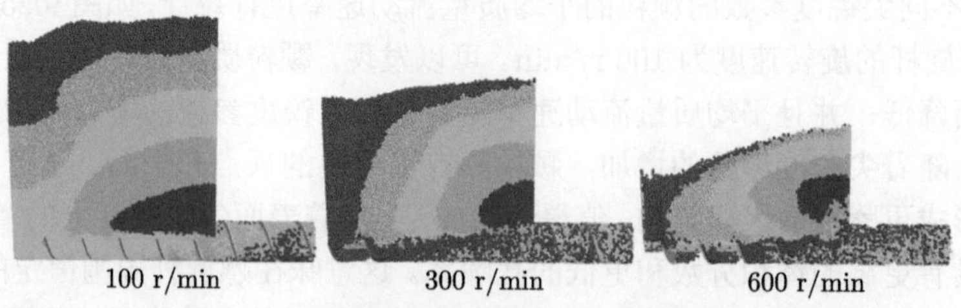

图 9.26　当 $t = 15$ s 时不同旋转速度对球形颗粒材料流动图案的影响

此外，进一步研究了不同旋转速度对输送过程中颗粒材料速度分布的影响规律，如图 9.27 所示。随着旋转速度的增加，螺旋杆周围的颗粒具有更快的流动速度。当旋转速度为 100 r/min 时，储存容器内颗粒材料的速度差异较小，而在螺旋杆末端且与储存容器交接处，颗粒具有较大的速度，这与之前观察到储存容器后端的颗粒优先被抽出的情况是一致的。当旋转速度为 300 r/min 时，螺旋杆周围的颗粒具有明显的速度不均匀性。靠近螺旋杆的颗粒具有更大的运动速度，并且通过颗粒间的碰撞促使未与螺旋杆接触的颗粒产生水平速度。另外，螺旋杆与储存容器交界面处颗粒材料同样具有较大的速度不均匀性。由于储存容器末端颗粒的下降速度小于螺旋杆周围颗粒的水平牵引速度，这使得螺旋杆周围产生空隙，并且这些空隙有利于储存容器中部和前部的颗粒向下运动并进行填充。当旋转速度为 600 r/min 时，螺旋杆更大的推进力使得其周围的颗粒基本具有统一的水平速度，同时螺旋杆周围更大的空隙加剧了储存容器与螺旋杆交界面处颗粒速度的不均匀性。因此，在界面处颗粒速度的不均匀性随着旋转速度的增加而逐渐增加。

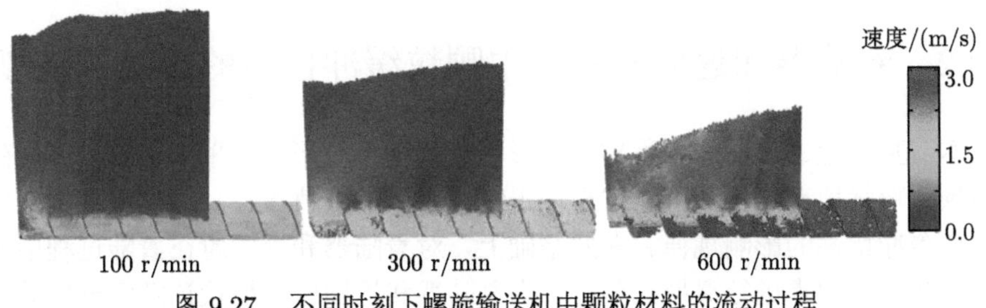

图 9.27 不同时刻下螺旋输送机中颗粒材料的流动过程

为了量化螺旋输送器中颗粒材料的流动行为，这里对螺旋杆前端流出颗粒的质量进行统计，如图 9.28 所示。可以发现，质量流动速率随着螺旋杆旋转速度的增加而增加。值得注意的是，当螺旋杆旋转速度小于 400 r/min 时，立方体颗粒比球形颗粒具有更快的平均质量流动速率。当旋转速度大于 400 r/min 时，立方体颗粒比球形颗粒具有更慢的平均质量流动速率。这主要是由于在较低转速的螺旋输送器中，位于储存容器末端的颗粒材料下降速度明显高于螺旋杆的推进速度，这使得颗粒材料具有充足的时间下降并填充至螺旋杆周围。由于立方体颗粒比球形颗粒具有更紧密的面–面接触和有序的堆积结构，这使得螺旋杆周围具有更多数目的立方体颗粒并且具有更少的空隙。因此，在较低转速时颗粒间紧密的接触模式有利于提高螺旋输送机的吞吐量。当旋转速度大于 400 r/min 时，位于储存容器末端的颗粒材料下降速度小于螺旋杆的推进速度，这使得颗粒材料需要在较短时间内填充至螺旋杆周围。然后，颗粒间紧密的接触模式阻碍了颗粒间的相对滑动和转动，并进一步限制了颗粒的下降速度，使得大量的立方体颗粒无法短时间内填充至螺旋杆周围。因此，在较高转速时颗粒间紧密的接触模式降低了螺旋输送机的吞吐量。

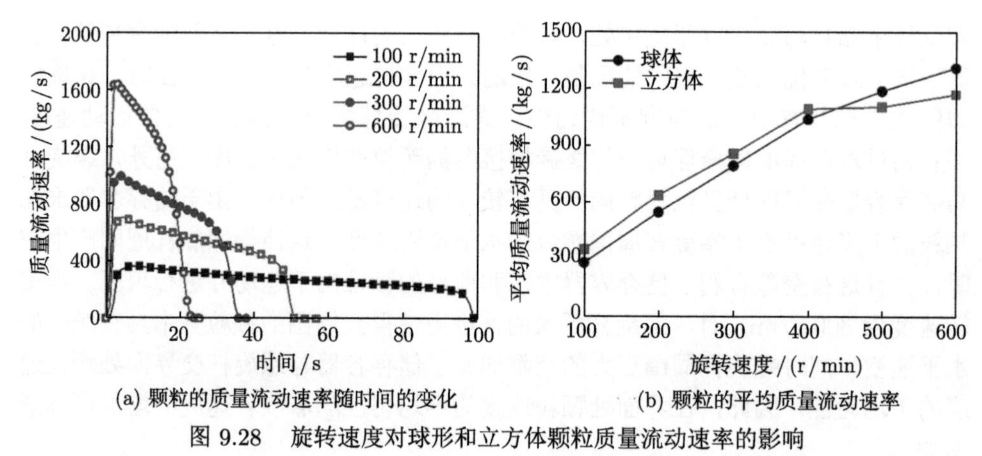

(a) 颗粒的质量流动速率随时间的变化　(b) 颗粒的平均质量流动速率

图 9.28　旋转速度对球形和立方体颗粒质量流动速率的影响

9.2 着陆器和返回舱着陆中颗粒缓冲性能的离散元模拟

本节基于超二次曲面方程构造球形和非规则颗粒形态，采用离散元方法建立不同颗粒形状填充的颗粒床在球形冲击物作用下的数值模型，探讨颗粒形状对颗粒材料缓冲特性的影响规律。在此基础上，对着陆器和返回舱在着陆过程中的动力响应和影响因素进行离散元分析，为着陆器和返回舱结构设计及安全软着陆提供有效方案。

9.2.1 冲击载荷下颗粒材料的缓冲特性

在本小节中，通过超二次曲面构造球体以及不同长宽比和表面尖锐度的圆柱体和立方体颗粒，采用离散元方法模拟球体冲击颗粒床时底板受力时程及峰值变化，并通过颗粒材料初始排列的密集度揭示非规则颗粒缓冲性能的内在机理。

1. 颗粒材料冲击试验的对比验证

这里通过超二次曲面方程构造球体、圆柱体、立方体三种不同的颗粒形状，在刚性圆筒中随机产生，通过落雨法生成不同厚度的颗粒床，并在重力作用下颗粒材料保持稳定平衡状态，如图 9.29 所示。为验证超二次曲面离散元计算模型的可靠性，这里分别对颗粒层厚度为 0.5 cm 和 2.0 cm 的球体冲击过程进行数值模拟，并与试验结果 (季顺迎等, 2012) 进行对比。离散元模拟中球形颗粒单元的粒径按均匀概率密度函数随机分布，其范围为 [4.0 mm，5.0 mm]，且均值为 4.5 mm。圆柱形容器的直径为 0.19 m，高度为 0.3 m。颗粒材料的弹性模量为 1 GPa，泊松比为 0.2，颗粒密度为 2551.6 kg/m^3，摩擦系数为 0.5，阻尼系数为 0.1。冲击物的直径为 0.05 m，并且无初始冲击速度。冲击物的初始高度为 0.3 m，当容器内颗粒材料无相对运动时，冲击物在重力作用下落入容器中并与容器中的颗粒材料发生碰撞。冲击物与颗粒材料间的摩擦和黏滞作用，使得冲击物的能量有效衰减，进而减小冲击物对容器底板的冲击力。

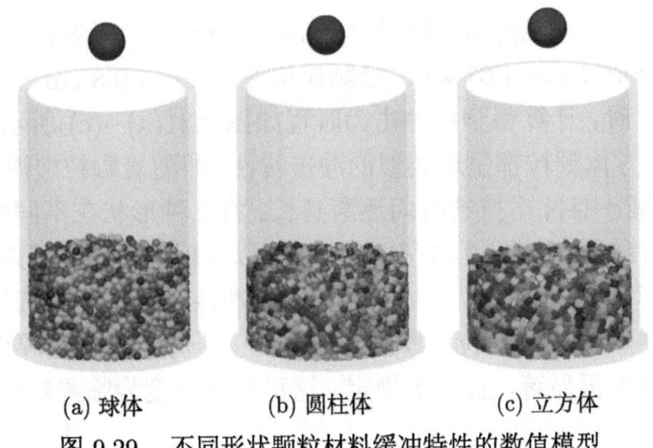

(a) 球体　(b) 圆柱体　(c) 立方体

图 9.29　不同形状颗粒材料缓冲特性的数值模型

当颗粒层厚度 $H = 0.5$ cm 和 2.0 cm 时，圆筒底部受冲击力的时程如图 9.30 所示。当颗粒层厚度 $H = 0.5$ cm 时，冲击力峰值和冲击持续时间与试验结果基本吻合；但当颗粒层厚度 $H = 2.0$ cm 时，冲击力峰值低于试验结果，冲击持续时间则大于试验值。同时，试验中冲击力呈现多次波动现象，而离散元结果较为稳定。这主要是由于在试验测量过程中，冲击物或颗粒材料与圆筒底板的碰撞过程产生一定的振动，进而出现明显的波动现象。但在离散元模拟中底板通常设成刚性板，因此冲击力的振荡幅度不明显。尽管离散元计算的数值结果与试验结果存在一定的偏差，但冲击力的变化规律是一致的，这进一步表明，基于超二次曲面模型的离散元方法可以合理地模拟颗粒材料的冲击缓冲过程。

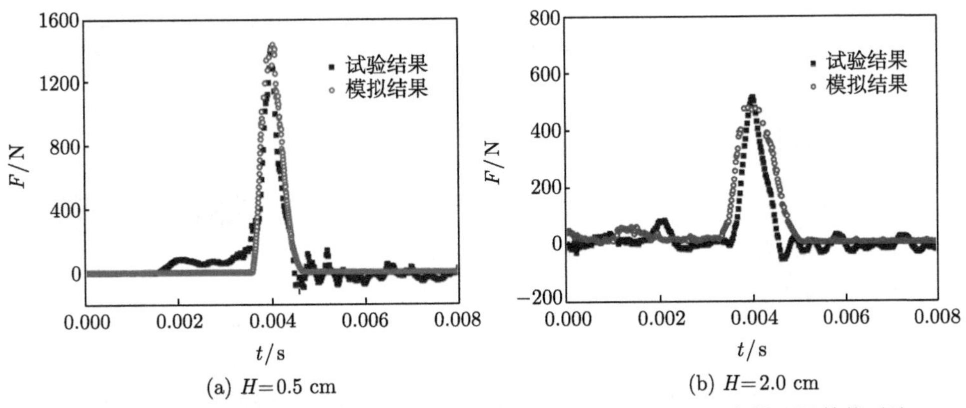

(a) H=0.5 cm　(b) H=2.0 cm

图 9.30　不同颗粒厚度下底板受力的试验值 (季顺迎等, 2012) 和离散元计算值对比

2. 颗粒层厚度对缓冲性能的影响

为获得颗粒材料较好的冲击过程，这里冲击物的初始速度为 5 m/s，在颗粒层表面上的初始高度 $H_2 = 30$ cm，弹性模量为 1 GPa，泊松比为 0.2，摩擦系数 $\mu_s = 0.4$，颗粒密度 $\rho = 2500\ \mathrm{kg/m^3}$，颗粒半径 $r_0 = 5$ mm。当无颗粒填充时，圆筒底部所受的冲击力峰值 $P_0 = 4.67$ kN，当颗粒层厚度 $H = 0.8$ cm、1.5 cm、2.5 cm、4.5 cm、9.5 cm 时，计算得到的冲击力时程如图 9.31(a)~(c) 所示。可以发现，球体、圆柱体和立方体颗粒都呈现类似的冲击特性，即随着颗粒层厚度的增加，冲击力峰值 P 逐渐减小且冲击持续时间逐渐延长。将三种形状在不同颗粒层厚度下的冲击力峰值进行统计，如图 9.31(d) 所示。可以发现，当颗粒层厚度 $H < 7.0$ cm 时，相比圆柱形和立方体颗粒，球形颗粒的缓冲性能最好，而圆柱形颗粒的缓冲效果优于立方体颗粒。当颗粒层厚度 $H > 7.0$ cm 时，颗粒层厚度和颗粒形状对缓冲特性的影响不再显著，且趋于稳定。这里称该厚度为临界颗粒层厚度 H_c，即

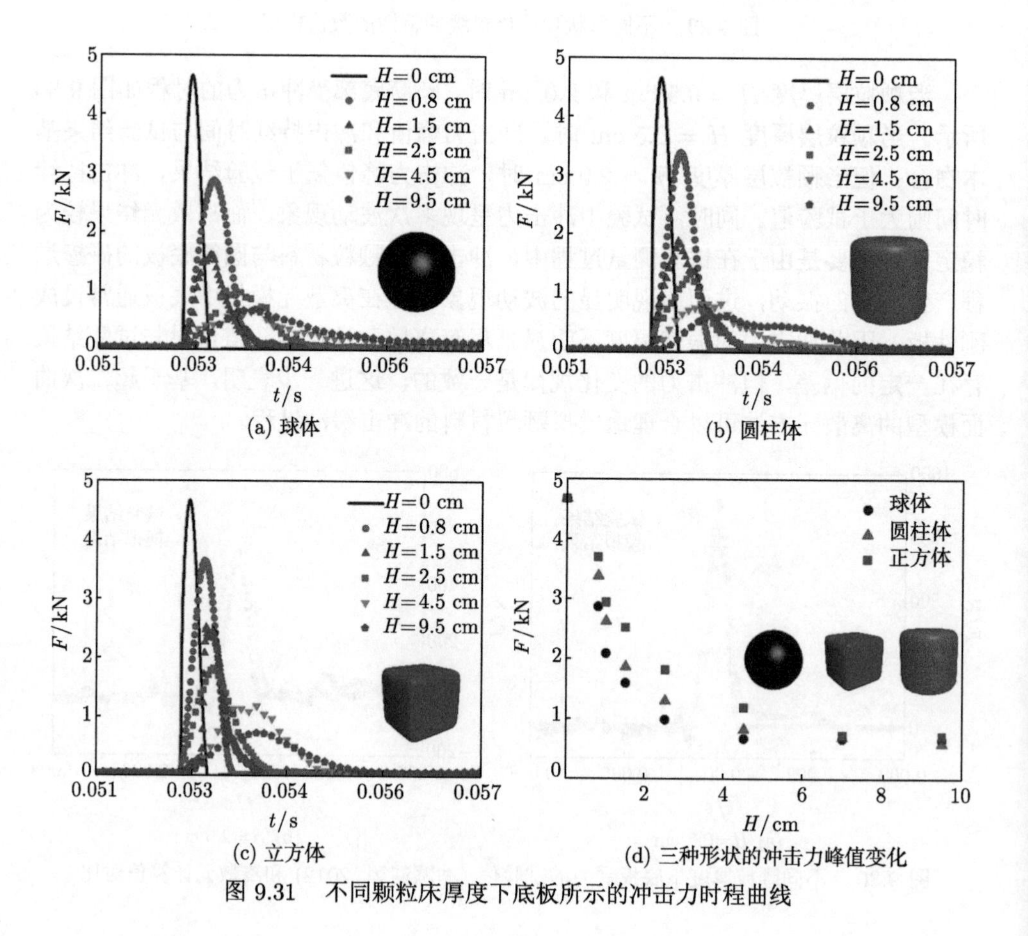

(a) 球体 (b) 圆柱体 (c) 立方体 (d) 三种形状的冲击力峰值变化

图 9.31 不同颗粒床厚度下底板所示的冲击力时程曲线

$H_c = 7.0$ cm。由于不同颗粒形态的缓冲特性受材料参数、尺度效应、冲击能量等不同因素的影响，因此在不同条件下临界颗粒层厚度通常具有一定差异。

3. 颗粒形状对冲击力的影响

为研究表面尖锐度和长宽比对颗粒材料缓冲性能的影响，这里不同形态颗粒具有相同的质量。尖锐度参数从 2.0 至 8.0 的连续变化可得到从球体到立方体和从圆柱体到立方体的两种形态转变，如图 9.32 所示。可以发现，从球体到立方体变化的过程中保持参数 $n_1 = n_2$，而圆柱体到立方体变化的过程中保持参数 $n_1 = 8$。通过改变参数 n_2，可得到 13 种具有不同表面尖锐度的颗粒形态。此外，通过改变超二次曲面方程得到不同的长宽比 $\gamma = c/a\,(= b)$，取 $\gamma = 0.4$，0.6，0.8，1.0，1.5，2.0，2.5 和 3.0，得到 8 种不同长宽比的圆柱体和长方体颗粒形状，如图 9.33 所示。

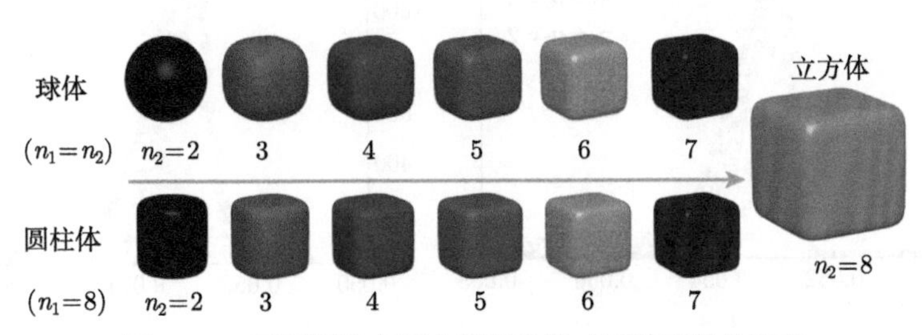

图 9.32 不同颗粒表面尖锐度参数对颗粒形状的影响

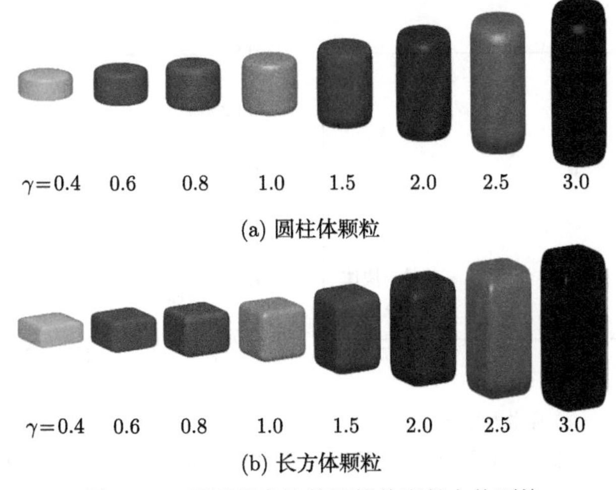

图 9.33 不同长宽比的圆柱体和长方体颗粒

当表面尖锐度参数分别为 2.0、3.0、5.0、8.0 时，不同形态颗粒的底板所受冲击力时程如图 9.34 所示。此外，对不同尖锐度下冲击力峰值 P 和颗粒材料初始密集度 C_0 进行统计，如图 9.35 所示。可以发现，冲击力峰值和初始密集度随表面尖锐度的增加而显著增加。在颗粒随机堆积和冲击过程中，表面尖锐度的主要作用是将颗粒间的点接触逐步转变为面接触，增加颗粒间的接触面积，同时产生更加稳定且密实的颗粒床。此外，增加颗粒表面尖锐度能阻止颗粒间的相对滑动和滚动，使冲击物在颗粒材料中的运行距离相对减小，从而产生较大的底部冲击力。以上结果表明：相比于具有尖锐顶点和平面的颗粒形态，光滑表面的球形颗粒具有更好的缓冲效果。同时，颗粒间的面接触会提高颗粒材料的密实度，从而降低颗粒材料的缓冲性能。

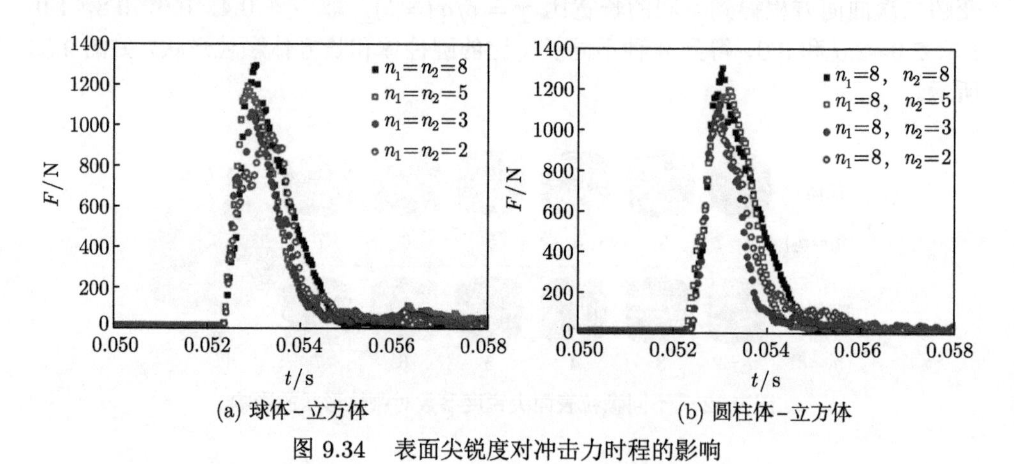

(a) 球体-立方体　　(b) 圆柱体-立方体

图 9.34　表面尖锐度对冲击力时程的影响

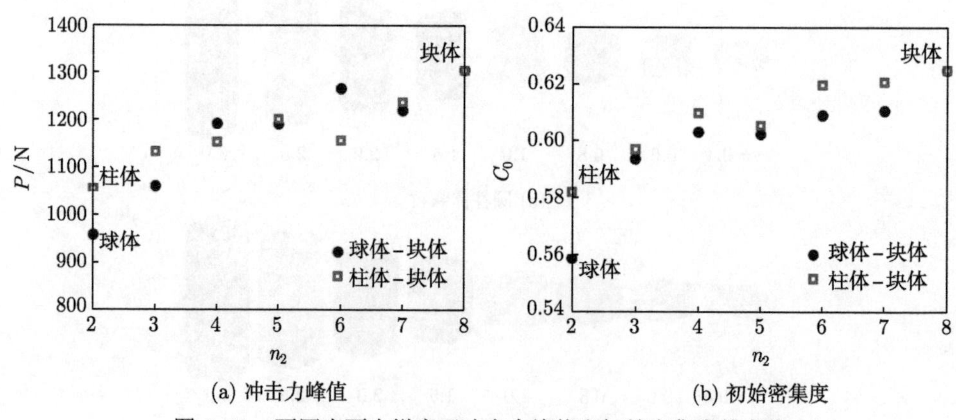

(a) 冲击力峰值　　(b) 初始密集度

图 9.35　不同表面尖锐度下冲击力峰值和初始密集度的变化

图 9.36 为圆柱体和长方体颗粒的长宽比 γ 分别为 0.4、1.0、1.5 和 2.5 时底板的冲击力时程曲线。同时，分别对底板的冲击力峰值和颗粒材料的初始密

集度进行统计，如图 9.37 所示。可以发现，增加或减小长宽比会使底部冲击力峰值和颗粒材料的初始密集度降低，从而提高颗粒材料的缓冲性能。同时，对于相同长宽比的颗粒形态，长方形颗粒的底部冲击力峰值都高于圆柱形颗粒。这主要是由于长方体颗粒间的主要接触模式为面接触，从而产生更加密实且相对稳定的颗粒床，缩短了冲击的持续时间，使得长方体颗粒具有较弱的缓冲性能。

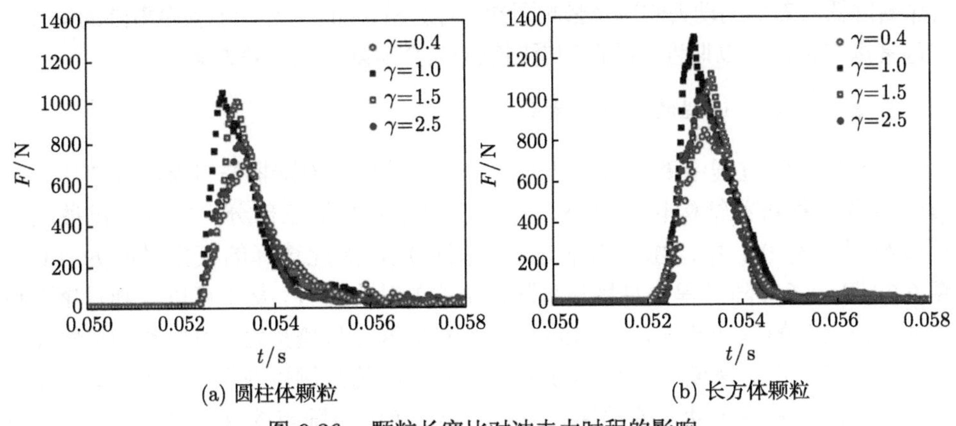

(a) 圆柱体颗粒 (b) 长方体颗粒

图 9.36 颗粒长宽比对冲击力时程的影响

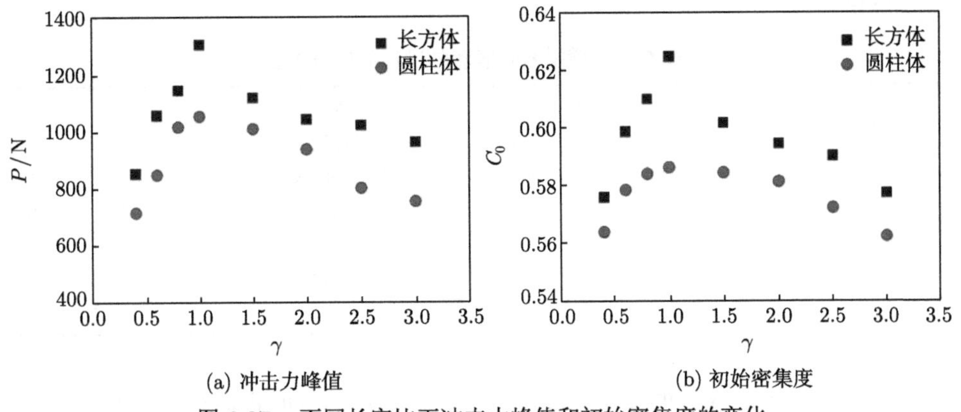

(a) 冲击力峰值 (b) 初始密集度

图 9.37 不同长宽比下冲击力峰值和初始密集度的变化

在冲击过程中，颗粒长宽比的主要作用是调整紧密排列的颗粒材料，使颗粒间存在更多孔隙，颗粒在冲击载荷作用下有很大的自由移动空间。同时，颗粒长宽比降低了颗粒床的稳定性，增加颗粒间的相对滑动和转动，延长冲击时间。此外，对于较高或较低长宽比的非规则颗粒，颗粒间的自锁可以调整冲击力的传输方向并实现分散响应，从而将局部冲击力在空间进行扩展，具有较好的缓冲效果。

9.2.2 着陆器与返回舱着陆过程的离散元分析

月球着陆器和返回舱在月、地表面着陆时的冲击响应是影响着陆任务成败的关键。着陆器与月壤相互作用时，航天器的机械能传递给月壤。月壤的离散特性使其具有缓冲耗能的作用，其可通过一定的方式将能量转化，使整个系统的能量最终耗散。此外，返回舱在不同着陆速度和不同舱体姿态下受到的冲击载荷存在严重的不确定性，进而影响搭载仪器甚至航天员的安全。为此，本小节采用离散元方法对着陆过程中着陆器软着陆的动力响应及影响因素进行分析，同时对返回舱安全着陆的主要影响因素进行讨论，以期为着陆器和返回舱的安全着陆提供有效方案。

1. *着陆器着陆过程的影响因素分析*

为研究着陆过程中着陆器的动力特性，这里建立着陆器与月壤相互作用的离散元模型。着陆器结构包括足垫、着陆腿和舱体结构三部分，主要的离散元计算参数列于表 9.1 中。由于着陆过程时间很短，因此选择的模拟时间为 1.0 s。图 9.38 显示了着陆过程中月壤与着陆器结构的动力特性，从中可以看到月壤颗粒在冲击作用下的运动情况。$t = 40$ ms 时，着陆器与月壤接触，可以看到接触点处月壤获得了一定的速度；当 $t = 80$ ms 时, 其周围的月壤也获得了速度，这说明月壤颗粒之间也发生了动量的传递；$t = 120$ ms 时, 着陆点的月壤发生了明显的飞溅；$t = 570$ ms 时, 飞溅的月壤颗粒减少；当 $t = 1000$ ms 时, 月壤颗粒基本达到稳定状态。

表 9.1 模拟着陆器着陆过程的计算参数

参数	符号	单位	数值	参数	符号	单位	数值
颗粒大小	d	cm	4~5	颗粒数量	n_{p}	—	190200
月壤弹性模量	E	MPa	48.8	月壤间摩擦系数	$\mu_{\text{p-p}}$	—	0.44
月壤间回弹系数	e_{p}	—	0.35	着陆器质量	M	kg	1000
着陆器弹性模量	E_{s}	GPa	207	泊松比	ν	—	0.3
着陆器与月壤间回弹系数	e_{s}	—	0.1	着陆器与月壤间摩擦系数	$\mu_{\text{p-s}}$	—	0.3
着陆器材料密度	ρ_{s}	kg/m^3	7860	重力加速度	g_{moon}	m/s^2	−1.63

当着陆器以 4 m/s 的速度着陆时，着陆器的动力学时程曲线如图 9.39 所示。从图中可以看出，由于着陆器自身缓冲装置的作用，在着陆器与月壤接触的初始阶段，着陆器受到的冲击力在短时间内出现波动。此外，从图中可以看出着陆器从接触月面到达到稳定状态经历的时间约为 0.6 s，下落高度约为 0.45 m。图 9.39(d) 为着陆过程中月壤的机械能变化情况，可以看出，在与着陆器接触瞬间，月壤获得了较大的机械能，并且在此之后缓慢减小。当月壤与着陆器接触时，在接触点

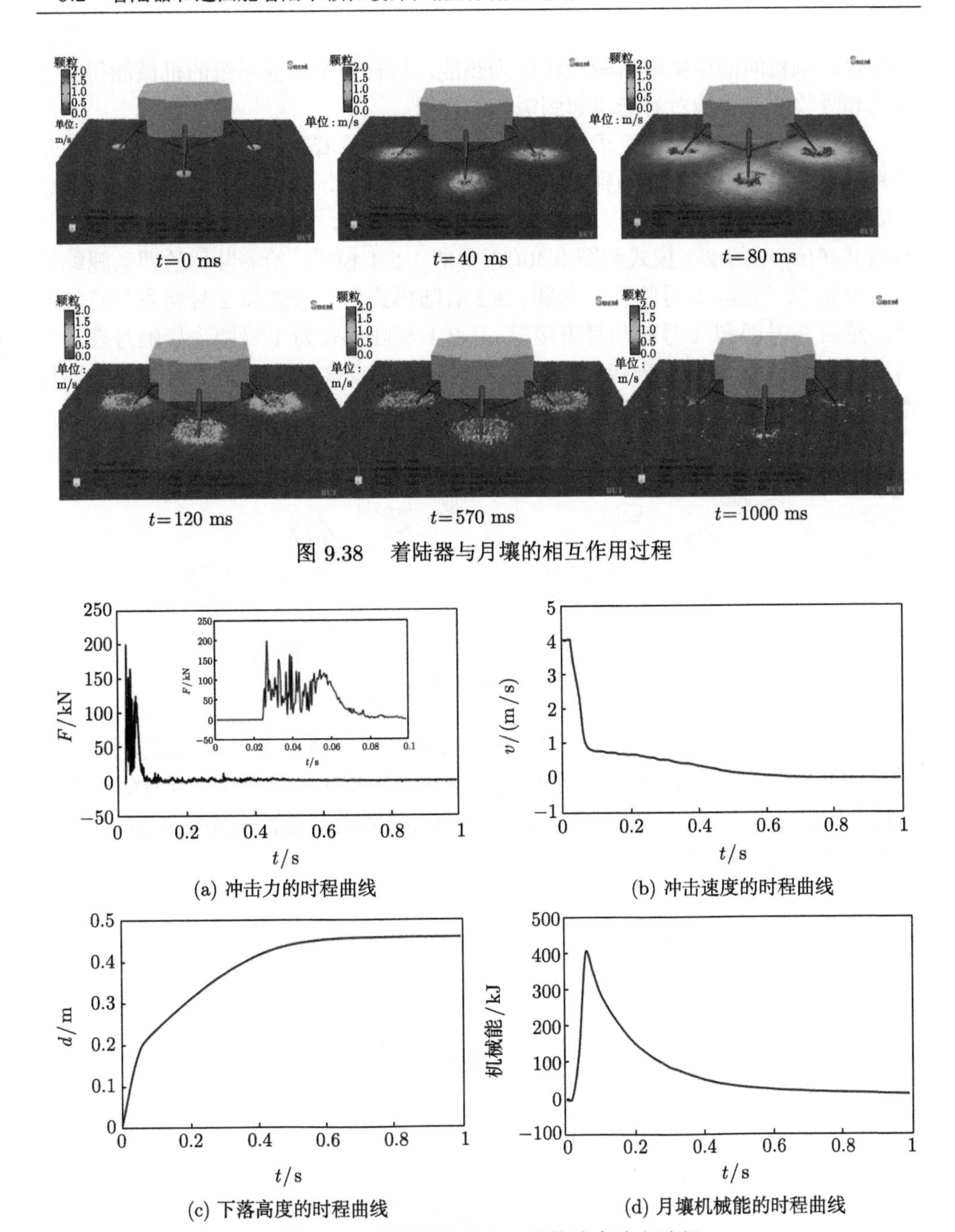

图 9.38 着陆器与月壤的相互作用过程

(a) 冲击力的时程曲线

(b) 冲击速度的时程曲线

(c) 下落高度的时程曲线

(d) 月壤机械能的时程曲线

图 9.39 着陆器结构与月壤的动力冲击过程

发生了动量传递，着陆器的机械能迅速减小，颗粒获得了较大的动量，并通过颗粒间的碰撞和摩擦等相互作用，将动量传递给周围的颗粒，从而使更多的颗粒获得机械能。颗粒间的碰撞使颗粒发生塑性变形甚至破碎，从而使能量发生不可逆的变化，颗粒间的摩擦将机械能转化为热能。这样整个碰撞系统的机械能得到了转化和吸收，使月壤对着陆器起到缓冲的作用。

随着人们对深空探测要求的不断提高，未来月球着陆器可能会在不平坦的复杂月球表面着陆，可能会遇到陨石坑或坡度等，因此，详细分析月球着陆器的着陆姿态可有效解决以上问题。根据着陆腿着陆的顺序，定义两种典型的着陆模式，即图 9.40(a) 中的 2-2 模式和图 9.40(b) 中的 1-2-1 模式。给着陆器的四条腿编号为 1 号腿、2 号腿、3 号腿和 4 号腿，2-2 着陆模式为 1 号腿和 2 号腿先与月表接触，然后 3 号腿和 4 号腿与月表接触；1-2-1 着陆模式为 1 号腿先接触月表，然后 2 号腿和 3 号腿与月表接触，最后 4 号腿与月表接触，由于 1 号腿会侵彻月壤一定深度，因此 4 号腿不会和 2 号腿和 3 号腿同时与月壤接触。

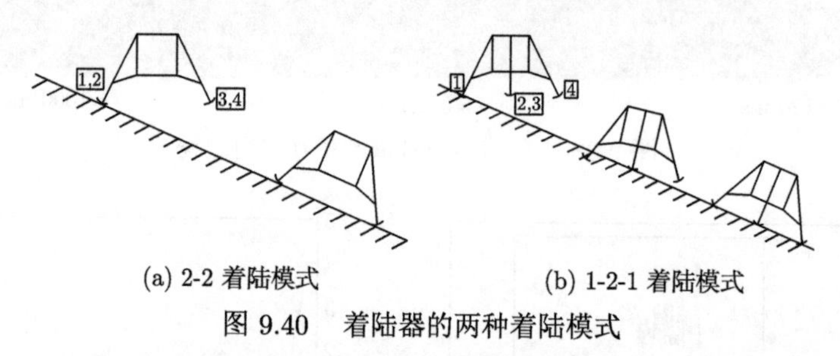

(a) 2-2 着陆模式　　(b) 1-2-1 着陆模式

图 9.40　着陆器的两种着陆模式

选择 4 m/s 的着陆速度对 1-2-1 和 2-2 两种着陆模式下着陆过程进行对比，并定义四条着陆腿同时触地的着陆模式为 4-0 着陆模式，则不同时刻着陆器的运动状态如图 9.41 所示。可以发现，1-2-1 模式下，着陆器的冲击深度较小；2-2 模式下月壤的飞溅更加剧烈。

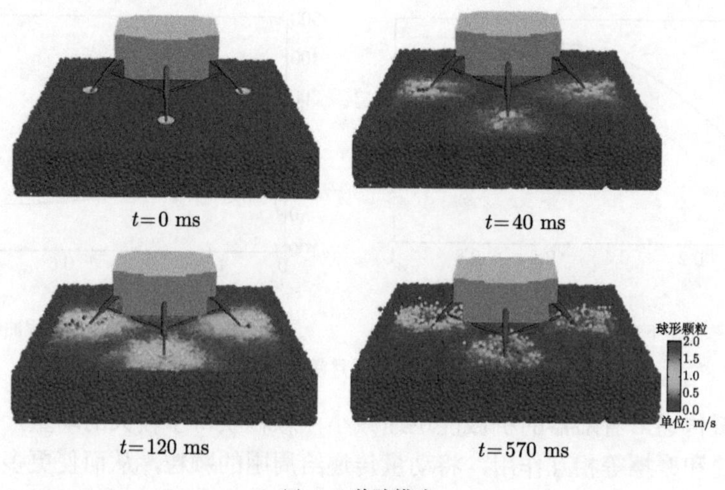

(a) 4-0 着陆模式

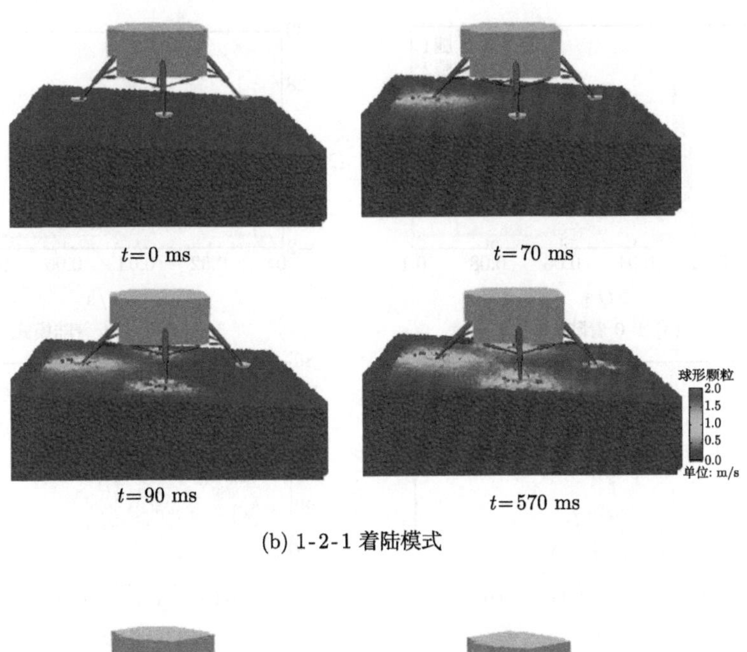

(b) 1-2-1 着陆模式

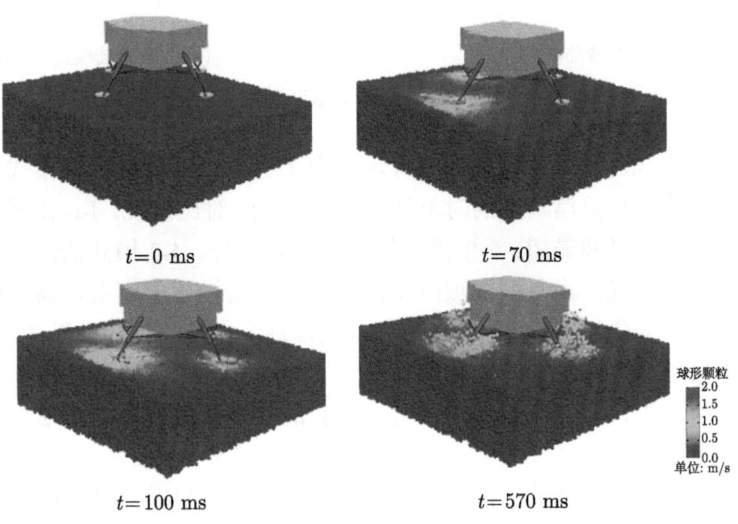

(c) 2-2 着陆模式

图 9.41 着陆器在三种着陆模式下的动态响应

不同着陆方式下各着陆腿的受力情况如图 9.42 所示。可以发现，4-0 模式下着陆器的四条着陆腿的受力情况基本一致；1-2-1 模式下可明显看出腿 1 首先与月壤接触，且受到较大的冲击力，之后的三条腿受力情况相当；2-2 模式下可明显看出以 0.03 s 为界限，之前主要是腿 1 和腿 2 受到冲击力，之后主要是腿 3 和腿 4 受到冲击力。

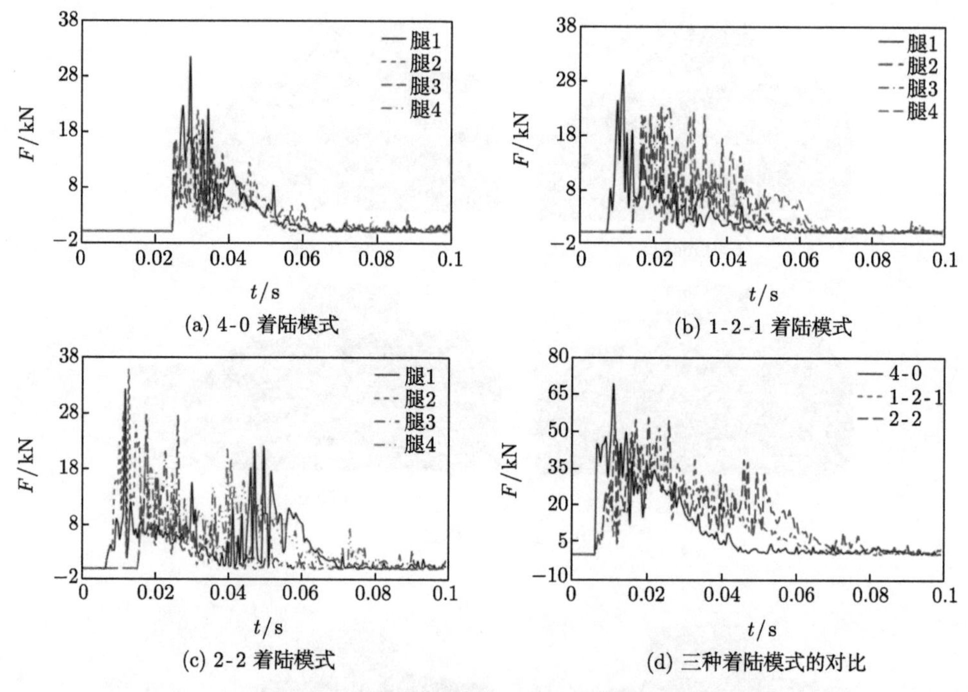

图 9.42 不同着陆模式下着陆腿的受力情况

三种着陆模式对比如图 9.42(d) 所示，为了更清楚地对比三种模式，这里将三种模式下着陆器与月壤接触的时刻选为同一时刻。对比发现，4-0 模式下着陆器与月壤的相互作用时间最短，2-2 模式的作用时间最长。4-0 模式的冲击力峰值明显大于倾斜着陆模式。当月面的坡度不同时，两种着陆模式下着陆器受到的冲击力峰值随坡度的变化如图 9.43(a) 所示，对比发现，当月面坡度小于 7.5° 时，2-2 模式下着陆器结构受到冲击力峰值略小于 1-2-1 模式。着陆器的冲击深度随坡度的增大也逐渐增大，但变化较缓慢，且 1-2-1 的冲击深度明显大于 2-2 模式，如图 9.43(b) 所示。

月壤的物理性质与地球上的土壤存在一定的差别，目前对其的研究和了解仍然不足。在探月过程中可根据月壤与土壤的相似性来推测月壤的物理力学性质，此外，月球不同地区的月壤性质也存在一定的差别，因此有必要研究不同物理力学特性的月壤对着陆过程的影响。

依据颗粒性物质的离散特性，可认为月壤的缓冲吸能作用主要是由于在冲击载荷作用下，月壤间发生强烈的挤压和摩擦，其内部复杂的力链结构发生断裂和重组，从而消耗大量的能量。由于月壤颗粒间存在粘滞作用和塑性变形，因此吸收了不可逆转的能量。在整个月壤颗粒系统中，接触力通过力链传递，使得局部冲击载荷在空间上不断扩展，进而降低冲击强度。此外，力链在力的传播过程中具有显著的时间效应，将瞬时的冲击载荷在时间上进行延迟，从而起到缓冲作用。因此，月壤吸收能量的多少受着陆器初始机械能和摩擦系数等因素的影响。

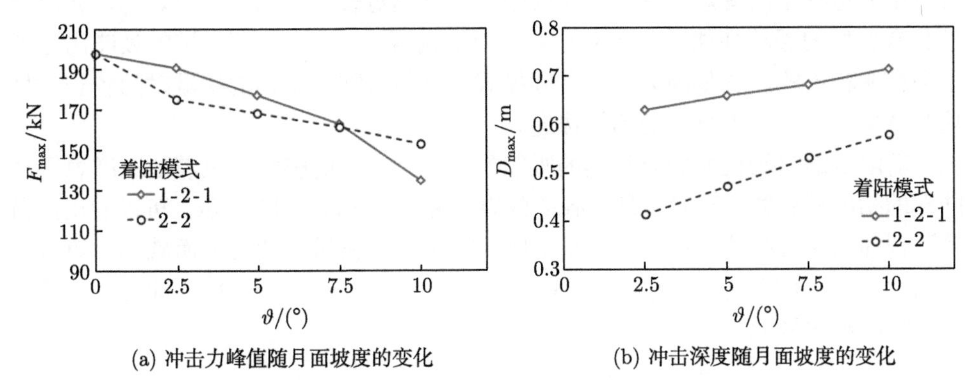

(a) 冲击力峰值随月面坡度的变化　　(b) 冲击深度随月面坡度的变化

图 9.43　两种着陆模式下着陆器的冲击力峰值和冲击深度随月面坡度的变化

月壤间摩擦系数直接决定了系统机械能转化为热能的能力。因此，摩擦系数对月壤的吸能效果具有直接影响。着陆前着陆器的机械能为 E_0，当结构的应变能达到最大值时，结构的应变能为 E_e，此时着陆器的机械能为 E_D，着陆器自身缓冲装置吸收的能量为 E_a，根据能量守恒原理，月壤吸收的能量为 $E = E_0 - E_e - E_D - E_a$，月壤的能量吸收比为 E/E_0。图 9.44 对比了三种着陆模式下月壤摩擦系数对月壤吸能的影响，可以看出，月壤吸收能量的占比随月壤摩擦系数的增大而减小。

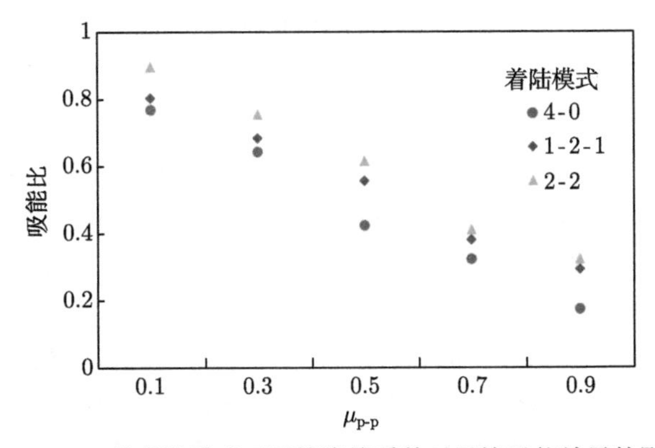

图 9.44　三种着陆模式下月壤摩擦系数对月壤吸能效果的影响

冲击过程中，月壤间的摩擦力通过阻止月壤颗粒之间的以及月壤与着陆器结构之间的相对滑移和滚动，并通过接触面处的相对滑动达到能量耗散的效果。当月壤的摩擦系数较小时，整个月壤颗粒系统的稳定性很弱，因此容易发生滑动，甚至出现局部流动的现象，这样着陆器结构在月壤颗粒中的运动距离较长，所以有相对较长的时间进行能量的转化进而耗散。随着摩擦系数的增加，着陆器结构在月壤中的运行距离变短，导致月壤吸收的能量相对较少。以上结果表明，光滑颗粒具有更好的缓冲性能。三种着陆模式对比发现，2-2 模式下月壤的吸能比略高于另外两种模式，这是因为 2-2 着陆模式月壤与着陆器结构的接触时间较长，月壤与结构之间发生了充分的动量传递。

着陆器的初始机械能对月壤的吸能效果也有一定的影响。以着陆速度表征着陆器的初始机械能，研究对月壤吸能效果的影响，如图 9.45 所示。可以看出，当着陆器的初始机械能较小时，月壤的吸能比随初始机械能的增大而减小，随后逐渐增大；三种着陆模式下月壤的吸能比排序为 4-0 ＜ 1-2-1 ＜ 2-2，即 2-2 模式下月壤的吸能比最大。

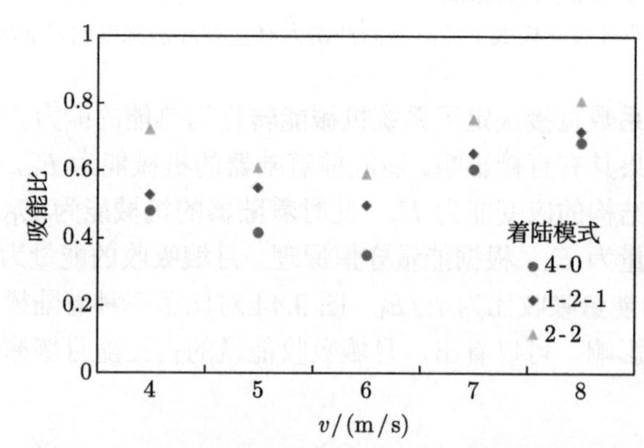

图 9.45 三种着陆模式下着陆速度对月壤吸能效果的影响

2. 返回舱着陆过程的影响因素分析

返回舱的着陆点一般为土壤，即由颗粒介质组成，为了提高计算效率，采用随机排列的球形颗粒构造着陆点土壤的离散元模型，并通过增加颗粒间的粘结-破碎功能模拟真实非规则颗粒。为减小气流的干扰，返回舱被设计为球冠状底面与钟罩形侧壁的密闭结构，如图 9.46(a) 所示。返回舱进入大气层时与空气剧烈摩擦产生巨大热量，舱体外侧的隔热层主要用于防止对其内部设备的损坏，该部分在着陆过程中不起承重作用，因此在建立模型时可以忽略。在着陆过程中，返回舱内部的金属结构起主要承重作用，该结构会发生变形。若压力过大超过材料的强度时，则会导致返回舱的着陆失败。因此，采用平板型壳单元构建内部金属结构，并采用共节点的方式连接各单元。建立的返回舱计算模型如图 9.46(b) 所示。

(a) “神舟十一号”返回舱

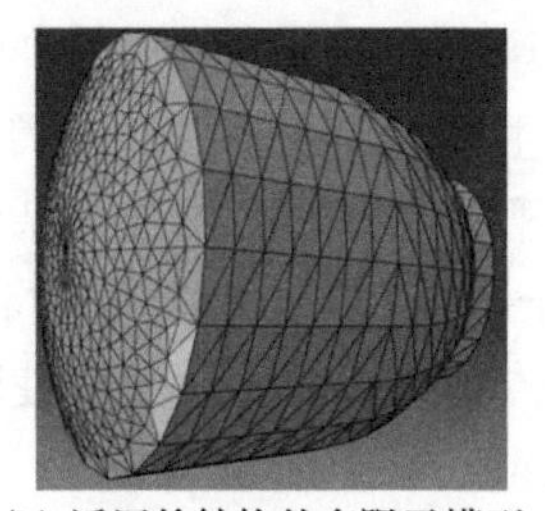
(b) 返回舱结构的有限元模型

图 9.46　返回舱结构

相同工况下，采用离散元方法模拟返回舱着陆过程，如图 9.47 所示。发现在返回舱下落时，其底部中心首先与地面接触，地面的响应呈近似中心对称特性，返回舱结构与地面碰撞后有所回弹，并伴有不明显的倾斜。此外，可以观察到冲击作用下地面颗粒因碰撞获得速度后而向四周扩散并向上运动，出现飞溅现象。

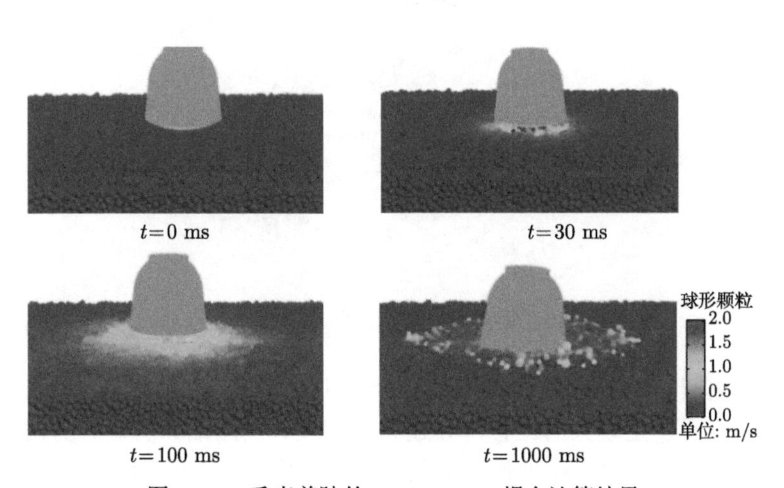

图 9.47　垂直着陆的 DEM-FEM 耦合计算结果

根据着陆冲击前后结构机械能的变化，计算出这一瞬间返回舱的机械能。最后，根据能量守恒定律，计算土壤颗粒的能量变化值，得到着陆冲击能分布情况，列于表 9.2 中。可以看出，返回舱结构在着陆过程中吸收了一定的能量，但土壤颗粒吸收的能量最多。

表 9.2　垂直着陆的能量分配

能量类型	占比	能量类型	占比
结构吸收能量	36.87%	着陆面颗粒吸收能量	49.77%
结构剩余机械能	13.36%	总能量	100%

着陆面土壤颗粒是返回舱着陆冲击能量吸收的主体，吸收能量的占比达到50% 左右。这主要是由于返回舱在着陆瞬间，将动量传递给着陆面土壤颗粒，颗粒间强烈的挤压和摩擦导致内部复杂的力链结构断裂和重组，该过程将会消耗大量的能量。由于颗粒间存在粘滞作用和塑性变形，因此吸收了不可逆转的能量。此外，力链在力传播过程的时间效应使瞬时冲击载荷在时间上发生了延迟，从而达到缓冲效果 (Tabuteau et al., 2011)。图 9.48 为着陆过程中土壤颗粒间的力链分布情况。在返回舱正下方的力链强度较大，并向四周逐渐减小，这表明力链可有效地反映着陆过程中冲击作用下土壤颗粒间的相互作用以及力的传递过程。

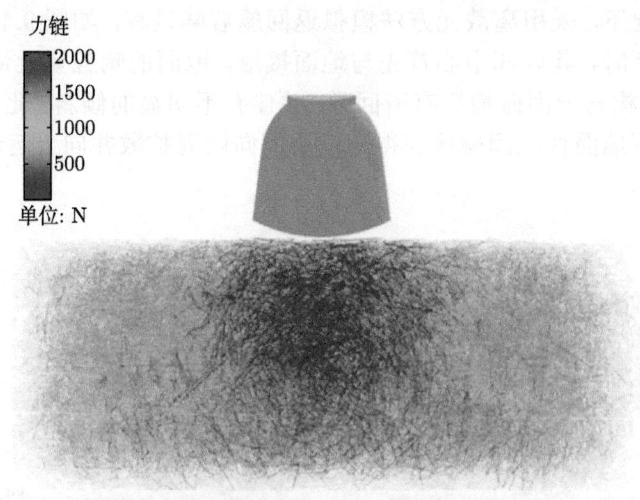

图 9.48　着陆过程中土壤颗粒间的力链分布

此外，返回舱与颗粒介质接触瞬间，返回舱失去了大部分能量。在深穿透过程中，颗粒介质发生较大的位移，导致其受到较大的压缩和剪切。剪切变形是一种高耗散现象；剪切过程中的能量吸收主要是由颗粒相互滑动、滚动和爬升时的摩擦和体积变化引起的。局部高应力也会导致颗粒破裂，甚至完全粉碎。随后产生的新表面是能量耗散的另一个来源。在实际冲击过程中，颗粒的破碎是能量耗散很重要的部分。这些微观和中尺度的耗散机制为理解返回舱在着陆面颗粒介质中的运动过程提供了依据。

返回舱在着陆前会通过无线电“黑障区”，这个过程地面发送的无线电信号无法传递给返回舱，同时，地面也无法接收到返回舱的信号，因此其姿态是不受控制的。所以，返回舱着陆姿态和着陆地点可能与预设方案有很大的差别，从而导致回收方式及相关缓冲保护装置的失效，导致航天员及仪器的安全面临严重考验。因此，这里对垂直着陆和倾斜着陆两种着陆姿态进行对比分析，为返回舱的安全回收提供理论依据。

图 9.49 为两种着陆模式下着陆面颗粒的速度分布对比图。可以发现，两种着陆模式下，首先与返回舱结构接触的着陆面颗粒获得较大速度，且垂直着陆模式下与结构底面接触的颗粒速度较大；之后随着颗粒间的动量传递，周围的颗粒也获得速度，颗粒的速度分布近似中心对称形式。当整个系统区域稳定时，离返回舱结构较远的颗粒达到稳定状态，整个过程中颗粒的速度分布呈倒三角状态。倾斜着陆模式下，返回舱从倾斜状态到垂直再到反方向倾斜的过程中，局部颗粒获得较大的速度，且颗粒的速度分布没有对称性，由于颗粒速度的传播，其分布仍在一定时刻存在倒三角状态。

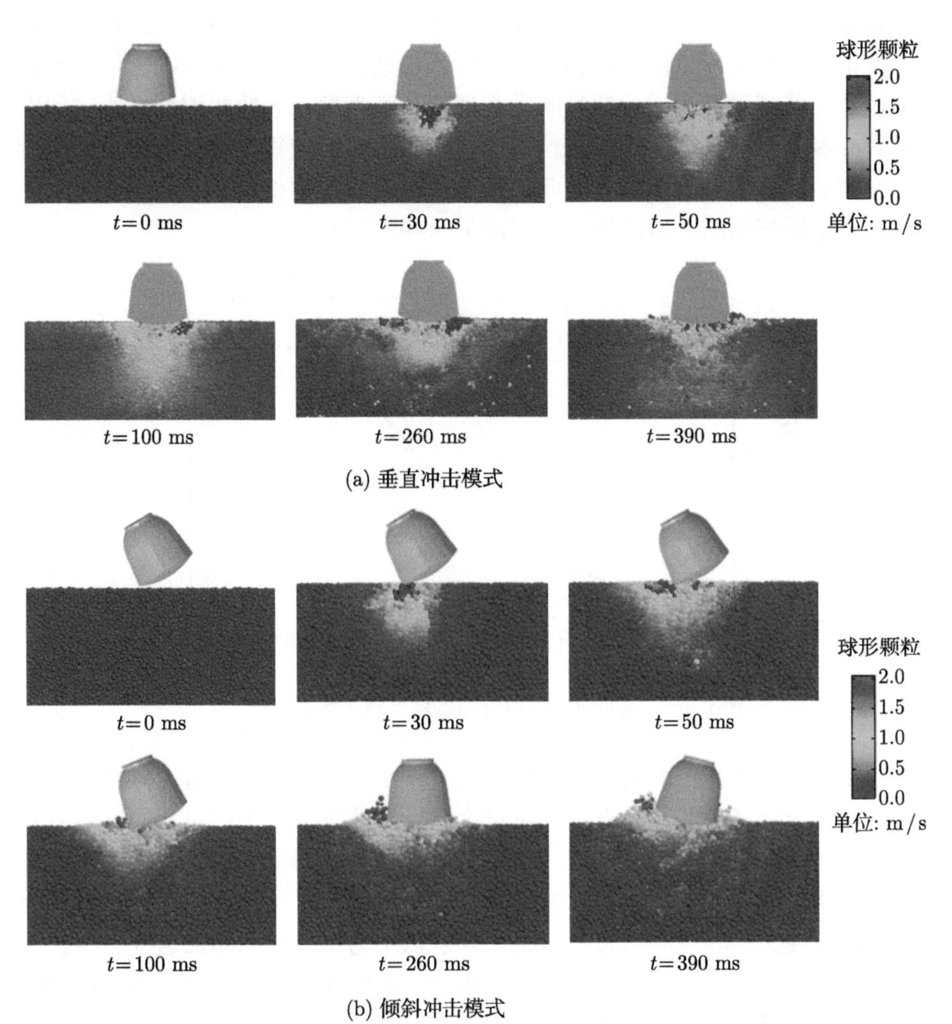

图 9.49 两种着陆模式下土壤颗粒速度分布的比较

返回舱在着陆过程中的回弹对试验设备甚至航天员的安全造成严重威胁，因此有必要重点研究返回舱回弹的原因，并提出避免回弹的方法。前文分析发现，倾斜着陆比垂直着陆的回弹速度小，这主要是因为，倾斜着陆时返回舱结构与着陆面接触的时间长，有利于结构与颗粒之间的能量传递。此外，回弹速度随着着陆速度的增大而增大，且呈现线性关系。在实际的着陆过程中，可改变的因素主要是返回舱的结构特性和着陆点土壤的物理性质。

由于颗粒间摩擦系数直接影响颗粒间的动量传递和能量耗散。不同摩擦系数下返回舱的回弹速度见图 9.50。由此可知，返回舱的回弹速度随颗粒间摩擦系数的增大而线性增大。在返回舱着陆过程中，土壤间摩擦力通过阻止颗粒间以及颗粒与返回舱间的相对滑移和滚动达到耗能效果。当摩擦系数较小时，土壤颗粒系统稳定性很弱，容易发生滑动，甚至出现局部流动的现象。返回舱在土壤中的运动距离较长，使其动能有较长的时间进行消耗。随着摩擦系数的增加，颗粒间发生更有效的能量耗散，返回舱在颗粒中的运行距离相对较短，致使冲击力相对较高，从而产生较大的回弹速度。因此，为防止返回舱的回弹，有必要建立人工回收场地，并铺撒特殊的人造颗粒以达到避免回弹的目的。

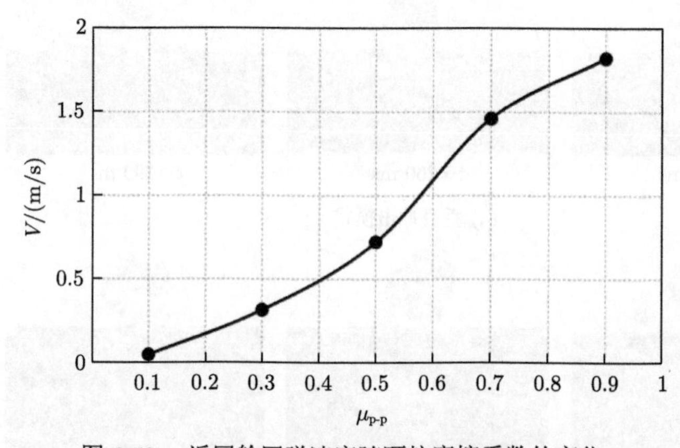

图 9.50　返回舱回弹速度随颗粒摩擦系数的变化

返回舱的质量也是影响其回弹的因素之一，所以对制造返回舱的材料要求很高，同时对航天器搭载的试验设备等质量也有一定的要求。不同质量的返回舱着陆过程中的回弹速度变化见图 9.51。由此可知，随着返回舱质量的增大，回弹速度减小，当质量达到 4700 kg 时，返回舱几乎不再回弹。这主要是因为质量较大时，结构的惯性大，其运动状态不易改变，所以不易产生反向的加速度。结合返回舱内部空间限制和质量对经济成本的影响等方面的要求，需要综合考虑返回舱的质量设计，选择合适的质量域，协调满足各方面的要求。

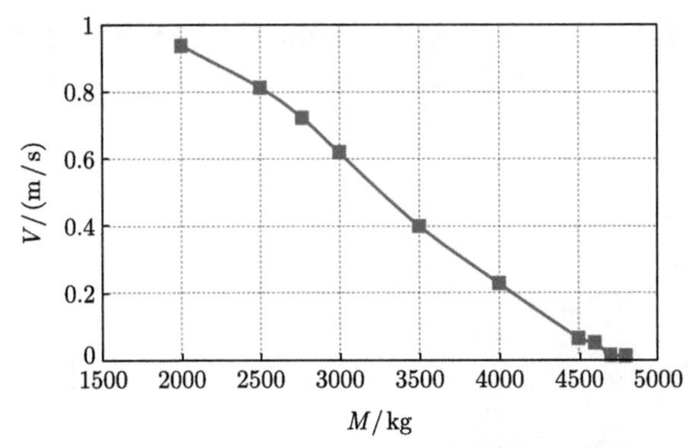

图 9.51 返回舱回弹速度随返回舱质量的变化

通过以上分析发现，当着陆地面颗粒之间的摩擦系数较小、返回舱质量较大时，返回舱的回弹速度较小。然而，较大的舱体质量将导致其受到的冲击力较大，这对返回舱及航天员的安全造成威胁。因此，应权衡考虑以上因素，以保障返回舱的安全成功着陆。

9.3 有砟铁路道床动力特性的离散元模拟

有砟轨道中最为典型的结构基础是散粒体道床，道床中的道砟颗粒由开山岩破碎整形而来，具有尖锐棱角且表面形貌凹凸的几何特性。道砟形状及尺寸的不规则性会直接影响道床的孔隙率、堆积密度和级配，造成道床宏观动力学响应的差异。离散单元法由 Cundall 于 1979 年首次提出，经过几十年发展，目前已被广泛应用于有砟道床的宏细观动力学仿真分析中。

9.3.1 道砟材料的休止角试验及离散元验证

休止角是描述颗粒材料微观行为的一个重要参数，是表征颗粒流动性的参数之一。休止角测量的方法针对特定颗粒材料主要有倾斜盒法、固定漏斗法、旋转圆筒法、空心圆筒法等。在这些方法中颗粒材料受重力等作用形成稳定而不坍塌的堆积体，堆积体的最大坡角即为休止角。

1. 铁路道砟休止角试验

道床中道砟是铺在铁路路基上的一层碎石，用作承托轨道轨枕，其流动性对铁路道床的稳定性有重要影响。针对铁路道床中大粒径的道砟材料，大多采用空心圆筒法测量其休止角，该方法操作简单，易于控制，在以前的研究中也验证了用空心圆筒法测量铁路道砟休止角是适用的 (Liu et al., 2022)。

图 9.52 为空心圆筒法的试验装置和装置示意图，先将空心圆筒放置在水平面上，将颗粒材料装入空心圆筒内，待其稳定后缓慢均匀地向上提升圆筒，使颗

粒材料自然落在水平面上形成稳定而不坍塌的锥形堆积体。这里采用起重机对圆筒施加向上的力，其中锥形堆积体坡面与水平面形成的夹角 θ 即为颗粒材料的休止角。

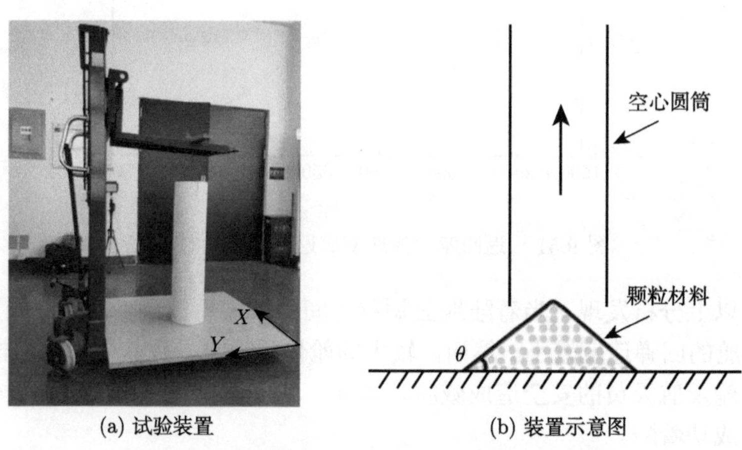

(a) 试验装置　　(b) 装置示意图

图 9.52 碎石颗粒休止角的试验装置及示意图

在进行休止角试验之前，按照《铁路碎石道砟》(TB/T 2140—2008) 中特级碎石道砟级配要求，如表 9.3 所示，利用方孔筛对道砟颗粒试样进行筛分，使道砟休止角试样级配符合特级道砟级配要求。图 9.53 是试验中所用的方孔筛和道砟试样级配曲线。

表 9.3 特级碎石道砟粒径级配

方孔筛孔边长/mm	过筛质量百分比/%	
	特级道砟级配范围	试验道砟级配
22.4	0~3	2
31.5	1~25	18
40	30~65	55
50	70~99	85
63	100	100

根据休止角试验要求，圆筒直径需为试样最大颗粒直径的 4~5 倍，圆筒内颗粒材料高度是圆筒直径的 3 倍。这里选用直径为 250 mm，长为 1 m 的聚氯乙烯 (PVC) 管道，如图 9.53(a) 所示。将圆筒垂直放置在水平面上，从顶部向圆筒里面填充道砟颗粒至 750 mm 高，满足圆筒直径与道砟高度之比为 1∶3，此时圆筒内有 48.82 kg 的道砟试样。使用起重机缓慢提起圆筒，使道砟在重力作用下落在水平板上，直至道砟完全掉落并稳定堆成道砟锥体。试验后分别在 X、Y 两个方向的四个方位点测量道砟堆积体的底面距离和高度，如图 9.53(b) 所示。最后按

照式 (9.4) 计算 A、B、C、D 四个方位的休止角。

$$\theta = \arctan(h/l_i) \tag{9.4}$$

式中，h 是道砟堆积体的高度；l 是道砟堆积体的底面长度，i 为 A、B、C、D，如图 9.54 所示。

(a) 方孔筛

(b) 道砟试样级配曲线

图 9.53 道砟颗粒级配

图 9.54 道砟试样休止角的测量

随机一次试验的结果具有偶然性，这里为提高测量数据的准确性，减小误差，对同一批道砟试样进行了七组试验并得到对应四个方位的休止角，因七组试验的道砟试样、试验装置、试验环境和条件均相同，则将七组试验结果的平均值作为最终道砟休止角试验的结果，如表 9.4 所示。

表 9.4　道砟的休止角试验结果

试验次数	休止角			
	A	B	C	D
1	36.9°	43.1°	40.9°	44.8°
2	36.1°	38.6°	33.1°	33.8°
3	34.4°	41.7°	37°	34.7°
4	39.3°	38.4°	36.7°	44.8°
5	31.3°	35.2°	33.7°	33.9°
6	37.7°	33.6°	42°	39.3°
7	34.4°	35.7°	36.4°	32.1°
平均值	35.73°	38.04°	37.11°	37.63°

2. 铁路道砟休止角离散元仿真

针对铁路有砟道床中道砟颗粒的离散性、非连续分布特征，目前多采用基于离散元介质的离散元法对其进行数值模拟。道砟颗粒具有典型的非规则几何形态，非规则颗粒系统不仅在单元排列、动力过程和运动形态等方面与球形颗粒有很大的差异，而且其多点碰撞性、低流动性和咬合互锁效应等也显著影响颗粒的宏观力学性质。为此，人们发展了基于球体单元的粘结或镶嵌模型、基于函数包络的曲面模型等，但以上方法也只能近似模拟道砟颗粒的基本几何特征。为了更准确地模拟道砟颗粒真实的几何形态，需要对大量道砟颗粒进行扫描处理，如图 9.55 所示。在获得道砟颗粒的三维表面几何形态之后，对道砟的扫描点云数据进行点云平滑、空穴填补等处理，创建高精度的三角网格曲面。

图 9.55　三维激光扫描系统

多面体离散元道砟模型中三角形网格数量对离散元程序的计算速度有重要影响，三角形网格数量越多，程序的计算效率就越低，而扫描得到的点云数据有几十万至上百万个，不能直接用于离散元的计算。为提高计算效率需要对道砟模型进行简化处理，为保留道砟颗粒真实的几何特征，这里对道砟模型的点云数据进行曲率删减，如图 9.56 所示为不同点云数量的道砟模型。用扫描简化得到的点云数据构造由三角面围成的道砟多面体模型，如图 9.57 所示。

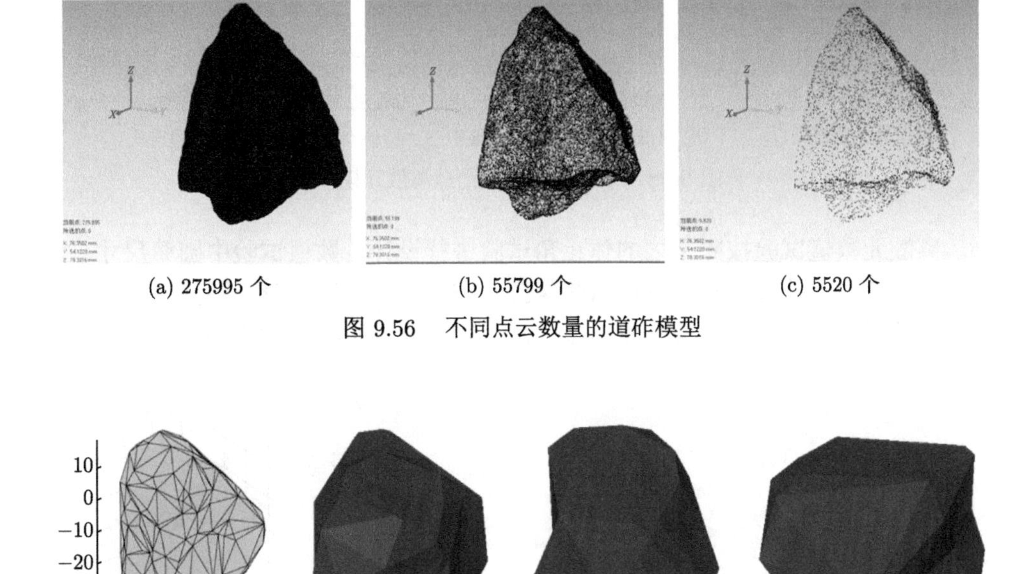

(a) 275995 个　(b) 55799 个　(c) 5520 个

图 9.56　不同点云数量的道砟模型

图 9.57　道砟颗粒的多面体模型

这里基于能量守恒接触理论采用多面体单元构造了 200 多种形状不规则的铁路道砟颗粒模型,基于多面体离散元法建立了多面体道砟休止角模型,如图 9.58(a) 所示。

离散元数值试验中所用休止角模型与室内试验尺寸一致，使道砟颗粒模型在圆筒内自然堆积，然后给空心圆筒施加恒定的速度使其沿竖直方向缓慢向上移动，试验过程中，道砟模型试样从圆筒底部落下并最终形成稳定的堆积体，如图 9.58(b) 和 (c) 所示。

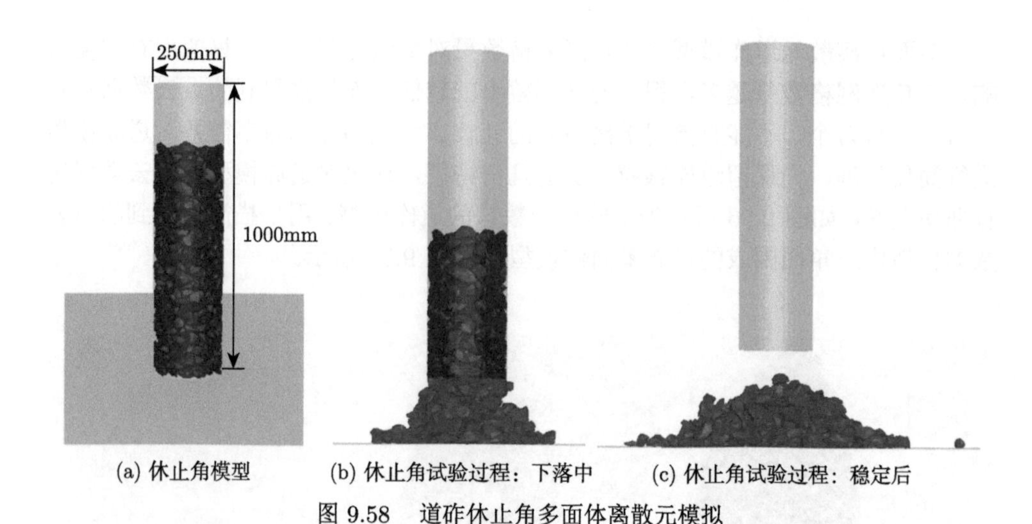

(a) 休止角模型　　(b) 休止角试验过程：下落中　　(c) 休止角试验过程：稳定后

图 9.58　道砟休止角多面体离散元模拟

离散元数值试验按照室内的休止角试验进行设计，数值试验中圆筒尺寸、道砟级配、休止角计算方式跟室内试验保持一致，将装道砟的空心圆筒缓慢提升到道砟模型试样完全落下并稳定后，进行休止角测量，如图 9.59 所示。

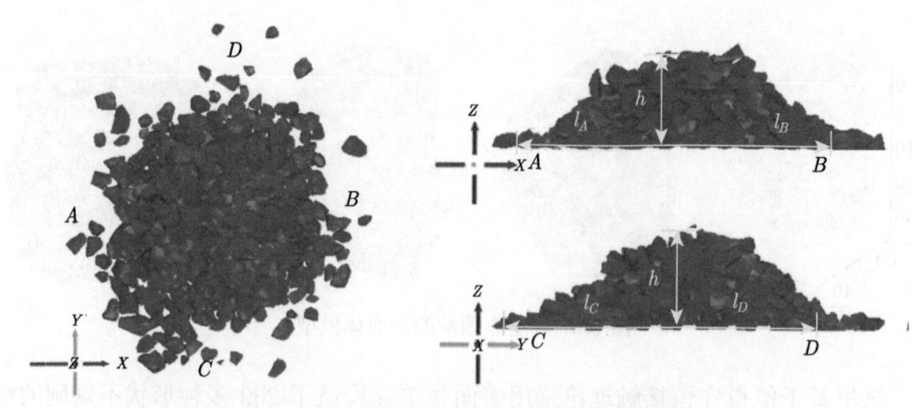

图 9.59　离散元休止角试验的休止角测量

为保证多面体离散元休止角数值试验的正确性，这里分别在道砟模型颗粒间摩擦系数为 0.60、0.63 和 0.65 条件下进行休止角数值试验，结果如图 9.60 所示。结果显示：随着颗粒间摩擦系数从 0.60 增加至 0.65，道砟模型四个方位的休止角也在增加，当颗粒间摩擦系数为 0.65 时，与室内试验的结果较吻合，误差最小仅为 1% 。所以多面体离散元程序中道砟颗粒间摩擦系数等于 0.65 时，对应的多面体离散元模型最准确，其中多面体道砟休止角数值试验的其他计算参数如表 9.5 所示。

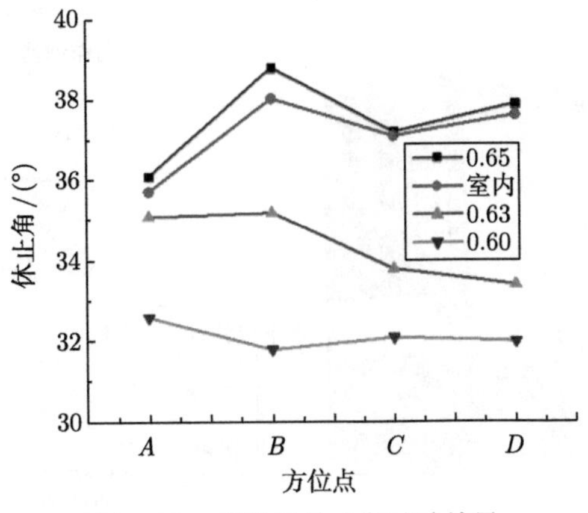

图 9.60 离散元休止角试验结果

表 9.5 多面体道砟模型的计算参数

计算参数	单位	数值
试样密度	kg/m^3	2600
杨氏模量	Pa	10^9
泊松比	—	0.2
颗粒间摩擦系数	—	0.65
道砟数目	个	600
粒径	mm	22.4~63.2

9.3.2 道砟材料的直剪试验及离散元验证

在岩土工程中，直剪试验是一种有效测定土体剪切强度的方法。不同于小粒径岩土材料，有砟道床中的道砟尺寸大部分介于 20~60 mm，且表现出极强的离散特性，往往需要采用大型的直剪仪试验设备。

1. 铁路道砟直剪试验装置

图 9.61 为多功能大型直剪仪的结构装置图及示意图。其中法向作动器可以提供恒定的法向载荷，水平作动器用于对直剪仪下剪切盒施加水平拉力。竖向位移计通过测定法向作动器压头位移得到剪切过程中道砟发生的剪胀位移，水平位移计可测定剪切过程中的水平位移。上盖板用于封闭上剪切盒，并将法向作动器提供的恒定载荷以均布力的形式传递至直剪箱内的道砟集料。底部的直线滑轨可以限制下剪切盒在竖直方向上的运动，并可减小下剪切盒在滑移过程中产生的摩擦力。直剪仪上、下剪切盒的尺寸分别为 400 mm×400 mm×200 mm 和 500 mm×400 mm×200 mm。下剪切盒在长度方向上比上剪切盒大 100 mm，以保证剪切面的面积在剪切过程中始终保持不变。

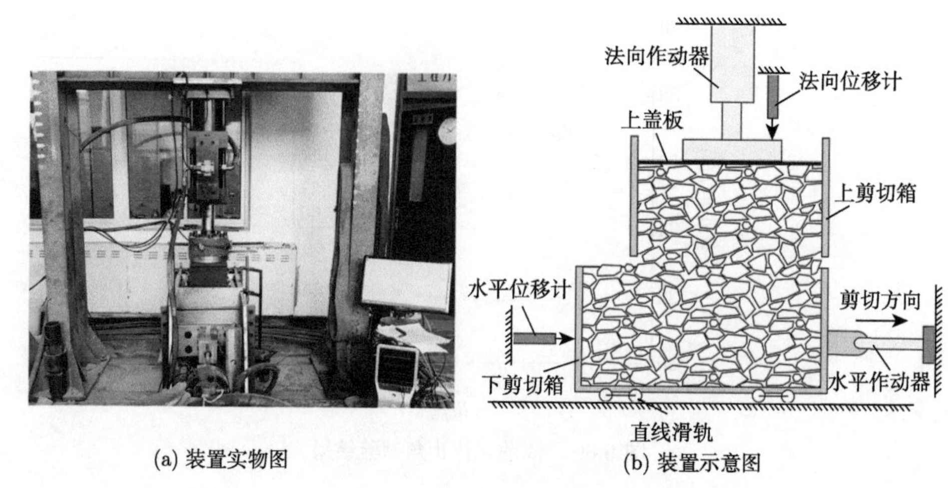

(a) 装置实物图　　(b) 装置示意图

图 9.61　道砟直剪试验装置

在对道砟集料进行直剪试验时，上剪切盒通过高强度螺栓固定在两侧的支撑钢架之间，剪切过程中通过对下剪切盒施加水平载荷使其保持恒定的水平速度。上下剪切盒的间距可通过调缝螺栓进行控制，调节范围为 0~20 mm。通过计算机两通道作动器静载控制系统实现对法向和水平作动器的精确控制，并同步监测和记录法向和水平作动器的加载力、法向和水平位移，从而实时对采集的数据进行存储和分析。

2. *扩展多面体道砟离散元直剪箱模型*

在道床结构中，真实的铁路道砟颗粒往往呈现复杂的几何形状。为了构造能准确模拟真实几何形态道砟的离散元颗粒模型，最常见的方法是采用高速相机或数字成像扫描法来提取并重构真实道砟的表面形貌，通过修正和光滑处理得到逼近道砟样本真实几何边界的光滑封闭面。目前，该方法已广泛应用于球体镶嵌单元中 (Zhang et al., 2017)。虽然该方法能得到真实道砟的几何形貌特征，但由于散粒体道床中道砟颗粒的随机多样性，若要生成不同级配曲线的道砟颗粒样本库，则需要人工扫描或拍摄大量颗粒，产生巨大的工作量。

为此，另一种基于 Voronoi 法直接生成随机多面体的方法被采用 (Eliá, 2014)，如图 9.62 所示。基于 MATLAB 软件，首先指定一个带有特定尺寸的块体，并设置块体上的取点个数，之后调用运行 Voronoi 切割函数，并对切割后生成的多面体的坐标进行缩放，最后清除块体边界区域的多面体颗粒，便可随机生成一定数目的多面体颗粒。该方法的最大优势是能快速生成大规模的凸多面体颗粒，克服了采用数字成像法逐个扫描道砟所带来的低效率问题。

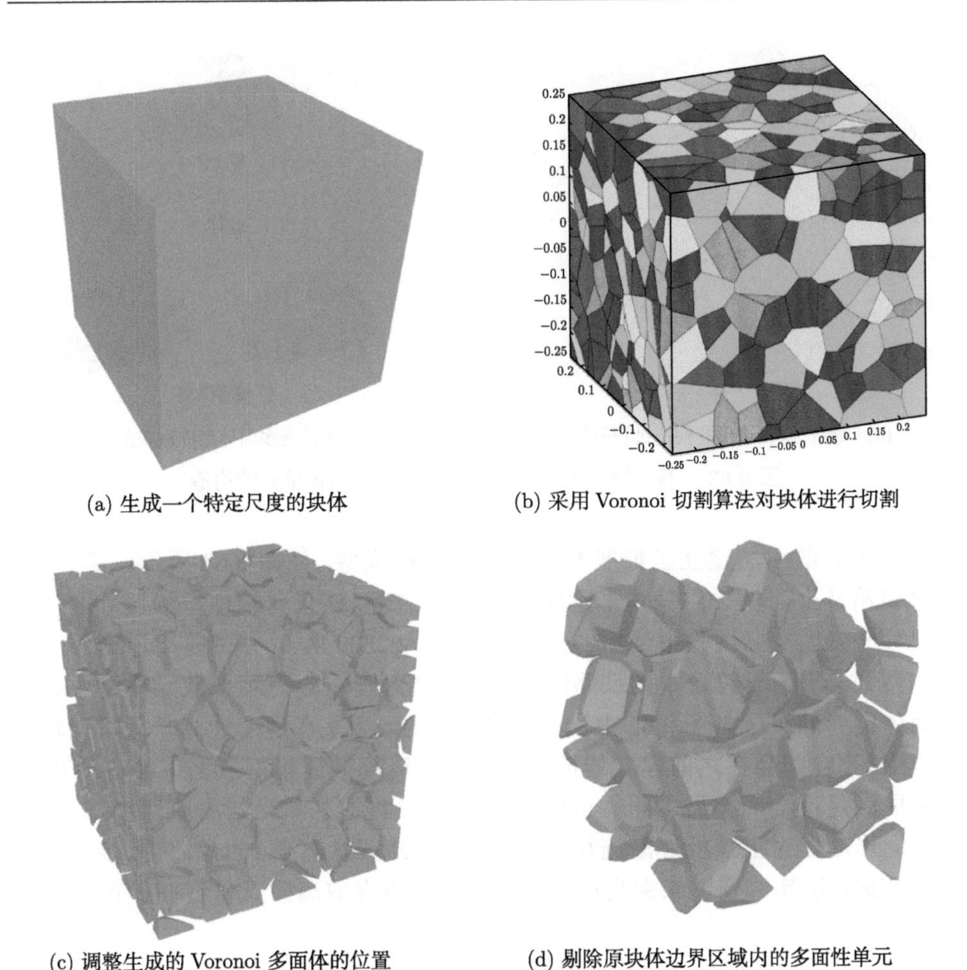

(a) 生成一个特定尺度的块体　　(b) 采用 Voronoi 切割算法对块体进行切割

(c) 调整生成的 Voronoi 多面体的位置　　(d) 剔除原块体边界区域内的多面性单元

图 9.62　基于三维 Voronoi 切割算法的多面体单元生成过程

基于闵可夫斯基和理论，将球体颗粒沿切割生成的多面体单元一一进行外表面扩展，使其成为扩展多面体单元，图 9.63 给出了基于闵可夫斯基和理论的扩展多面体单元的构造过程。可以看出，扩展球体半径的大小会显著影响最终生成的扩展多面体的表面光滑度。从几何形态上，随着扩展半径的增大，扩展多面体单元的棱角变得更加光滑。相比于多面体单元，扩展半径的存在不仅简化了扩展多面体接触检测判断的复杂度，而且其半径大小的选取也关系到离散元计算效率问题。之后，按照最小投影法 (邵文杰等，2017) 识别并筛选扩展多面体单元的粒径，按照《铁路碎石道砟》(TB/T 2140—2008) 中特级道砟过筛粒径标准，将扩展多面体单元一一进行分类存储，最终可获得具有一定样本数目的扩展多面体道砟离散元模型数据库，为后续非规则道砟的精细化离散元建模奠定基础。

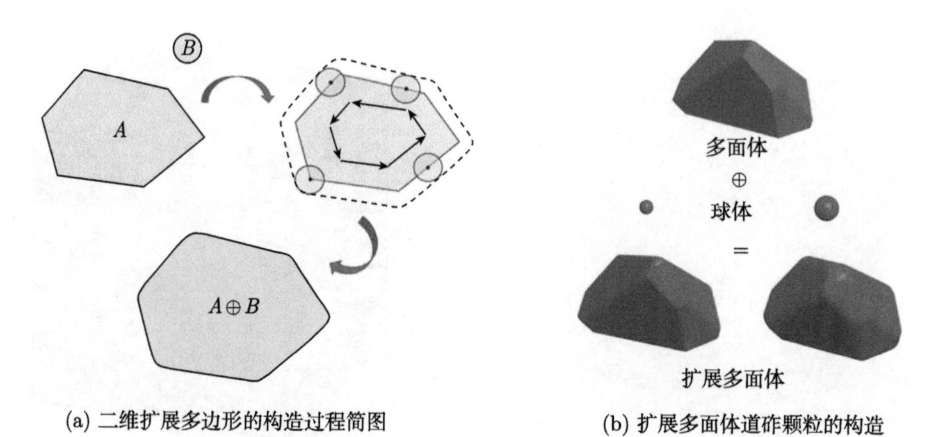

(a) 二维扩展多边形的构造过程简图　　(b) 扩展多面体道砟颗粒的构造

图 9.63　基于闵可夫斯基和理论的扩展多面体单元的构造

基于离散元法建立了扩展多面体道砟直剪模型，如图 9.64 所示。其中，上下剪切箱及上盖板采用三角形刚体边界单元构造，该直剪箱模型的尺寸与试验用尺寸一致。本书试验中使用的道砟密度约为 2600 kg/m^3, 试验用道砟级配曲线如图 9.65 所示，符合中国铁路特级道砟级配要求。直剪箱离散元模型中扩展多面体道砟的级配与图 9.65 中试验用道砟级配一致。在程序计算时只需要输入该级配标准，则会在之前建立的扩展多面体道砟离散元模型数据库中自动获取，并生成满足标准的扩展多面体道砟单元。之后，将这些单元装满剪切箱，通过控制法向作动器对上盖板逐渐施加法向载荷，从卸载状态至 10 kN，进一步压实道砟再卸载，使其达到道床密实标准要求，以完成直剪离散元仿真开始前的准备工作。

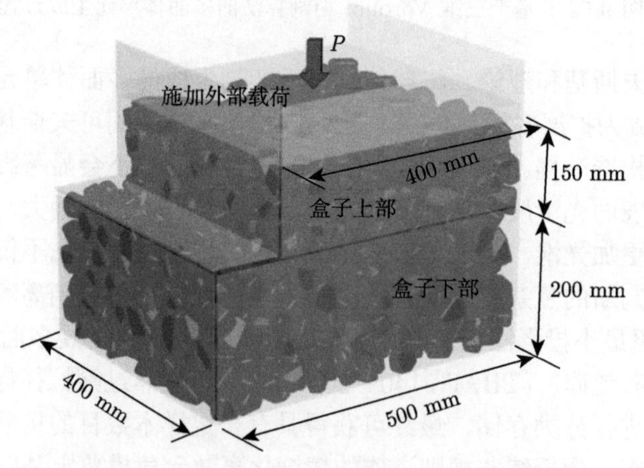

图 9.64　基于扩展多面体道砟的直剪箱离散元模型

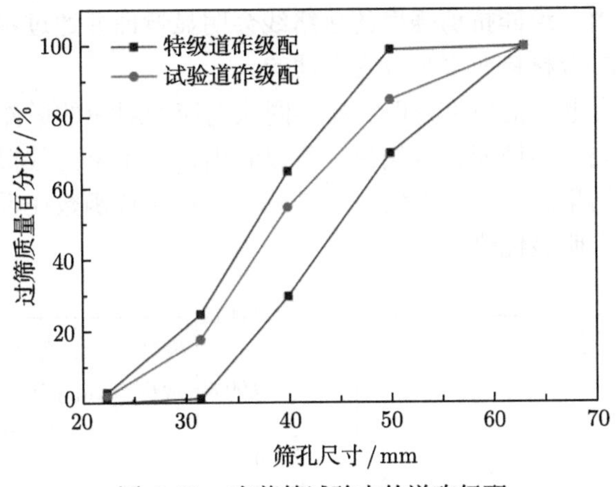

图 9.65 直剪箱试验中的道砟级配

3. 铁路道砟直剪离散元结果分析

对上盖板分别施加 20 kPa、50 kPa 和 100 kPa 的法向载荷，下箱则以 0.033 mm/s 的剪切速度移动，得到不同法向载荷下道砟间的剪切强度曲线。图 9.66(a) 给出了离散元仿真结果与试验结果的剪切应力–应变曲线的对比结果，从图中可以看出，在三种法向应力工况下，离散元模拟的曲线结果与试验曲线结果具有较好的吻合度。道砟间的剪切强度随着剪切应变的增大而呈现先增大后逐渐稳定的趋势，且最大剪切强度随着法向载荷的增大而增大。在 100 kPa 的法向应力结果对比中，离散元仿真结果偏高，可能是由于高法向应力下，道砟直剪时会发生破碎行为，使剪切应力和强度下降；而离散元仿真中并未考虑颗粒破碎，使得高应力下离散元模拟结果略高于试验结果。因此，采用扩展多面体开展铁路道砟的离散元仿真是合理且有效的。

基于图 9.66(a) 所示的铁路道砟直剪试验和离散元仿真曲线结果可以得到不同法向载荷 σ_n 下道砟材料的剪切强度 τ_s。Indraratna 等 (2010) 指出，铁路道砟的剪切强度随法向载荷的变化趋势并不完全是线性的，尤其在较小法向载荷条件下，传统的 Mohr-Coulomb 强度准则对于道砟的抗剪性能的表征具有一定局限性；因此，提出了采用幂函数进行拟合的方法，将道砟的单轴抗压强度 σ_c 对峰值剪切应力 τ_s 和法向应力 σ_n 进行归一化处理，其方程表达式为

$$\frac{\tau_s}{\sigma_c} = m\left(\frac{\sigma_n}{\sigma_c}\right)^n \tag{9.5}$$

其中，τ_s 为峰值剪切应力；σ_n 为法向应力；σ_c 为道砟母岩的单轴抗压强度，这里取 130 MPa (Indraratna et al., 2010)；m 和 n 分别为无量纲的常系数。显然，在

低法向应力范围内，道砟抗剪强度的包络线会明显弯曲并通过零粘聚力原点，这对无粘性的道砟颗粒材料而言是较为合理的。

图 9.66(b) 给出了正则化处理后的不同法向应力对应的道砟剪切应力下幂函数拟合的试验结果和离散元仿真结果。可以看出，采用幂函数拟合获得的试验结果和离散元仿真结果的拟合优度均大于 0.98，这说明该函数在反映道砟材料非线性剪切强度上具有明显优势。

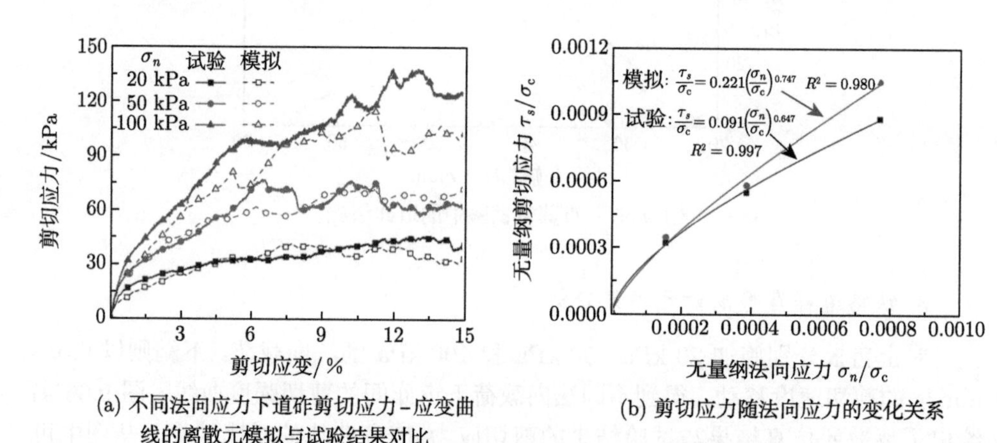

(a) 不同法向应力下道砟剪切应力–应变曲线的离散元模拟与试验结果对比

(b) 剪切应力随法向应力的变化关系

图 9.66 道砟直剪试验的扩展多面体离散元模拟

在道砟直剪前期，上、下箱体中间的剪切层道砟会受到扰动。在法向载荷作用下道砟颗粒被进一步压实并重新排布，颗粒间隙减小导致体积应变减小，表现为上盖板产生一段向下的位移，这一过程称为剪缩。但是随着水平方向位移的增加，剪切层中的道砟颗粒受上下方道砟相对运动的影响，出现滑动、翻转及重新排布，颗粒的间隙增大导致体积应变增大，表现为上盖板产生持续向上的位移，这一过程称为剪胀。在道砟直剪过程中，通过监测上盖板的法向位移，得到图 9.67

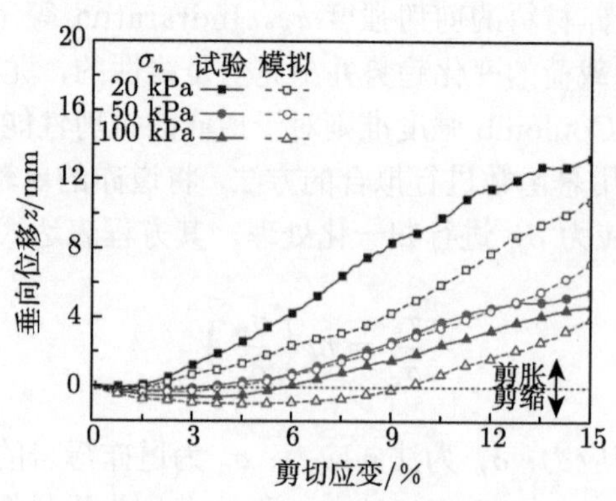

图 9.67 不同法向应力下垂向位移随剪切应变变化曲线

所示的不同法向应力 σ_n 下垂向位移 z 随剪切应变 ε_s 改变的试验及离散元仿真曲线。从图中可以看出，三种法向应力下，道砟集料均存在不同程度上的剪胀和剪缩现象。随着法向应力 σ_n 的增大，道砟颗粒重新排布更加密实，道砟间隙更小，产生了更大的剪缩效果。同时更加紧密的排布使得剪切层中道砟难以产生滚动效果，导致剪胀产生的竖向位移更小。此外，离散元仿真结果中垂向位移比试验结果略大，可能与仿真中未考虑道砟破碎有关。

9.3.3　寒区有砟道床离散元分析

铁路道砟在冻结条件下会展现出与常温下散体状截然不同的力学性能。采用离散单元方法则可以较好地展现出碎石道砟冻结条件下的粘结–破碎行为，通过模拟冻结道砟的各项力学性能，为寒区冻结道床的建设、评估及维养提供重要参考。

1. *冻结道砟的单轴压缩和三点弯曲离散元仿真*

通过扩展多面体粘接–破碎模型可以开展冻结道砟的离散元仿真，从而在颗粒介观尺度上进一步探究冻结道砟的各项力学特性。然而，如何准确获取能反映冻结道砟宏观力学性能的离散元微观接触参数，是开展后续相关研究的关键和前提。考虑到冻结道砟具有明显的硬脆性材料特征，与此类似的还有混凝土、岩石及陶瓷等，因此，可以参考该类硬脆性材料的离散元参数校准方法，通过开展冻结道砟的单轴压缩和三点弯曲离散元仿真来寻找能真实反映冻结道砟宏观力学性能的最优离散元接触参数。图 9.68 所示为冻结道砟集料中粘接键参数校准所用的离散元模型，其中离散元模型中孔隙率约为 0.42，扩展多面体道砟粒径符合中国铁路特级道砟级配标准。对于单轴压缩试验离散元仿真，模型尺寸为 300 mm×300 mm×300 mm，上压板加载速度为 0.01 mm/s。而在三点弯曲试验离散元仿真中，模型的跨距为 800 mm, 宽度和高度均为 200 mm，上压头速度为 0.1 mm/s。

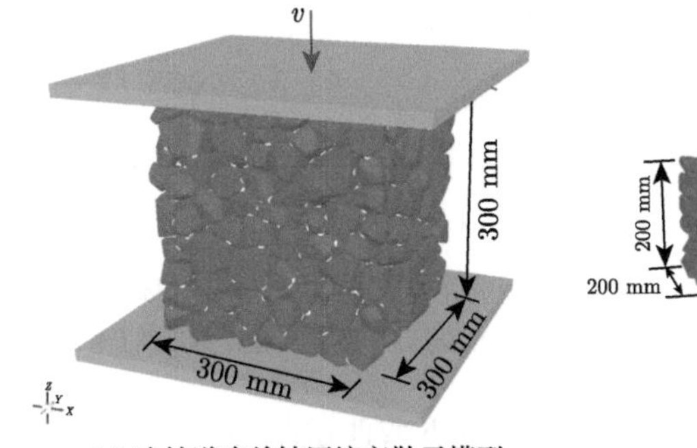

(a) 冻结道砟单轴压缩离散元模型　　(b) 冻结道砟三点弯曲离散元模型

图 9.68　采用扩展多面体粘接–破碎模型模拟冻结道砟的单轴压缩和三点弯曲试验

冻结道砟离散元接触参数的标定采用了基于中心复合设计的响应面法，主要思路如下所述。首先，选择扩展多面体单元 BPM 中的各个键参数作为设计变量，冻结道砟的宏观力学参数 (如抗压强度、弹性模量和弯曲强度) 作为响应值。之后采用中心复合设计方法建立不同独立变量对应的水平表，基于水平表中的各个独立变量取值开展对应的冻结道砟离散元数值仿真，获得对应的响应值。基于这些数值仿真的数据集建立冻结道砟宏观力学性能的二阶响应面模型方程，将冻结道砟的室内试验结果代入该模型获取优化的独立变量值，并通过开展新的离散元仿真来验证模型方程及优化的独立变量的有效性。

这里基于响应面法优化离散元接触参数的具体过程不作赘述，表 9.6 给出了一组 −20 ℃ 下冻结道砟力学性能试验结果，以及基于该结果获得的一组键的优化参数。基于该组接触参数，开展一次新的冻结道砟单轴压缩及三点弯曲离散仿真，图 9.69 给出了基于该组接触参数获得的离散元仿真结果与试验结果的对比。可以看出，不论是单轴压缩下的应力–应变曲线还是三点弯曲下的弯曲应力–位移曲线，离散元仿真结果与试验结果具有较好的一致性。优化参数的验证结果表明，将响应面法应用在离散元细观参数标定研究中是一种较为合适的方法。

表 9.6　基于冻结道砟试样试验结果预测的键的优化参数

键的优化参数					−20 ℃ 下冻结道砟力学性能试验结果		
$\bar{\sigma}_b$/MPa	C/MPa	$\bar{E}_b$/GPa	$\bar{k}_b^s/\bar{k}_b^n$	α	σ_c/kPa	E_c/kPa	σ_b/kPa
3.96	7.99	6.1	2.47	0.6	196	159	137

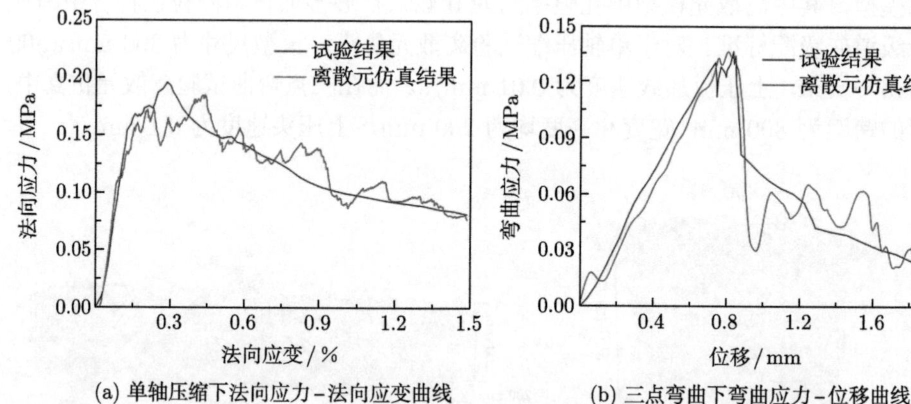

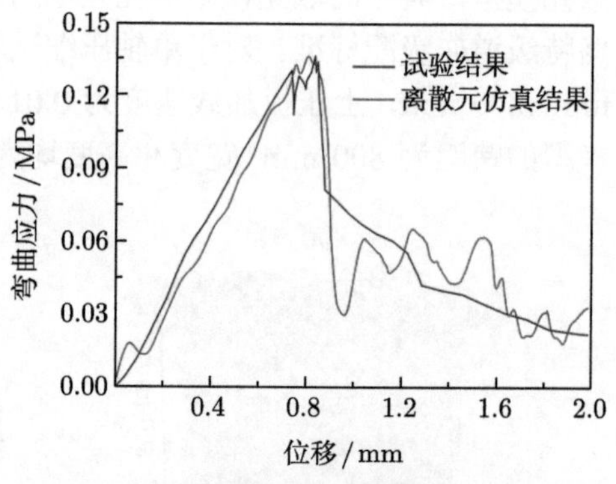

(a) 单轴压缩下法向应力 – 法向应变曲线　　(b) 三点弯曲下弯曲应力 – 位移曲线

图 9.69　冻结道砟单轴压缩及三点弯曲试验中离散元仿真结果与试验结果的对比

此外，图 9.70 还给出了冻结道砟单轴压缩及三点弯曲试验和离散元仿真中的试样的最终破碎图，可以看出，单轴压缩试验中冻结道砟试样在左下角和右上角发生了边角道砟颗粒的脱离及坍塌，并与加载方向呈一定倾角；而在三点弯曲试验中，在加载过程中冻结试样中部承受最大弯曲应力，试样最终也在中部位置受拉断裂。此外，采用扩展多面体单元的粘接–破碎模型来建立冻结道砟离散元试样，最终的试样破坏模式也与试验类似，这说明，基于该组接触优化参数，不仅能研究冻结道砟的力学性能，还能合理反映冻结道砟的破坏行为。

(a) 单轴压缩下冻结道砟试样的破碎图

(b) 三点弯曲下冻结道砟试样的破碎图

(c) 单轴压缩下冻结道砟试样破碎的离散元模拟结果

(d) 三点弯曲下冻结道砟试样破碎的离散元模拟结果

图 9.70 冻结道砟单轴压缩及三点弯曲试验和离散元仿真结果的试样破碎效果图

2. 冻结道床横向阻力离散元仿真

道床阻力是进行有砟轨道无缝线路设计的重要参数，其中道床的横向阻力是进行无缝线路稳定性检算的关键参数。随着我国高速铁路在寒区的大规模建设和既有线的不断提速，在低温雨雪环境下有砟轨道中碎石道床表面会结冰降低摩擦性能，甚至会发生冻结冰害，因此，有砟道床线路阻力的确定在寒区轨道中具有很重要的现实意义。

基于上述标定的细观接触参数，可以开展全尺度冻结道床的横向阻力离散元仿真研究。如图 9.71 所示为常见的道砟横向阻力测试装置，以及建立的冻结道床横向阻力离散元模型。通过将被测轨枕所有扣件松开，并抽出胶垫，利用扣件锚固螺栓与钢轨的相互作用，以钢轨作支撑点横向推移轨枕，加力设备为千斤顶，测力仪记录横向推力，百分表记录轨枕位移，由此可得出轨枕横向位移与阻力的关系曲线 (Liu et al., 2021)。此外，可采用扩展多面体道砟单元建立单轨枕下的碎石道床离散元模型，其中轨枕采用刚体三角面构造，尺寸满足我国 Ⅲ 型混凝土轨枕标准要求。道砟层厚度 (轨枕底部到路基表层距离) 为 0.35 m，砟肩高度为 0.15 m, 边坡坡度 1∶1.75，道砟级配满足特级道砟标准。

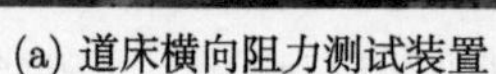

(a) 道床横向阻力测试装置　　(b) 冻结道床横向阻力测试的离散元模型

图 9.71　寒区道床横向阻力的试验测试及离散元仿真

图 9.72 所示为 −20 ℃ 下碎石道床非冻结及全冻结条件下的离散元仿真结果与前人试验结果 (Liu et al., 2021) 的对比，可以看出，冻结条件与非冻结条件相比，道床在冻结条件下横向阻力得到了较大提升，这说明道砟间的冻结作用增强了碎石道床的抗剪性能，在侧向移动轨枕的过程中，轨枕受到的阻力有较大一部分由道砟间的冻结力提供。此外，离散元仿真结果与试验结果的曲线吻合度较好，这说明采用扩展多面体粘接–破碎模型可以较好地反映寒区道床的横向阻力力学性能。

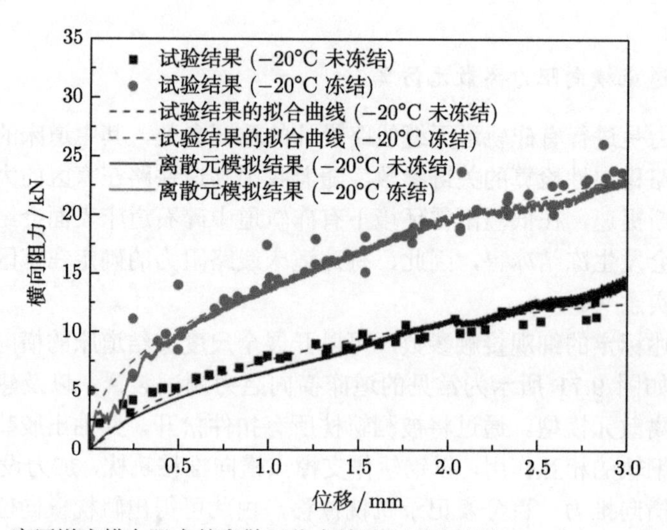

图 9.72　寒区道床横向阻力的离散元仿真结果与试验结果 (Liu et al., 2021) 的对比

9.3.4 往复载荷下有砟道床动力特性的离散元分析

1. 道砟箱的离散元仿真

有砟道床通过道砟颗粒间相互摩擦和内部粘性阻尼来传播和减弱弹性波，承受来自轨枕的压力并均匀地传递到路基面上，达到吸收和分散列车载荷并实现列车安全运行的目的。道砟颗粒的形态会对散体道床的动力特性产生显著的影响。这里利用三维激光扫描仪对道砟形态进行精细化重构，并采用球单元对三角面组成的道砟内部空间进行填充。图 9.73 为采用基于球颗粒的簇单元模型构造的非规则道砟，由于构成簇颗粒的球单元越多，其对道砟形态的描述就越真实，因此，每个簇颗粒单元由 10~80 个球颗粒填充构造而成，从而保证了非规则道砟离散元模型的几何精度。

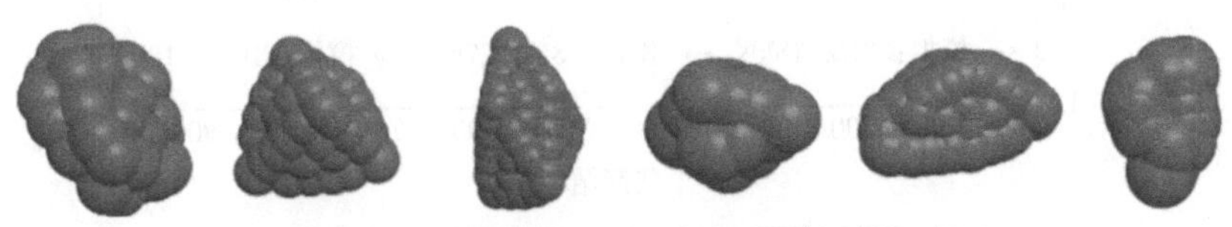

图 9.73 不同形状的铁路道砟颗粒簇模型

道砟粒径级配按照我国铁路特级道砟级配标准进行筛选，为获得合理的离散元计算参数，建立了道砟箱离散元模型，并与道砟箱试验结果进行对比。如图 9.74 所示，道砟箱和枕木尺寸分别为 700 mm×300 mm×450 mm 和 295 mm×250 mm×170 mm。试验在三种工况下对枕木施加循环正弦载荷，即载荷频率为 3 Hz、幅值分别为 18 kN 和 27 kN，以及频率为 10 Hz、幅值为 18 kN。之后，建立等尺寸的道砟箱离散元模型，在道砟箱离散元模拟中，枕木及箱体均为刚性结构，在计算过程中不考虑变形。

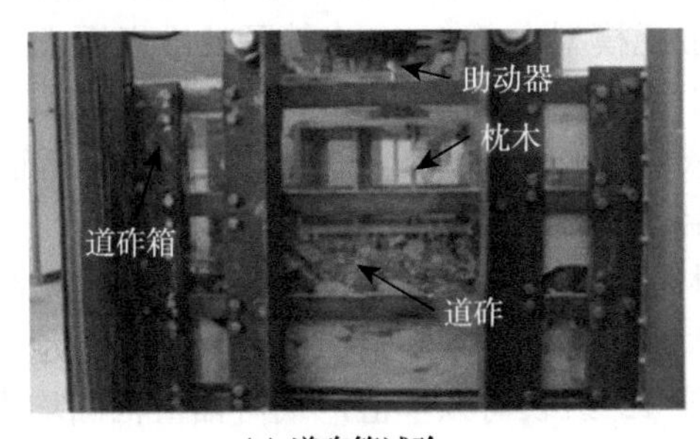

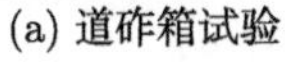
(a) 道砟箱试验

(b) 道砟箱离散元模型

图 9.74 道砟箱试验装置及其离散元模型

图 9.75 给出了道砟箱试验及其离散元模拟得到的不同载荷工况下累积沉降与载荷加载次数的关系。可以发现，在不同工况下，经过 1000 次循环载荷的作

用，离散元数值模拟得到的道床累积沉降量及其变化趋势与相应的道砟箱试验结果较为接近，验证了本书选取的离散元计算参数是合理可靠的。

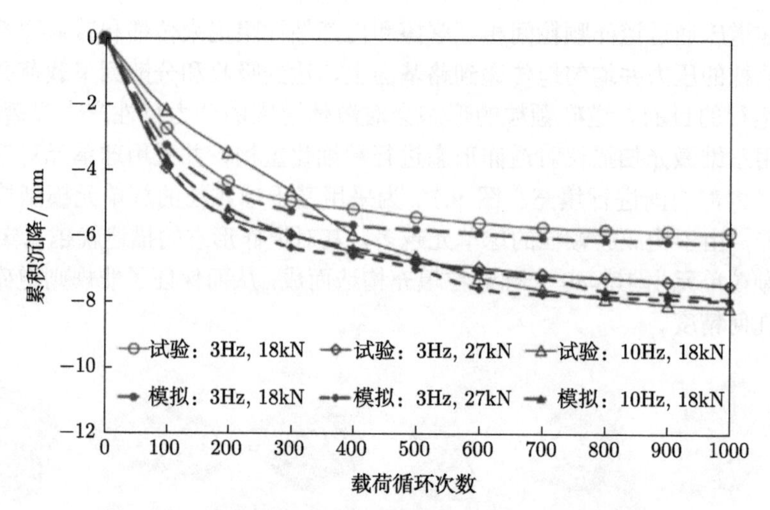

图 9.75　道砟箱累积沉降的离散元模拟与试验结果对比

2. 多轨排下的道床离散元动力学仿真

基于道砟箱仿真中获得的道砟颗粒离散元接触参数，这里建立了包含 8 根枕木的道床离散元模型，如图 9.76 所示。在离散元模拟中，对枕木进行了简化并采用刚性长方体结构模拟，枕木尺寸为 2.6 m×0.24 m×0.174 m，自重 2 kN，相邻枕木间距为 0.6 m，枕下道床厚度为 0.35 m，道床顶面宽度为 3.6 m，道床边坡为 1.0∶1.75。在有砟道床中，道砟层和基床层均由非规则道砟颗粒紧密堆积而成。为使道砟层底层颗粒与基床层颗粒充分接触，两部分碎石颗粒在初始生成排列和压实过程中均为一个整体。道床离散元模型由 219244 个簇颗粒堆积而成，其中组成基床层的道砟簇颗粒数为 40741 个，且基床层在离散元模拟中固定不动。在有砟道床的离散元模拟中，对枕木依次施加垂向循环正弦载荷，模拟分析道床在循环载荷作用下的累积变形及其作用机理。

在枕木受载荷作用过程中，枕木底面始终与道砟颗粒保持接触，因此本书以枕木的垂向位移作为道床沉降量的大小。枕木为刚性结构，因此载荷作为一个合力作用于枕木。在 10~100 Hz 选取 12 组载荷频率值，载荷幅值范围均为 5~50 kN，相邻枕木间受载荷作用的时间差设定为 0.01 s。

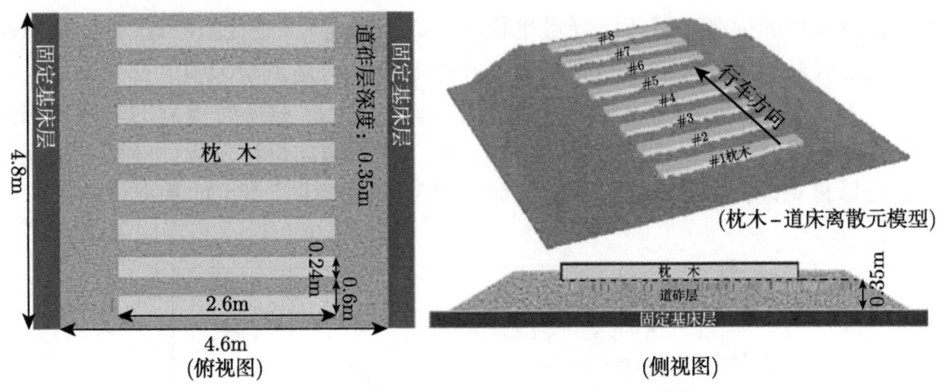

图 9.76 有砟铁路道床的全尺度离散元计算模型

在对枕木加载前，预先采用幅值为 5~50 kN，频率为 15 Hz 的正弦载荷对道床进行 40 个周期的压实作用，再分别加载 12 种工况下对应的载荷频率。由于道床两侧通过刚性边界约束，对附近道砟不存在啮合作用，因此边界对道砟颗粒转动的限制较弱。为了尽可能避免刚性边界对道床累积沉降计算结果的影响，仅对 3~6 号枕木的沉降及对应区域范围内的道砟颗粒运动进行分析。

图 9.77 给出了载荷幅值为 5~50 kN，频率为 20 Hz 时的循环载荷时程曲线和 4 号枕木在加卸载过程中的垂向位移响应模拟结果。可以看出，在每一次进行加卸载过程中，4 号枕木位移随着载荷的增大而增加，并随着卸载道床变形而逐步回弹，但完全卸载后枕木并没有恢复至每次加载前的位置，即每一次的加卸载道床均存在明显的残余变形。随着加载次数的增加，道床沉降量呈缓慢线性增大。

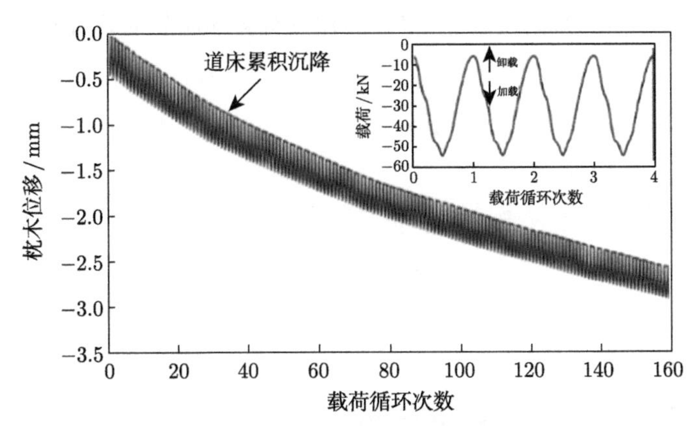

图 9.77 枕木累积沉降随加载次数的变化曲线 (载荷幅值 5~50 kN、频率 20 Hz)

图 9.78 为 12 种载荷频率条件下得到的道床累积变形结果。可以看出，载荷频率不超过 25 Hz 时，道床的累积沉降量基本一致。当载荷频率在 25~60 Hz 时，

随着载荷频率的提高，道床沉降量平稳上升。当载荷频率超过 60 Hz 后，道床沉降量随着载荷频率的提高而急剧增大，并在 80 Hz 时达到最大值。在载荷频率只增加了 20 Hz 的情况下，其垂向位移均值却为 60 Hz 频率时得到的垂向位移的 3 倍左右。此后，当载荷频率进一步增大时，枕木垂向位移反而逐渐减小。从图 9.78 可以直观地得到，80 Hz 的外载荷频率使枕木产生了最大的垂向位移。

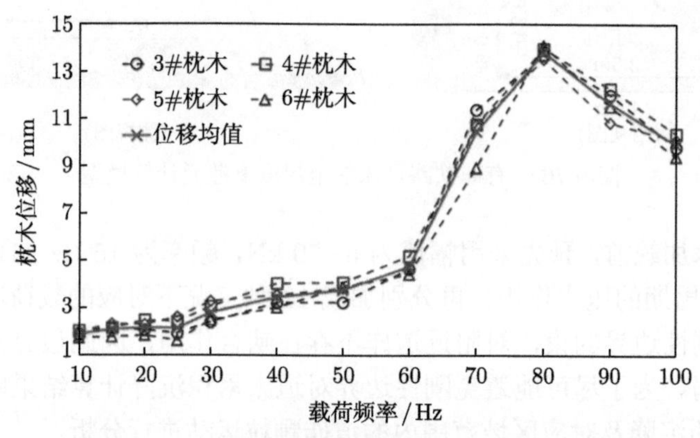

图 9.78 不同载荷频率作用下枕木的累积沉降

为了直观分析不同载荷频率对道床的冲击程度，图 9.79 给出了载荷频率分别为 60 Hz 和 80 Hz，当 5 号枕木受到最大载荷作用时，道床中间厚度 10 cm 垂向截面区域内所有道砟颗粒的速度分布图。可看出，枕木之间上方的道砟颗粒的速度均较小，说明载荷主要由枕下道砟颗粒承受。5 号枕木下方道砟颗粒的速度幅值呈现近似扇形的衰减，且枕下道砟颗粒具有更加明显的垂直向下运动的趋势，

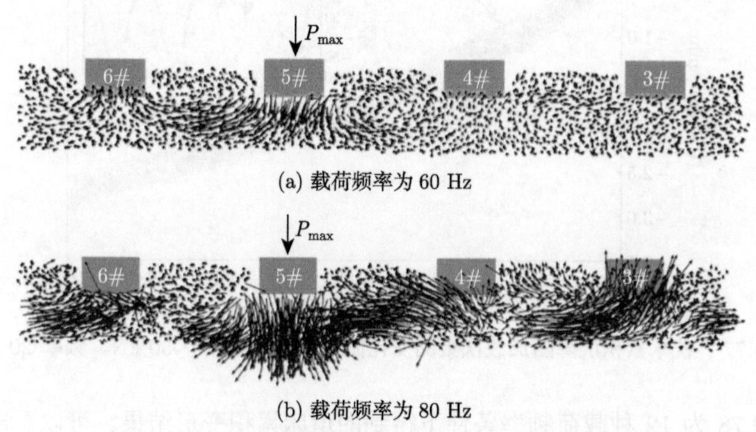

(a) 载荷频率为 60 Hz

(b) 载荷频率为 80 Hz

图 9.79 不同载荷频率作用下道床垂向截面速度分布

越靠近枕木中心的道砟颗粒，其垂向速度响应越大。此外，载荷频率为 80 Hz 时，5 号枕木下方道砟颗粒的速度响应比 60 Hz 时更为剧烈，其他枕木下方道砟颗粒的运动非常剧烈，没有明显的规律。

为进一步分析不同位置的道砟颗粒振动响应规律，选取 5 个观测点，统计观测点处道砟颗粒的最大垂向和横向加速度幅值。如图 9.80 所示，观测点 1、2、3 位于 5 号枕木中心下方，深度分别为枕下 50 mm、150 mm 和 300 mm，观测点 4、5 与观测点 2 深度相同，但横向位置不同，其中观测点 4 位于 5 号枕木边缘下方，观测点 5 位于两根枕木中间正下方。

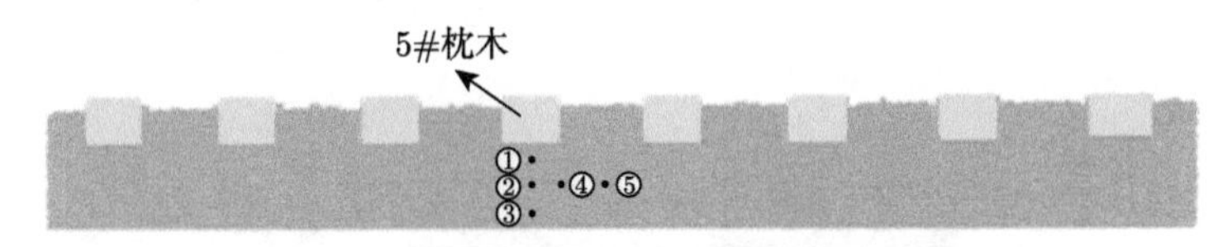

图 9.80 道床离散元模型中观测点的位置分布

图 9.81 为不同载荷频率下道砟颗粒的垂向和横向振动加速度幅值柱状图。从 1~3 号观测点的加速度幅值可看出，在载荷频率为 20 Hz 和 60 Hz 时，道砟垂向及横向振动加速度幅值均随道床深度的增加而衰减。此外，对于所有观测点处的道砟颗粒，其垂向及横向振动加速度幅值均在 80 Hz 时达到最大值。以上结果表明，80 Hz 的外载荷频率更加接近本书道床离散元模型的自振频率。

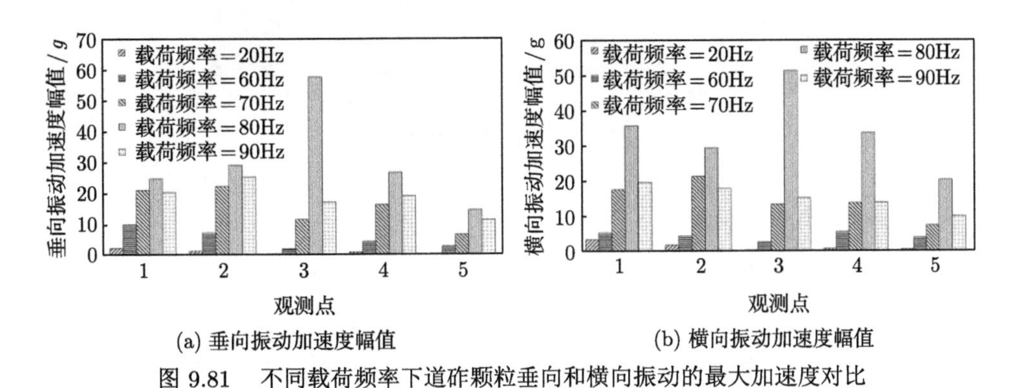

(a) 垂向振动加速度幅值　　(b) 横向振动加速度幅值

图 9.81 不同载荷频率下道砟颗粒垂向和横向振动的最大加速度对比

9.4 极地船舶及海洋工程的离散元模拟

在海冰与极地船舶及海洋工程结构的相互作用过程中，海冰会呈现出由连续体向离散块体转变的破坏过程，使得离散元方法在确定海洋结构冰载荷方面具有明显的计算优势。在海冰离散元方法中，计算单元可采用考虑粘结–破碎特性的单元来构造数值化复杂海冰模型。在此基础上，这里开展极地船舶、水下航行器及极地海洋工程结构与海冰间的冰载荷研究，对极地船舶冰载荷及操纵破冰性能、水下航行体冰区航行冰载荷和极地海洋工程结构冰载荷展开离散元分析，为极区船舶及海洋工程装备结构安全及抗冰设计提供技术支持。

9.4.1 复杂海冰类型的离散元构造

自然条件下，受海冰生消和运动的影响，会形成众多种类的海冰类型，其主要表现为碎冰、平整冰、冰脊和冰山等，如图 9.82 所示。在海冰的离散元数值模拟中，应针对不同类型海冰的几何结构和力学特性进行有效数值构造。

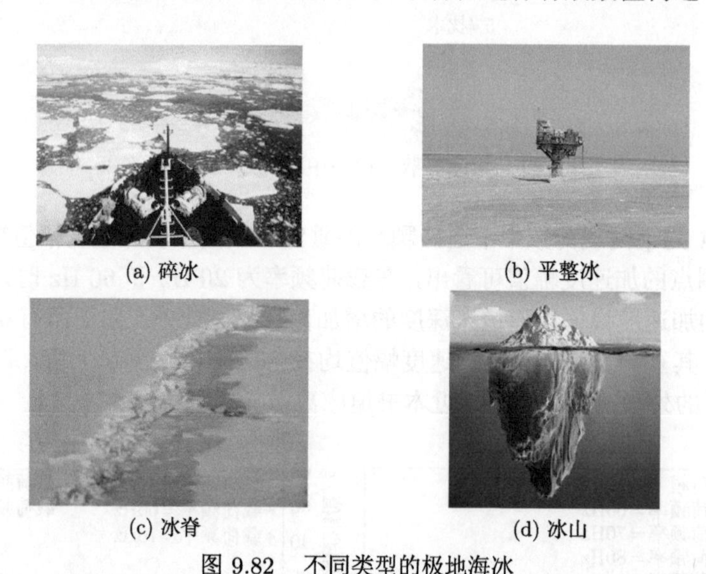

(a) 碎冰 (b) 平整冰 (c) 冰脊 (d) 冰山

图 9.82 不同类型的极地海冰

1. 碎冰的离散元构造

在碎冰区，碎冰块一般呈具有一定厚度的随机多边形状态，如图 9.83(a) 所示。这与典型的二维 Voronoi 图具有很强的相似性，如图 9.83(b) 所示。由此，采用 Voronoi 图对碎冰区进行几何随机切割具有较好的适用性 (Zhang and Skjetne, 2015)。

Voronoi 图也被称为狄利克雷 (Dirichlet) 图或泰森多边形，它是一组由两邻点连线的垂直平分线构成的连续多边形。Voronoi 切割算法即将空间按照 Voronoi 图切割平面的方法，其本质是按照最邻近原则划分平面。如图 9.84 所示，首先采用均匀分布的随机函数在平面上取随机点；根据随机点对该区域进行德洛奈 (Delaunay) 三角形划分；最后根据 Delaunay 三角形生成 Voronoi 多边形。该过程即是二维 Voronoi 切割算法的基本过程。

(a) 碎冰块的几何形态

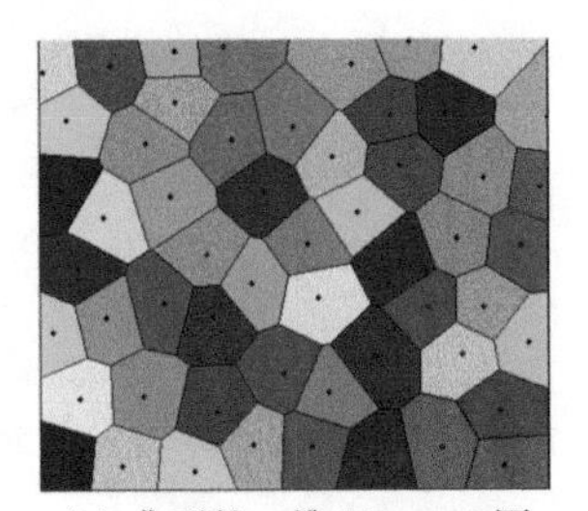
(b) 典型的二维 Voronoi 图

图 9.83 碎冰块形态特点及典型 Voronoi 图

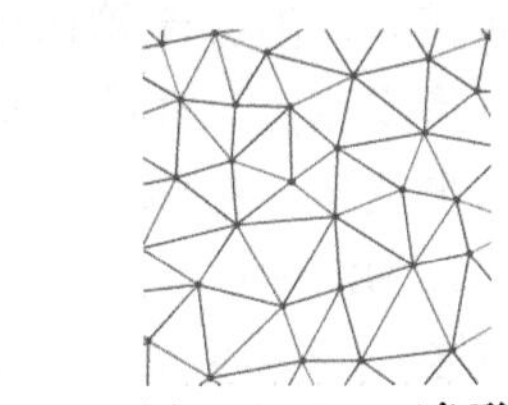
(a) 随机点

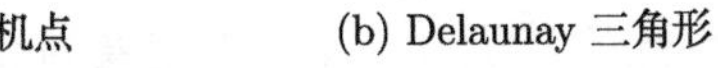

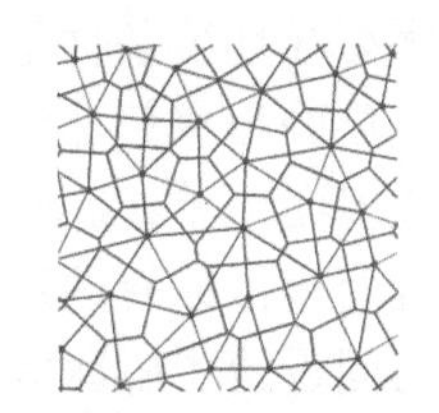
(b) Delaunay 三角形

(c) 生成 Voronoi 多边形

图 9.84 根据随机点形成 Delaunay 三角形并生成 Voronoi 多边形的过程

以碎冰密集度为比例，围绕 Voronoi 种子点调整各自对应的 Voronoi 多边形，以构建碎冰平面几何模型，如图 9.85(a) 所示。目前通过 Voronoi 图得到初始的浮碎冰分布时，若碎冰场不进行动力演变，则冰间水道的宽度基本一致。此外，Voronoi 图得到的碎冰尺寸差异有限。针对这一问题，这里发展了一种不同尺寸冰块数量服从概率分布的碎冰场快速生成方法，尺寸变化范围大、碎冰间的水道宽度具有随机性，可从物理形态上贴近真实的碎冰场，如图 9.85(b) 和 (c) 所示。

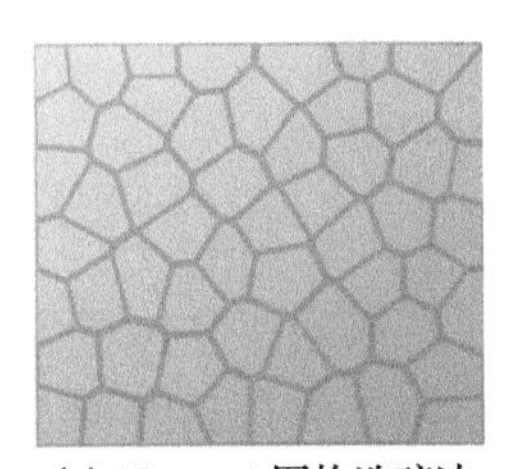
(a) Voronoi 图构造碎冰

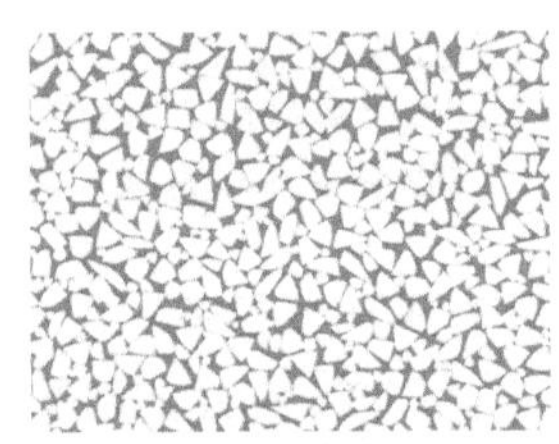
(b) 随机碎冰场

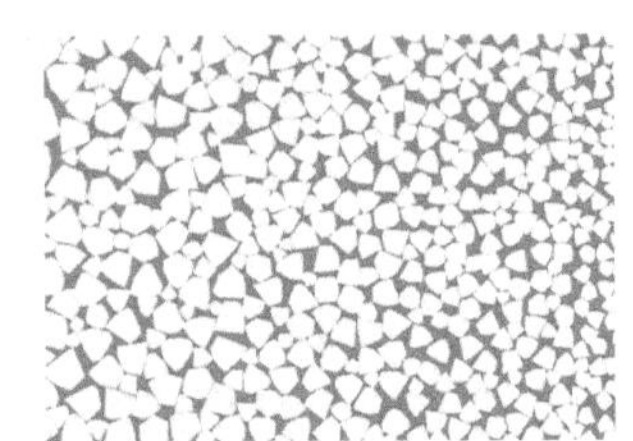
(c) 渐变尺寸碎冰场

图 9.85 碎冰区模型构造

2. 平整冰的离散元构造

采用扩展多面体单元构造平整冰，需要对计算冰域进行单元剖分，再将剖分后的多面体单元按相应的粘结–破碎准则进行冻结，从而构造成具有一定几何形态、物理力学性质的平整冰离散元模型。采用 Voronoi 切割算法对平整冰进行离散化剖分，由此生成的平整冰离散元模型如图 9.86 所示。

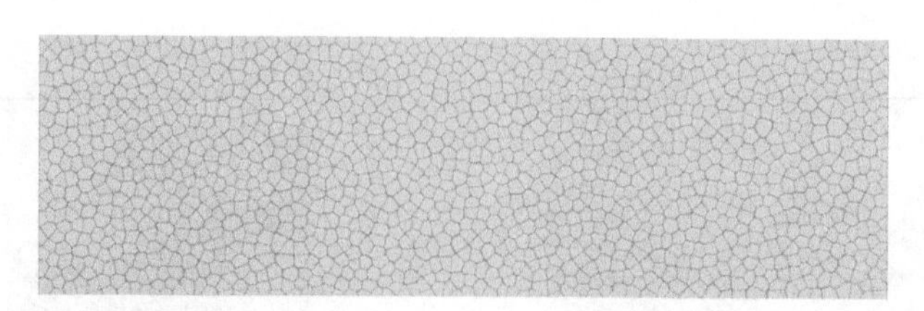

图 9.86 平整冰 Voronoi 切割生成海冰单元

3. 冰脊的离散元构造

在实际海洋环境条件下，海冰在风、浪、流等作用下发生挤压，由此导致海冰的断裂、堆叠与重新冻结，并可形成冰脊。在冰脊形成的离散元模拟中，采用两块由扩展多面体单元冻结而成的平整冰，并施加一对作用力使其发生挤压破碎和堆积，进而模拟冰脊的形成过程。为消除冰脊初始形成阶段的不稳定性，在两块平整冰之间设置了碎冰区。碎冰区尺寸为 8 m×10 m。碎冰区的初始密集度为 0.8，该区域冰块的几何形态具有更强的随机性，设其规则度为 0.6。碎冰区域与平整冰区间保持 0.5 m 间隔。为保证海冰连续不断地产生挤压破坏，在冰区边缘位置添加匀速运动的板状边界，以对海冰在左右两侧进行均匀加载。冰区宽度方向两侧均设置为固定边界，以约束碎冰的运动。离散元模拟中的初始冰场如图 9.87 所示。

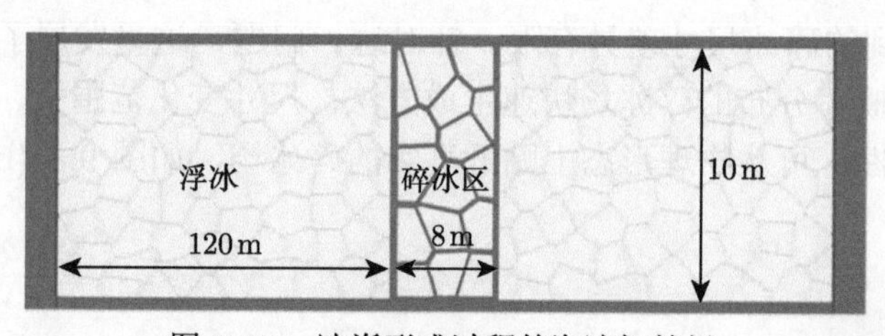

图 9.87 冰脊形成过程的海冰初始场

冰脊形成过程的离散元模拟主要计算参数列于表 9.7。在两块平整冰的左右边界分别施加一对相向的速度 $v_{\text{ice}} = 0.5$ m/s。两平整冰在相互挤压过程中会不断破碎并形成冰脊，当两侧边界分别移动 90 m 后停止加载。图 9.88(a)~(d) 为采用扩展多面体离散元方法模拟的不同时刻冰脊形态。从图中可以发现，整个模拟过程中海冰单元的速度场比较稳定，处于 0~1 m/s。碰撞区域海冰单元间的平行冻结键断裂，形成的碎冰在冰区下方水域中堆积，初步形成龙骨，如图 9.88(b) 所示。海冰继续运动，在已形成龙骨的两侧持续断裂，产生的碎冰汇入龙骨，使其几何形态不断变化。一段时间后，龙骨已经有一定的规模，水平面上堆积的碎冰数量也不断增加，形成比较明显的脊帆，如图 9.88(c) 所示。比较图 9.88(c) 与 (d) 可知，形成的冰脊的中心位置随海冰运动过程不断变化，且无明显的规律性。

选取图 9.88(d) 中的冰脊形态，在图 9.89 中对其主要几何特征进行展示，主要包括龙骨深度、龙骨宽度、龙骨水平倾角以及脊帆高度等。

表 9.7 冰脊形成过程的相关计算参数

参数	符号	数值	单位
海冰间摩擦系数	μ	0.5	—
法向粘结强度	$\bar{\sigma}$	0.1	MPa
粘聚力	C	0.5	MPa
内摩擦系数	μ_b	0.3	—
断裂能-I 型	$G_{\mathrm{I}}^{\mathrm{c}}$	12	N/m
断裂能-II 型	$G_{\mathrm{II}}^{\mathrm{c}}$	12	N/m

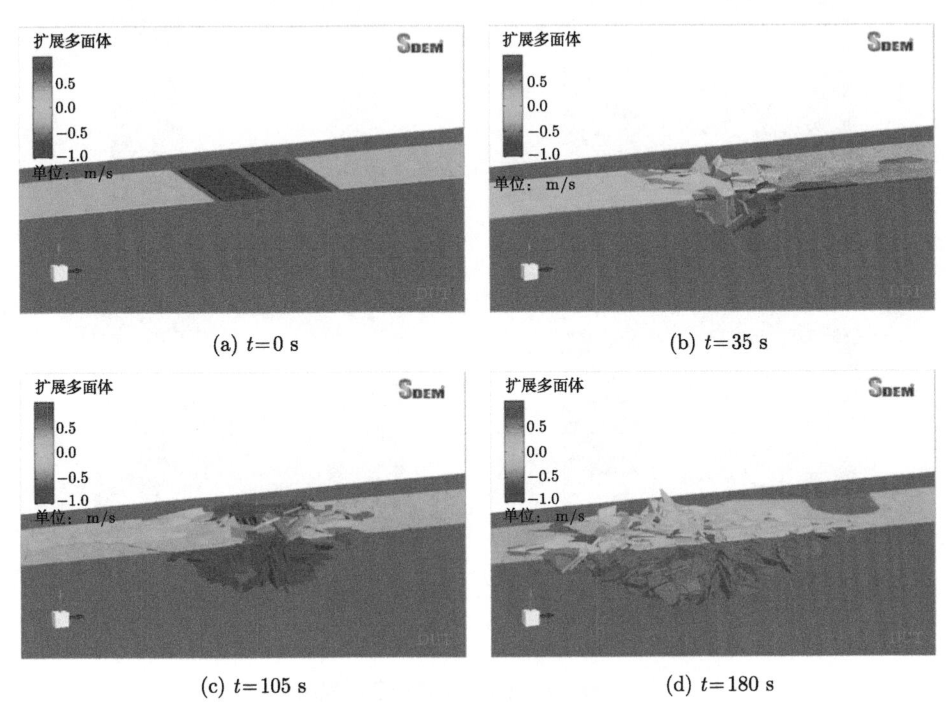

(a) t=0 s　(b) t=35 s　(c) t=105 s　(d) t=180 s

图 9.88　离散元模拟的冰脊形成过程

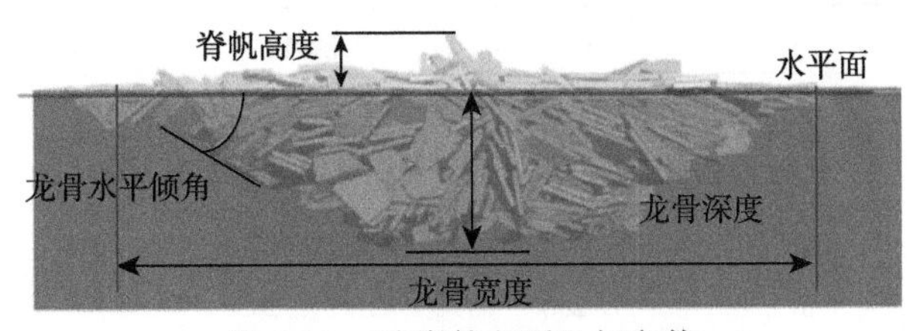

图 9.89　冰脊的主要几何参数

4. 冰山的离散元构造

通常来讲，海上小冰山是从大冰山上脱落形成的，这也使得它们的形状千奇百怪。海水密度、冰密度、温度、冰初生地等都会影响冰山大小和其位于海面之上的高度和形状。下面采用具有粘结特性的球体单元构造具有复杂几何形状和内部机理的数值冰山模型。以水面以上坡度较缓，水面以下为峭壁的塔状冰山为例，图 9.90 给出了不同视角下的离散元数值冰山模型。冰山模型不施加固定约束，可自然漂浮于水面，相关形状参数和物理参数如表 9.8 所示。

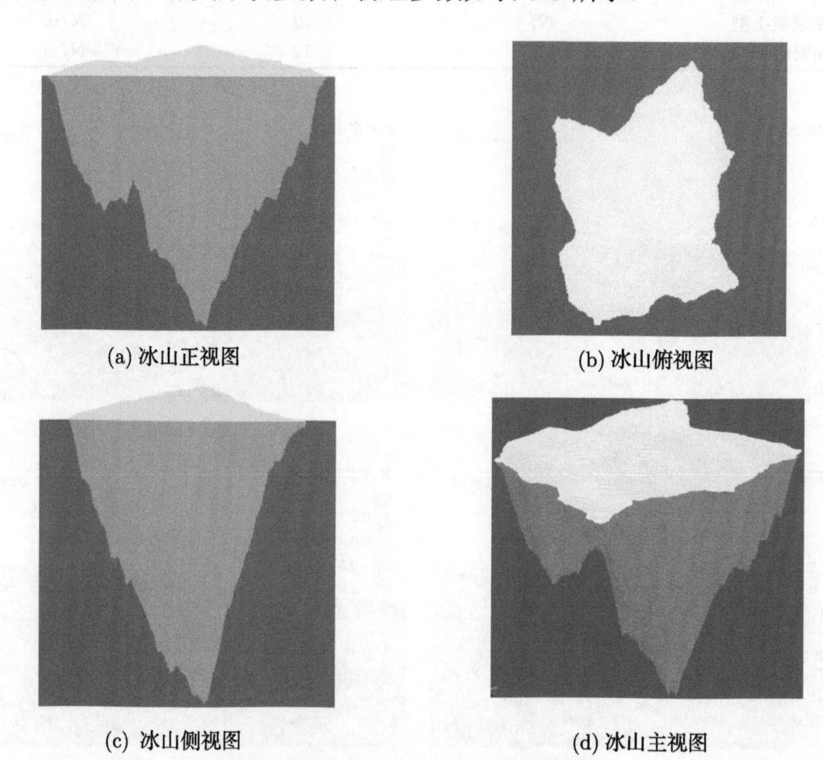

(a) 冰山正视图　(b) 冰山俯视图　(c) 冰山侧视图　(d) 冰山主视图

图 9.90　离散元冰山模型各向视图

表 9.8　冰山设计参数

设计参数	单位	数值	设计参数	单位	数值
水面上最大高度	m	22	冰山质量	t	1.1×10^6
水面上平均高度	m	8	海冰弯曲强度	MPa	2
水面下最大高度	m	186	海冰弹性模量	GPa	5
冰山最大直径	m	200	海冰泊松比	—	0.3
海冰密度	kg/m^3	920			

9.4.2 极地船舶航行冰载荷的离散元分析

极地船舶航行冰载荷及破冰操纵性能的计算中涉及海冰间断裂、翻转和输运，海冰与结构表面的摩擦、滑移等，基于离散元数值方法可较好地描述海冰与船舶结构相互作用的具体过程。这里采用离散元方法建立数值海冰计算模型，并结合船舶推进功率、螺旋桨推进力和操纵力矩等操纵性方程开展船舶在极区航行环境的数值计算，对恒功率推进下的极地船舶航行冰阻力展开研究，为极地船舶直航破冰载荷及操纵破冰性能预报提供指导借鉴。

1. 碎冰区船舶冰阻力的离散元分析

图 9.91 给出了船舶与碎冰作用的模拟过程。从图中可以看出，碎冰在船艏作用下带动周围碎冰旋转、翻转、滑移并堆积于船肩两侧，这一破冰过程将导致船体产生较高载荷 (Su et al., 2010; Tan et al., 2014)。伴随船舶行进，碎冰最终被推开至船体两侧，结束相互作用，这与现场监测及冰水池模型现象一致 (Huang et al., 2016)。图 9.92 给出了破冰船航行冰阻力时程。待船舶完全进入冰区，部分碎冰在船艏聚集，并产生间断性稳定冰载荷。同时，受碎冰离散性分布影响，船体冰载荷波动特征明显，这是由船体与后续离散碎冰初次接触作用产生的，当后续堆积碎冰被清理排开时，冰阻力出现明显回落。

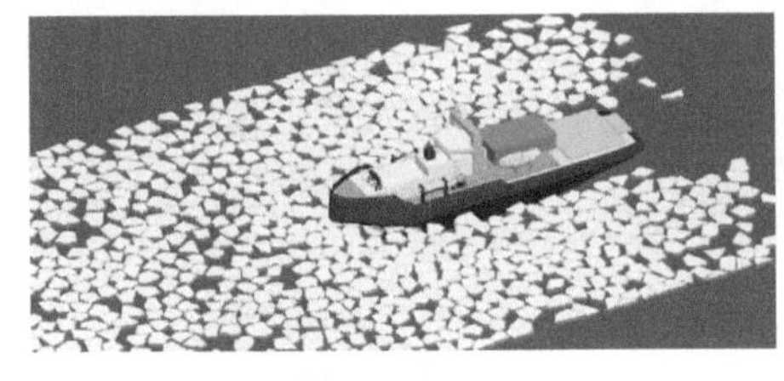

(a) $t = 40$ s

(b) $t = 100$ s

图 9.91 船舶在碎冰区航行的离散元模拟过程

2. 平整冰区船舶冰阻力的离散元分析

影响船体结构冰载荷的因素有船体结构形状参数、海冰物理力学性质、船体运动形式、海冰形态特征和海流等。为分析各变量对船舶结构冰载荷的影响，早期研究是通过建立船舶在平整冰区以定常速度运动的冰阻力预报公式。常用的船体冰阻力经验公式有 Lindqvist 经验公式 (Lindqvist, 1989) 和 Riska 经验公式 (Riska, 1997)。近年来，近场动力学 (Ye et al., 2017; Xue et al., 2019)、光滑质点流体动力学 (Zhang et al., 2019)、离散元方法 (刘璐等, 2019; Jou et al., 2019) 等数值方法在船体冰阻力和冰载荷确定方面得到了广泛的应用。

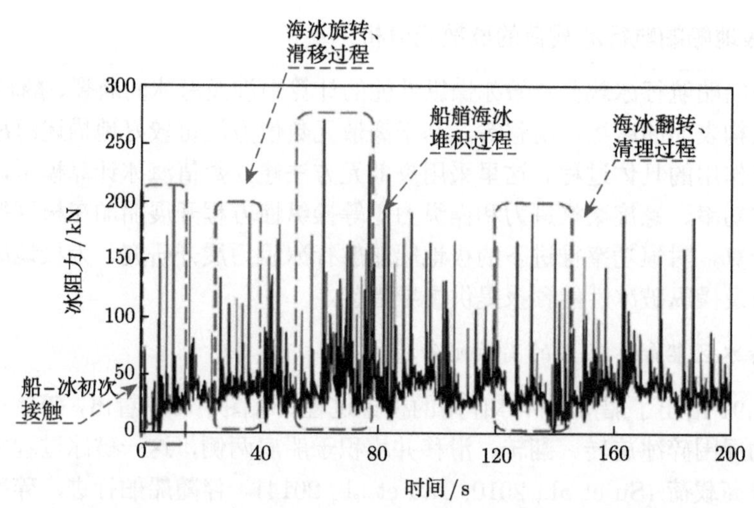

图 9.92　船舶在碎冰区航行冰阻力时程的离散元模拟结果

这里采用扩展多面体离散元方法模拟船体结构在冰区航行过程，获得结构上的冰载荷时程曲线。将稳定段冰载荷时程的均值作为冰阻力，将其与船舶结构冰载荷的常用经验公式对比，验证并分析本书数值方法的准确性。在模拟中，平整冰区的尺寸 $L\times W$ 为 600 m×150 m。图 9.93 是船速 1.0 m/s、冰厚 1.0 m 条件下船舶结构冰载荷的模拟过程动画截图。船体刚进入冰区时，冰区边缘会出现较大尺寸海冰断裂。随着船体结构逐渐进入冰区，船艏处的海冰发生稳定的弯曲破坏，平整冰区出现与船体宽度相当的开阔水道。

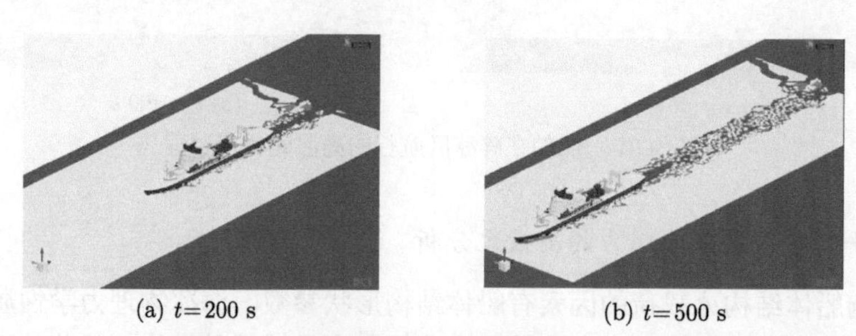

(a) $t=200$ s　(b) $t=500$ s

图 9.93　船体结构在平整冰区的破冰过程模拟

图 9.94 是船舶结构上三个方向的冰载荷时程曲线。与图 9.93 对应，船体刚进入冰区时 x 和 z 方向上的冰载荷经过一段时间的上升，之后冰载荷趋于稳定且在一定水平上持续波动。由于船体结构破冰过程中海冰会经历由船艏至船舯型线不断收缩变小的过程，海冰破坏模式也由船艏处的弯曲破坏向船舯处的挤压破坏过渡，海冰会在船肩处剧烈地由两侧挤压船体。因此，y 方向上船体结构也会受

到较大的冰载荷作用。在船舶的破冰设计过程中，主要考虑船体是否具有向前的破冰能力，即重点考虑 x 方向上的冰载荷。

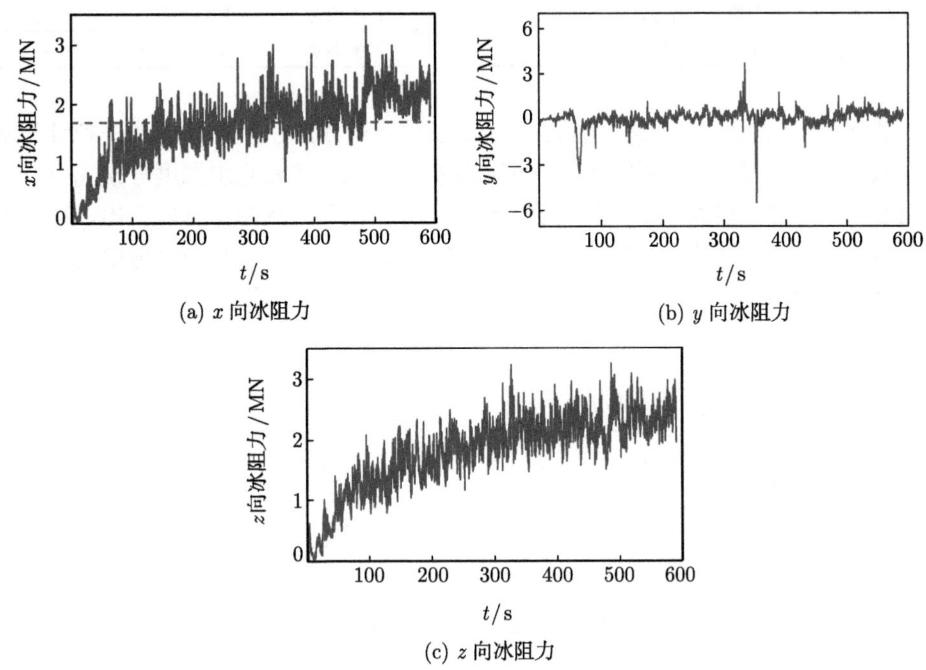

(a) x 向冰阻力 (b) y 向冰阻力 (c) z 向冰阻力

图 9.94 三个方向的船体冰载荷时程曲线

采用冰级船舶独立进行冰区航行会大大提高航运成本，而采用破冰船引航的方式则可有效降低成本，并提高极区航行安全保障的专业性。这里采用扩展多面体离散元方法模拟破冰船辅助航行中破冰船和商船的冰载荷，即破冰船在前、商船紧随其后，如图 9.95 所示。平整冰区的尺寸为 1000 m×120 m。货轮长度为 200 m、型宽 27.8 m、吃水 12.3 m。主要的计算参数列于表 9.9 中。

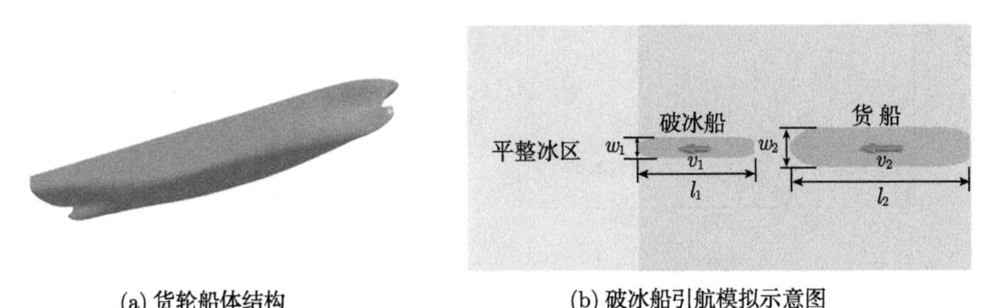

(a) 货轮船体结构 (b) 破冰船引航模拟示意图

图 9.95 商船结构及破冰船引航离散元模拟示意图

表 9.9　船舶结构破冰过程模拟的主要计算参数

参数	符号	数值	单位	参数	符号	数值	单位
法向粘结强度	σ_n	0.6	MPa	切向粘结强度	σ_s	2.0	MPa
海冰与船体的摩擦系数	$\mu_{\rm ice}$	0.1	—	海水流速	$V_{\rm w}$	0.05	m/s
海冰单元平均尺寸	$D_{\rm i}$	2	m	摩擦系数	μ	0.1	—

图 9.96 是船速 2.5 m/s、冰厚 1.0 m 条件下破冰船引航作业下的模拟计算场景。破冰船为“雪龙”号原始比例模型，商船的船长、宽和吃水深度分别为破冰船的 1.20 倍、1.23 倍和 1.37 倍，两船的航行速度相同。从图中可以看出，破冰船的破冰过程与单船破冰没有明显区别。商船在破冰船开辟的开阔水道中航行，与水道中的碎冰发生相互作用，不会发生明显的海冰破碎现象。

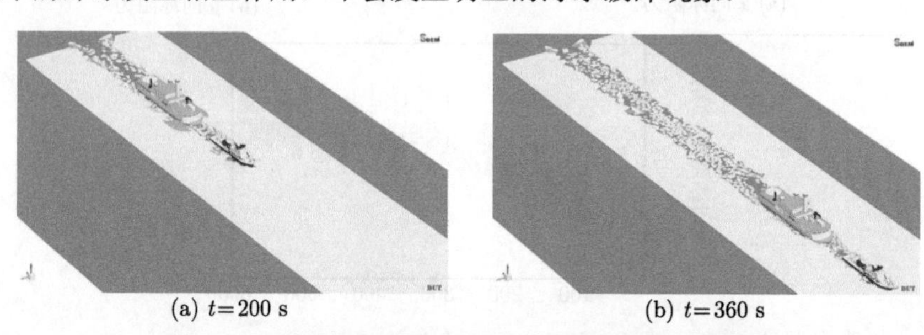

(a) t=200 s　　(b) t=360 s

图 9.96　破冰船和商船在平整冰区航行的离散元模拟

图 9.97(a) 是引航条件下破冰船和商船的冰载荷时程曲线，虚线是稳定阶段冰载荷的均值。从图中可以看出，引航的破冰船冰载荷与单船破冰条件下的冰载荷类似，其冰载荷时程在船体完全进入冰区后在稳定的水平附近上下波动。商船的冰载荷则与破冰船差别较大，其在进入冰区后冰载荷没有稳定的上升阶段，而是会出现类似脉冲形态的波动，但是其整体水平较破冰船要小。由于商船较破冰船要长，其冰载荷依然比破冰船小很多。图 9.97(b) 是无引航条件下商船的冰载

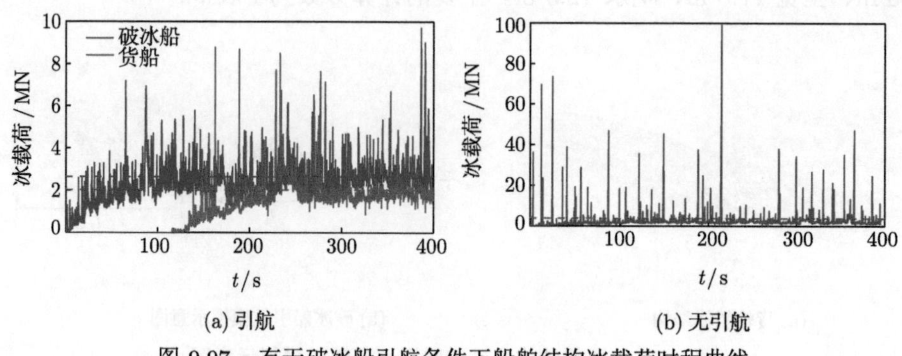

(a) 引航　　(b) 无引航

图 9.97　有无破冰船引航条件下船舶结构冰载荷时程曲线

荷时程曲线，虚线是稳定阶段的冰阻力。无引航条件下商船冰阻力为 5.9 MN。因此，无引航条件下商船冰载荷存在近 100 MN 的峰值载荷，说明无破冰能力的商船在平整冰区航行风险极大。但在有破冰船引航条件下，商船的冰阻力则可明显降低，且不会存在较大的峰值载荷。

3. 极地船舶操纵破冰性能的离散元分析

极地船舶良好的操纵破冰性能是其执行科学考察、破冰引航、商业运输及救援任务的重要保障，可有效避免复杂冰情带来的船舶结构失效、航行冰困等工程安全问题。下面基于离散元方法开展了极地船舶操纵破冰性能方面的研究。

以 “雪龙” 号为例，开展了冰厚 0.3 m，操纵角 35° 条件下的桨舵操纵破冰模拟计算，其主要计算参数列于表 9.10。操纵破冰计算过程中，初始保持稳定直航破冰，待其完全进入冰区开展右舵 35° 操纵回转。图 9.98 给出了平整冰区操纵回转模拟过程，分别为回转内侧、外侧、船艏及船艉方向破冰模拟结果。从中可以发现，艉肩部位发生明显破冰现象，船艉开阔航道两侧遍布剥落碎冰。这与现场

表 9.10 “雪龙” 号操纵破冰的主要计算参数

参数	符号/单位	数值	参数	符号/单位	数值
额定主机功率	P_s/MW	13.2	操纵角度	δ/(°)	35
螺旋桨直径	D/m	5.8	海冰厚度	h_i/m	0.3
螺旋桨转速	n/(r/min)	110	螺距	P/m	8.6

(a) 回转内侧方向

(b) 回转外侧方向

(c) 船艏方向

(d) 船艉方向

图 9.98 “雪龙” 号科学考察船操纵破冰的离散元模拟

操纵试航 (Riska et al., 2001) 及模型操纵试验 (Liu et al., 2008) 结果一致 (图 9.99)，由此计算得到的回转半径为 293m，其操纵破冰航行轨迹如图 9.100 所示。

(a) 实船操纵回转试验

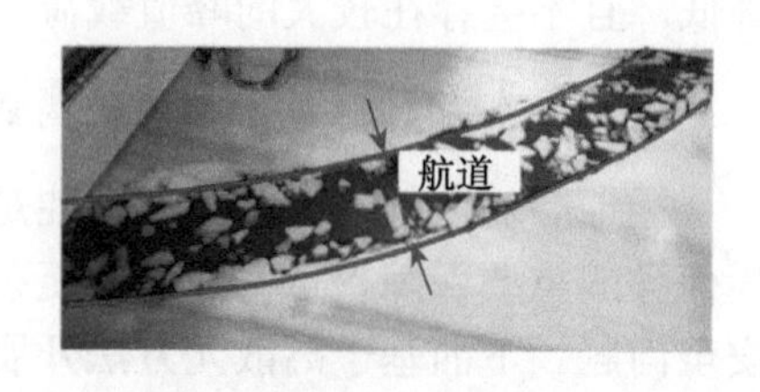

(b) 模型试验海冰破碎情况

图 9.99　回转破冰航道海冰破碎情况

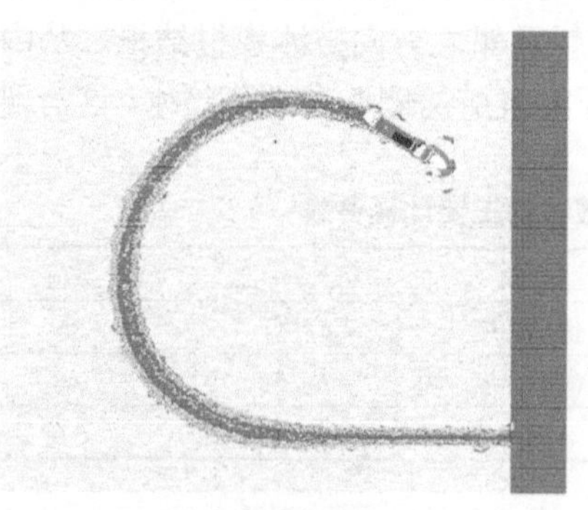

(a) 离散元模拟结果

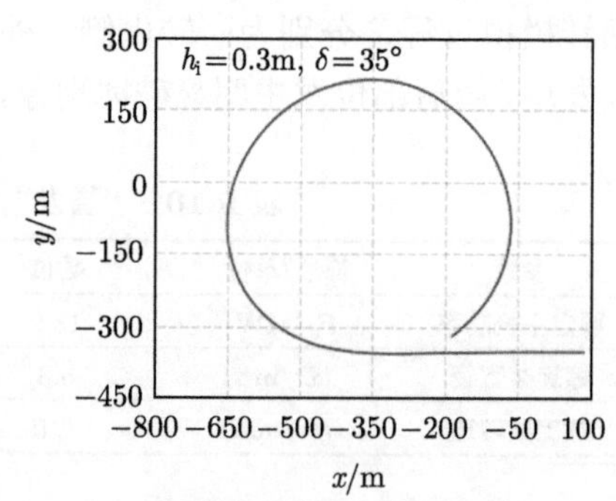

(b) 离散元模拟回转航行轨迹

图 9.100　离散元法模拟的操纵破冰航行轨迹

同样地，以“雪龙 2”号为例，开展了冰厚 0.6m，操纵角 45° 条件下的双吊舱操纵破冰模拟计算，图 9.101 给出了吊舱推进装置模型及操纵作用力示意图，其主要计算参数列于表 9.11。螺旋桨以恒定转速 170 r/min 提供推力。大约 40 s 时

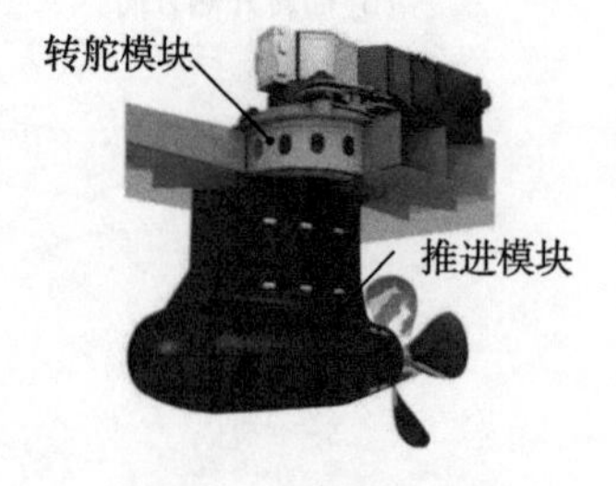

(a) Azipod 吊舱推进系统

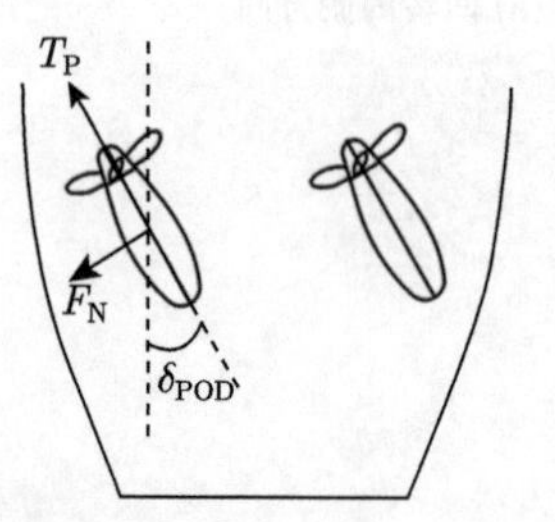

(b) 吊舱推进装置对船体的作用力

图 9.101　吊舱推进操纵示意图

船体已完全进入冰区，两个吊舱同步开始转向，当转向角达到 45° 时停止转向，船舶以恒定的吊舱操纵角在冰区回转破冰，计算结果如图 9.102 所示。

表 9.11 “雪龙 2”号操纵破冰的主要计算参数

参数	符号/单位	数值	参数	符号/单位	数值
额定主机功率	P_s/MW	13.2	海冰厚度	h_i/m	0.6
螺旋桨直径	D/m	4.2	海冰弯曲强度	σ_f/MPa	0.7
螺旋桨转速	n/(r/min)	170	海冰弹性模量	E/GPa	1
操纵角度	δ/(°)	45	法向粘结强度	σ_b^n/MPa	2.32

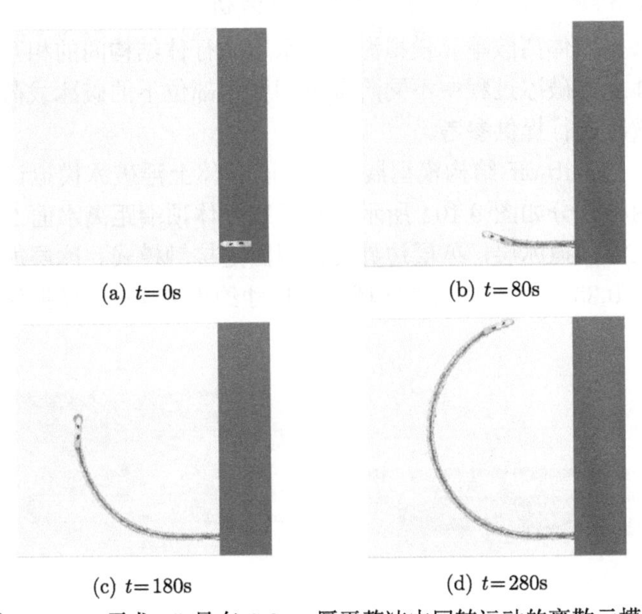

(a) t=0s (b) t=80s

(c) t=180s (d) t=280s

图 9.102 “雪龙 2”号在 0.6 m 厚平整冰中回转运动的离散元模拟

由图 9.103 (a) 所示的俯视图可以看出，船舶回转过程中船肩两侧的海冰有明显被压弯的现象。破冰船驶过后，航道两侧的海冰边缘呈现锯齿状，航道中间漂浮着从两侧剥落的碎冰。由图 9.103 (b) 所示的仰视图还可以发现，压碎的冰块在船艏两侧滑入船底并排开。从物理现象来看，离散元数值模拟的破冰情况与实船回转的现象较一致 (Wilkman et al., 2014; Li et al., 2018)，由此证明了该数值方法计算结果的可靠性。通过回转轨迹的平均曲率半径估算出船舶的回转半径约为 402 m。为消除船舶尺寸对操纵性能的影响，可将回转半径与船长的比值 (R/L) 用于衡量船舶操纵性能。

(a) 吊舱操纵破冰俯视图　　(b) 吊舱操纵破冰仰视图

图 9.103　“雪龙 2” 号科学考察船操纵破冰的离散元模拟

9.4.3　水下航行体冰区航行冰载荷的离散元分析

采用扩展多面体离散单元模拟海冰与水下航行体结构间的相互作用过程，研究水下航行体上浮破冰过程中不同阶段不同作用部位下的破冰载荷，为实际水下航行体极区破冰航行提供参考。

基于公开的 sub-off 结构模型展开水下航行体上浮破冰模拟计算。结构模型及平整冰的网格划分如图 9.104 所示。水下航行体顶端距离水面 2 m，以恒定速度 0.5 m/s 上浮顶撞冰层，冰层边界处使用固定接触模式。冰层加密的中间区域网格尺寸约为 0.35 m，靠近边界区域网格尺寸约为 0.6 m。模拟使用的参数列于表 9.12。

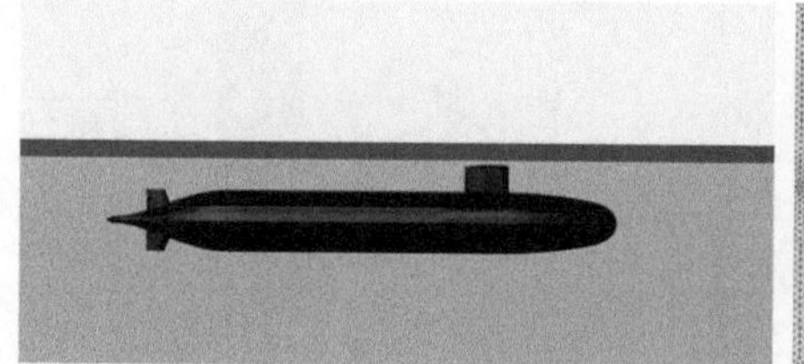
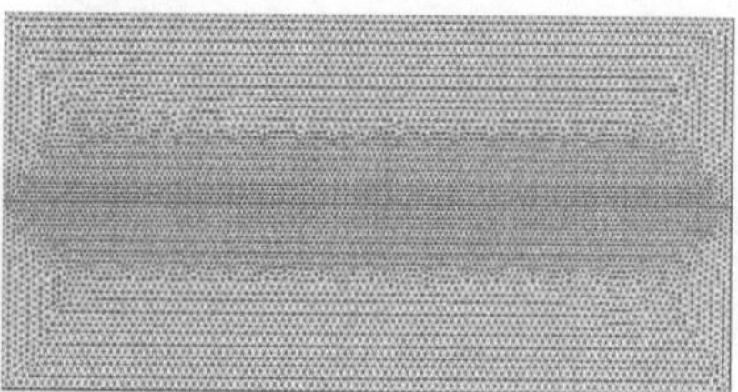

图 9.104　计算模型的初始设置

表 9.12　水下航行体上浮过程模拟中使用的参数

参数	数值	单位	参数	数值	单位
单元尺寸	0.3 ~ 1	m	回弹系数	0.3	—
扩展半径	0.01	m	法向拉伸强度	1.0	MPa
总单元数	14978	—	粘聚力强度	2.5	MPa
冰厚	1.5	m	摩擦系数	0.1	—
计算域尺寸	50 × 100	m×m	弹性模量	1	GPa
法向拉伸强度	1	MPa	粘聚力强度	2.5	MPa
内摩擦系数	0.3	—	断裂能-I 型	12	N/m
断裂能-II 型	12	N/m			

结构划分为 7267 个三角面单元。为研究上浮过程中水下航行体不同部位的冰载荷情况，将模拟中所用的结构划分为 5 个子结构，如图 9.105 所示。由于顶部结构最先接触冰层起到破冰的作用，尾部外壳结构较为复杂，受力较为集中，故将顶部结构及尾部部分网格加密以提高计算精度。

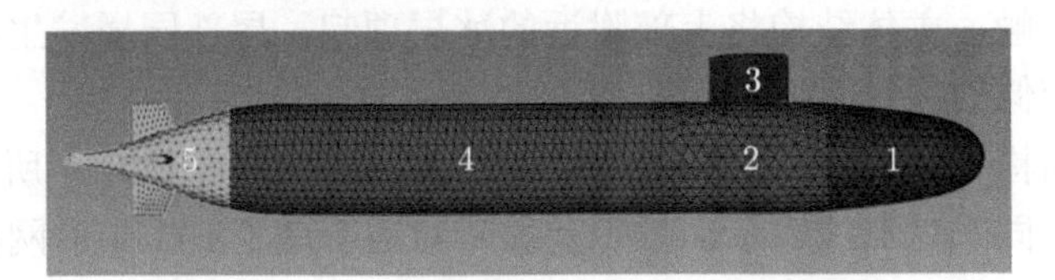

图 9.105 水下航行器结构的各部分网格划分

上浮过程中各个阶段水下航行体侧面以及冰面的 5 个时刻切片速度云图如图 9.106 所示，分别显示了水下航行体与冰层未接触、顶部结构与冰层接触、顶部结构破出冰面、主体与冰面接触、尾部与冰面接触，提取主体结构各部位所受到的

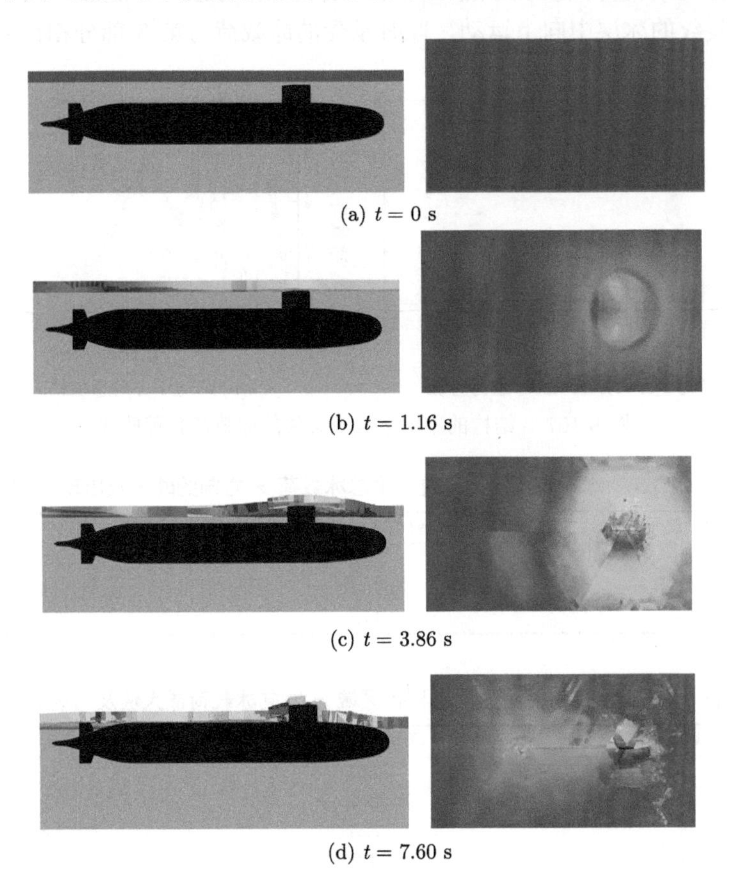

图 9.106 水下航行器在不同时刻的破冰过程

冰载荷并观察冰面破坏的过程。由图可知，在 $t = 1.16$ s 时，水下航行体开始与结构接触，随着顶部结构继续冰层发生接触，接触点产生六条角度间隔为 60° 的裂纹均匀向各方向散射。接着主体部分与冰层接触，这种接触导致了沿着主体结构 (x 轴) 方向的冰层裂纹张开明显，此时顶部结构基本将其附近的冰层破坏。当尾部与冰层接触，主体结构将上部附近的冰层顶起，尾部同样发生与之前顶部结构顶部冰层相似的裂纹开口。

模拟中结构各个部分所受到的冰载荷时程曲线如图 9.107(a) 所示，结构 1~5 部分载荷以不同颜色曲线表示，颜色及编号对应于图 9.105 中的网格划分。主体结构所受总载荷的时程曲线如图 9.107(b) 所示，上浮过程中出现三次峰值，对应的时间以及载荷大小列于表 9.13 中，结构各个区域冰载荷最大值及出现时间见表 9.14。冰载荷随着时间的增加，出现先增加后减小的趋势。当结构完全突破冰层并浮于水面上时，冰载荷为 0。此外，结构中第 3 部分承受最大的冰载荷，这是由于该部分是结构首次接触冰层，并对冰层实现部分破冰。随后，结构的剩余部分在已有裂纹的冰层中向上运动，此时承受的冰载荷与第 3 部分相比明显减小。

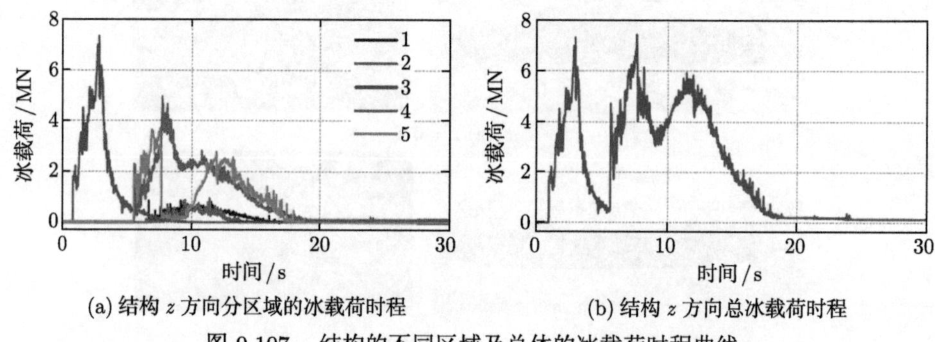

(a) 结构 z 方向分区域的冰载荷时程 (b) 结构 z 方向总冰载荷时程

图 9.107 结构的不同区域及总体的冰载荷时程曲线

表 9.13 水下航行器上浮过程中总冰载荷 z 方向的峰值及出现时间

峰值编号	峰值大小/MN	出现时间/s
1	7.37	2.81
2	7.48	7.49
3	11.5	5.33

表 9.14 水下航行器上浮过程各区域 z 方向冰载荷最大值及出现时间

区域编号	峰值大小/MN	出现时间/s
1	0.58	10.2
2	0.63	9.81
3	7.37	2.81
4	4.9	7.50
5	3.68	7.51

9.4.4 极地海洋工程结构冰载荷的离散元分析

海洋平台结构在寒区海洋工程中应用广泛，一般分为固定式和浮式海洋平台结构。这里针对浮式海洋平台结构，考虑锚泊的半潜式海洋平台结构在海冰作用下的冰载荷变化，并采用离散元方法对锚泊系统进行水动力学影响下的计算分析；针对固定式海洋平台结构，开展海冰环境对结构冰载荷及抗冰性能的计算分析，为单桩结构抗冰设计提供参考依据。

1. 浮式海洋平台结构冰载荷的离散元分析

图 9.108 为碎冰与 Kulluk 平台相互作用模拟的数值模型，碎冰区采用 Voronoi 切割算法生成。碎冰区中设置固定流速的海流，拖拽碎冰向结构运动。碎冰区在 y 方向两侧采用周期边界，在碎冰区后设置一个与流速相同的速度运动的边界单元，推动碎冰向 x 正方向运动。

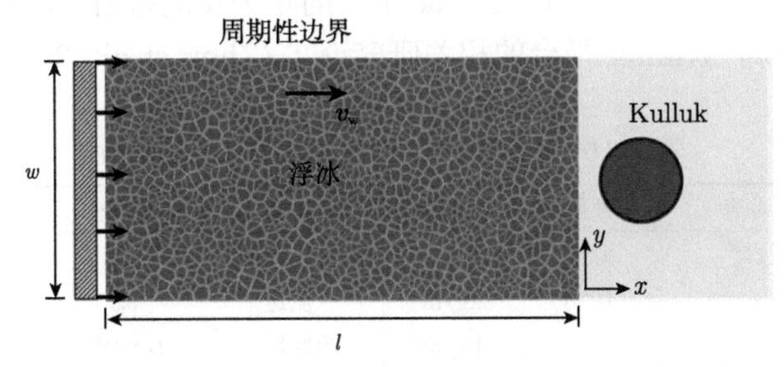

图 9.108 碎冰与 Kulluk 平台相互作用模拟的数值模型

Kulluk 平台在实际工作过程中通过锚链进行固定，锚链一端固定在海底而另一端固定在结构上。在海流、波浪等作用下，锚链会产生几何大变形，其运动及变形较为复杂。因此，在本书的计算中 Kulluk 平台采用四组共 12 根锚链进行固定，每组之间互成 90° 角，每组中每根锚链之间互成 10° 角 (Zhou et al., 2012)，如图 9.109 所示。在本书的模拟中，不考虑风浪造成平台在竖直方向的运动。因此，忽略竖直方向上锚链对平台结构的作用，只考虑在水平面上锚链的作用，且该作用采用线性弹簧模型计算。

Kulluk 平台是部署在北极的石油钻井平台，于 2012 年退役。在 Kulluk 平台工作期间，加拿大国家研究委员会 (National Research Council Canada, NRC) 对 Kulluk 平台的冰载荷进行了较为全面的现场监测，并公开了相关数据和分析报告 (Wright, 2000)。数据和报告中包含了不同冰厚和海冰密集度条件下 Kulluk 平台上的冰载荷，并拟合了冰载荷的上限曲线。采用该现场实测数据与模拟数据对比，可分析本书数值方法的合理性。

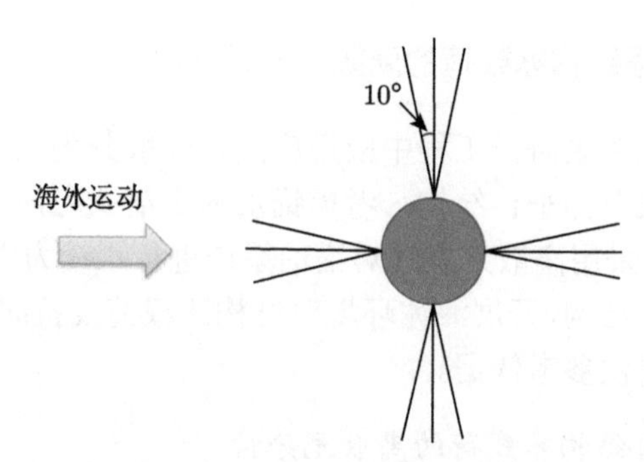

图 9.109　Kulluk 平台的锚链设置

采用扩展多面体离散元模拟碎冰与 Kulluk 平台的相互作用，模拟参数列于表 9.15 中。其中，海冰和海水的相关参数参考了 Hopkins 的相关工作 (Hopkins, 1994)；拖曳力系数和拖曳力矩系数参考了碎冰模拟的相关参数 (Sun and Shen, 2012)；碎冰尺寸和流速参考了 Kulluk 平台的相关实测报告 (Wright, 2000)；锚链刚度系数参考了 Kulluk 平台的相关研究论文 (Zhou et al., 2012)。

表 9.15　浮式海洋平台结构冰载荷计算参数

参数	符号	数值	单位	参数	符号	数值	单位
拖曳力系数	$C_{\mathrm{d}}^{\mathrm{F}}$	0.2	—	拖曳力矩系数	$C_{\mathrm{d}}^{\mathrm{M}}$	0.14	—
海水密度	ρ_{w}	1035	kg/m^3	流速	v_{w}	0.5	m/s
海冰密度	ρ_{ice}	915	kg/m^3	冰区尺寸	$L\times W$	500×200	m×m
碎冰尺寸	D_{ice}	14	m	扩展半径	r	0.1	m
海冰弹性模量	E	0.1	GPa	海冰泊松比	ν	0.3	—
滑动摩擦系数	μ	0.1	—	恢复系数	e	0.1	—
锚链刚度	K_m	1000	kN/m	海冰厚度	h_{ice}	0.5~6	m
海冰密集度	C_{ice}	20%~100%	—				

在海冰密集度条件的分析中，当海冰密集度大于 60% 时，冰载荷会大幅提高。该现象与离散介质材料的动力特性极为相似。当海冰密集度较大时，冰块之间密集的接触作用会导致冰块堆积重叠的现象 (Hopkins and Tuhkuri, 1999)。图 9.110 给出了不同海冰密集度条件下的模拟结果，可以看出，当密集度为 80% 时，冰块没有足够的运动空间，会出现阻塞淤积的现象；当密集度为 40% 时，冰块可运动的空间较大，不会出现阻塞现象。此外，在海冰厚度较大时，由于多面体表面较为尖锐的角和厚度方向上的平面存在，即使密集度较大，海冰也较难发生堆积重叠情况。因此，仅当密集度较大且冰较厚 ($h_{\mathrm{ice}} = 5$ m) 时，发生海冰阻塞的现象。

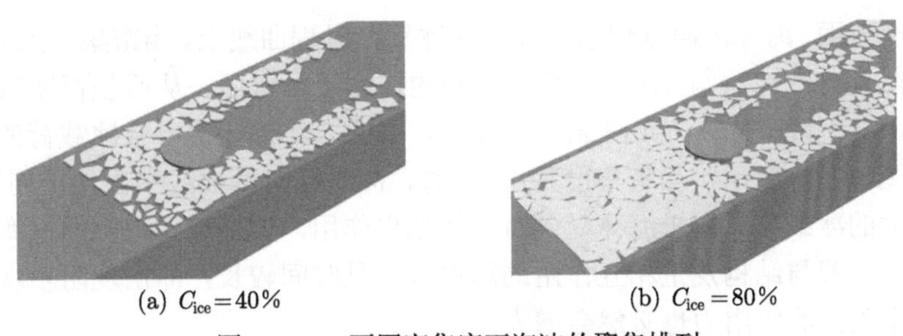

图 9.110 不同密集度下海冰的聚集排列

当冰厚为 3 m、密集度为 60% 时，碎冰与 Kulluk 平台作用过程中结构上在三个方向的冰载荷时程曲线如图 9.111 所示。从图中可以看出，y 方向冰载荷在 0 附近波动，主要由冰块在结构两侧与结构发生擦碰造成；x 和 z 方向的冰载荷时程趋势基本相同，而 z 方向冰载荷比 x 方向大。由于 x 方向的冰载荷直接导致结构在水平面上的位移，对结构在钻井过程中的工作要求和安全密切相关，所以在相关报告中主要关注 x 方向的冰载荷。在后面的讨论中也主要研究 x 方向的冰载荷。另外，结构在三个方向的冰载荷均表现出了明显的随机特性，很难直接通过冰载荷时程表征某一工况下的冰载荷水平，需要采用合理的数据处理手段，拾取可表征冰载荷水平的特征值。

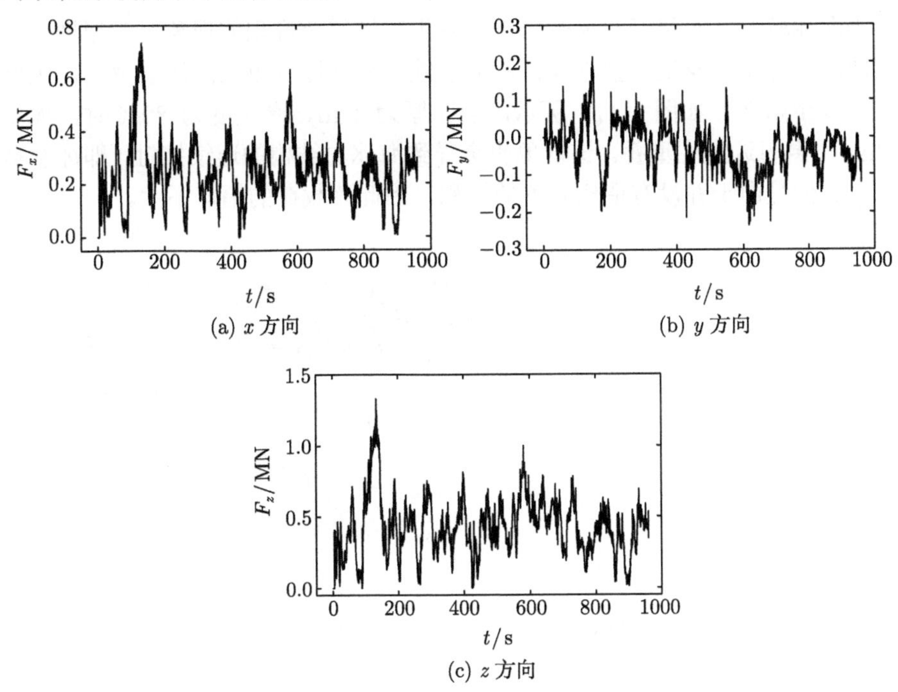

图 9.111 Kulluk 平台上的三个方向冰载荷

另一方面，海冰的阻塞现象也体现在冰载荷时程曲线上。当密集度为 80% 时，冰块的阻塞导致冰块与 Kulluk 平台结构的连续接触作用，从而使得冰载荷在短时间内不会下降 (Sayed and Barker, 2011)。同时，阻塞也会导致冰载荷的峰值较大。如图 9.112 所示，当密集度为 80% 时，冰载荷时程曲线中出现了周期较长、峰值较大的冰载荷。由于海冰受到海流的拖曳作用，该拖曳作用会通过海冰传递到结构上。若与结构发生相互作用的冰块较多且时间较长，即出现阻塞现象，那么结构上受到的作用力也必然会增大。

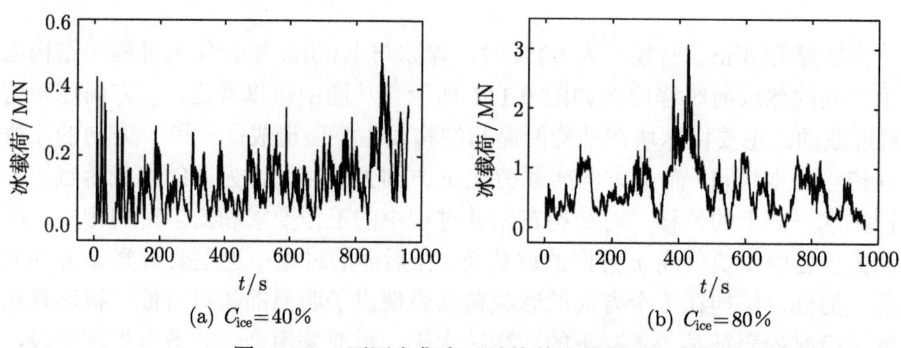

(a) $C_{\text{ice}}=40\%$　　(b) $C_{\text{ice}}=80\%$

图 9.112　不同密集度下结构的冰载荷时程

当海冰较厚且密集度较大时，不易发生冰块重叠堆积的现象。类似地，当海冰较薄时，冰块会发生重叠堆积，能为后续的海冰提供更大的运动空间，因此海冰不会发生阻塞。如图 9.113 所示，当冰厚为 1 m、密集度为 80% 时，冰块在 Kulluk 平台附近发生重叠。该现象也会导致海冰与结构的连续接触，即冰载荷周期变大。但是由于并没有造成海冰的堆积，因此冰载荷的幅值不大。

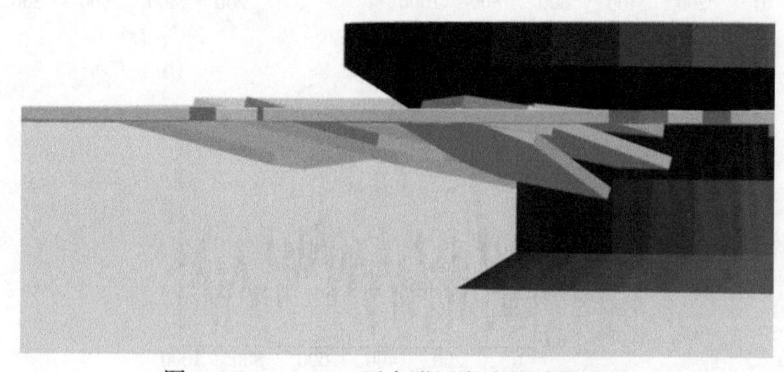

图 9.113　Kulluk 平台附近海冰的重叠堆积

2. 单桩海洋工程结构冰载荷的离散元分析

在碎冰区，海冰在波浪、海流作用下呈现出明显的离散分布特性，并具有非规则的多边形几何形态，如图 9.114 (a) 所示。采用扩展多面体单元可对碎冰块的相互作用及其对冰区海洋结构的碰撞作用进行离散元计算。这里以碎冰区的单桩圆柱结构为例 (图 9.114 (b))，对碎冰作用下的冰载荷进行数值计算，以验证扩展多面体单元在寒区海洋工程中的适用性。

(a) 碎冰分布

(b) 碎冰与直立圆桩结构的相互作用

图 9.114 碎冰区的冰块分布及其与直立圆桩结构的相互作用

碎冰区及圆桩的分布如图 9.115 所示。对碎冰区采用 Voronoi 切割算法生成 200 个随机分布的冰块，碎冰的平均尺寸为 2.8 m，其初始密集度约为 64% 。水流沿 x 方向速度为 0.3 m/s。沿水流方向两侧为周期边界，其他为自由边界。选取典型海冰和海水的物理参数如表 9.16 所示，其中海冰密度、弹性模量、泊松比等计算参数采用了渤海海冰的实测值，其他计算参数则参考了相关海冰材料的离散元研究工作 (Sun and Shen, 2012; Ji et al., 2011; Ji et al., 2015; Polojärvi and Tuhkuri, 2013)。采用以上块体离散元模型对碎冰和圆柱桩腿相互作用的动力过程进行 100 s 的离散元数值模拟。不同时刻碎冰在水流作用下与圆柱腿相互作用的过程如图 9.116 (a)~(c)。可以发现，冰块在水流的拖曳作用下发生漂移并与圆桩发生碰撞作用，受桩柱的阻挡作用，碎冰区在桩柱后侧有明显的水道。

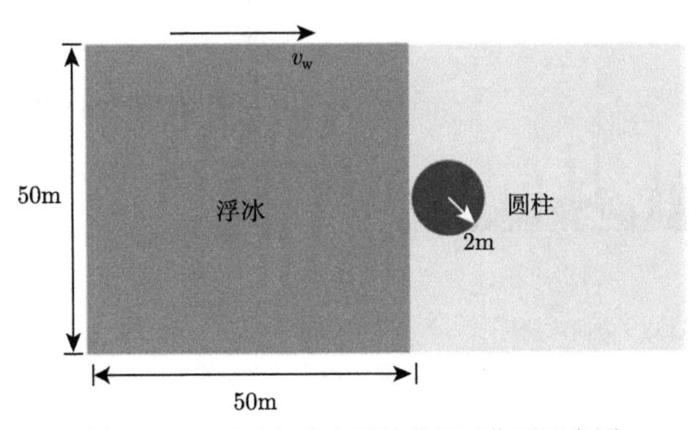

图 9.115 碎冰与直立圆桩的相互作用示意图

表 9.16 海冰与直立结构作用的离散元模拟参数

定义	符号/单位	数值	定义	符号/单位	数值
拖曳力系数	$C_{\mathrm{d}}^{\mathrm{F}}$	0.6	拖曳力矩系数	$C_{\mathrm{d}}^{\mathrm{M}}$	0.1
海水密度	$\rho_{\mathrm{w}}/(\mathrm{kg/m^3})$	1025	海水流速	$v_{\mathrm{w}}/(\mathrm{m/s})$	0.3
海冰密度	$\rho/(\mathrm{kg/m^3})$	915	冰厚	t/m	0.5
扩展半径	r/m	0.04	海冰弹性模量	E/GPa	1.0
圆柱体半径	$R_{\mathrm{s}}/\mathrm{m}$	2.0	圆柱体弹性模量	$E_{\mathrm{s}}/\mathrm{GPa}$	210
泊松比	ν	0.3	阻尼系数	ζ_{n}	0.36
摩擦系数	μ	0.1	刚度比	r_{ns}	0.7

(a) $t=0$ s

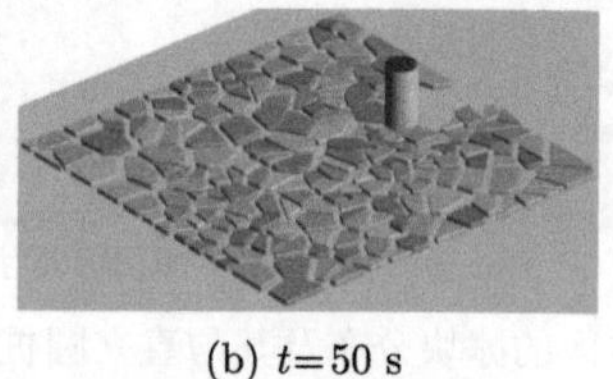

(b) $t=50$ s

(c) $t=100$ s

图 9.116 采用扩展多面体单元模拟的碎冰与圆桩的作用过程

对桩柱上冰载荷的计算结果如图 9.117 所示。从中可以看出，浮冰受海流拖曳在 x 方向漂流中对桩柱撞击产生的冰载荷要明显高于其他方向，且在非连续冰块的碰撞下冰载荷具有显著的脉动特性；在 y 方向冰块对圆桩两侧也均有碰撞，其冰载荷出现正负交替现象。计算结果较好地反映了冰块对圆桩结构的碰撞作用，体现出扩展多面体离散元方法在碎冰区海洋结构冰载荷计算的适用性。在此基础上，仍需进一步参考海冰现场监测结果和室内模型试验，对计算参数和模拟结果的合理性进行定量的分析和验证。

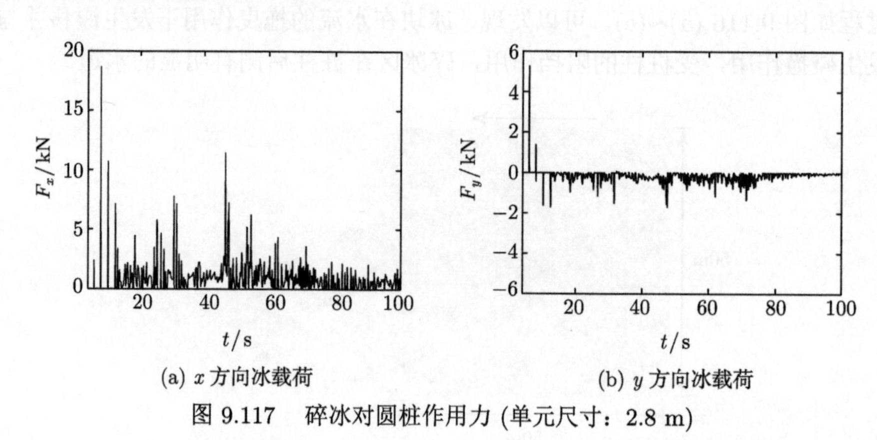

(a) x 方向冰载荷　　(b) y 方向冰载荷

图 9.117 碎冰对圆桩作用力 (单元尺寸：2.8 m)

此外，采用离散元数值海冰可对直立锥体海洋工程结构展开冰载荷数值计算。

以渤海某锥体风电基础结构为例，如图 9.118 所示，风机轮毂距水面高度 90 m，距海面高度 12 m 以上部分为薄壁圆锥筒形结构，抗冰锥位置处直径 5.5 m。将锥体结构表面划分为三角形单元，用于扩展多面体海冰单元与锥体结构间的接触判断。风电基础结构及离散元计算参数列于表 9.17。

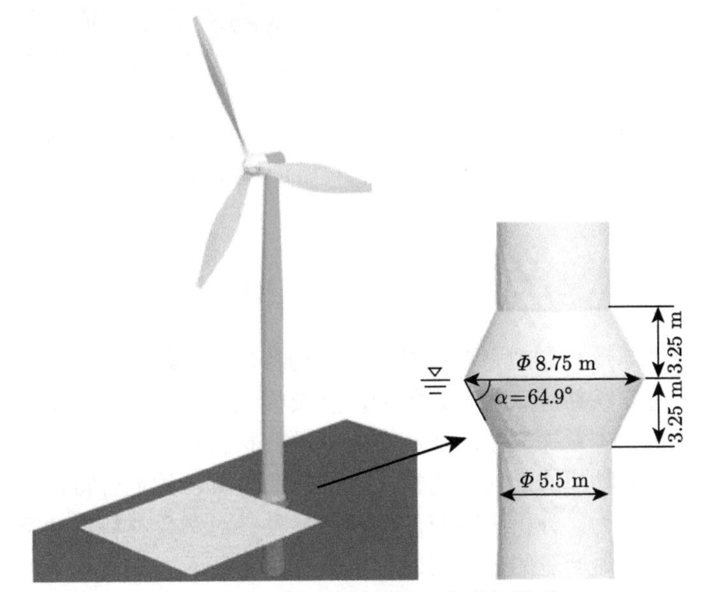

图 9.118 冰区单桩锥体风电结构模型

表 9.17 锥体风电基础结构冰载荷的主要计算参数

参数	符号	数值	单位	参数	符号	数值	单位
最大锥径	$D_{\max}$	8.75	m	冰厚	h_{i}	0.15	m
锥体角度	α	64.9	(°)	法向粘结强度	σ_n	0.6	MPa
结构总质量	m	7.68×10^5	kg	拖曳力系数	C_{dF}	0.6	—
最小锥径	$D_{\min}$	5.5	m	拖曳力矩系数	C_{dM}	0.03	—
锥体高度	h	3.25	m	海水流速	v_{w}	0.5	m/s
海冰计算域	$l\times w$	46×42	m×m	海冰尺寸	D_{i}	0.3	m×m

图 9.119(a) 给出了平整冰与锥体结构相互作用下的破碎场景。可以发现，平整冰呈现初次断裂、爬升、二次断裂和清除的过程，由此引起锥体结构的交变动冰载荷。图 9.119(b) 为单桩风电结构冰载荷时程曲线，呈现出很强的随机性与周期脉冲特性，与实际监测冰载荷时程特征相一致，较好地反映了该离散元方法的适用性，并从冰载荷时程曲线中有效提取 “峰值”，求得平均值为 83.77 kN，可进一步与现场实测数据展开对比，验证数值计算结果的可靠性。

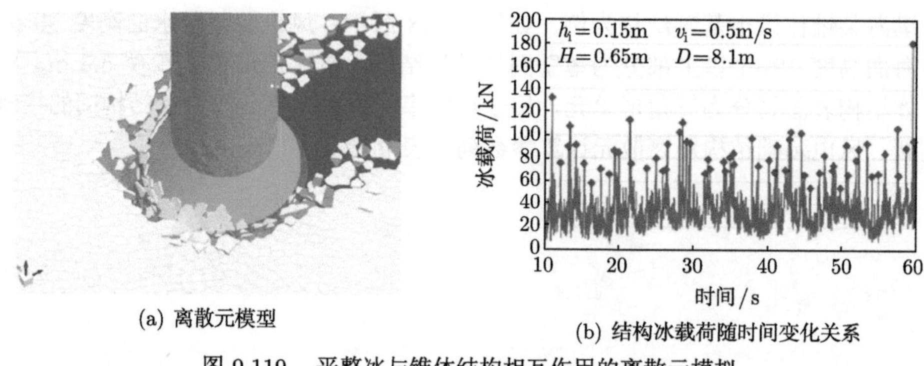

(a) 离散元模型　　(b) 结构冰载荷随时间变化关系

图 9.119　平整冰与锥体结构相互作用的离散元模拟

9.5 小　结

本章介绍了球形和非规则颗粒材料的流动特性、着陆器和返回舱着陆过程的动力学响应、有砟铁路道床的动力行为，以及极地船舶和装备结构的冰载荷。对于颗粒流动问题，本章探究了球形和非规则颗粒材料在冲击载荷作用下的缓冲性能、筒仓内颗粒流动模式的转变特性、水平转筒内颗粒的混合特性以及螺旋输送机内颗粒的输运行为，分析了颗粒形状和边界条件对颗粒材料流动特性的影响规律；对于着陆器和返回舱的着陆问题，本章采用离散元方法进行了动力响应和影响因素的分析。通过超二次曲面方程构造球形和非规则颗粒形态，采用离散元方法建立不同颗粒形状填充的颗粒床在球形冲击物作用下的数值模型，探讨颗粒形状对颗粒材料缓冲特性的影响规律，并为着陆器和返回舱结构设计及安全软着陆提供有效方案；对于有砟道床的动力演化问题，本章通过组合球体模型和扩展多面体模型构造道砟的非规则形态，采用离散元方法模拟道砟材料的直剪试验、有砟道床路基结构的力学响应以及往复载荷作用下有砟道床动力特性，对多种工况下的散体道砟和冻结道砟进行了动力学模拟，分析了有砟道床的力学行为和路基结构的平稳性；对于极地船舶航行问题，本章通过扩展多面体离散元方法构造碎冰、平整冰和冰脊，分析了极地船舶和水下航行器在不同冰区的冰载荷，同时讨论了不同海冰密集度对海洋工程结构中浮式平台、斜坡结构及单桩结构冰载荷的影响规律。

参 考 文 献

陈云敏, 边学成. 2018. 高速铁路路基动力学研究进展 [J]. 土木工程学报, 51(6): 1-13.

季顺迎, 雷瑞波, 李春花, 等. 2017. “雪龙” 号科考船在冰区航行的船体振动测量研究 [J]. 极地研究, 29(4): 427-435.

季顺迎, 李鹏飞, 陈晓东. 2012. 冲击荷载下颗粒物质缓冲性能的试验研究 [J]. 物理学报, 61(18): 299-305.

刘璐, 尹振宇, 季顺迎. 2019. 船舶与海洋平台结构冰荷载的高性能扩展多面体离散元方法 [J]. 力学学报, 51(6): 1720-1739.

邵文杰, 杨新文, 练松良. 2017. 基于最小投影的离散元道砟模型的粒径识别 [J]. 铁道学报, 39(1): 90-96.

徐莹, 胡志强, 陈刚, 等. 2019. 船冰相互作用研究方法综述 [J]. 船舶力学, 23(1): 110-124.

Aravind G, Vishnu S, Amarnath K V, et al. 2020. Design, analysis and stability testing of lunar lander for soft-landing[J]. Materials Today: Proceedings, 24: 1235-1243.

Chen H, Xiao Y G, Liu Y L, et al. 2017. Effect of Young's modulus on DEM results regarding transverse mixing of particles within a rotating drum [J]. Powder Technology, 318: 507-517.

Chou S H, Hu H J, Hsiau S S. 2016. Investigation of friction effect on granular dynamic behavior in a rotating drum [J]. Advanced Powder Technology, 27(5): 1912-1921.

Eliáš J. 2014. Simulation of railway ballast using crushable polyhedral particles[J]. Powder Technology, 264: 458-465.

Frederking R M W, Timco G W. 1985. Quantitative analysis of ice sheet failure against an inclined plane [J]. Journal of Energy Resources Technology, 107: 381-387.

Govender N, Wilke D N, Pizette P, et al. 2018. A study of shape non-uniformity and poly-dispersity in hopper discharge of spherical and polyhedral particle systems using the Blaze-DEM GPU code [J]. Applied Mathematics and Computation, 319: 318-336.

Gui N, Yang X, Tu J, et al. 2017. Effect of roundness on the discharge flow of granular particles [J]. Powder Technology, 314: 140-147.

Hopkins M A. 1994. On the ridging of intact lead ice [J]. Journal of Geophysical Research: Oceans, 99(C8): 16351-16360.

Hopkins M A, Tuhkuri J. 1999. Compression of floating ice fields [J]. Journal of Geophysical Research: Oceans, 104(C7): 15815-15825.

Huang W, Huang L, Sheng D, et al. 2015. DEM modelling of shear localization in a plane couette shear test of granular materials [J]. Acta Geotechnica, 10(3): 389-397.

Huang Y, Li W, Wang Y H, et al. 2016. Experiments on the resistance of a large transport vessel navigating in the Arctic region in pack ice conditions [J]. Journal of Marine Science and Application, 15: 269-274.

Indraratna B, Thakur P K, Vinod J S. 2010. Experimental and numerical study of railway ballast behavior under cyclic loading[J]. International Journal of Geomechanics, 10(4): 136-144.

International Organization for Standardization. 2010. ISO 19906: 2010, Petroleum and natural gas industries-Arctic offshore structures [S]. Genève: ISO.

Ji S, Di S, Liu S. 2015. Analysis of ice load on conical structure with discrete element method [J]. Engineering Computations, 32(4): 1121-1134.

Ji S, Wang A, Su J, et al. 2011. Experimental studies on elastic modulus and flexural strength of sea ice in the Bohai Sea[J]. Journal of Cold Regions Engineering, 25(4): 182-195.

Jiang M, Zhao Y, Liu G, et al. 2011. Enhancing mixing of particles by baffles in a rotating drum mixer [J]. Particuology, 9(3): 270-278.
Jou O, Celigueta M A, Latorre S, et al. 2019. A bonded discrete element method for modeling ship-ice interactions in broken and unbroken sea ice fields [J]. Computational Particle Mechanics, 6: 739-765.
Lacey P M C. 1954. Developments in the theory of particle mixing [J]. Journal of Applied Chemistry, 4(5): 257-268.
Li F, Goerlandt F, Kujala P, et al. 2018. Evaluation of selected state-of-the-art methods for ship transit simulation in various ice conditions based on full-scale measurement[J]. Cold Regions Science and Technology, 151: 94-108.
Li F, Ye M, Yan J, et al. 2016. A simulation of the Four-way lunar Lander-Orbiter tracking mode for the Chang'E-5 mission[J]. Advances in Space Research, 57(11): 2376-2384.
Li X, Yan Y, Ji S Y. 2022. Mechanical properties of frozen ballast aggregates with different ice contents and temperatures [J]. Construction and Building Materials, 317: 125893.
Lindqvist G. 1989. A straightforward method for calculation of ice resistance of ships[C]. Proc. 10th Int. Conf. Port and Ocean Engineering Under Arctic Conditions (POAC 1989), Luleå: 722-735.
Liu A J, Nagel S R. 1998. Jamming is not just cool any more [J]. Nature, 396(6706): 21-22.
Liu J, Lau M, Wiliams F M. 2008. Numerical implementation and benchmark of ice-hull interaction model for ship manoeuvring simulations [R]. 19th IAHR International Symposium on Ice, Vancouver, Canada.
Liu J X, Wang P, Liu G Z, et al. 2021. Study of the characteristics of ballast bed resistance for different temperature and humidity conditions[J]. Construction and Building Materials, 266: 121115.
Liu J X, Xiong Z W, Liu Z Y, et al. 2022. Static and cyclic compressive mechanical characterization of polyurethane-reinforced ballast in a railway[J]. Soil Dynamics and Earthquake Engineering, 153: 107093.
Liu S D, Zhou Z Y, Zou R P, et al. 2014. Flow characteristics and discharge rate of ellipsoidal particles in a flat bottom hopper [J]. Powder Technology, 253: 70-79.
Lu W, Lubbad R, Løset S. 2014. Simulating ice-sloping structure interactions with the cohesive element method [J]. Journal of Offshore Mechanics & Arctic Engineering, 136(3): 031501.
Polojärvi A, Tuhkuri J. 2013. On modeling cohesive ridge keel punch through tests with a combined finite-discrete element method[J]. Cold Regions Science and Technology, 85: 191-205.
Riska K, Leiviskä T, Nyman T, et al. 2001. Ice performance of the Swedish multi-purpose icebreaker Tor Viking II [C]. Proceedings of 16th International Conference on Port and Ocean Engineering under Arctic Conditions, Ottawa, Canada.
Riska K, Wilhelmson M, Englund K, et al. 1997. Performance of merchant vessels in ice in the Baltic[R]. Winter Navigation Research Board, Helsinki.
Sayed M, Barker A. 2011. Numerical simulations of ice interaction with a moored structure [C]. The Offshore Technology Conference, Houston, Texas, USA, OTC22101.

Su B, Riska K, Moan T. 2010. A numerical method for the prediction of ship performance in level ice[J]. Cold Regions Science and Technology, 60(3): 177-188.

Sun S, Shen H H. 2012. Simulation of pancake ice load on a circular cylinder in a wave and current field [J]. Cold Regions Science and Technology, 78: 31-39.

Tabuteau H, Sikorski D, de Vet S J, et al. 2011. Impact of spherical projectiles into a viscoplastic fluid[J]. Physical Review E, Statistical, Nonlinear, and Soft Matter Physics, 84(3Pt1): 031403.

Tan X, Riska K, Moan T. 2014. Effect of dynamic bending of level ice on ship's continuous-mode icebreaking [J]. Cold Regions Science & Technology, 106-107: 82-95.

Tian X, Zou Z, Yu J, et al. 2015. Review on advances in research of ice loads on ice-going ships [J]. Journal of Ship Mechanics, 19(3): 337-348.

Wilkman G, Leiviskä T, Heinonen T, et al. 2014. On full-scale ship performance measurements[C]. Proceedings of the OTC Arctic Technology Conference, Houston, US.

Wright B. 2000. Full Scale Experience with Kulluk Station keeping Operations in Pack Ice(with reference to Grand Banks Developments) [R]//Working report 25-44 for the Program of Energy, Research and Development (PERD). National Research Council, Canada, 52p.

Xue Y, Liu R, Liu Y, et al. 2019. Numerical simulations of the ice load of a ship navigating in level ice using peridynamics[J]. Computer Modeling in Engineering & Sciences, 121(2): 523-550.

Ye L Y, Wang C, Chang X, et al. 2017. Propeller-ice contact modeling with peridynamics[J]. Ocean Engineering, 139: 54-64.

You Y, Zhao Y. 2018. Discrete element modelling of ellipsoidal particles using super-ellipsoids and multi-spheres: a comparative study [J]. Powder Technology, 331: 179-191.

Zeng Y, Jia F, Zhang Y, et al. 2017. DEM study to determine the relationship between particle velocity fluctuations and contact force disappearance [J]. Powder Technology, 313: 112-121.

Zhai W M, He Z X, Song X L. 2010. Prediction of high-speed train induced ground vibration based on train-track-ground system model[J]. Earthquake Engineering and Engineering Vibration, 9: 545-554.

Zhang N, Zheng X, Ma Q, et al. 2019. A numerical study on ice failure process and ice–ship interactions by Smoothed Particle Hydrodynamics[J]. International Journal of Naval Architecture and Ocean Engineering, 11: 796-808.

Zhang Q, Skjetne R. 2015. Image processing for identification of sea-ice floes and the floe size distributions[J]. IEEE Transactions on Geoscience & Remote Sensing, 53(5): 2913-2924.

Zhang X, Zhao C F, Zhai W M. 2017. Dynamic behavior analysis of high-speed railway ballast under moving vehicle loads using discrete element method[J]. International Journal of Geomechanics, 17(7): 04016157.1-04016157.14.

Zhou L, Su B, Riska K, et al. 2012. Numerical simulation of moored structure station keeping in level ice [J]. Cold Regions Science & Technology, 71: 54-66.